T0281605

Informatik auf den Punkt gebracht

Boris Tolg

Informatik auf den Punkt gebracht

Informatik für Life Sciences Studierende
und andere Nicht-Informatiker

2. Auflage

Boris Tolg
Department Medizintechnik
HAW Hamburg Fakultät Life Sciences
Hamburg, Deutschland

ISBN 978-3-658-43714-5   ISBN 978-3-658-43715-2   (eBook)
https://doi.org/10.1007/978-3-658-43715-2

Die Deutsche Nationalbibliothek verzeichnet diese Publikation in der Deutschen Nationalbibliografie; detaillierte
bibliografische Daten sind im Internet über https://portal.dnb.de abrufbar.

Planung/Lektorat: Reinhard Dapper
Springer Vieweg ist ein Imprint der eingetragenen Gesellschaft Springer Fachmedien Wiesbaden GmbH und ist
ein Teil von Springer Nature.
Die Anschrift der Gesellschaft ist: Abraham-Lincoln-Str. 46, 65189 Wiesbaden, Germany

Das Papier dieses Produkts ist recycelbar.

Für meine Frau Christine
und meine Söhne Jean Luc und Mateo Nicolao

Vorwort zur zweiten Auflage

Seit der ersten Auflage dieses Buchs sind mittlerweile 5 Jahre vergangen und einige der Ideen, die zu der Entstehung dieses Buchs geführt haben, haben sich verändert, wurden weiterentwickelt oder aufgegeben.

Für den vorliegenden Band habe ich versucht, einige fortgeschrittene Themen der Informatik zu ergänzen. Dennoch soll das Wissen für Studierende im Nebenfach weiterhin zugänglich bleiben. Zum Beispiel versuche ich mit Hilfe der UML die Idee von Zustandsautomaten zumindest anzureißen, einem sehr wichtigen Thema der theoretischen Informatik. Das neue Praxisbeispiel erklärt das Laden und Speichern von Bilddateien und einige einfache Algorithmen der Bildverarbeitung.

Fortgeschrittene Themen sind die Verwendung von Templates und Makros in der Progammierung. Zusammen mit Zeigern habe ich diese Themen in einem eigenen Bereich zusammengefasst.

Die Bilder für das neue Praxisbeispiel wurden von meiner Kollegin Prof. Dr. Gesine Cornelissen und ihrer Mitarbeiterin Lisa Michel erstellt. Dafür haben sie Bakterienkulturen angelegt und deren Wachstum in Bildern dokumentiert. Die Platten wurden von Burcin Boran ausplattiert. Erneut hat mich mein Kollege Prof. Dr. Holger Kohlhoff dabei unterstützt, die Inhalte der neuen Kapitel zu überprüfen und Monika Brandenstein hat Rechtschreibfehler gesucht und Formulierungen geglättet.

Ich möchte mich dafür von ganzem Herzen bedanken!

Ich würde mich freuen, wenn Ihnen diese erweiterte Auflage des Buchs dabei hilft, den Einstieg in die Informatik zu schaffen. Dabei wünsche ich Ihnen viel Erfolg, viel Motivation und Durchhaltevermögen!

Reinbek
Oktober 2023

Boris Tolg

Vorwort

Die Idee zu der Buchreihe Life Sciences ist im Dezember 2015 entstanden, als ich gerade dabei war, neue Lehrkonzepte für meine Informatikvorlesung zu entwickeln. Auf der Suche nach geeigneter Literatur fiel mir auf, dass es zwar eine große Bandbreite an Büchern, Workshops und Online–Tutorials für die Programmiersprache C++ auf dem Markt gibt, jedoch keines der Angebote die Bedürfnisse meiner Studierenden erfüllt.

Jedes der Angebote für sich genommen erfüllt natürlich seinen Zweck und ist mal mehr und mal weniger gelungen, jedoch gehen alle diese Angebote davon aus, dass die Leserinnen und Leser eine intrinsische Motivation besitzen, sich in die Informatik einzuarbeiten.

Diese Motivation kann aber bei Studierenden, die Informatik als Nebenfach in einem interdisziplinären Studiengang belegen, nicht zwingend vorausgesetzt werden. So vielfältig, wie die Zusammenstellung der Fächer bei einem interdisziplinären Studiengang ist, so unterschiedlich sind auch die Karrieren der Studierenden, die diese Studiengänge absolviert haben. Nicht alle legen ihren Schwerpunkt auf die Softwareentwicklung, und einige werden nach dem Studium vermutlich nie wieder ein Programm schreiben.

In diesen Studiengängen ist es wichtig, den Studierenden eine andere Motivation zu vermitteln, weshalb sie sich mit der Informatik auseinandersetzen sollten.

Dieses Problem betrifft aber nicht nur die Informatik, sondern alle Grundlagenfächer eines interdisziplinären Studiengangs. Folglich macht es Sinn, ein gemeinsames Lehrkonzept aufzubauen, welches sich über verschiedene Grundlagenfächer erstreckt. Die Idee ist, Aufgabenstellungen zu definieren, die den jeweiligen Studiengängen entspringen, um diese dann in Probleme der Grundlagenfächer herunterzubrechen. So können die einzelnen Bücher für sich genommen als Lehrbücher für ihr Anwendungsgebiet funktionieren, im Zusammenspiel mit den anderen Bänden aber eine abgeschlossene Lösungsbeschreibung für fachspezifische Probleme anbieten. Sie, als Leser*in dieser Zeilen, haben damit die Möglichkeit, sich nur auf die Werke zu konzentrieren, die für Sie wirklich interessant sind. Die fachspezifischen Problemstellungen liefern eine Motivation, sich mit dem jeweiligen Grundlagenfach auseinanderzusetzen.

Ich bin sehr froh, dass ich eine Reihe von Kolleginnen und Kollegen dafür gewinnen konnte, bei der Realisierung meiner Idee zu helfen. So erscheinen neben dem Buch über

Informatik noch weitere Bücher mit den Fachrichtungen Physik und Mathematik. Die Zukunft wird zeigen, ob die Liste noch länger wird.

Sehr freuen würde es mich natürlich, wenn das Lehrkonzept der Bücher Ihnen den Einstieg in die Grundlagenfächer vereinfachen würde. Deshalb wünsche ich Ihnen viel Spaß und Erfolg beim Lesen des Buches und beim Erlernen der Grundlagen der Informatik.

Ich habe versucht, das Buch nach bestem Wissen und Gewissen an die Bedürfnisse von Studierenden im Nebenfach anzupassen. Ganz herzlich bedanken möchte ich mich bei zwei meiner Studentinnen, Frau Lea Jungnickel und Frau Sandra Kerstin Spangenberg, die das Buch aus studentischer Sicht gelesen und mich auf die unverständlichen Passagen hingewiesen haben.

Prof. Dr. Holger Kohlhoff und Prof. Dr. Jürgen Lorenz haben mich inhaltlich bei der Fehlersuche unterstützt. Auch dafür möchte ich mich von ganzem Herzen bedanken.

Ein Letztes noch: Aus Gründen der besseren Lesbarkeit verwende ich in diesem Buch überwiegend das generische Maskulinum. Es ist aber stets jede Geschlechtsidentität gemeint.

Reinbek   Boris Tolg
August 2018

Inhaltsverzeichnis

Teil I
Einleitung

Wie arbeite ich mit diesem Buch

Diese Frage lässt sich sicherlich nicht für alle gleich beantworten, denn jede Person, die dieses Buch liest, hat unterschiedliche Vorkenntnisse und Bedürfnisse, wie Wissen vermittelt werden soll. Deshalb ist zunächst vielleicht wichtig, wer dieses Buch lesen sollte:

Das Buch ist für Menschen gedacht, die entweder im Rahmen eines Studiums, einer Ausbildung, rein aus Interesse, oder durch andere Gründe mit dem Thema Informatik und Programmierung konfrontiert werden. Vermutlich ist Informatik ein Nebenfach und ist nicht das zentrale Thema Ihres Interesses. Ich gehe davon aus, dass Sie über keine oder nur sehr geringe Grundkenntnisse verfügen. Außerdem gehe ich davon aus, dass das Thema Informatik bisher keine wesentliche Rolle in Ihrem Leben gespielt hat. Eventuell waren Ihnen das Thema und die Leute, die sich damit beschäftigen, sogar immer etwas suspekt.

Sollten Sie die Möglichkeit dazu haben, sollten Sie versuchen das Buch nicht alleine durchzuarbeiten, sondern sich eine Lerngruppe zu suchen. Zunächst einmal ist es angenehmer, wenn mehrere Menschen sich gemeinsam beim Erarbeiten eines neuen und vielleicht sogar unbeliebten Themas unterstützen. Es verbessert erfahrungsgemäß aber auch das Lernen, wenn sie versuchen sich gegenseitig zu erklären, was sie bereits verstanden haben. Immer wenn Sie bei den Erklärungen um Worte ringen, haben Sie es noch nicht richtig verstanden und sollten sich das entsprechende Thema noch einmal ansehen.

Das Wichtige dabei ist, dass Sie versuchen alles mit eigenen Worten zu erklären. Wenn Sie keine Lerngruppe haben, eignen sich auch Haustiere oder ein leerer Stuhl.

Wie arbeiten Sie nun mit dem Buch?

Das Buch unterteilt sich in drei große Bereiche. Im ersten Teil des Buches werden einige Grundlagen vermittelt. Das Kapitel über die *Syntaxdiagramme* sollten Sie gleich zu Beginn lesen, denn dieses Wissen werden Sie im zweiten Teil des Buchs benötigen.

Die *Unified Modelling Language* (Object Management Group, 2018), kurz UML genannt, ist eine graphische Sprache, die es Ihnen ermöglichen wird, komplexe Abläufe in Program-

B. Tolg, *Informatik auf den Punkt gebracht*,
https://doi.org/10.1007/978-3-658-43715-2_1

men einfach und übersichtlich darzustellen. Sie besteht aus sehr vielen unterschiedlichen Diagrammtypen, von denen jedoch nur drei in diesem Buch vorgestellt werden sollen. Die Anwendungsfalldiagramme dokumentieren einen der ersten Schritte auf dem Weg zu einem neuen Softwareprojekt, sie sind einfach zu verstehen, werden aber erst im dritten Teil des Buches benötigt. Die Aktivitätsdiagramme ermöglichen eine detaillierte Beschreibung von Programmabläufen und werden bereits im zweiten Teil des Buches verwendet. Die Klassendiagramme setzen das Wissen um Klassen voraus, deshalb sollten Sie damit warten, bis Sie den zweiten Teil des Buchs abgeschlossen haben.

Am Ende des ersten Teils finden Sie noch eine kurze Einführung in die Kompetenzorientierung und die Taxonomiestufen nach Bloom. Dort wird erklärt, wie die Übungsaufgaben in diesem Buch konzeptioniert sind und welche Rückschlüsse Sie damit für sich selbst ziehen können.

Der zweite Teil des Buchs erklärt die Grundlagen der Programmiersprache C++ . Wenn Sie noch keine Erfahrungen mit C++ haben, sollten Sie diesen Teil des Buchs von vorne nach hinten durcharbeiten. Die späteren Kapitel bauen immer auf das Wissen der Vorherigen auf. Gelegentlich gehören jedoch Inhalte zu einem Themenkomplex, die Sie nicht unbedingt beim ersten Durcharbeiten verstehen müssen. Diese Kapitel vertiefen das Wissen und sind auch in den Überschriften entsprechend gekennzeichnet.

Doch bevor Sie damit beginnen, den zweiten Teil des Buches zu lesen, sollten Sie sich eine Entwicklungsumgebung für die Sprache C++ installieren. Es gibt kostenlose Entwicklungsumgebungen für jedes größere Betriebssystem. Die Beispiele in diesem Buch wurden mit der kostenlosen *Microsoft Visual Studio 2017 Community* Entwicklungsumgebung getestet (Microsoft, 2017), die auf Windows-Systemen verwendet werden kann. Andere kostenlose Entwicklungsumgebungen sind unter anderem *Code::Blocks* (Code::Blocks, 2017) für Windows, *Xcode* (Apple Distribution International, 2017) für *macOS* und die plattformunabhängige Entwicklungsumgebung *Eclipse CDT* (Eclipse Foundation, 2017). Diese Liste ist jedoch keineswegs vollständig.

Im dritten Teil des Buchs wird das Wissen aus den vorherigen beiden Teilen genutzt, um sich fachbezogenen Problemstellungen zu stellen. Dort wird erklärt, wie eine komplexere Aufgabenstellung aussehen könnte, und wie Sie Schritt für Schritt zu einer praktischen Umsetzung gelangen.

Dokumentation von Sprachen und Programmen   2

2.1   Syntaxdiagramme

In der Informatik werden Syntaxdiagramme dazu verwendet, den Aufbau von Anweisungen grafisch darzustellen. Der Begriff Syntax legt bereits nahe, dass es darum geht, wie aus Wörtern Sätze werden. Die Syntaxdiagramme gehen aber noch einen Schritt weiter und werden auch dazu genutzt, um zunächst einmal zu definieren, was überhaupt mit dem Begriff „Wort" gemeint ist.

In Abb. 2.1 werden zunächst einige Begriffe definiert, die in anderen Diagrammen wiederverwendet werden können. Der Begriff, der definiert werden soll, steht dabei immer über dem Diagramm, gefolgt von einem Doppelpunkt.

Die Pfeile in dem Diagramm geben die Richtung an, in der das Diagramm durchlaufen werden kann. Es ist nicht erlaubt, sich entgegen der Pfeilrichtung zu bewegen. Das erste Diagramm auf der linken Seite definiert den Begriff *Kleinbuchstabe*. Es zeigt verschiedene Pfade, die vom linken zum rechten Rand des Diagramms führen und dabei auf jeweils einen Kreis verweisen. Innerhalb der Kreise, oder genauer gesagt innerhalb von Rechtecken mit abgerundeten Ecken, werden Zeichen oder Texte angegeben, die exakt so wiedergegeben werden sollen, wie in dem Diagramm definiert. In diesem Fall sind es alle Buchstaben des Alphabets in der jeweiligen kleingeschriebenen Form.

Die anderen beiden Diagramme definieren analog die Bedeutung des Wortes *Großbuchstabe* als ein Buchstabe des Alphabets in der großgeschriebenen Form, bzw. das Wort *Ziffer* als eine Ziffer zwischen 0 und 9.

Nachdem diese Begriffe definiert wurden, können sie in weiteren Diagrammen verwendet werden. In Abb. 2.2 werden die beiden Begriffe *Kleinbuchstabe* und *Großbuchstabe* verwendet, um den Begriff *Buchstabe* zu definieren.

Sollen Begriffe verwendet werden, die bereits in anderen Diagrammen definiert wurden, so werden diese Begriffe in einen einfachen rechteckigen Kasten geschrieben. Der Begriff

© Springer Fachmedien Wiesbaden GmbH, ein Teil von Springer Nature 2024
B. Tolg, *Informatik auf den Punkt gebracht*,
https://doi.org/10.1007/978-3-658-43715-2_2

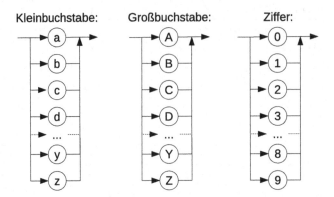

Abb. 2.1 Syntaxdiagramm für die Definition von Klein- und Großbuchstaben sowie von Ziffern

Abb. 2.2 Syntaxdiagramm für
die Definition eines
Buchstabens entweder als
Klein-, oder Großbuchstaben

Buchstabe bezeichnet nach dieser Definition also entweder einen *Großbuchstaben* oder einen
Kleinbuchstaben.

Die Syntaxdiagramme erlauben es aber auch, komplexere syntaktische Konstrukte zu
beschreiben. Die Programmiersprache *C++* erlaubt es, Namen für Funktionen und Variablen festzulegen, die in Programmen verwendet werden können. Die Namen dürfen dabei
aus Buchstaben, Ziffern und dem Unterstrich bestehen. Allerdings dürfen Variablen- oder
Funktionsnamen niemals mit einer Ziffer beginnen. Dieser Aufbau wird in Abb. 2.3 mit
Hilfe eines Syntaxdiagramms dargestellt.

Ausgehend vom linken Rand, kann in dem ersten Teil des Diagramms zwischen einem
Buchstaben und dem Unterstrich gewählt werden, das entspricht dem ersten erlaubten Zeichen eines Variablennamens. Im zweiten Teil besteht die Auswahl zwischen allen drei Optionen. Kurz vor dem rechten Rand des Diagramms gibt es zusätzlich einen Pfeil, der es ermög-

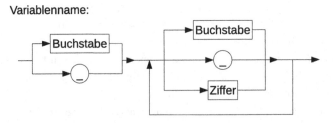

Abb. 2.3 Syntaxdiagramm für die Definition von Funktions- und Variablennamen in *C++*

Abb. 2.4 Syntaxdiagramm für
die Definition eines
Anweisungsblocks

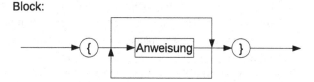

Block:

licht, vor die Auswahl der drei Optionen zurückzukehren. Dieser Pfeil stellt eine optionale
Schleife dar, die Auswahl kann also beliebig oft wiederholt werden. In anderen Worten kann
der Variablenname beliebig lang sein und es ist möglich für jedes Zeichen, abgesehen von
dem ersten, eine Ziffer, einen Buchstaben oder einen Unterstrich zu verwenden.

Ein gültiger Variablenname nach dieser Definition wäre zum Beispiel *_TesT5*, während
der Variablenname *1_test* ungültig wäre, da er mit einer Ziffer beginnt.

In diesem Buch werden Syntaxdiagramme an verschiedenen Stellen verwendet, um den
Aufbau von *Anweisungen* zu verdeutlichen. Dabei wird der Begriff *Anweisung* jedoch selbst
nicht definiert, obwohl er in einigen Diagrammen verwendet wird. Das hängt damit zusammen, dass viele Sprachelemente, die im zweiten Teil des Buches vorgestellt werden, *Anweisungen* sind, die an der entsprechenden Stelle eingefügt werden können. Zusätzlich existieren noch viele weitere Sprachelemente, die über den Rahmen des Buches hinausgehen
und die ebenfalls unter diesen Begriff fallen. Eine vollständige Definition des Begriffs durch
ein Syntaxdiagramm wäre folglich unübersichtlich und würde nicht zum Verständnis der
Sprache *C++* beitragen.

Aus dem gleichen Grund wurden bei einigen Anweisungen oder Datenstrukturen, wie
zum Beispiel den Klassen in Kap. 10, ebenfalls keine Syntaxdiagramme angefertigt. In
diesen Fällen wird der Aufbau aber mit Hilfe von Beispielen verdeutlicht.

In einigen Syntaxdiagrammen wird der Begriff Block verwendet, der in Abb. 2.4 definiert
wird.

Es handelt sich dabei um eine Sequenz von Anweisungen, die durch geschweifte Klammern eingeschlossen werden. Innerhalb der geschweiften Klammern existiert jedoch auch
ein Pfad, der an der Anweisung vorbei führt. Das bedeutet, dass die Anweisung optional ist
und somit weggelassen werden kann. In diesem Fall besteht der Block nur aus einem Paar
geschweifter Klammern.

2.2   Unified Modelling Language (UML)

Die *Unified Modelling Language,* kurz UML, ist eine graphische Sprache, mit deren Hilfe
Softwaresysteme modelliert und beschrieben werden können. Da durch diese Modellierung
komplexe Systeme beschrieben werden, wird der Entwurf und die Erstellung der Beschreibung eines Softwaresystems auch Softwarearchitektur genannt. Die UML definiert verschiedene Arten von Diagrammen und Ausdrucksweisen, die es auch Nicht-Informatikern
ermöglichen, die Zusammenhänge in komplexen Systemen zu verstehen. Die erste Version

der UML wurde im Wesentlichen durch drei Personen vorangetrieben. Grady Booch, Ivar Jacobson und James Rumbaugh („Die drei Amigos") hatten zunächst eigene Modellierungssprachen entwickelt, die sie später zu der gemeinsamen Sprache UML zusammenfügten.

Die Spezifikation und Weiterentwicklung der UML wird durch die *Object Management Group* durchgeführt (Object Management Group, 2018).

In der UML wird grob zwischen zwei Arten von Diagrammen unterschieden, den Strukturdiagrammen, die eine statische Sicht auf die einzelnen Komponenten einer Software werfen und diese in Beziehung zueinander setzen und den Verhaltensdiagrammen, die Kommunikation und dynamische Abläufe beschreiben. Im Folgenden wird eine Übersicht über alle Diagramme der UML mit einer kurzen Beschreibung gegeben. Einige der Diagramme beschreiben jedoch Zusammenhänge, die mehr Erfahrung benötigen, als durch die Lektüre dieses Buchs vermittelt werden kann. Deshalb sollen die Beschreibungen nur eine grobe Einschätzung ermöglichen.

- Strukturdiagramme
  - Klassendiagramm – Modelliert die Beziehungen von Klassen und deren Schnittstellen.
  - Komponentendiagramm – Beschreibt die Beziehungen von komplexeren Komponenten (die durch Klassendiagramme beschrieben werden können) und deren Schnittstellen.
  - Objektdiagramm – Beschreibt unter anderem die Belegung der Attribute einer Klasse bei bestimmten Objekten.
  - Profildiagramm – Erlaubt es, Erweiterungen für die Anwendung der UML auf bestimmten Systemen, Profile genannt, zu definieren.
  - Kompositionsstrukturdiagramm – Beschreibt die inneren Teile einer komplexen Komponente und deren Beziehungen untereinander und nach außen.
  - Verteilungsdiagramm – Beschreibt bei komplexen Systemen die Verteilung der Software auf mehrere Rechner.
  - Paketdiagramm – Ein flexibles Diagramm, welches es ermöglicht andere Diagramme oder Beschreibungen zu einem Paket zusammenzufassen und Verbindungen zu anderen Paketen zu beschreiben.
- Verhaltensdiagramme
  - Anwendungsfalldiagramm – Gibt eine Übersicht über die Akteure und mit welchem Ziel sie eine Software benutzen.
  - Aktivitätsdiagramm – Beschreibt die einzelnen Aktionen und deren Beziehungen, die bei der Umsetzung eines Anwendungsfalls ausgeführt werden müssen.
  - Zustandsdiagramm – Beschreibt die verschiedenen Zustände eines endlichen Zustandsautomaten.
  - Interaktionsdiagramme

    Sequenzdiagramm – Beschreibt welche Objekte mit welchen Nachrichten miteinander kommunizieren. Der Schwerpunkt liegt auf der klaren Darstellung der zeitlichen Abfolge der Nachrichten.

Kommunikationsdiagramm – Stellt ebenfalls die Kommunikation zwischen Objekten dar, jedoch mit einem Schwerpunkt auf den Beziehungen der Objekte untereinander.

Interaktionsübersichtsdiagramm – Kann die Elemente aus dem Aktivitätsdiagramm mit denen anderer Interaktionsdiagramme verbinden, um komplexe Abläufe innerhalb und außerhalb von Komponenten zu beschreiben.

Zeitverlaufsdiagramm – Stellt die Wechsel der Zustände von Objekten auf einer Zeitleiste dar.

In größeren Softwareprojekten ist die Anwendung dieser Diagramme sinnvoll, um die Software besser planen und dokumentieren zu können. Auch die Kommunikation zwischen verschiedenen Entwicklergruppen wird durch die leicht verständlichen Diagramme verbessert. Für den Einstieg in die Informatik sollen jedoch zunächst nur vier Arten von Diagrammen genauer beschrieben und angewendet werden.

2.2.1 Das Anwendungsfalldiagramm

Anwendungsfalldiagramme werden zu einem sehr frühen Zeitpunkt der Softwareentwicklung erstellt. Sie dienen dazu sich den Aufgaben eines Softwaresystems zu nähern, indem dokumentiert wird, welche Arten von Personen sich mit dem System auseinandersetzen werden. Für jeden dieser Akteure *(Actors)* werden dann die Anwendungsfälle *(Use Cases)* identifiziert, in denen sie mit der Software interagieren. In Abb. 2.5 werden ein Akteur, dargestellt durch ein Strichmännchen, und ein Anwendungsfall dokumentiert.

Der Anwendungsfall wird dabei immer durch eine Ellipse symbolisiert. Die Beziehung zwischen Akteur und Anwendungsfall wird durch eine durchgezogene Linie repräsentiert, die Assoziation genannt wird.

Alle Diagramme der UML werden von einem durchgezogenen Rahmen eingeschlossen, in dessen oberer linker Ecke ein Kürzel für das Diagramm, sowie eine Bezeichnung für

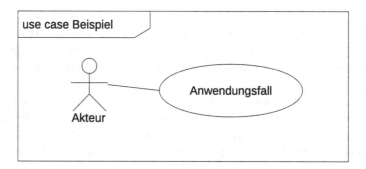

Abb. 2.5 Anwendungsfalldiagramm mit einem Akteur und einem Anwendungsfall

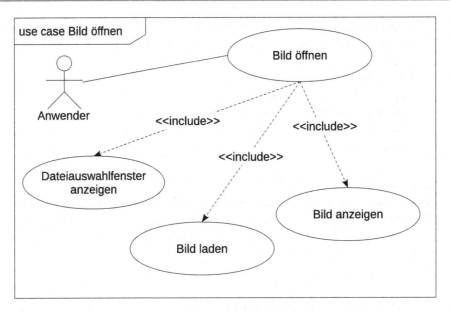

Abb. 2.6 Anwendungsfalldiagramm für das Laden eines Bildes mit Teilanwendungsfällen

den dargestellten Inhalt zu finden sind. Diese Beschreibung wird immer von einem beinahe rechteckigen Kasten umschlossen, dessen rechte untere Ecke eingedrückt ist. In diesem Falls steht *use case* für das Anwendungsfalldiagramm und *Beispiel* für die Kurzbeschreibung. Anstelle von *use case,* erlaubt die UML zusätzlich die Abkürzung *uc.*

In Abb. 2.6 soll nun ein konkreter Anwendungsfall für eine Bildbearbeitungssoftware beschrieben werden, der zusätzlich noch um mehrere Teilanwendungsfälle erweitert werden soll.

Der beschriebene Anwendungsfall soll das Öffnen eines Bildes beschreiben, deshalb wurde der Name entsprechend in der oberen linken Ecke des Diagramms festgelegt. Der Anwender (oder die Anwenderin) der zu erstellenden Software wurde mit einer Assoziation mit diesem Anwendungsfall verbunden.

Allerdings setzt sich der Anwendungsfall *Bild öffnen* aus mehreren Teilaspekten zusammen, die möglicherweise auch in anderen Anwendungsfällen relevant sein können. Deshalb kann es sinnvoll sein, diese Teilaspekte als einzelne Teilanwendungsfälle zu dokumentieren. So können gemeinsame Aspekte von verschiedenen Anwendungsfällen hervorgehoben werden.

In diesem Beispiel beinhaltet der Anwendungsfall *Bild öffnen* zusätzlich die Anwendungsfälle *Dateiauswahl anzeigen, Bild laden* und *Bild anzeigen.* Die Verbindung wird in dem Diagramm durch eine gerichtete Verbindung in Form einer gestrichelten Linie mit einer schwarzen Pfeilspitze dargestellt. Die Pfeilspitze weist von dem übergeordneten Anwendungsfall auf den Teilanwendungsfall. Die Verbindung muss mit dem Hinweis << *include* >> gekennzeichnet sein.

Auch optionale Anwendungsfälle können mit Hilfe von Anwendungsfalldiagrammen modelliert werden. Es kann zum Beispiel notwendig sein, eine Hilfefunktion anzuzeigen, wenn eine entsprechende Auswahl getroffen wird. Aber auch die Auswahl eines bestimmten Dateiformats kann eine Erweiterung des beschriebenen Anwendungsfalls sein.

Die UML sieht in diesem Fall vor, dass der Anwendungsfall mit einer waagerechten Linie durchzogen wird. In dem oberen Teil steht weiterhin der Name des Anwendungsfalls, während in dem unteren Teil so genannte Erweiterungspunkte aufgelistet werden können. Diese Liste wird stets mit dem Begriff *extension points* eingeleitet.

In Abb. 2.7 wird das Anwendungsfalldiagramm um den optionalen Anwendungsfall *Dateiformat auswählen* erweitert.

Zunächst wurde der Anwendungsfall *Dateiauswahl anzeigen* wie vorher beschrieben in zwei Bereiche unterteilt. Zusätzlich wurde der Erweiterungspunkt *Auswahl* hinzugefügt. Dieser Name wird vergeben, damit später an anderer Stelle darauf Bezug genommen werden kann. Zusätzlich ist es natürlich sinnvoll einen Namen zu vergeben, der deutlich macht, wodurch der optionale Anwendungsfall ausgelöst werden kann.

Der neue Anwendungsfall *Dateiformat auswählen* muss nun mit einer gerichteten Verbindung mit dem Hauptanwendungsfall verbunden werden. Die Darstellung ist identisch

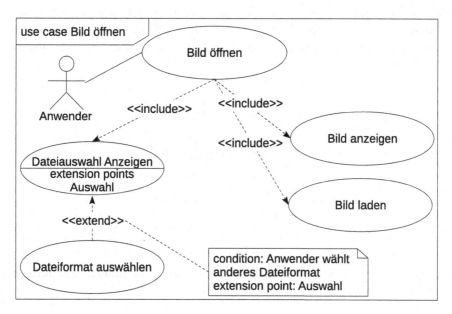

Abb. 2.7 Anwendungsfalldiagramm für das Laden eines Bildes mit Teilanwendungsfällen und Erweiterung für die Auswahl des Dateiformats

mit der $<< include >>$-Verbindung, zeigt aber von der Erweiterung auf den Hauptanwendungsfall und wird mit dem Hinweis $<< extend >>$ gekennzeichnet.

Zusätzlich wird noch ein Kommentarfeld eingefügt, dass mit einer gestrichelten Linie an der $<< extend >>$-Verbindung befestigt wird. Das Kommentarfeld spezifiziert durch *condition:* die Umstände, unter denen die Erweiterung ausgeführt wird und legt mit *extension point* den Erweiterungspunkt fest, zu dem die Erweiterung gehört.

Bei sehr komplexen Softwaresystemen ist es leicht, die Übersicht zu verlieren und es ist sehr wichtig, die Software in Komponenten zu zerlegen, die für bestimmte Aufgaben verantwortlich sind.

In diesem Fall ist es natürlich auch bei den Anwendungsfällen wichtig, dass die Komponenten dokumentiert werden können, die durch die verschiedenen Anwendungsfälle betroffen sind. Die UML erlaubt die Dokumentation von verantwortlichen Softwarekomponenten in Anwendungsfalldiagrammen durch das Zeichnen einfacher Rechtecke um die betroffenen Anwendungsfälle herum.

Abb. 2.8 zeigt das bereits bekannte Beispiel in vereinfachter Form und ergänzt um die Verantwortliche Softwarekomponente.

Innerhalb des Rechtecks können alle Anwendungsfälle dokumentiert werden, die die Softwarekomponente betreffen. Der Name der Softwarekomponente muss in der oberen linken Ecke dokumentiert sein. Das Schlüsselwort $<< Subsystem >>$ macht deutlich, dass es sich um eine Softwarekomponente handelt.

Die Anwendungsfalldiagramme der UML können tatsächlich noch weit mehr, als bisher beschrieben wurde, doch für den Einstieg soll diese Beschreibung reichen. Eine vollständige Dokumentation findet sich in der jeweils aktuellen UML Spezifikation (Object Management Group, 2018).

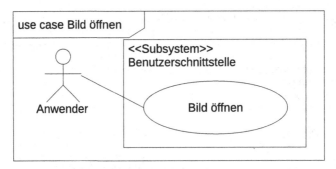

Abb. 2.8 Anwendungsfalldiagramm für das Laden eines Bildes und Zuordnung der verantwortlichen Komponente

2.2.2   Das Aktivitätsdiagramm

Die Anwendungsfalldiagramme dienen als erste sehr grobe Einschätzung der Aufgaben des Softwaresystems. Und auch, wenn die Anwendungsfalldiagramme schon eine Vielzahl an Möglichkeiten bieten, so reichen sie dennoch nicht aus um funktionale Abläufe im Detail zu beschreiben.

Bei jedem Anwendungsfall müssen viele kleine Schritte in einer bestimmten Abfolge durchgeführt werden, die von Bedingungen abhängen, teilweise parallel ablaufen oder verschiedene Wahlmöglichkeiten eröffnen. Um dies detailliert beschreiben zu können, werden Aktivitätsdiagramme benötigt. Um zunächst einige Grundelemente zu beschreiben, zeigt Abb. 2.9 ein sehr abstraktes Aktivitätsdiagramm für den Anwendungsfall *Bild öffnen*.

In der oberen linken Ecke wird der Name für das Diagramm festgelegt. Durch die Abkürzung *act*, oder durch das Wort *activity*, wird deutlich gemacht, dass es sich um ein Aktivitätsdiagramm handelt. Diese Diagrammart benötigt immer einen Anfangspunkt, an dem die Bearbeitung beginnt. Eine Möglichkeit dafür ist ein Startknoten, der als ein vollständig gefüllter schwarzer Kreis dargestellt wird. Ausgehend von diesem Knoten wandert ein *Token* entlang der gerichteten Verbindung, die Kante, bzw. *Activity Edge*, genannt wird.

Ein *Token* ist eine Markierung oder ein Datencontainer, der sich durch das Netz bewegt. Trifft das *Token* auf einen Aktivitätsknoten, so wird dieser aktiviert und ausgeführt. Alle anderen Knoten sind inaktiv. In diesem ersten Beispieldiagramm wurde der Aktivitätsknoten *Bild öffnen* genannt und durch ein Rechteck mit abgerundeten Ecken dargestellt. Was genau im Inneren dieses Aktivitätsknotens passiert, kann in einem späteren Diagramm dargestellt werden.

Nachdem die Aktivität *Bild öffnen* abgeschlossen wurde, folgt das *Token* erneut der Kante und trifft auf den Endknoten, der die übergeordnete Aktivität beendet.

Die Start- und Endknoten gehören zu den so genannten Kontrollknoten, die dazu dienen die Bewegung der *Token* innerhalb des Diagramms zu steuern. Aktivitätsknoten, wie *Bild öffnen* werden ausführbare Knoten genannt.

Mit dem Aktivitätsdiagramm in Abb. 2.10 soll nun genauer spezifiziert werden, was innerhalb der Aktivität *Bild öffnen* passiert. Um kenntlich zu machen, dass es sich um die Abläufe innerhalb eines Knotens handelt, wurde ein weiterer Rahmen eingefügt, der die Grenzen des Aktivitätsknotens repräsentiert. Zusätzlich müssen einige neue Darstellungselemente eingeführt werden.

Zunächst unterscheidet die UML seit ihrer Version 2.0 zwischen Kontrollflüssen und Objektflüssen. Die Kontrollflüsse legen fest, wann Aktivitätsknoten ausgeführt werden. Die

Abb. 2.9 Aktivitätsdiagramm für das Laden eines
Bildes

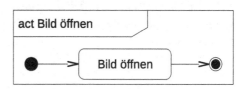

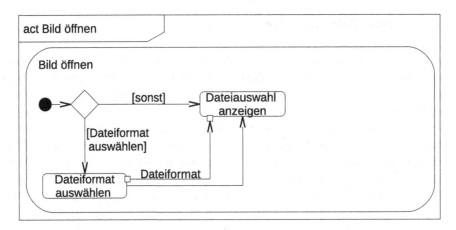

Abb. 2.10 Aktivitätsdiagramm für die Abläufe innerhalb der Aktivität *Bild öffnen* (Teil 1)

Token der Kontrollflüsse entstehen in den Startknoten und enden in den Endknoten. Auf ihrem Weg aktivieren sie die Aktivitätsknoten, werden durch Entscheidungsknoten umgeleitet, oder eventuell sogar durch eine Gabelung auf zwei parallele Pfade geschickt.

Zusätzlich erlaubt es die UML jedoch mit Objektflüssen zu definieren, welche Daten zwischen verschiedenen Aktivitätsknoten ausgetauscht werden. Dazu werden die Aktivitätsknoten um kleine Rechtecke, die so genannten *Pins* erweitert, die jeweils für einen Parameter stehen, der entweder den Knoten verlässt, oder ihn erreicht. In dem Diagramm können Objektflüsse immer daran erkannt werden, dass sie an *Pins* beginnen und enden, während die Kontrollflüsse direkt an den Aktivitätsknoten angeschlossen sind.

Durch eine Raute werden Entscheidungsknoten dargestellt. Diese Knoten ermöglichen es, den Kontrollfluss unter bestimmten Bedingungen umzuleiten. Diese Bedingungen, *guards* genannt, müssen innerhalb von eckigen Klammern an den Kanten notiert werden, die den Entscheidungsknoten verlassen.

Im Folgenden wird zwischen *Objekttoken* für Objektflüsse und *Kontrolltoken* für Kontrollflüsse unterschieden.

Nachdem der Aktivitätsknoten *Bild öffnen* aktiviert wurde, entsteht ein *Kontrolltoken* in dem Startknoten, das der Kante zu dem Entscheidungsknoten folgt. Sollte eine Auswahl des Dateiformats gewünscht sein, so folgt das *Kontrolltoken* der entsprechenden Kante. Innerhalb des Aktivitätsknotens *Dateiformat auswählen* wird ein *Objekttoken* generiert, welches das Dateiformat festlegt. Dieses verlässt den Aktivitätsknoten über den entsprechenden Pin und wird an den Eingangspin des Aktivitätsknoten *Dateiauswahl anzeigen* übermittelt. Wenn der Aktivitätsknoten *Dateiformat auswählen* seine Tätigkeit beendet hat, wandert das *Kontrolltoken* über die Kante zu dem Aktivitätsknoten *Dateiauswahl anzeigen* und aktiviert ihn.

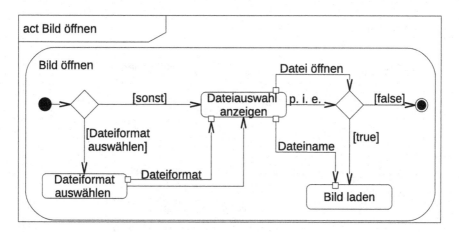

Abb. 2.11 Aktivitätsdiagramm für die Abläufe innerhalb der Aktivität *Bild öffnen* (Teil 2)

Alternativ kann der Aktivitätsknoten *Dateiauswahl anzeigen* direkt aktiviert werden, wenn keine Auswahl des Dateiformats erwünscht ist. In diesem Fall wird kein *Objekttoken* an den Knoten übertragen. Dieses leere oder nicht gesetzte Objekt wird auch *null* genannt.

Was innerhalb des Knotens *Dateiauswahl anzeigen* passiert, wird in Abb. 2.13 genauer beschrieben. Zunächst soll aber der weitere Ablauf nach Beendigung der Dateiauswahl betrachtet werden. Dazu wird das Diagramm in Abb. 2.10 ergänzt, sodass sich das in Abb. 2.11 dargestellte Diagramm ergibt.

Der Aktivitätsknoten wurde um zwei neue *Pins* ergänzt, sodass er zwei *Objekttoken* generieren kann. Eines der beiden *Objekttoken* transportiert den ausgewählten Dateinamen zu dem nächsten Aktivitätsknoten *Bild laden*. Wesentlich spannender ist aber das zweite *Objekttoken*. Dieses transportiert die Information, ob die ausgewählte Datei auch tatsächlich geöffnet werden soll und besitzt entweder den Wert „wahr" *(true)*, oder „falsch" *(false)*. Diese Information wird an einen Entscheidungsknoten weitergeleitet.

Wenn der Aktivitätsknoten *Dateiauswahl anzeigen* seine Aufgaben abgeschlossen hat, wandert ein *Kontrolltoken* ebenfalls zu dem Entscheidungsknoten. Damit wandern nun ein *Objekttoken* und ein *Kontrolltoken* in den Entscheidungsknoten. Die Kante des Kontrollflusses wurde mit den drei Buchstaben *p. i. e.* gekennzeichnet. Dies steht für *primary incoming edge* und sagt aus, dass der Entscheidungsknoten nur den Kontrollfluss weiterleitet. Der Objektfluss wird aber verwendet, um die Entscheidung zu treffen und wird *decision input Flow* genannt.

In dem Fall, dass die ausgewählte Datei auch tatsächlich geöffnet werden soll, wird das *Kontrolltoken* an den Aktivitätsknoten *Bild laden* weitergeleitet. Andernfalls wird die Aktivität abgebrochen.

In Abb. 2.12 wird nun der vollständige Ablauf der Aktivität *Bild öffnen* dargestellt.

Auch *Bild laden* erzeugt zwei *Objekttoken*. Eines der beiden transportiert das geladene Bild zu dem Aktivitätsknoten *Bild anzeigen*. Das zweite *Objekttoken* wird erneut zu einem

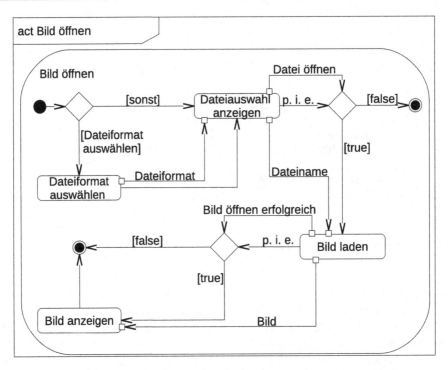

Abb. 2.12 Vollständiges Aktivitätsdiagramm für die Abläufe innerhalb der Aktivität *Bild öffnen*

Entscheidungsknoten transportiert, der entscheidet, ob das Bild angezeigt werden soll, oder nicht. Dabei beinhaltet das *Objekttoken* die Information, ob das Laden des Bildes erfolgreich war. Dies kann jedoch aus verschiedenen Gründen fehlschlagen. Möglicherweise wurde ein externes Laufwerk mittlerweile entfernt und die Datei kann nicht mehr gelesen werden. Möglicherweise war die ausgewählte Datei auch gar kein Bild. In diesen Fällen konnte der Aktivitätsknoten *Bild laden* seine Aufgabe natürlich nicht erfolgreich abschließen und es gibt kein Bild, das angezeigt werden könnte.

Die Konstruktion des Entscheidungsknotens ist analog zu dem vorherigen Beispiel. Der Knoten hat zwei Eingänge, die jeweils ein *Kontrolltoken* und ein *Objekttoken* transportieren. Auch hier ist der Kontrollfluss derjenige, der weitergeleitet wird, während der Objektfluss nur der Entscheidungsfindung dient.

Häufig ist es sinnvoll, die Aufgaben einzelner Aktivitätsknoten noch genauer zu dokumentieren. In dem Beispiel gilt dies sicherlich für jeden Aktivitätsknoten, der in Abb. 2.12 dargestellt wird. Für die Einführung der Aktivitätsdiagramme soll jedoch nur ein weiterer Aktivitätsknoten genauer dokumentiert werden. Abb. 2.13 zeigt die Abläufe innerhalb des Knotens *Dateiauswahl anzeigen*.

Der Rand der Aktivität wurde erneut innerhalb des Diagramms dargestellt, um zu verdeutlichen, dass es sich um Abläufe innerhalb eines Knotens handelt. Zusätzlich befinden

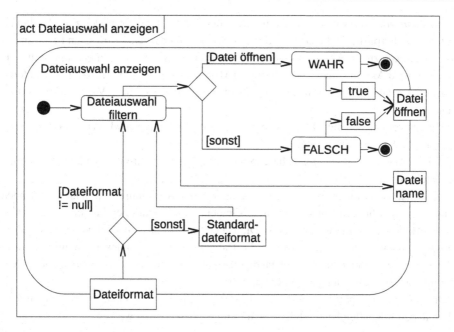

Abb. 2.13 Aktivitätsdiagramm für die Abläufe innerhalb der Aktivität *Dateiauswahl anzeigen*

sich auf dem Rand der Aktivität jedoch noch rechteckige Knoten. Diese werden Objektknoten genannt und repräsentieren die *Pins* aus Abb. 2.12. Sie sind also die Eingänge und
Ausgänge der Objektflüsse der Aktivität.

Direkt nach dem Eingangsobjektknoten *Dateiformat* erreicht das *Objekttoken* einen Entscheidungsknoten. Dieser Entscheidungsknoten liegt im Gegensatz zu allen anderen Entscheidungsknoten, die bisher beschrieben wurden, auf einem Objektfluss. Sein Verhalten
wird dadurch nicht verändert, jedoch kann dieser Entscheidungsknoten nur *Objekttoken*
umleiten. In diesem Fall unterscheidet er zwei Fälle. Wenn kein *Objekttoken* an die Aktivität
übermittelt wurde, ist das Dateiformat gleich *null*. Das *Objekttoken* wird zu dem Objektknoten *Standarddateiformat* umgeleitet und an den Aktivitätsknoten *Dateiauswahl filtern*
übermittelt.

Bei dieser Darstellung verfügt der Aktivitätsknoten über keine *Pins*. Diese Notation ist
bei der UML zulässig, wenn ein Objektfluss explizit durch einen Objektknoten läuft. Dieser
übernimmt in diesem Fall die Aufgabe des *Pins*.

Wurde ein Dateiformat an den Aktivitätsknoten *Dateiauswahl anzeigen* übergeben, so
wird dieses *Objekttoken* an *Dateiauswahl filtern* übermittelt.

Der Kontrollfluss der Aktivität beginnt bei dem Startknoten, sobald die Aktivität in dem
übergeordneten Diagramm aktiviert wird. Das *Kontrolltoken* erreicht als erstes den Aktivitätsknoten *Dateiauswahl filtern*. Diese Aktivität generiert ein *Objekttoken* mit der ausgewählten Datei, das an den Ausgangspin übermittelt wird.

Das *Kontrolltoken* wandert nach Abschluss der Aktivität weiter an den Entscheidungs-knoten, der überprüft, ob die Datei geöffnet werden soll, oder nicht. Im ersten Fall wandert das *Objekttoken* zu der Aktion *WAHR*. Eine Aktivität, die nicht detaillierter dargestellt wer-den kann, wird Aktion genannt. Die Aktion *WAHR* generiert das *Objekttoken true* und leitet es an den Ausgabepin *Datei öffnen* weiter. Der Kontrollfluss wird nach Verlassen der Aktion beendet.

Ähnlich verhält sich die Aktion *FALSCH,* nur mit dem Unterschied, dass ein *Objekttoken false* an den Ausgabepin geleitet wird.

Um die Aktivität vollständig zu beschreiben, müssten alle Aktivitäten durch Diagramme dargestellt werden.

Für die Aktivitätsdiagramme gilt die Aussage von den Anwendungsfalldiagrammen noch mehr. Die UML bietet noch viele weitere Elemente und Notationen, die die Möglichkei-ten der Aktivitätsdiagramme erweitern. Die Darstellung in diesem Buch ist nur ein kleiner Ausschnitt davon, der allerdings schon die Darstellung von komplexen Abläufen ermög-licht. Auch hier findet sich eine vollständige Dokumentation in der jeweils aktuellen UML Spezifikation (Object Management Group, 2018).

Drei wichtige Elemente der Aktivitätsdiagramme, die bisher noch nicht erwähnt wurden, sollen in den folgenden beiden Kapiteln allerdings noch ergänzt werden.

Konnektoren

Bei der Beschreibung komplexer Abläufe können die vielen verschiedenen Kontroll- und Datenflüsse leicht ein unübersichtliches Netz bilden. Sobald es nicht mehr möglich ist, die Verbindungen ohne Kreuzungen darzustellen leidet die Nachvollziehbarkeit der dargestell-ten Information zusätzlich. Die UML ermöglicht deshalb die Verwendung so genannter Konnektoren, die in Abb. 2.14 dargestellt werden.

Ein Konnektor wird durch einen Kreis repräsentiert, in dem sich ein Bezeichner befindet. Wird ein Fluss in einen Konnektor geleitet, so kann er an genau einer beliebigen Stelle des Diagramms wieder auftauchen, indem erneut ein Konnektor mit dem gleichen Bezeichner eingefügt wird. Für das Aktivitätsdiagramm gilt die Verbindung als ein durchgehender Fluss. Die Übersichtlichkeit der Darstellung wird jedoch deutlich erhöht.

Fork* und *Join

Gelegentlich werden die Ergebnisse von Objekt- oder Kontrollflüssen an verschiedenen Stellen einer Aktivität benötigt, weil Abläufe parallel stattfinden sollen, oder Objekte an

Abb. 2.14 Konnektoren in
einem Aktivitätsdiagramm

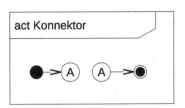

Abb. 2.15 *Fork* und *Join* in einem Aktivitätsdiagramm

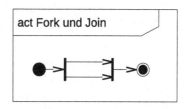

zwei Stellen verarbeitet werden müssen. Die UML bietet dafür die Möglichkeit, einen Fluss mit Hilfe eines *Forks* aufzuspalten oder mit Hilfe eines *Joins* wieder zusammenzuführen. In Abb. 2.15 wird ein Kontrollfluss mit Hilfe eines *Forks* aufgespalten und danach durch ein *Join* wieder zusammengeführt. Beide werden durch dicke schwarze Linien dargestellt, die Flüsse aufspalten oder zusammenführen.

Bei einem *Fork* gilt, dass ein Fluss in mehrere Flüsse aufgeteilt werden kann, ohne dass sich die Art des Flusses ändern kann. Wird ein Kontrollfluss aufgespalten, so entstehen ausschließlich Kontrollflüsse. Ebenso verhalten sich Objektflüsse.

Ein *Join* sorgt ohne weitere Beschreibung dafür, dass die Verarbeitung erst weitergeht, wenn auf allen eingehenden Flüssen ein Token anliegt. Eingehende Flüsse werden also synchronisiert. Befindet sich unter den eingehenden Flüssen mindestens ein Objektfluss, so ist der ausgehende Fluss in jedem Fall ein Objektfluss. Nur wenn ausschließlich Kontrollflüsse in den *Join*-Knoten führen, ist das Ergebnis ein Kontrollfluss.

2.2.3 Das Klassendiagramm

Wenn die Abläufe der Anwendungsfälle mit Hilfe der Aktivitätsdiagramme beschrieben wurden, müssen irgendwann Programmstrukturen entstehen, in denen diese Abläufe stattfinden. Um die verschiedenen Klassen und ihre Beziehungen untereinander zu dokumentieren, werden in der UML Klassendiagramme verwendet.

Diese Diagrammart beschreibt den statischen Aufbau von Programmen, die mit Hilfe von objektorientierten Ansätzen entwickelt wurden. Die Idee der objektorientierten Programmierung und die Klassen in *C++* werden in Kap. 10 beschrieben. Ohne dieses Wissen sind einige der hier beschrieben Konzepte, wie zum Beispiel die Vererbung oder die abstrakten Klassen nur schwer zu verstehen.

Zusätzlich sind die Klassendiagramme schon sehr nah an der tatsächlichen Umsetzung, obwohl es unerheblich ist, mit welcher Sprache die Diagramme später realisiert werden. Beim Lesen der Beschreibung stellt sich deshalb häufig die Frage, wie ein konkreter Sachverhalt umgesetzt werden kann. Das ist allerdings zunächst nicht entscheidend. Wichtiger sind die Überlegungen welche Funktionen und Variablen theoretisch benötigt werden.

Ab sofort werden in den Beispielen nur noch englische Begriffe verwendet, da die Klassendiagramme schon sehr nah an der tatsächlichen Umsetzung im Programmcode sind. Das geht sogar so weit, dass viele UML Entwurfsprogramme die Option bieten, Klassen-

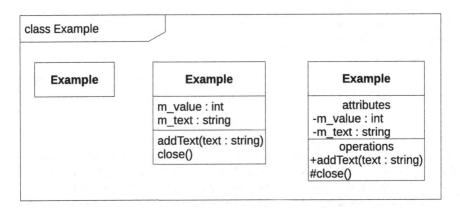

Abb. 2.16 Klassendiagramm für die verschiedenen Darstellungsoptionen einer Klasse

diagramme aus bereits geschriebenen Quellcode zu generieren. Dies wird *Reverse Engineering* genannt und macht deutlich, dass die Diagramme eigentlich vorher hätten da sein müssen. Auch der umgekehrte Fall wird angeboten, indem aus einem Diagramm sofort der dazugehörende Quellcode generiert wird. Folgerichtig nennt sich dieser Prozess *Forward Engineering*. Da C++ auf der englischen Sprache basiert, würde mit deutschen Bezeichnungen ein Sprachmix entstehen.

Abb. 2.16 zeigt ein Klassendiagramm, in dem drei verschiedene Arten gezeigt werden, mit denen Klassen in Diagrammen dargestellt werden dürfen.

Auch um diesen Diagrammtyp wird ein Rahmen gezogen. Das Schlüsselwort *class* macht deutlich, dass es sich um ein UML Klassendiagramm handelt.

Eine Klasse wird im einfachsten Fall durch ein einfaches Rechteck dargestellt. Der Name der Klasse wird in Fettdruck zentriert in das Feld geschrieben. Diese Darstellung kann sinnvoll sein, wenn sehr viele Klassen auf einem Diagramm auftauchen und eine detaillierte Darstellung einzelner Klassen die Übersichtlichkeit verringern würde.

Zu einem sehr frühen Stadium der Softwareentwicklung kann es aber auch sinnvoll sein, zunächst alle Aufgaben in Form von Klassennamen zu dokumentieren, ohne diese näher zu spezifizieren.

Die zweite Klassendarstellung bietet bereits mehr Informationen. In einem zweiten Rechteck werden die Variablen aufgeführt, die zu der Klasse gehören. Diese werden in der UML *Attribute* genannt. Zunächst wird der Name eines Attributs aufgeschrieben, danach folgt ein Doppelpunkt und dann der jeweilige Datentyp. In einem dritten Rechteck werden die Funktionen der Klasse aufgelistet, die so genannten *Operationen*. Diese sind durch die beiden runden Klammern am Ende gekennzeichnet. Funktionsparameter werden innerhalb der Klammern in der bereits bekannten Notation (Name, Doppelpunkt, Datentyp) eingefügt. In dieser Darstellung fehlen die Sichtbarkeitsstufen der Attribute und Operationen.

Diese werden in der dritten Darstellungsvariante hinzugefügt. Dabei steht das Pluszeichen (+) für die Sichtbarkeitsstufe *public*[1], die Raute (#) für die Sichtbarkeitsstufe *protected*[2] und das Minuszeichen (−) für die Sichtbarkeitsstufe *private*[3]. In dieser Darstellung wird das Rechteck für die Attribute mit der Überschrift *attributes* versehen und das Rechteck für die Operationen mit der Überschrift *operations*.

Die dritte Darstellung eignet sich besonders, wenn ein Teil der Software sehr detailliert beschrieben werden soll, da alle Attribute und Operationen dargestellt werden. Auch lassen sich Verbindungen zwischen Klassen leicht nachvollziehen, wenn durch die Attribute bereits erkennbar ist, dass der Datentyp eines Attributs einer anderen Klasse entspricht.

Nun soll das Beispiel *Bild öffnen* durch ein Klassendiagramm konkretisiert werden. In Abb. 2.17 sind die Klassen dargestellt, mit denen die Aufgabe gelöst werden soll.

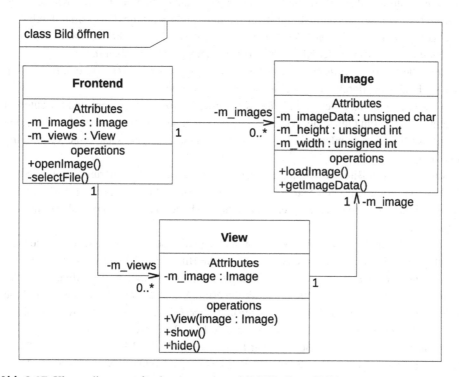

Abb. 2.17 Klassendiagramm für den Anwendungsfall *Bild öffnen* (Teil 1)

---

[1] Voller Zugriff auf die Elemente von innerhalb und außerhalb der Klasse.

[2] Voller Zugriff auf die Elemente von innerhalb der Klasse. Der Zugriff von außerhalb der Klasse wird verhindert.

[3] Voller Zugriff auf die Elemente von innerhalb der Klasse. Der Zugriff von außen ist wie bei *protected* nicht erlaubt. Zusätzlich kann das Element nicht vererbt werden. Der Begriff wird im Zusammenhang mit den Klassen nochmal ausführlich erklärt.

Die Klasse *Frontend* soll alle Aufgaben umsetzen, die eine direkte Interaktion mit dem Benutzer betreffen, während die Klasse *Image* für alle Bildoperationen verantwortlich ist. Abschließend soll die Darstellung von Bilddaten durch die Klasse *View* erfolgen. Dieser Aufbau hat sich für Datenverarbeitende Software bewährt, deshalb gehört er zu den Standarddesigns der Softwarearchitektur. Der Fachbegriff für solche Standarddesigns ist Entwurfsmuster oder *Design Pattern*. Dieses spezielle Entwurfsmuster nennt sich *Model-View-Controller*.

Die Rolle des *Controllers* wird durch die Klasse *Frontend* übernommen. Sie steuert die Abläufe zwischen den verschiedenen Klassen. In diesem Beispiel speichert die Klasse eine Liste von Bildern in dem Attribut *m_images* und eine Liste von Ansichten in dem Attribut *m_views*.

Da der Datentyp des Attributs *m_images* die auch in dem Diagramm dargestellte Klasse *Image* ist, wurde in das Diagramm eine gerichtete *Assoziation* zwischen der Klasse *Frontend* und der Klasse *Image* eingefügt. Grafisch dargestellt wird die *Assoziation* durch eine durchgezogene Linie mit einer Pfeilspitze. Die Richtung deutet dabei an, dass die Klasse *Frontend* einen Bezug zu der Klasse *Image* besitzt, aber nicht umgekehrt.

Am Ende der *Assoziation* befindet sich eine Bezeichnung −*m_images* die deutlich macht, dass die Beziehung durch dieses Attribut hergestellt wurde.

Die Zahlen unterhalb der *Assoziation* werden Multiplizitäten genannt und bedeuten in diesem Fall, dass ein Objekt der Klasse *Frontend* mit einer beliebigen Anzahl an Objekten der Klasse *Image* verbunden sein kann. Dabei bedeutet 0..*, dass auch keine Verbindung zulässig ist.

Aus Sicht eines Bildbearbeitungsprogramms macht diese Modellierung insofern Sinn, als dass das Programm beim Start sicherlich noch keine Bilder geladen hat. Später, während des Betriebs, wird den Benutzern durch die Modellierung keine maximale Bildanzahl vorgegeben.

Eine vergleichbare Assoziation wurde zwischen der Klasse *Frontend* und der Klasse *View* eingefügt. Damit können mehrere Ansichten auf die Bilder gleichzeitig verwaltet werden.

Die Klasse *Frontend* muss, wie bereits angesprochen, zusätzlich die Aufgaben implementieren, die eine direkte Benutzerinteraktion erfordern. In diesem Beispiel werden diese Aufgaben durch die Operationen *openImage* und *selectFile* erledigt, die den Aktivitätsknoten *Bild öffnen* und *Dateiauswahl anzeigen* aus Abb. 2.12 entsprechen.

Die nächsten Schritte der Bearbeitung finden innerhalb der Klasse *Image* statt. Diese Klasse ist für das Laden, Speichern und Bearbeiten der Bilddaten verantwortlich. Dazu benötigt sie Attribute, die alle notwendigen Informationen über das gespeicherte Bild speichern können.

In einem der einfachsten Fälle sind das die Bilddaten selbst, gespeichert in dem Attribut *m_imageData,* sowie die Breite und die Höhe des Bildes, die in *m_width* und *m_height* gespeichert werden.

Die erste Operation *loadImage* setzt den Aktivitätsknoten *Bild laden* aus Abb. 2.12 um. Für die zweite Operation *getImageData* gibt es noch keine Entsprechung in den Aktivitätsdiagrammen. Allerdings ist es notwendig, dass eine externe Klasse, die das Bild darstellen soll, irgendwie an die Bilddaten gelangen kann.

Die dritte Klasse in dem Diagramm ist für die Darstellung der Bilder zuständig und erfüllt damit die Aufgaben des Aktivitätsknotens *Bild anzeigen* aus Abb. 2.12. Die Klasse benötigt ein Attribut *m_image,* in dem das Bild gespeichert wird, das dargestellt werden soll. Diese Verbindung zwischen den beiden Klassen wird erneut durch eine zusätzliche *Assoziation* dargestellt. Die Multiplizitäten an den Enden der *Assoziation* machen deutlich, dass ein Objekt der Klasse *Image* eindeutig einem Objekt der Klasse *View* zugeordnet wird.

Die Operationen *show* und *hide* dienen zum Öffnen und Schließen der Bilddarstellung. Mit dem Konstruktor *View* wird das darzustellende Bildobjekt an die Klasse *View* übergeben.

Mit diesen drei Klassen kann der Anwendungsfall *Bild öffnen* in einem Softwaresystem realisiert werden.

Es werden allerdings noch zwei zusätzliche Darstellungselemente benötigt, um die Grundlagen der Klassendiagramme abzuschließen. Aus diesem Grund soll der Anwendungsfall ein wenig erweitert werden.

In einer realen Bildbearbeitungssoftware werden Bilder üblicherweise in Fenstern des jeweiligen Betriebssystems dargestellt. Diese Fenster werden in der Software gewöhnlich durch Klassen realisiert. Da die Bilder bearbeitet werden, ändern sich die dargestellten Inhalte aber gelegentlich und die Darstellung muss angepasst werden.

Natürlich kann nun jedem Bild die Klasse zugeordnet werden, in der es dargestellt wird, doch diese Lösung ist wenig flexibel. Wenn das Bild in mehreren verschiedenen Klassen dargestellt werden kann, wird diese Lösung schnell unübersichtlich. Aber auch für diesen Fall gibt es ein Entwurfsmodell, dass das Problem löst, das so genannte *Observer Pattern.*

Dazu wird eine abstrakte Klasse definiert, die als unabhängige Schnittstelle für alle Klassen fungiert, die aktualisiert werden müssen. Die Aktualisierung erfolgt immer dann, wenn sich die Daten eines Modells, in diesem Fall des Bildes, ändern.

Das Bild kann nun eine Liste der Schnittstellen führen, ohne sich darum kümmern zu müssen, welche Klassen möglicherweise dahinterstecken. Jedes Mal, wenn sich die Daten ändern, wird die Liste durchlaufen, um über die Aktualisierung zu informieren.

Abb. 2.18 erweitert das bereits bekannte Klassendiagramm um ein *Observer Pattern,* mit dessen Hilfe die Klasse *View* über jede Änderung in den Daten der Klasse *Image* informiert werden kann.

Dazu wird zunächst eine abstrakte Klasse (siehe Abschn. 10.5) *IObserver* eingeführt, die nur über die eine Operation *update()* verfügt. Das große „I" vor dem Namen der Klasse macht deutlich, dass es sich um die Definition einer Schnittstelle *(Interface)* handelt. Diese Namensgebung ist aber nur eine Konvention guter Praxis, um Schnittstellen auch innerhalb des späteren Programms leichter identifizierbar zu machen.

Damit die Klasse innerhalb der UML tatsächlich als abstrakte Klasse definiert wird, ist es notwendig, unter dem Namen der Klasse in geschweiften Klammern das Schlüsselwort *abstract* zu vermerken.

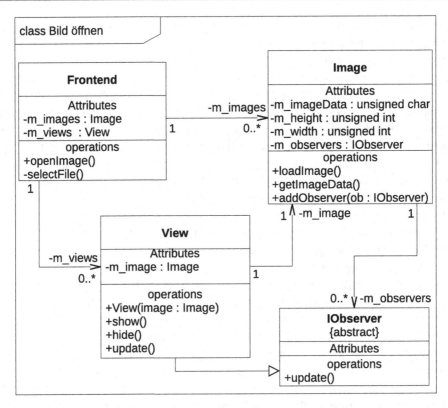

Abb. 2.18 Vollständiges Klassendiagramm für den Anwendungsfall *Bild öffnen*

Die Klasse *Image* wird nun um ein Attribut ergänzt, in dem alle Schnittstellen gespeichert werden können, die über eine Aktualisierung informiert werden sollen. In diesem Beispiel wurde das Attribut *m_observers* genannt und besitzt den Datentyp *IObserver*. Ergänzend zu dem Attribut wurde eine *Assoziation* eingefügt, die von der Klasse *Image* auf die Klasse *IObserver* verweist. Durch die Multiplizitäten wird festgelegt, dass eine Verbindung zu mehreren Schnittstellen möglich ist.

Zusätzlich muss noch eine Operation *addObserver* ergänzt werden, mit deren Hilfe ein neuer Beobachter in die Liste eingefügt werden kann.

Nun soll die Klasse *View* von der Klasse *IObserver* erben, damit sie als Schnittstelle in die Beobachterliste der Klasse *Image* eingefügt werden kann. Dies wird in der UML durch eine gerichtete Verbindung gekennzeichnet, die *Generalisierung* genannt wird. Dargestellt wird diese Verbindung durch eine durchgezogene Linie, an deren Ende sich eine umrahmte Pfeilspitze befindet. Die Pfeilspitze deutet von der erbenden Klasse auf die vererbende Klasse, also von der Spezialisierung auf die Generalisierung.

Abschließend wird in der Klasse *View* die Operation *update* ergänzt, um die geerbte Schnittstelle umzusetzen.

Erneut wurden viele Darstellungselemente der UML nicht erwähnt, dennoch ist bereits ein sehr komplexes Beispiel entstanden. Die vollständige Dokumentation eines UML Klassendiagramms befindet sich in der jeweils aktuellen UML Spezifikation (Object Management Group, 2018).

2.2.4 Das Zustandsdiagramm

In der Informatik treten häufig Aufgabenstellungen auf, bei denen verschiedene Zustände berücksichtigt werden müssen. Ein Programm verhält sich anders, wenn der Ablauf pausiert wird, ein Gerät, das aufgeladen wird, signalisiert mit einer Diode, die sonst abgeschaltet ist, dass es sich im Lademodus befindet, usw. Wichtig ist, dass eine Software oder ein Gerät in jedem Zustand unterschiedlich auf Eingaben reagiert. Ist eine Softare aktuell pausiert, so werden viele Eingaben, die sonst Reaktionen auslösen, mit großer Wahrscheinlichkeit ignoriert. Ein Gerät, das aktuell aufgeladen wird, kann verhindern, dass es eingeschaltet wird und so Strom verbraucht.

Um diese Art von Aufgabenstellung herum existiert in der theoretischen Informatik die Automatentheorie und darin das Teilgebiet der *endlichen Automaten*. Ein *endlicher Automat* beschreibt eine endliche Anzahl von Zuständen und Übergängen, so genannten *Transitionen,* zwischen den Zuständen, die von Eingaben ausgelöst werden können. Zwei klassische Modelle der *endlichen Automaten* sind die *Moore-* und *Mealy*-Automaten (benannt nach den Mathematikern E.F. Moore und G.H. Mealy).

Bei beiden Modellen gibt es Ein- und Ausgaben, Zustände und Übergänge zwischen den Zuständen. Bei den *Moore*-Automaten hängt die Ausgabe ausschließlich von dem aktuellen Zustand ab, während bei einem *Mealy*-Automaten die Ausgabe von dem aktuellen Zustand und der Eingabe abhängt. Beide Modelle können in das jeweils andere übertragen werden, die Darstellung mit Hilfe von *Mealy*-Automaten ist jedoch häufig kompakter, da weniger Zustände benötigt werden.

Bei der Entwicklung der UML-Zustandsdiagramme wurden die Fähigkeiten beider Modelle kombiniert und sogar noch erweitert. Abb. 2.19 zeigt ein einfaches UML-Zustandsdiagramm, das zwei Zustände eines Programms beschreibt.

Abb. 2.19 Zustandsdiagramm für zwei einfache Zustände einer Software

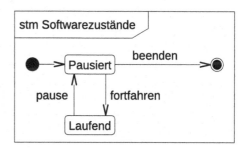

Wie schon zuvor, wird in der oberen linken Ecke der Name für das Diagramm festgelegt. Gültige Schlüsselwörter für ein Zustandsdiagramm sind *state machine*, oder auch
kurz *stm*. Der ausgefüllte schwarze Kreis am linken Rand ist ein *Pseudozustand*, der den
Anfang des Zustandsdiagramms festlegt. Davon ausgehend zeigt eine *Transition* auf den
Zustand *Pausiert*, das Programm beginnt also im Pausenmodus. Die *Transition*, die von
dem *Pseudozustand* ausgeht, kann eine Beschriftung besitzen, wenn nur bestimmte Eingaben den Wechsel zu dem Startzustand auslösen. Ist die *Transition* unbeschriftet, so führt
jede Eingabe zu dem Startzustand.

Ausgehend von dem Zustand *Pausiert* führt eine *Transition* zu einem Zustand, der durch
einen schwarzen Kreis symbolisiert wird, der von einem weiteren Kreis umgeben ist. Dieser
Zustand symbolisiert den *Endzustand* des Diagramms. An der *Transition* wurde ein *Trigger*
notiert, der den Zustandswechsel auslöst. Da die Beschreibung in diesem Beispiel sehr
abstrakt ist, ist nur dokumentiert, dass irgendwie eine Eingabe ausgelöst werden kann, die
das Programm beendet.

Eine weitere *Transition*, die mit *fortfahren* beschriftet ist, löst einen Zustandswechsel zu
dem Zustand *Laufend* aus. Befindet sich das Programm im Zustand *Laufend*, so löst die
Eingabe *pause* erneut den Wechsel in den Zustand *Pausiert* aus.

Angenommen, die Benutzer können jede Eingabe zu jedem beliebigen Zeitpunkt und in
jedem beliebigen Zustand zum Beispiel durch Tastendrücke auslösen, wobei *b* für *beenden*,
p für *pause* und *f* für *fortfahren*. Im Zustand *Laufend* würden die Eingaben für *beenden*
und *fortfahren* jedoch ignoriert werden, während im Zustand *Pausiert* die Eingabe von
pause keine Wirkung hätte. Das Programm reagiert also abhängig vom aktuellen Zustand
unterschiedlich auf ansonsten identische Eingaben.

Neben der Steuerung der Zustandswechsel, die von dem aktuellen Zustand und der jeweiligen Eingabe abhängt, ist auch die Dokumentation der Ausgaben wichtig für das Verhalten
des Zustandsautomaten. Abb. 2.20 zeigt eine Weiterentwicklung des Zustandsautomaten aus
Abb. 2.19, in dem für den Zustand *Laufend* Ausgaben hinzugefügt wurden.

Abb. 2.20 Weiterentwickeltes
Zustandsdiagramm aus
Abb. 2.19

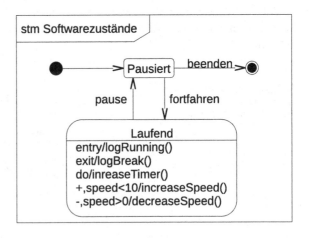

Zunächst wurde der Zustand in zwei Bereiche unterteilt. In dem oberen Bereich wird der Name des Zustands dokumentiert, während in dem unteren Bereich interne Aktivitäten und interne *Transitionen* dokumentiert werden. In beiden Fällen führt ein *Trigger* zu einer Reaktion, ohne dass ein Zustandswechsel herbeigeführt wird.

Bei den ersten drei Zeilen handelt es sich um interne Aktivitäten, deren Schlüsselwörter standardisiert sind. Durch das Schlüsselwort *entry* wird eine Aktion beschrieben, die in jedem Fall ausgeführt werden soll, wenn der Zustand betreten wird. Durch ein *Slash*-Symbol *(/)* getrennt, wird die Ausgabe dokumentiert, die beim Betreten des Zustands erfolgen soll. Diese kann entweder beschreibend oder konkret durch ein Kommando in einer Programmiersprache erfolgen. In diesem Beispiel soll die Funktion *logRunning()* aufgerufen werden, die den Zeitpunkt dokumentieren soll, zu dem das Programm in den Zustand *Laufend* wechselt.

Das Schlüsselwort *exit* beschreibt analog dazu die Aktion, die beim Verlassen des Zustands ausgeführt werden soll. In diesem Beispiel soll auch dokumentiert werden, wenn der Zustand *Laufend* verlassen wird.

Das dritte Schlüsselwort *do* beschreibt eine Aktion, die ausgeführt werden soll, solange sich das Programm in dem Zustand *Laufend* befindet. In diesem Fall soll die Funktion *increaseTimer()* ausgeführt werden, die die Zeit weiterlaufen lässt.

Die letzten beiden Zeilen beschreiben interne *Transitionen,* deren Beschreibung auch für externe *Transitionen* analog angewendet werden kann. Der erste Teil der Beschriftung besteht aus einem oder mehreren, durch Kommata getrennten *Triggern,* die die Transition auslösen. In diesem Beispiel soll auf die Tasten + und - reagiert werden. Danach folgt, durch ein Komma getrennt, ein so genannter *guard,* eine Bedingung, die zusätzlich erfüllt sein muss, damit die *Transition* ausgeführt wird. Für das Beispiel soll irgendwie die Geschwindigkeit in 11 Stufen geregelt werden können. Dazu wird angenommen, dass die aktuelle Geschwindigkeit durch den Wert *speed* ausgedrückt wird. Ist dieser Wert kleiner als 10, so kann der Wert erhöht werden, ist er größer als 0, so kann er verkleinert werden. Abschließend folgt auch hier die Dokumentation der auszuführenden Aktion nach einem *Slash*-Symbol *(/)*. Wird die Taste + gedrückt, so soll die Funktion *increaseSpeed()* ausgeführt werden, sofern die Bedingung erfüllt ist. Analog dazu soll die Funktion *decreaseSpeed()* ausgeführt werden, wenn die Taste - gedrückt wird.

Abb. 2.21 zeigt eine alternative Lösung für das Zustandsdiagramm aus Abb. 2.20. In dieser Variante wurden keine Ausgaben definiert, die beim Betreten oder Verlassen des Zustands *Laufend* ausgeführt werden sollen.

Stattdessen wurden die Ausgaben als Aktionen an die *Transitionen* definiert, die zum Betreten oder Verlassen des Zustands führen. Für das vorliegende Beispiel wäre das Verhalten für beide Varianten identisch. Kommen, wie in Abb. 2.22, noch weitere Zustände hinzu, muss eine Entscheidung getroffen werden. Soll das Betreten oder Verlassen des Zustands in jedem Fall eine Aktion hervorrufen, dann ist eine Dokumentation mit Hilfe interner Aktionen innerhalb des Zustands von Vorteil. In dem Fall wäre die Notation, wie sie in Abb. 2.20 gezeigt wird, vorzuziehen, da die Aktionen unabhängig von den *Transitionen* sind und bei jedem Betreten und Verlassen des Zustands ausgeführt werden.

Abb. 2.21 Alternatives
Zustandsdiagramm zu
Abb. 2.20

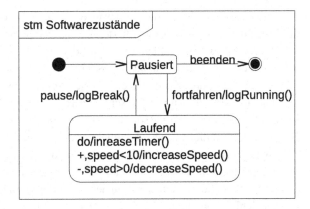

Es kann aber auch erwünscht sein, dass bestimmte Aktionen davon abhängig sind, wie
der Zustand verlassen oder betreten wird. In diesem Fall ist die Notation aus Abb. 2.21 vorzuziehen, da sie die Aktionen von den getätigten Eingaben abhängig macht. In dem Beispiel
in Abb. 2.22 kann der Zustand *Konfiguration* erreicht werden, ohne dass das Verlassen des
Zustands *Laufend* dokumentiert wird. Das kann sinnvoll sein, wenn zum Beispiel das Aufrufen der Konfiguration eine Logdatei zurücksetzt, weil sich die Parameter verändern, unter
denen das Programm läuft.

Die UML erlaubt noch viele weitere Varianten von Zustandsdiagrammen, die in diesem
Buch jedoch keine Anwendung finden sollen, da sie ein fortgeschrittenes Verständnis der
Informatik voraussetzen.

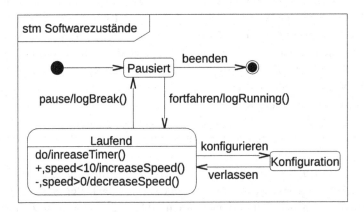

Abb. 2.22 Erweiterung des Zustandsdiagramms aus Abb. 2.21

Taxonomiestufen 3

Die Übungsaufgaben in diesem Buch sollen Ihnen eine Einschätzung der eigenen Fähigkeiten ermöglichen. Dazu ist es erforderlich, dass Sie selbst darüber entscheiden können, ob Sie eine Aufgabe gelöst haben, oder nicht. Zusätzlich sollen Sie eine Rückmeldung darüber erhalten, welche Fähigkeiten mit den jeweiligen Aufgaben getestet werden.

Im Jahr 1956 wurde durch den amerikanischen Psychologen Benjamin Bloom ein System von sechs kognitiven Taxonomiestufen entwickelt, mit dessen Hilfe Lernziele kategorisiert werden können (Bloom et al., 1956).

Die erste Stufe ist das *Wissen* und beschreibt die Fähigkeit Erlerntes zu erinnern und zu reproduzieren. Auf der zweiten Stufe, *Verstehen,* können Sachverhalte beschrieben und erklärt werden. Auf der dritten Stufe, *Anwenden,* geht es darum Erlerntes anzuwenden, um konkrete Probleme zu lösen. Die vierte Stufe ist das *Analysieren.* Hier geht es darum verschiedene Lösungen zu unterscheiden und zu vergleichen. Auf der fünften Stufe, der *Synthese,* können mehrere Lösungsansätze zu einer gemeinsamen Lösung kombiniert werden. Und auf der letzten Stufe, dem *Evaluieren,* können eigene Lösungen entwickelt und existierende Lösungen bewertet werden.

Gerwald Lichtenberg und Oliver Reis heben in Lichtenberg und Reis (2016) hervor, dass neben der Kategorisierung in Taxonomiestufen eine weitere Skala für die Bewertung notwendig ist. Diese Niveaustufen können individuell für jede Taxonomiestufe festgelegt werden. Allerdings setzt dieses Verfahren voraus, dass eine weitere Person existiert, die die Antworten beurteilen kann.

Da Sie sich mit Hilfe dieses Buches selbst eine Einschätzung über Ihren Lernerfolg erstellen können sollen, wurde das Verfahren von Lichtenberg und Reis etwas vereinfacht.

© Springer Fachmedien Wiesbaden GmbH, ein Teil von Springer Nature 2024
B. Tolg, *Informatik auf den Punkt gebracht*,
https://doi.org/10.1007/978-3-658-43715-2_3

Tab. 3.1 Die Taxonomiestufen für kognitive Lernziele nach Bloom

Beschreibung	Symbol
Wissen Alle Begriffe richtig verwendet und zusammenhängend wiedergegeben	
Verstehen Die Aufgabenstellung mit einer richtigen Begründung erklärt	
Anwenden Berechnen des richtigen Ergebnisses und Anwenden des richtigen Lösungswegs	
Analysieren Erstellen einer richtigen Hypothese	
Synthetisieren Erstellen eines umsetzbaren Vorschlags. Notfalls den Beweis durch testen erbringen	
Evaluieren Entwickeln einer zielführenden Lösungsidee	

Jede Aufgabe in diesem Buch wurde einer Taxonomiestufe zugeordnet, die Sie anhand einer Pyramide erkennen können, die sich neben jeder Aufgabenstellung befindet. Tab. 3.1 zeigt die verschiedenen Taxonomiestufen und ihre Kennzeichnung bei den Aufgabenstellungen. Zusätzlich zeigt Ihnen die Tabelle, anhand welcher Kriterien Sie mit Hilfe der Lösung beurteilen können, ob sie die Aufgabe gelöst haben; oder nicht.

Für jede richtige Lösung können Sie sich für ein Kapitel einen Punkt in der jeweiligen Taxonomiestufe geben.

Bei den Übungen finden Sie für jedes Kapitel ein Netzdiagramm, wie in Abb. 3.1 gezeigt. Die schwarze Linie zeigt Ihnen, wie viele Punkte Sie in diesem Kapitel maximal in einer Taxonomiestufe erhalten können.

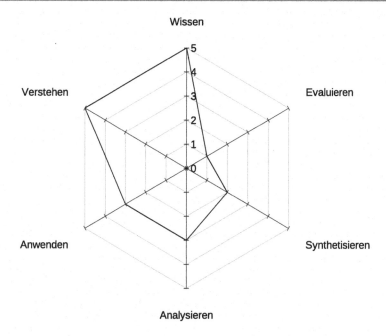

Abb. 3.1 Netzdiagramm für die Selbstbewertung mit Hilfe von Taxonomiestufen

Nachdem Sie die Aufgaben durchgearbeitet und für sich selbst bewertet haben, können Sie Ihre Punktzahl mit dem Diagramm vergleichen. Ihre Werte bei den jeweiligen Taxonomiestufen zeigen Ihnen, in welchen Bereichen Sie Punkte sammeln konnten. Mit den Bewertungskriterien aus Tab. 3.1 entsprechen Ihre Ergebnisse damit ungefähr der Niveaustufe 3 nach Lichtenberg und Reis (2016).

Die Sprache C++ 4

In diesem Kapitel werden alle grundlegenden Sprachelemente von *C++* vorgestellt. Es soll sowohl als Nachschlagewerk für die in Teil IV vorgestellten Problemstellungen, als auch als Einführung in die Programmiersprache *C++* dienen. Dazu werden die einzelnen Sprachelemente mit Hilfe von kleinen Beispielen eingeführt. Das erlangte Wissen kann mit Hilfe der Übungsaufgaben im Selbsttest überprüft werden. Wie im vorangegangenen Teil des Buches erklärt, sind die Aufgaben mit Taxonomistufen markiert, sodass Sie Ihre eigenen Fähigkeiten besser einschätzen können.

Bei der Sprache *C++* handelt es sich um eine Erweiterung der Sprache *C* . Die Sprache *C* wurde in den frühen 1970er Jahren entwickelt und verfolgt ein prozedurales Programmierparadigma. Ende der 1970er Jahre wurde die Sprache *C* von Bjarne Stroustrup um das so genannte objektorientierte Programmierparadigma erweitert. Was Objektorientierung genau bedeutet wird im Kap. 10 über Klassen erklärt. Die ersten Abschnitte dieses Kapitels beschäftigen sich jedoch zunächst mit der prozeduralen Entwicklung von Programmen.

Zur Entwicklung von *C++* Programmen stehen verschiedene kommerzielle oder nichtkommerzielle Entwicklungsumgebungen zur Verfügung. Jede dieser Entwicklungsumgebungen verändert gelegentlich die Art und Weise, wie die *C++* Programme geschrieben werden sollen, und manchmal auch ihr Aussehen. Manche unterstützen Sie, indem bereits Programmrahmen durch die Entwicklungsumgebung erzeugt werden, andere tun dies nicht. Um dieses Buch möglichst unabhängig von der jeweiligen Entwicklungsumgebung zu halten, wird keine bestimmte Entwicklungsumgebung vorausgesetzt. Dies hat natürlich den Nachteil, dass die vorgestellten Programme bei bestimmten Entwicklungsumgebungen nur mit leichten Veränderungen lauffähig sind.

Die Programmiersprache *C++* ist eine so genannte *Compiler*-Sprache. Das bedeutet, dass ein Programm, genauer der Quellcode, durch ein anderes Programm, den *Compiler,* in eine Sprache übersetzt wird, die der Prozessor verstehen kann, auf dem das Programm

© Springer Fachmedien Wiesbaden GmbH, ein Teil von Springer Nature 2024
B. Tolg, *Informatik auf den Punkt gebracht*,
https://doi.org/10.1007/978-3-658-43715-2_4

laufen soll. Der Quellcode kann aus mehreren Dateien bestehen. In den *Header*-Dateien stehen nur abstrakte Informationen, vergleichbar mit dem Inhaltsverzeichnis eines Buches. Die *cpp*-Dateien enthalten hingegen die vollständige Definition der Programmelemente, also praktisch die Buchkapitel, die zu dem Inhaltsverzeichnis passen.

Bei *C++* erfolgt die Übersetzung in drei Schritten. Zunächst werden durch den *Präprozessor* Modifikationen an dem Quellcode vorgenommen, die die Arbeit des *Compilers* ermöglichen, es dem Programmierenden jedoch erschweren würden den Quellcode zu lesen. Im zweiten Schritt wird der nun veränderte Quellcode durch einen *Compiler* übersetzt. Das Ergebnis dieser Übersetzung sind Objektdateien, die im Prinzip schon durch den Prozessor verstanden werden könnten. Allerdings erstrecken sich manche Programmierelemente über mehrere Dateien, sodass offene Enden (so genannte *Links*) entstehen. Diese offenen Enden müssen noch verbunden werden, dies erledigt im letzten Schritt der *Linker*. Das Ergebnis dieser Schritte ist dann entweder ein ausführbares Programm, oder eine Bibliothek. Letztere besteht ebenfalls aus ausführbarem Code, besitzt jedoch keine Hauptfunktion, bei der das Programm starten könnte. Was eine Hauptfunktion ist, erfahren Sie im folgenden Abschn. 4.1.

4.1   Das erste Programm

Einer alten Tradition beim Erlernen von Programmiersprachen folgend ist das erste Programm, welches ein Schüler einer neuen Programmiersprache schreiben sollte, ein *Hello World!*-Programm. Das Programm macht nichts weiter, als den genannten Schriftzug in der Konsole auszugeben. Das Listing 4.1 zeigt den entsprechenden Quellcode.

Vieles von dem, was in diesem Abschnitt erklärt wird, taucht an anderer Stelle erneut und meistens detaillierter auf. Dennoch soll jeder Befehl des Programms zunächst einmal grob durchleuchtet werden, um einen Einstieg in die Sprache *C++* zu ermöglichen.

```
1    #include <iostream>
2
3    using namespace std;
4
5    int main()
6    {
7      cout << "Hello World!" << endl;
8
9      cin.get();
10
11     return 0;
12   }
```

Listing 4.1 Das *Hello World!* Programm

Das Programm beginnt mit dem Präprozessorbefehl, bzw. der *Präprozessordirektive* *#include*. Beim Bearbeiten des Quellcodes erkennt der Präprozessor den Befehl *#include* und ersetzt die Zeile des Quellcodes mit dem kompletten Inhalt der Datei *iostream*. Der Dateiname hinter dem *#include*-Befehl kann mit spitzen Klammern *(#include <Dateiname>)* oder in Anführungszeichen *(#include „Dateiname")* eingeschlossen sein. Der Unterschied der beiden Schreibweisen liegt in der Anzahl der Verzeichnisse, die durchsucht werden, um die Datei zu finden.

Werden spitze Klammern verwendet, so werden lediglich diejenigen Verzeichnisse durchsucht, die dem *Compiler* bei seinem Aufruf von der Entwicklungsumgebung übergeben oder, falls die Suche erfolglos ist, die durch eine bestimmte Umgebungsvariable festgelegt werden. Das umfasst üblicherweise nicht die Verzeichnisse, in denen sich das eigene Projekt befindet. Die Anführungsstriche legen eine andere Suchreihenfolge fest. Hier wird zunächst das Verzeichnis durchsucht, in dem sich die Datei mit dem *#include* befindet. Danach folgen die Verzeichnisse aller anderen durch *#include* geöffneten Dateien und erst danach die Verzeichnisse, die auch bei den spitzen Klammern durchsucht werden.

Die Anführungsstriche legen also einen größeren Suchradius fest. In den Beispielen werden dennoch immer spitze Klammern verwendet, wenn dies möglich ist.

In der Datei *iostream* werden die Anweisungen *cout*, *cin* und *endl* definiert, die ohne das *#include* nicht verwendet werden könnten.

In der dritten Zeile des Programms steht der Befehl *using namespace std;*. Ein *namespace*, also ein Namensraum, kann um bestimmte Elemente der Sprache *C++* herum erzeugt werden. Er funktioniert im Prinzip ähnlich, wie ein Familienname. In diesem Fall wurde der Namensraum *std* in der Datei *iostream* um die Anweisungen *cout*, *cin* und *endl* herum definiert. Wenn der Befehl *cout* aufgerufen werden soll, müsste deshalb immer zunächst der Namensraum *std* genannt werden. Der Aufruf würde *std::cout* lauten. Da das bei vielen Namensräumen unleserlich werden kann, erlaubt es *C++* auf die Nennung des Namensraums zu verzichten, wenn dies durch der Befehl *using namespace* vorher angekündigt wurde.

Generell gilt, dass alle Anweisungen in *C++* durch ein Semikolon beendet werden müssen. Allerdings gibt es, wie eigentlich fast immer, auch zu dieser Regel Ausnahmen. Bei Anweisungen des Präprozessors, wie dem *#include*, wird zum Beispiel kein Semikolon benötigt und auch nach geschweiften Klammern ist dies nicht immer der Fall.

In Zeile fünf des Programms folgt die Zeile *int main()* und danach einige Befehle, die durch geschweifte Klammern eingeschlossen werden. Wie bereits vorher erwähnt, unterstützt die Sprache *C* und auch deren Erweiterung *C++* ein prozedurales Programmierparadigma. Das bedeutet in diesem Fall, dass Programme aus mehreren Teilen, den so genannten Prozeduren, oder auch Funktionen, bestehen können. Diese Teile erfüllen bestimmte Aufgaben und werden mit einem Namen versehen. Dieser Name kann innerhalb der in dem Syntaxdiagramm 2.3 beschriebenen Grenzen beliebig gewählt werden. Es ist jedoch ratsam, mit dem Namen die Aufgabe der Funktion zusammengefasst zu beschreiben. Dies vereinfacht die Arbeit mit dem Programm deutlich.

Eine Funktion kann, wie aus der Mathematik vielleicht bekannt, Werte entgegennehmen und auf verschiedene Arten auch wieder zurückgeben. Die Zeile *int main()* bewirkt die

Definition einer solchen Funktion. Dabei handelt es sich um die wichtigste Funktion des Programms, die so genannte Hauptfunktion. Sie ist der Einstieg in ihr *C++* Programm und jedes Programm muss irgendwo eine solche Funktion besitzen. Egal, wo sie innerhalb ihres Quellcodes steht, das Programm beginnt immer dort.

Die Definition besteht aus vier wichtigen Bereichen. Als erstes kommt das *int*. Dies ist ein Variablentyp, der positive und negative ganze Zahlen speichern kann. In diesem Fall wird damit der Rückgabewert der Funktion festgelegt. Wenn diese Funktion aufgerufen wird, ist dem Aufrufenden damit klar, dass das Ergebnis des Aufrufs eine ganze Zahl sein wird.

Der zweite Bereich ist das *main*. Dies ist der Name der Funktion, der normalerweise innerhalb der beschriebenen Grenzen (Syntaxdiagramm 2.3) frei gewählt werden kann. Bei der Hauptfunktion unterliegt dieser Name jedoch zusätzlichen Einschränkungen. Damit die Hauptfunktion auch als solche erkannt wird, muss der Name *main* gewählt werden.

An dritter Stelle folgen die Klammern *()*, die in diesem Beispiel zunächst leer bleiben. Dennoch sind sie für die Definition sehr wichtig, denn sie machen deutlich, dass eine Funktion definiert werden soll. In späteren Beispielen werden innerhalb dieser Klammern die Werte stehen, die an die Funktion übergeben werden sollen, die sogenannte *Parameterliste*. Aus der Mathematik ist vielleicht die typische Funktionsdefinition $y = f(x)$ bekannt, die nach dem gleichen Prinzip funktioniert. Innerhalb der Klammern steht auch in der Mathematik der Parameter, der übergeben werden soll.

Abschließend kommt der Bereich innerhalb der geschweiften Klammern in den Zeilen sechs bis zwölf. Die geschweiften Klammern markieren den Funktionskörper. Also den Bereich, der festlegt, was beim Aufruf der Funktion passieren soll. Programmanweisungen können nur innerhalb von Funktionen stehen, da nur so ein definierter Programmablauf stattfinden kann. Anweisungen außerhalb einer Funktion könnten nicht sinnvoll verarbeitet werden, da nicht klar wäre, wann sie ausgeführt werden sollen.

Innerhalb der Funktion werden drei Befehle ausgeführt. Zunächst *cout* ⟨⟨ *„Hello World!"* ⟨⟨ *endl;*.

Der Befehl *cout* wird, wie bereits erwähnt, in der Datei *iostream* definiert, die in der ersten Zeile durch *#include* eingefügt wurde. Er bewirkt eine Ausgabe in einer Textkonsole. Die einzelnen Ausgaben können nun durch ⟨⟨ voneinander getrennt hinter das *cout* geschrieben werden. In dem Beispiel soll der Text *Hello World!* ausgegeben werden. Um die Ausgabe als Text zu kennzeichnen, müssen Anführungszeichen um den Text gesetzt werden (*„Hello World!"*). Abschließend soll in die nächste Zeile gesprungen werden. In einer Textverarbeitungssoftware würde dies durch Drücken der *Enter*-Taste geschehen. In dem Programm erfolgt dies durch den Befehl *endl.*

Was macht das Programm bisher? Es startet in der Hauptfunktion und gibt einen Text auf dem Bildschirm aus. Damit hat es seinen gewünschten Zweck erfüllt. Nun könnte sich das Programm direkt wieder beenden, jedoch würde dies so schnell gehen, dass niemand den Text lesen könnte. Es ist also notwendig auf eine Interaktion des Benutzers zu warten, bevor das Programm beendet wird. Diesen Zweck erfüllt Zeile neun des Programms *cin.get();*, die darauf wartet, dass der Benutzer die *Enter*-Taste betätigt.

Der Befehl *cin* stammt, ebenso wie *cout,* aus der Datei *iostream.* Der Befehl schreibt jedoch keinen Wert in die Textkonsole, sondern liest einen Wert von dort ein. Die runden Klammern des Befehls *get( )* machen deutlich, dass es sich um einen Funktionsaufruf handelt, der erneut keine Parameter benötigt. Der Punkt zwischen beiden Befehlen zeigt, dass die Funktion *get( )* durch *cin* bereitgestellt wird und allein nicht aufgerufen werden könnte.

Zeile neun wird nicht in jedem Fall und jeder Entwicklungsumgebung benötigt. Manche Entwicklungsumgebungen lassen die Textkonsole nach Beendigung des Programms geöffnet, sodass das Ergebnis sichtbar bleibt. In den Beispielprogrammen in diesem Buch wurde das Kommando weggelassen. Sollte sich die Konsole bei Ihrer Entwicklungsumgebung direkt nach der Ausführung schließen, so müssen Sie in den Beispielprogrammen nur die Zeile *cin.get( );* direkt vor das *return* schreiben.

In Zeile 11 folgt nun der letzte Befehl des Programms *return 0;.* Dieser Befehl beendet die Funktion und gibt den Wert 0 an den Aufrufer zurück. Bei der Funktionsdefinition in Zeile 5 wurde die Hauptfunktion durch das *int* so definiert, dass sie eine ganze Zahl zurückgeben soll. Dieser Definition wird nun durch die 0 entsprochen.

Auch hier ist die Hauptfunktion speziell, da sie durch das Betriebssystem beim Programmstart aufgerufen wird. Das Betriebssystem erwartet die Rückgabe des Werts 0 für den Fall, dass das Programm ordnungsgemäß ausgeführt wurde. Jeder andere Wert wird als Fehler gewertet, auch wenn das Betriebssystem diesen Wert nicht interpretieren kann. Bei der Entwicklung eines Programms sollte also darauf geachtet werden, dass es eine Dokumentation der möglichen Rückgabewerte gibt, um Fehlercodes interpretieren zu können.

4.2 Noch ein paar Tipps

Überprüfen Sie als erstes, ob Ihre Entwicklungsumgebung die Textkonsole nach Ausführung des Programms automatisch schließt. In diesem Fall müssen Sie bei allen Beispielprogrammen dieses Buchs vor der Zeile *return 0;* noch die Zeile *cin.get( );* ergänzen.

Vielleicht haben Sie bemerkt, dass der Quellcode in dem Listing 4.1 einem bestimmten Aufbau folgt. Geschweifte Klammern stehen zum Beispiel immer allein in einer Zeile und die schließende Klammer steht immer genau unter der Öffnenden und schließt damit einen Block ein. Innerhalb eines Blocks sind alle Zeilen eingerückt, sodass sie auch übereinander stehen.

Dies wird durch *C++* keinesfalls vorausgesetzt. Das Listing 4.2 funktioniert genauso, wie das Listing 4.1. Über die Lesbarkeit dürfen Sie selbst urteilen.

```
1   #include <iostream>
2   using namespace std;int main()
3   {cout<<"Hello World!"<<endl;cin.get();return 0;}
```

Listing 4.2 Das *Hello World!* Programm, anders

Es ist sinnvoll, sich von Anfang an an bestimmte Konventionen zu halten. In diesem Buch werden bestimmte Regeln konsequent eingehalten und ich werde an gegebener Stelle darauf hinweisen. Zu den Details der Konventionen gibt es sicherlich verschiedene Standpunkte und vielleicht entwickeln Sie irgendwann ihre eigenen Regeln. Für den Anfang empfehle ich jedoch, dass Sie versuchen, den Stil der hier gezeigten Programmbeispiele zu imitieren.

Verwenden Sie Leerzeichen, Tabulatoren und neue Zeilen, um die Lesbarkeit Ihrer Programme zu erhöhen. Für den *Compiler* sind diese *Whitespaces* genannten Zeichen in den allermeisten Fällen unwichtig. Für die Les- und Wartbarkeit von Programmen sind sie jedoch unverzichtbar.

Dazu gehört auch, die eigenen Programme mit Kommentaren zu versehen. In *C++* gibt es zwei mögliche Arten von Kommentaren.

- Einzeilige Kommentare, die durch // begonnen werden. Der Rest der Zeile wird nun als Kommentar interpretiert und unterliegt keinen *C++* Sprachregeln mehr.
- Mehrzeilige Kommentare, die durch die Zeichenfolge /* begonnen und durch */ beendet werden.

Das Listing 4.3 zeigt das bekannte *Hello World!* Programm mit Kommentaren.

Sie sollten sich angewöhnen, eigene Programme von Anfang an ausführlich zu kommentieren. Dabei sollten Sie darauf achten, dass die Kommentare eine abstrakte inhaltliche Beschreibung geben sollten. Ein Kommentar *alphabetische Sortierung der Wörter* für mehrere Anweisungen in einem kleinen Programmabschnitt erleichtert das Verständnis eines Programms viel mehr, als ein Kommentar *Hier wird der Wert 0 zurückgegeben* vor der Zeile *return 0;*.

Zusätzlich sollten Sie Ihre Programme häufig durch die Entwicklungsumgebung übersetzen lassen. Dies hat im Wesentlichen zwei Vorteile:

```
1    /*
2    Autor: Boris Tolg und viele vor und nach ihm
3    Titel: Hello World!
4    Datum: 02.03.----
5    Sprache: C++
6    ...
7    */
8
9    #include <iostream>
10
11   using namespace std;
12
13   int main() // Hauptprogramm
14   {
15     cout << "Hello World!" << endl; // Textausgabe
16
17     cin.get(); // Warten auf Benutzereingabe
```

```
18
19     return 0; // Ende des Programms, Status ok
20  }
```

Listing 4.3 Das *Hello World!* Programm mit Kommentaren

- Sie erkennen sehr schnell, wenn Sie in Ihrem Programm etwas falsches geschrieben haben.
- Da die Fehlermeldungen des *Compilers* oder *Linkers* oftmals nicht sehr eindeutig sind, ist der Bereich, den Sie nach dem Fehler durchsuchen müssen, überschaubar klein.

Variablen 5

- Variablen ermöglichen es, Werte innerhalb von Programmen zu speichern.
- Es existieren verschiedene Typen von Variablen.
- Variablen eines bestimmten Typs besitzen einen festen Wertebereich.
- Ein Variablentyp legt außerdem auch die Art der Werte fest, die gespeichert werden können:
  - Ganze Zahlen,
  - Kommazahlen,
  - Wahrheitswerte,
  - Buchstaben.
- **Gefahrenquelle:**
  Bei der Umwandlung von Werten eines bestimmten Typs in einen anderen können Inhalte verloren gehen.

Variablen sind eines der wichtigsten Elemente jeder Programmiersprache. Sie werden dazu verwendet Werte abzulegen, weiterzugeben oder um bestimmten Werten sinnvolle Namen zuzuordnen. In dem Listing 5.1 werden verschiedene Variablen definiert und initialisiert.

```
1   // globale Variablen
2   int a;        // Definition
3   int b = 10;   // Definition und Initialisierung
4
5   int main() // Hauptprogramm
6   {
7       // lokale Variablen
```

© Springer Fachmedien Wiesbaden GmbH, ein Teil von Springer Nature 2024
B. Tolg, *Informatik auf den Punkt gebracht*,
https://doi.org/10.1007/978-3-658-43715-2_5

```
 8      int x;      // Definition
 9      int y = 0;  // Definition und Initialisierung
10   }
```

Listing 5.1 Variablendefinition und Initialisierung.

Bevor eine Variable in *C++* verwendet werden kann, muss sie zunächst irgendwo im Programm definiert werden. Dazu werden zwei Informationen benötigt:

- Der Typ der Variable (z. B. *int*), der festlegt, wie viel Speicher für die Variable benötigt wird und welche Werte darin gespeichert werden sollen.
- Der Name mit dem die Variable in Zukunft angesprochen werden soll. Namen dürfen Buchstaben, Zahlen und Unterstriche enthalten, jedoch nicht mit einer Zahl beginnen.

In Zeile zwei wird durch *int a;* eine Variable mit dem bereits bekannten Variablentyp *int* für ganze Zahlen und dem Namen *a* definiert. Neben der Definition kann die Variable auch gleich initialisiert werden. Dies geschieht in Zeile drei durch *int b = 10;*. Die Variable *b* wird nicht nur als ganze Zahl definiert, sondern auch gleich mit dem Wert 10 initialisiert. Variablen, die nicht initialisiert wurden, haben einen zufälligen Inhalt. Gewöhnen Sie sich deshalb an, Variablen immer zu initialisieren. Sie können damit gerade am Anfang Fehler vermeiden.

Nun entschiedet noch die Position der Definition oder Initialisierung über den Geltungsbereich der Variablen. Wird eine Variable außerhalb einer Funktion definiert, so gilt sie als *globale* Variable. Das bedeutet, dass sie in jeder Funktion des Programms bekannt ist und zugegriffen werden kann.

Wird die Variable innerhalb einer Funktion definiert oder initialisiert, so wird von einer *lokalen* Variable gesprochen, die nur innerhalb der Funktion genutzt werden kann. Zusätzlich ist auch die Lebensdauer der Variable abhängig von der der zugehörigen Funktion. Sie wird erzeugt, wenn die Funktion aufgerufen wird und zerstört, wenn sich die Funktion beendet. Sollten *lokale* Variablen den gleichen Namen verwenden, wie *globale* Variablen, so kommt es zu einer verwirrenden Situation: Für die Dauer des Funktionsaufrufs wird mit dem Namen die *lokale* Variable angesprochen. Während der Funktion kann diese Variable gelesen und verändert werden. Wenn die Funktion beendet wird, wird die *lokale* Variable wieder gelöscht und die *globale* Variable mit gleichem Namen bleibt übrig. Ihr Wert hat sich nicht verändert.

Kommt es zu einer solchen Situation, ist es sinnvoll die nähere Umgebung abzusuchen, um alle Definitionen für Variablen dieses Namens zu finden. Normalerweise wird dann die nächstliegende Variablendefinition für die gesuchte Variable verantwortlich sein.

Dies macht das Arbeiten mit *globalen* Variablen problematisch. Auch die Speichernutzung ist meistens nicht optimal, da die Variablen immer existieren. Viel effektiver sind *lokale* Variablen, die nur dann existieren, wenn sie gebraucht werden. Ein letztes Beispiel sind parallele Funktionsaufrufe, die mit *globalen* Variablen zu großen Schwierigkeiten führen können.

All dies hat dazu geführt, dass *globale* Variablen als schlechter Programmierstil gelten. Es gibt praktisch keinen Fall, bei dem sich nicht eine bessere Lösung finden ließe. Am besten gewöhnen Sie sich gleich an, auf *globale* Variablen zu verzichten.

5.1 Variablentypen

Die Sprache *C++* unterscheidet, so wie viele andere Programmiersprachen auch, nach ganzzahligen und reellen Datentypen. Die Menge des verbrauchten Speichers bestimmt dabei, wie groß der Wertebereich ist, der durch den jeweiligen Variablentyp abgebildet werden kann. Tab. 5.1 gibt eine Übersicht über die wichtigsten Datentypen der Sprache *C++* .

Wie Sie der zweiten Spalte der Tabelle entnehmen können, sind viele Variablengrößen durch den Sprachstandard von *C++* nicht vorgegeben und können abhängig von dem verwendeten *Compiler* variieren. Die dritte Spalte zeigt die Werte, mit denen in diesem Buch gearbeitet wird.

- Der Variablentyp *void* wird als Platzhalter verwendet. Er drückt keinen speziellen Variablentyp aus und hat keine definierte Größe. Aus diesem Grund können keine Variablen vom Typ *void* definiert werden. Dennoch hat er für Funktionen und Zeiger eine große Bedeutung und wird in den Kap. 9 und 11 noch genauer beschrieben.
- Mit dem Variablentyp *bool* können die Ergebnisse von logischen Ausdrücken gespeichert werden. Sie können entweder den Wert *true,* für wahr, oder *false,* für falsch, annehmen. Sie werden in den Kap. 6 und 9 relevant.
- Variablen vom Typ *char* werden dazu verwendet, einzelne Buchstaben, bzw. Textzeichen zu speichern. Die Buchstaben werden dabei Zahlen zugeordnet. Die Zuordnung basiert

Tab. 5.1 Variablentypen der Sprache *C++*

Variablentyp	Größe (Definition)	Größe (Annahme)
void	–	–
bool	meistens 1 Byte	1 Byte
char	1 Byte	1 Byte
short	mindestens 2 Bytes	2 Bytes
int	mindestens 2 Bytes	4 Bytes
long	mindestens 4 Bytes	4 Bytes
long long	mindestens 8 Bytes	8 Bytes
float	4 Bytes	4 Bytes
double	8 Bytes	8 Bytes
long double	meistens 10 Bytes	10 Bytes

auf dem so genannten *American Standard Code for Information Interchange,* kurz ASCII. Um einzelne Textzeichen in *C++* zu markieren, werden einzelne Anführungsstriche benötigt. Soll zum Beispiel der Variablen *letter* der Buchstabe *a* zugeordnet werden, so erfolgt dies in *C++* durch die Initialisierung *char letter = „a";.*

- Mit den Variablentypen *short, int, long* und *long long* können ganze Zahlen gespeichert werden. Der Zahlenbereich, der durch die jeweiligen Variablentypen abgedeckt werden kann, ist dabei umso größer, je mehr Bytes der Variablentyp belegt. Die ganzzahligen Datentypen können positive und negative Werte aufnehmen. Sollen jedoch nur positive Werte dargestellt werden, so kann bei der Variablendefinition das Schlüsselwort *unsigned* vorangestellt werden. Es stehen dann doppelt so viele, ausschließlich positive Werte zur Verfügung. Im Abschn. 5.5 über Zahlensysteme wird dieser Zusammenhang näher erläutert.

- *float, double* und *long double* sind die Bezeichnungen der reellwertigen Datentypen. Bei diesen Datentypen handelt es sich um so genannte Fließkommazahlen. Da der Speicherbedarf auch bei diesen Variablentypen fest ist, können bei kleinen Zahlen sehr viele Nachkommastellen gespeichert werden. Bei vom Betrag her großen Zahlen wird das Komma jedoch immer weiter nach rechts geschoben, sodass der große Betrag abgebildet werden kann. Die Genauigkeit im Nachkommabereich sinkt dadurch. Das Komma fließt also von klein und genau zu groß und ungenau.

Um zu ermitteln, wie viel Speicherplatz ein Variablentyp oder eine Variable genau belegt, kann die Funktion *sizeof* verwendet werden. Zum Beispiel liefert *sizeof(int)* den Wert 4, während *sizeof(data)* die Größe der Variablen *data* ausgibt.

5.2   Typumwandlung

Manchmal kann es sinnvoll sein, einen Variablentyp für eine bestimmte Operation als einen anderen Variablentyp zu interpretieren. Wenn z. B. der Inhalt einer *double*-Variable in eine *int*-Variable kopiert wird, wird der *Compiler* durch eine Warnung darauf aufmerksam machen, dass ein Datenverlust droht, da die Nachkommastellen verloren gehen. Durch eine Typumwandlung, einen so genannten *Typecast*, wird der Datentyp für diese eine Operation anders interpretiert, sodass der *Compiler* keine Warnung mehr generieren muss.

Eine *explizite* Typumwandlung wird durchgeführt, indem der neue Datentyp in runden Klammern vor den neu zu interpretierenden Ausdruck geschrieben wird. Das Listing 5.2 zeigt zwei Beispiele für eine solche Typumwandlung. Zunächst werden in den Zeilen 8 und 9 zwei Variablen *v* und *x* initialisiert, wobei *v* vom Typ *int* ist und den Wert 97 bekommt, während *x* als *double* definiert und mit 3.5 initialisiert wird.

```
1   #include <iostream>
2
3   using namespace std;
4
5   int main()
6   {
7       // Variablendefinition und -initialisierung
8       int v = 97;
9       double x = 3.5;
10
11      cout << v << " " << (char)v << endl;
12      // Ausgabe: 97     a
13
14      cout << x << " " << (int)x << endl;
15      // Ausgabe: 3.5    3
16
17      return 0;
18  }
```

Listing 5.2 Ein Beispiel für Typumwandlungen.

In den Zeilen 11 und 14 werden nun die Werte der Variablen ausgegeben. Die erste Ausgabe erfolgt dabei unverändert, sodass der gespeicherte Wert angezeigt wird. In Zeile 11 wird die Variable v dann bei der zweiten Ausgabe durch *(char)* in einen Buchstaben umgewandelt. Laut *ASCII*-Tabelle entspricht die 97 einem *a*, welches auch ausgegeben wird.

In Zeile 14 wird die Variable x durch *(int)* in eine ganze Zahl umgewandelt, sodass bei der Ausgabe der Nachkommaanteil verschwindet.

Neben der *expliziten* Typumwandlung findet aber auch noch eine *implizite* Typumwandlung statt. Diese Typumwandlung ist an vielen Stellen notwendig, ist aber nicht offensichtlich im Quellcode sichtbar. Das macht die *implizite* Typumwandlung zu einer potentiellen Fehlerquelle.

Werden zum Beispiel Werte vom Typ *int* in eine Variable vom Typ *short* geschrieben, so wird die Typumwandlung implizit durchgeführt. Der Zahlenbereich einer 4 Byte großen *int*-Variablen ist jedoch viel größer, als der einer 2 Byte großen *short*-Variable. Es kann also passieren, dass die Zahlen größer sind, als der durch *short* darstellbare Zahlenbereich. Dies wird *overflow* genannt. Sind die Zahlen kleiner, als der darstellbare Bereich, so wird dies *underflow* genannt.

Bei einer direkten Wertzuweisung ist der Fehler evtl. noch leicht zu erkennen. Es wäre aber auch möglich, dass der Fehler bei einer Rechenoperation auftritt und das Problem nicht offensichtlich erkennbar ist. Da aufgrund der *impliziten* Typumwandlung aber auch kein Programmfehler vorliegt, wird der *Compiler* keinen Fehler anzeigen, sondern nur eine Warnung. Das Problem wird erst sichtbar, wenn sich das Programm in bestimmten Situationen seltsam verhält.

Die *implizite* Typumwandlung ermöglicht allerdings auch viele Bequemlichkeiten im Quellcode. Wird zum Beispiel eine Variable vom Typ *double* mit der Zeile *double value =* *5;* definiert und initialisiert, so handelt es sich bei dem Wert 5 um eine ganze Zahl vom Typ *int*. Dieser Wert wird *implizit* durch eine Typumwandlung in einen Wert vom Typ *double* umgewandelt. Auch der umgekehrte Fall ist denkbar: *int value = 5.3;*. Auch hier findet eine *implizite* Typumwandlung statt. Der *Compiler* wird jedoch darauf hinweisen, dass durch die Umwandlung von *double* in *int* ein Datenverlust droht. Diese Warnung kann durch eine *explizite* Typumwandlung verhindert werden: *int value = (int)5.3;*.

5.3   Enumerationen

Bei der Entwicklung von Programmen ist es oft notwendig verschiedene Zustände zu speichern. Beispiele sind Steuerungen für die aktuelle Farbe einer Ampel oder einen Fahrstuhl. In solchen Programmen wird die Lesbarkeit des Programms dadurch erhöht, dass den einzelnen Zuständen sinnvolle Namen gegeben werden. Mit Hilfe des Aufzählungstyps *enum* ist es möglich, sehr einfach eine Reihe von verschiedenen Zuständen mit Namen zu versehen.

In Listing 5.3 wird eine Aufzählung für die verschiedenen Etagen eines Gebäudes definiert. Dies geschieht mit Hilfe des Schlüsselworts *enum*, gefolgt von einem Namen für die Aufzählung, in diesem Fall *Floor*. Innerhalb der geschweiften Klammern folgt dann eine Aufzählung von verschiedenen Begriffen, die für die Aufzählung definiert werden sollen. Die Anweisung *enum* erzeugt einen neuen Variablentyp, der im weiteren Verlauf des Programms verwendet werden kann. Der neue Variablentyp, hier im Beispiel *Floor,* kann die Werte annehmen, die innerhalb der geschweiften Klammern definiert wurden.

```
 1    #include <iostream>
 2
 3    using namespace std;
 4
 5    // Definition eines neuen Aufzählungstyps
 6    enum Floor
 7    {
 8      BASEMENT,
 9      FIRSTFLOOR,
10      SECONDFLOOR,
11      TOPFLOOR
12    };
13
14    int main()
15    {
16      // Initialisierung einer Aufzählungsvariable
17      Floor elevator = BASEMENT;
18
19      // Ausgabe des Variableninhalts
20      cout << elevator << endl;
21
22      return 0;
23    }
```

Listing 5.3 Eine Aufzählung für verschiedene Etagen.

Innerhalb des Hauptprogramms kann nun eine Variable vom Typ *Floor* angelegt und initialisiert werden. In diesem Beispiel wird sie *elevator* genannt und mit dem Wert *BASEMENT* initialisiert. Eine *enum* weist den verschiedenen Zuständen immer ganzzahlige Werte zu, die mit 0 beginnen. Die Ausgabe des Programms lautet also lediglich 0.

Es wäre auch möglich, der Variablen *elevator* direkt eine Zahl zuzuweisen, diese muss dann allerdings erst durch eine Typumwandlung in einen Wert des Typs *Floor* umgewandelt werden. Die Zeile lautet:

```
elevator = (Floor)1;
```

Die Variable *elevator* hat danach den Wert *FIRSTFLOOR* angenommen. Allerdings wird dadurch das Ziel einer Aufzählung, nämlich die Lesbarkeit des Programmcodes zu erhöhen, ad absurdum geführt.

Aufzählungen können auch dazu verwendet werden, um für die Rückgabewerte von Funktionen sinnvolle Bezeichnungen festzulegen. Die Hauptfunktion gibt mit der Anweisung *return 0;* zum Beispiel immer einen Wert zurück, der dem Anwender zusätzliche Informationen über den Grund des Programmendes liefern kann. Die 0 steht dabei für einen fehlerfreien Programmablauf.

Wenn verschiedene Arten von Fehlern auftauchen können, kann es sinnvoll sein, bestimmten Fehlertypen jeweils einen Zahlenbereich zuzuordnen. Ein- oder Ausgabefehler liegen dann im Bereich von $10 - 49$, Fehler in der Berechnung im Bereich von $50 - 99$ usw. Aufzählungen ermöglichen es deshalb den verschiedenen Elementen der Aufzählung auch konkrete Werte zuzuordnen. Alle folgenden Elemente werden dann einfach weiter aufsteigend durchnummeriert.

Eine Aufzählung für verschiedene Fehlerfälle könnte so aussehen, wie in Listing 5.4 dargestellt.

```
 1   // ...
 2   // Definition eines neuen Aufz\"{a}hlungstyps
 3   // f\"{u}r Fehlerzust\"{a}nde
 4   enum Errors
 5   {
 6     OK,
 7     ERROR_READFILE = 10,
 8     ERROR_WRITEFILE,
 9     ERROR_CALCDATA = 50,
10     ERROR_CALCFFT
11   };
12   // ...
```

Listing 5.4 Eine Aufzählung für Fehlercodes.

In diesem Beispiel bekommen die Elemente der Aufzählung die folgenden Werte zugewiesen:

```
OK              = 0
ERROR_READFILE  = 10
ERROR_WRITEFILE = 11
ERROR_CALCDATA  = 50
ERROR_CALCFFT   = 51
```

Würde in der Hauptfunktion nun die Anweisung *return ERROR_WRITEFILE;* geschrieben werden, würde sich das Programm beenden. Über die Konsole würde ausgegeben werden, dass sich das Programm mit dem Code 11 beendet hat. Wenn eine Tabelle mit den Fehlercodes existiert, wüsste der Anwender nun, welche Art von Fehler aufgetreten ist.

Kommen nun im Verlauf der Entwicklung weitere Fehler hinzu, so können diese einfach in den entsprechenden Bereichen hinzugefügt werden. Sie bekommen dadurch automatisch Zahlen zugewiesen, die im richtigen Zahlenbereich liegen, ohne das die bereits existierenden Codes verändert werden. Damit das funktioniert, müssen natürlich bereits bei der Planung großzügige Zahlenbereiche ausgewählt werden, um nicht irgendwann an die Grenzen der Bereiche zu stoßen.

Zusätzlich würde es vereinfacht werden, den Programmcode zu lesen, da die Anweisung *return ERROR_WRITEFILE;* auch innerhalb des Programmcodes aussagekräftiger ist, als die Anweisung *return 11;*.

5.4   Vertiefung: *const*, *extern* und *static*

In der Programmiersprache *C++* gibt es weitere Schlüsselwörter, die in bestimmten Situationen für die Definition von Variablen notwendig sind.

5.4.1   const

Ein dem Namen nach sehr einfaches und offensichtliches Schlüsselwort lautet *const*. Und zunächst einmal ist dessen Funktion auch tatsächlich einfach und offensichtlich. Wird das Schlüsselwort bei der Definition oder der Initialisierung vor einen Variablentyp geschrieben, so wird diese Variable als Konstante definiert. Der Wert der Variablen kann nach der Initialisierung nicht mehr verändert werden. Aus diesem Grund müssen Konstante bei Ihrer Definition immer initialisiert werden.

Dies ist sinnvoll, wenn zum Beispiel mathematische Konstanten, wie π oder e definiert werden sollen, oder aber, wenn in dem eigenen Programm bestimmte Werte häufig benötigt werden und diese zur Verbesserung der Wart- und Lesbarkeit durch eine Konstante ersetzt werden sollen. Listing 5.5 zeigt die beiden alternativen Schreibweisen für die Initialisierung einer Konstanten.

```
1   int main()
2   {
3     const int N = 25;  // Definition und
4                        // Initialisierung der Konstanten N
5     int const M = 25;  // alternative Schreibweise
6
7     return 0;
8   }
```

Listing 5.5 Definition und Initialisierung von Konstanten mit dem Schlüsselwort *const.*

In Zeile 3 wird die intuitive Notation verwendet, bei der das Schlüsselwort *const* vor dem Typ der Variablen geschrieben wird. Die alternative Schreibweise in Zeile 4 erscheint zunächst etwas ungewöhnlich, bewirkt jedoch exakt dasselbe. Bei beiden Notationen werden die jeweiligen Variablen zu Konstanten. Für spätere kompliziertere Anwendungsfälle ist die alternative Notation in Zeile 4 jedoch sehr viel einfacher zu verstehen. Auf diese Anwendungsfälle wird in späteren Kapiteln erneut Bezug genommen. Sie betreffen Zeiger, die in Kap. 11 behandelt werden, Funktionen (Kap. 9) und Klassen (Kap. 10).

5.4.2   extern

Bevor eine Variable bei der Programmiersprache *C*++ verwendet werden kann, muss sie zunächst dem *Compiler* bekannt gemacht werden. Dabei gibt es drei verschiedene Wege, wie dies geschehen kann.

- Bei der *Deklaration* wird dem *Compiler* lediglich der Name einer neuen Variablen bekannt gemacht. Es wird jedoch keine konkrete Variable angelegt, das heißt, es wird kein Speicher für sie bereitgestellt. Dies muss an anderer Stelle passieren, damit die Variable auch tatsächlich benutzt werden kann. Um eine Variable zu *Deklarieren,* muss in *C*++ das Schlüsselwort *extern* verwendet werden, z. B. *extern double x;.*
- Die *Definition* legt eine neue Variable an, indem sowohl der Name bekannt gemacht (also *deklariert*), als auch der benötigte Speicher reserviert wird. Wird eine Variable durch zum Beispiel *double x;* angelegt, handelt es sich um eine *Definition.* Die Variable kann direkt danach verwendet werden.
- Zusätzlich zu der *Definition* kann einer Variablen von Anfang an ein Startwert zugewiesen werden. Diese Wertzuweisung bei der *Definition* einer Variablen wird *Initialisierung* genannt. Ein Beispiel hierfür ist *double x = 3.5;.*

Programme können schnell sehr komplex werden und sich über mehrere Dateien oder Bibliotheken erstrecken. Gelegentlich kann es dann sinnvoll sein, mit einer Variablen zu arbeiten, die bereits an anderer Stelle in dem Programm *definiert* wurde. In diesem Fall müsste nur noch der Name bekannt gemacht werden, damit dieser verwendet werden kann.

Diese *Dekalaration* erfolgt durch das Schlüsselwort *extern*. Die Programme 5.6 und 5.7 zeigen ein Beispiel für diesen Anwendungsfall. In einem Projekt, welches aus mehreren Dateien besteht, befindet sich eine *.cpp*-Datei, in der eine globale Variable *num_Werte* definiert wurde (Listing 5.6). In dem Hauptprogramm soll der Wert dieser Variablen ausgegeben werden. Durch die *Deklaration* der Variablen in Zeile 5 in Listing 5.7 wird der Name der Variablen bekannt gemacht. Es wird jedoch keine neue Variable angelegt, sondern auf die bereits existierende verwiesen. In Zeile 13 des Programms erfolgt dann die Ausgabe des Werts 25.

```
1    // Definition der globalen Variablen
2    int num_Werte = 25;
3
4    //...
```
Listing 5.6 datei1.cpp.

```
1    #include <iostream>
2
3    using namespace std;
4
5    extern int num_Werte;
6
7    int main()
8    {
9      // Der Wert kann ausgegeben werden,
10     // obwohl es keine direkte Verbindung
11     // zwischen den Dateien innerhalb
12     // des gleichen Projekts gibt.
13
14     cout << num_Werte;
15
16     return 0;
17   }
```
Listing 5.7 main.cpp.

Wie bereits am Anfang des Kap. 5 erwähnt, ist die Arbeit mit *globalen* Variablen allerdings problematisch. Die Mechanismen, die in diesem und dem nächsten Unterkapitel beschrieben werden, lassen sich in *C++* viel besser mit Hilfe von Klassen umsetzen.

5.4.3 static

Das Schlüsselwort *static* hat drei große Anwendungsfälle, die sehr unterschiedlich sind. Zwei davon beziehen sich auf spätere Kapitel, nämlich die Funktionen in Kap. 9 und die Klassen in Kap. 10. Diese Anwendungsfälle werden dort beschrieben.

Der dritte Anwendungsfall bezieht sich auf *globale* Variablen und zwar direkt auf das vorangegangene Beispiel in den Programmen 5.6 und 5.7. Werden *globale* Variablen innerhalb einer Datei definiert, so wie in diesem Beispiel, sind sie immer durch das Schlüsselwort *extern* aus anderen Dateien heraus zugreifbar. Dies muss nicht immer sinnvoll sein und es kann im Interesse des Programmierenden liegen, dies zu verhindern.

Würde die Zeile 2 in Listing 5.6 durch die Zeile *static int num_Werte = 25;* ersetzt werden, wäre die Variable *num_Werte* vor Zugriffen von außerhalb der Datei geschützt und das Beispiel würde nicht mehr funktionieren.

Bei *globalen* Variablen dient das Schlüsselwort *static* also zum Schutz vor Zugriffen aus anderen Dateien.

5.5   Vertiefung: Eine Einführung in Zahlensysteme

Für das Verständnis von Variablen ist es wichtig, eine Idee davon zu haben, wie Zahlen innerhalb des Computers dargestellt und verarbeitet werden. Von den Nullen und Einsen hat sicherlich jeder schon einmal gehört, doch wie funktioniert es genau?

Die benötigten Rechenverfahren werden bereits in der Grundschule vermittelt, jedoch meistens nur für das dezimale Zahlensystem. Für den Computer sind das binäre oder das hexadezimale Zahlensystem jedoch viel wichtiger. Das Binäre Zahlensystem kennt lediglich die Ziffern 1 und 0. Dies entspricht auf dem Computer einem Bit, welches ebenfalls nur die Werte 0 und 1 annehmen kann. Werden acht Bits kombiniert, so wird von einem Byte gesprochen. Die Anzahl an Bytes, aus denen die verschiedenen Variablentypen bestehen finden Sie in Abschn. 5.1.

Zunächst soll das dezimale Zahlensystem genauer betrachtet werden. Es besitzt als Basis die Zahl 10 und benutzt die Ziffern 0 bis 9. Die Ziffer 0 steht dabei nur dann für einen Wert, wenn sie auf eine der anderen Ziffern folgt. Dann macht sie Einser zu Zehnern und Zehner zu Hunderten. Würde sie vor einer anderen Ziffer stehen, so wäre das eine ungewohnte Darstellung, würde den Wert der Zahl jedoch nicht verändern.

Wird nun das Zählen betrachtet, so wird zunächst an der Einerstelle jede Ziffer von 0 bis 9 einmal verwendet. Danach kommt es zu einem Überlauf, da die Ziffern ausgegangen sind. Es wird eine zusätzliche Stelle davor hinzugefügt und als Zehnerstelle verwendet. Die zweite Stelle kann also als Ziffer gelesen werden, die mit der Basis multipliziert und so zu einer Zehnerstelle wird. Erneut werden die Einser mit jeder Ziffer hochgezählt um am Ende die Zehner um eins zu erhöhen. Reichen irgendwann die Zehnerstellen nicht mehr aus, so wird eine Hunderterstelle ergänzt usw. Die Hunderterstelle entspricht dabei genau der Ziffer multipliziert mit der Basis zum Quadrat. Tausenderstellen wären die Basis hoch drei usw. Abb. 5.1 zeigt das Prinzip.

Im binären Zahlensystem funktioniert das Zählen nach genau demselben Prinzip, es verwendet jedoch die Basis 2. Wie bei dem dezimalen Zahlensystem gibt es für die Basis selbst keine Ziffer, es stehen also nur die Ziffern 0 und 1 zur Verfügung. Auch hier werden zunächst die Einser hochgezählt, erreichen den Überlauf aber bereits nach der Ziffer 1. Auch bei dem binären Zahlensystem wird eine zusätzliche Ziffer ergänzt, die auch dieses Mal mit

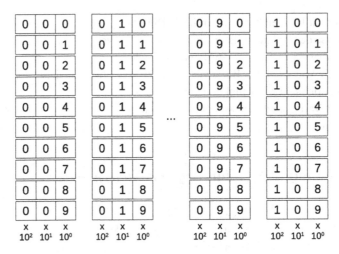

Abb. 5.1 Ziffernweises Zählen im dezimalen Zahlensystem

Abb. 5.2 Ziffernweises Zählen
im binären Zahlensystem

der Basis, also der Zwei, multipliziert wird. In Abb. 5.2 wird das Zählprinzip der binären Zahlen dargestellt.

Mit diesem Schema kann eine binäre Zahl leicht in eine dezimale Zahl transformiert werden. Dazu werden in dieser Darstellung einfach die Ziffern von rechts nach links gelesen[1]. Die erste Ziffer wird mit 2^0 multipliziert, danach wird die zweite Ziffer mit 2^1 multipliziert und die Werte addiert, usw. Das Ergebnis dieser Summe ist die dezimale Darstellung der Zahl. Um Verwirrungen zu vermeiden, werden die Zahlen beim Rechnen mit verschiedenen Zahlensystemen in geschweiften Klammern geschrieben und um die Basis des Zahlensystems ergänzt. Dies wird üblicherweise tiefgestellt hinter die schließende Klammer gesetzt. Abb. 5.3 zeigt ein Beispiel für eine Umwandlung einer binären in eine dezimale Zahl.

Umgekehrt können dezimale Zahlen durch eine wiederholte Division mit der Basis des Zielzahlensystems in das neue Zahlensystem überführt werden. Entscheidend sind dabei immer die ganzzahligen Reste, die bei der Division entstehen. Abb. 5.4 zeigt am Beispiel der dezimalen Zahl 42, wie die Transformation erfolgt. Zunächst wird die Zahl 42 durch 2 geteilt. Das Ergebnis ist 21 und da die Division glatt aufgeht, ist der ganzzahlige Rest 0. Als

---

[1] Die Richtung des Lesens hängt von der Art der Zahlendarstellung auf dem Computer ab. Es wird zwischen *MSB first* und *LSB first* unterschieden. *MSB* steht dabei für *Most Significant Bit,* also für das Bit mit der höchsten Wertigkeit, und *LSB* für *Least Significant Bit.* Das *LSB* steht immer für das Bit, das die Einerstelle repräsentiert. Dies ist besonders dann relevant, wenn Zahlen zwischen verschiedenen Computersystemen ausgetauscht werden sollen, die eine unterschiedliche Zahlendarstellung nutzen.

$$\{10011101\}_2$$
$$= \{1 \cdot 2^7\}_{10} + \{1 \cdot 2^4\}_{10} + \{1 \cdot 2^3\}_{10} + \{1 \cdot 2^2\}_{10} + \{1 \cdot 2^0\}_{10}$$
$$= \{128\}_{10} + \{16\}_{10} + \{8\}_{10} + \{4\}_{10} + \{1\}_{10}$$
$$= \{157\}_{10}$$

Abb. 5.3 Umwandlung einer binären Zahl in eine dezimale Zahl

Abb. 5.4 Umwandlung einer dezimalen Zahl in eine binäre Zahl

$$42 : 2 = 21 \text{ Rest: } 0$$
$$21 : 2 = 10 \text{ Rest: } 1$$
$$10 : 2 = 5 \text{ Rest: } 0$$
$$5 : 2 = 2 \text{ Rest: } 1$$
$$2 : 2 = 1 \text{ Rest: } 0$$
$$1 : 2 = 0 \text{ Rest: } 1$$

$$\{42\}_{10} = \{00101010\}_2$$

nächstes wird das Ergebnis der Divsion, also die 21, erneut durch 2 geteilt. Das ganzzahlige Ergebnis ist die 10 und da nun die Division nicht glatt aufgeht, bleibt der ganzzahlige Rest 1. Dieses Vorgehen wird wiederholt, bis bei der Division das Ergebnis 0 herauskommt. Die entstandenen Reste sind nun von unten nach oben gelesen die gesuchte Binärzahl.

Warum ist das so? Bei der ersten Division wurde die Zahl durch 2 geteilt. Der entstandene Rest gibt also Informationen darüber, ob die Zahl ganzzahlig durch 2 teilbar ist. Dieselbe Information enthält auch das letzte Bit einer Binärzahl, denn nur mit diesem Bit kann eine ungerade Zahl erzeugt werden. Eine erneute Division ergibt dann die Teilbarkeit durch 4, usw.

5.5.1 Addition und Multiplikation

Die Addition und Multiplikation binärer Zahlen kann nach genau demselben Prinzip durchgeführt werden, wie es bereits in der Grundschule vermittelt wurde. Unterschiede ergeben sich nur durch den kleineren Umfang an zur Verfügung stehenden Ziffern und den daraus resultierenden veränderten Regeln bei den Überträgen.

So ergibt sich bei der binären Addition der Zahlen $\{1\}_2$ und $\{1\}_2$ bereits ein Übertrag von $\{1\}_2$, da die binäre Darstellung der Zahl $\{2\}_{10}$ $\{10\}_2$ lautet. Analog verhält es sich bei einem Ergebnis von $\{3\}_{10}$ wegen der binären Darstellung $\{11\}_2$. Abb. 5.5 zeigt die binäre Addition am Beispiel der Zahlen $\{157\}_{10}$ und $\{46\}_{10}$.

Die Regeln der Multiplikation entsprechen ebenfalls denen der schriftlichen Multiplikation ganzer Zahlen aus der Grundschule. Zwei Zahlen werden multipliziert, indem die Ziffern der linken Zahl einzeln mit den Ziffern der rechten Zahl multipliziert und an die entsprechende Stelle geschoben werden. Abschließend werden alle Zahlen aufsummiert. Abb. 5.6 zeigt die Multiplikation anhand der Zahlen $\{10\}_{10}$ und $\{13\}_{10}$.

Abb. 5.5 Addition binärer Zahlen

	Binär	Dezimal

$$\begin{array}{r} 1\ 0\ 0\ 1\ 1\ 1\ 0\ 1 \\ +\ 0_0\ 0_1\ 1_1\ 0_1\ 1_1\ 1_0\ 1_0\ 0 \\ \hline 1\ 1\ 0\ 0\ 1\ 0\ 1\ 1 \end{array} \qquad \begin{array}{r} 1\ 5\ 7 \\ +\ 0_1\ 4_1\ 6 \\ \hline 2\ 0\ 3 \end{array}$$

Abb. 5.6 Multiplikation binärer Zahlen

	Binär	Dezimal

$$\begin{array}{r} 1\ 0\ 1\ 0\ \cdot\ 1\ 1\ 0\ 1 \\ \hline 1\ 0\ 1\ 0 \\ 0\ 0\ 0\ 0 \\ 1\ 0\ 1\ 0 \\ 1\ 0\ 1\ 0 \\ \hline 1\ 0\ 0\ 0\ 0\ 0\ 1\ 0 \end{array} \qquad \begin{array}{r} 1\ 0\ \cdot\ 1\ 3 \\ \hline 3\ 0 \\ 1\ 0 \\ \hline 1\ 3\ 0 \end{array}$$

Auch hier ist beim Aufsummieren wieder zu beachten, dass durch das binäre Zahlensystem leichter Überträge entstehen.

5.5.2　Subtraktion

Um zwei binäre Zahlen subtrahieren zu können, ist es sinnvoll zunächst eine Darstellung für negative Zahlen zu entwickeln. Zum einen lässt sich dann im Idealfall die Subtraktion durch eine Addition mit einer negativen Zahl interpretieren. Zum anderen werden negative Zahlen benötigt, um die Ergebnisse der Subtraktion darstellen zu können. Außerdem ist zu beachten, dass die Größe einer Zahl auf einem Computer durch die Anzahl der verwendeten Bits beschränkt ist. Es ist folglich notwendig die bestehenden Zahlendarstellungen neu zu interpretieren und möglichst gleichmäßig auf negative und positive Zahlen aufzuteilen. Damit die mathematischen Operationen weiterhin funktionieren, muss eine Interpretation gefunden werden, die die Reihenfolge der Zahlen bei einer Ringdarstellung, wie in Abb. 5.7 nicht verändert.

Dies wird erreicht, indem jedes Bit einer Zahl einzeln invertiert wird. Aus einer 0 wird somit eine 1 und umgekehrt. Damit wird die erste Hälfte der Zahlen bei jeder Darstellung als positive Zahlen interpretiert, die zweite Hälfte als negative Zahlen. Zahlen, die mit einer 1 beginnen, gelten damit als negativ, Zahlen, die mit einer 0 beginnen, als positiv. Diese Darstellung negativer Binärzahlen wird als (B-1)-Komplement bezeichnet, wobei B für die Basis des Zahlensystems steht. Bei Binärzahlen wird folglich vom Einerkomplement gesprochen. Abb. 5.9 zeigt die nun veränderte Interpretation der binären Zahlenmuster. Dabei wird deutlich, dass die Reihenfolge der Zahlen auf dem Ring nicht verändert wurde. Allerdings taucht die Zahl 0 sowohl als negative, als auch als positive Zahl auf.

Abb. 5.7 Ringdarstellung von
3-Bit Binärzahlen

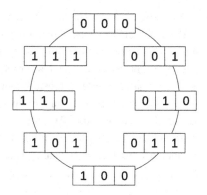

Um dies zu verhindern, wird nach der Invertierung einer Binärzahl zusätzlich eine 1 addiert. Dies verschiebt die Darstellung der negativen Zahlen, sodass es nun keine negative Interpretation der 0 mehr gibt. Die nun entstandene Darstellung wird B-Komplement, bzw. Zweierkomplement genannt und in Abb. 5.9 c) dargestellt. Abb. 5.8 zeigt die Umwandlung der Zahl 92 in das Zweierkomplement. Die Rückumwandlung der Zahl −92 erfolgt durch exakt die gleichen Schritte.

$$
\begin{array}{ll}
\{92\}_{10} & \{\,0\,1\,0\,1\,1\,1\,0\,0\,\}_2 \\
\text{invertieren} & \{\,1\,0\,1\,0\,0\,0\,1\,1\,\}_2 \\
+\{1\}_{10} & \{\,0\,0\,0\,0\,0\,0\,0\,1\,\}_2 \\
\hline
\{-92\}_{10} & \{\,1\,0\,1\,0\,0\,1\,0\,0\,\}_2
\end{array}
\qquad
\begin{array}{ll}
\{-92\}_{10} & \{\,1\,0\,1\,0\,0\,1\,0\,0\,\}_2 \\
\text{invertieren} & \{\,0\,1\,0\,1\,1\,0\,1\,1\,\}_2 \\
+\{1\}_{10} & \{\,0\,0\,0\,0\,0\,0\,0\,1\,\}_2 \\
\hline
\{92\}_{10} & \{\,0\,1\,0\,1\,1\,1\,0\,0\,\}_2
\end{array}
$$

Abb. 5.8 Umwandlung binärer Zahlen im Zweierkomplement

0	0	0	0		1	0	0	-3		1	0	0	-4
0	0	1	1		1	0	1	-2		1	0	1	-3
0	1	0	2		1	1	0	-1		1	1	0	-2
0	1	1	3		1	1	1	-0		1	1	1	-1
1	0	0	4		0	0	0	0		0	0	0	0
1	0	1	5		0	0	1	1		0	0	1	1
1	1	0	6		0	1	0	2		0	1	0	2
1	1	1	7		0	1	1	3		0	1	1	3
		a)					b)					c)	

Abb. 5.9 Darstellung positiver und negativer Binärzahlen **a** ohne Berücksichtigung eines Vorzeichens, **b** im Einerkomplement und **c** im Zweierkomplement

Im Rahmen dieses Buchs soll davon ausgegangen werden, dass für die Darstellung negativer Zahlen die Zweierkomplementdarstellung verwendet wird. Doch auch so gibt es zwei mögliche Interpretationen für die einzelnen Bitmuster, nämlich einmal als negative Zahl, oder als große positive Zahl. Dieser Umstand macht es notwendig, dem Computer mitzuteilen, ob negative Zahlen dargestellt werden sollen, oder nicht. Bei der Variablendeklaration wird deshalb zunächst davon ausgegangen, dass sowohl positive, als auch negative Zahlen verwendet werden sollen. Wenn dies nicht gewünscht ist, so kann bei der Definition einer ganzzahligen Variable das Schlüsselwort *unsigned* vorangestellt werden. Die Inhalte dieser Variablen werden dann stets als positive Zahl interpretiert.

5.5.3 Hexadezimalzahlen

Das hexadezimale Zahlensystem mit der Basis 16 funktioniert exakt wie die bereits bekannten Zahlensysteme zur Basis 10 bzw. 2. Allerdings hat es bei einigen Anwendungsfällen in der Informatik Vorteile die hexadezimale Zahlendarstellung zu verwenden. Der Hintergrund ist, dass Computer auf dem binären Zahlensystem basieren und viele Darstellungen durch Bytes, also durch Kombinationen von jeweils acht Bits, erfolgen. Da das hexadezimale Zahlensystem die Basis 16, also 2^4 besitzt, lassen sich Bytes hexadezimal immer durch zwei Ziffern darstellen.

Zunächst jedoch zu den Ziffern. Eine Hexadezimalzahl muss sechzehn verschiedene Zustände mit nur einer Ziffer darstellen können. Da die Dezimalziffern $0 - 9$ nur zehn Zustände darstellen können, werden die fehlenden Zustände durch Buchstaben dargestellt. Der Buchstabe *A* steht hexadezimal für eine 10, *B* für eine 11 und so weiter. Abschließend steht der Buchstabe *F* für die 15. Tab. 5.2 zeigt die Abbildung von dezimalen Zahlen auf eindeutige hexadezimale Ziffern.

Die Umwandlung einer hexadezimalen Zahl in eine Dezimalzahl erfolgt nach dem von Abb. 5.3 bereits bekannten Algorithmus und wird in Abb. 5.10 für Hexadezimalzahlen dargestellt.

Umgekehrt können Dezimalzahlen erneut durch mehrfache Division mit der Basis 16 und Auswertung der Reste in eine Hexadezimalzahl umgewandelt werden, so wie es bereits für Abb. 5.4 beschrieben wurde. Allerdings gibt es eine schnelle Möglichkeit Binärzahlen in Hexadezimalzahlen umzuwandeln. Da die Basis der Hexadezimalzahlen 2^4 entspricht, können Binärzahlen in Vierergruppen unterteilt und dann Gruppe für Gruppe in Hexadezimalzahlen übersetzt werden. Dabei muss immer mit dem Bit begonnen werden, welches die geringste Wertigkeit besitzt. Sollte die letzte Gruppe nicht mehr aus vier Ziffern bestehen, so kann sie bei positiven Zahlen mit 0, bzw. bei negativen Zahlen mit 1 aufgefüllt werden. Vereinfacht ausgedrückt, wird immer das letzte Bit so lange kopiert, bis die letzte Vierergruppe voll ist. Abb. 5.11 zeigt dies beispielhaft für die Umwandlung der Zahl 42.

Tab. 5.2 Ziffernzuordnung
im Hexadezimalen
Zahlensystem

Hexadezimal	Dezimal
F	15
E	14
D	13
C	12
B	11
A	10
9	9
8	8
7	7
6	6
5	5
4	4
3	3
2	2
1	1
0	0

$$\{9D\}_{16}$$
$$= \{9 \cdot 16^1\}_{10} + \{13 \cdot 16^0\}_{10}$$
$$= \{144\}_{10} + \{13\}_{10}$$
$$= \{157\}_{10}$$

Abb. 5.10 Umwandlung hexadezimaler Zahlen in dezimale Zahlen

$$42 : 16 = 2 \text{ Rest: } A \qquad \{42\}_{10} = \{\ 0010\ 1010\ \}_2$$
$$21 : 16 = 0 \text{ Rest: } 2 \qquad \{42\}_{10} = \{\quad 2 \quad A \quad \}_{16}$$

Abb. 5.11 Umwandlung dezimaler oder binärer Zahlen in hexadezimale Zahlen

Übungen

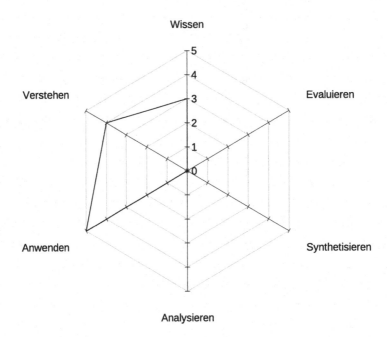

Abb. 5.12 Netzdiagramm für die Selbstbewertung von Kap. 5

5.1 Variablendefinition
Welche Informationen müssen mindestens vorliegen, um eine Variable in einem *C++* - Programm anzulegen?

5.2 Speicherplatz
Wie viel Speicherplatz belegen Variablen vom Typ:

(a) *char*

(b) *short*

(c) *float*

(d) *int*

(e) *void*

5.3 *Typecast*
Was bewirkt ein *expliziter Typecast* und wie lautet die Schreibweise in einem *C++* Programm?

5.4 Enumerationen
Erklären Sie mit eigenen Worten die Vorteile von Enumerationen!

5.5 Variablendefinition in *C++*
Erklären Sie die Unterschiede zwischen den Begriffen *Deklaration, Definition* und *Initialisierung* im Bezug auf Variablen bei Cpp!

5.6 Zahlensysteme
Begründen Sie, weshalb die Zahl $\{10\}_B$ in jedem Zahlensystem zur Basis $B \geq 2$ immer genau dem Wert der Basis B im dezimalen Zahlensystem entspricht!

5.7 Das Duotrigesimale Zahlensystem
Stellen Sie eine Tabelle für alle möglichen Ziffern im Duotrigesimalen Zahlensystem mit der Basis 32 auf und ordnen Sie die Ziffern ihrem jeweiligen Wert im dezimalen Zahlensystem zur Basis 10 zu!

5.8 Ausgabe des Speicherplatzbedarfs
Verändern Sie das *Hello World!* Programm, sodass mit Hilfe der *sizeof*-Anweisung der Speicherverbrauch für verschiedene Variablentypen auf dem Bildschirm ausgegeben wird! Die Ausgabe soll folgendermaßen aussehen:

```
Speicherplatzbedarf der Variablen:
bool = 1
char = 1
short = 2
int = 4
long = 4
long long = 8
float = 4
double = 8
long double = 8
```

5.9 Ausgabe der ASCII-Codes
Geben Sie die Zahlen 97 bis 105 auf dem Bildschirm aus und wandeln Sie die Zahlen, wie
in Listing 5.2 gezeigt, durch einen *expliziten Typecast* in Variablen vom Typ *char!*
Die Ausgabe soll folgendermaßen aussehen:

```
97  = a
98  = b
99  = c
100 = d
101 = e
102 = f
103 = g
104 = h
105 = i
```

5.10 Zahlensystemumwandlung
Wandeln Sie die folgenden Zahlen in das jeweilige Zielzahlensystem um!
(a) $\{27\}_{10} = \{?\}_2$
(b) $\{11010010\}_2 = \{?\}_{16}$
(c) $\{6A\}_{16} = \{?\}_2$
(d) $\{127\}_8 = \{?\}_{10}$

5.11 Binäre Addition und Subtraktion
Wandeln Sie die folgenden Zahlen in das binäre Zahlensystem um und führen Sie die Rech-
nungen im binären Zahlensystem durch! Wandeln Sie die Ergebnisse nach der Rechnung
wieder in Dezimalzahlen um und überprüfen Sie die Ergebnisse!
In dieser Aufgabe gilt jeder Aufgabenteil als einzelner Punkt für die Gesamtauswertung.
(a) $47 + 80 =$
(b) $4 - 73 =$

Verzweigungen

6

Kurz & Knapp

- Mit Hilfe von Verzweigungen können Entscheidungen in Programmen getroffen werden.
- Die Entscheidungen werden basierend auf logischen Ausdrücken getroffen.
- Ein logischer Ausdruck kennt nur die beiden Zustände wahr *(true)* oder falsch *(false)*.
- Die *if*-Anweisung erlaubt die Unterscheidung zwischen zwei Zuständen.
- Die *switch-case*-Anweisung kann zwischen verschiedenen konstanten Zuständen unterscheiden, die mit ganzen Zahlen codiert sein müssen.

Eine der wichtigsten Aufgaben eines Programms ist es, Entscheidungen zu treffen. Das können einfache Entscheidungen sein, die nur den Wert einer Variablen gegen einen anderen Wert in Relation setzen, oder aber komplizierte Entscheidungen, die aus mehreren miteinander verbundenen Einzelentscheidungen bestehen. In diesem Kapitel lernen Sie, welche Operatoren existieren, um Ausdrücke auszuwerten und zu kombinieren. Außerdem lernen Sie die *if*-Anweisung und die *switch-case*-Anweisung kennen, mit der in einem Programm alternative Abläufe programmiert werden können.

6.1 Operatoren für Vergleiche und logische Verknüpfungen

Um mit Hilfe der Programmiersprache *C++* Entscheidungen treffen zu können, müssen zunächst Aussagen, oder Ausdrücke, definiert werden, die entweder wahr oder falsch sein können. In *C++* existiert dafür ein eigener Variablentyp *bool,* der die Werte *true* für wahr und *false* für falsch annehmen kann. Da eine *bool* Variable mehr als ein Bit Speicher belegt, wird der Wert 0 als *false* und jeder andere Wert als *true* interpretiert. Um einen Ausdruck mit

© Springer Fachmedien Wiesbaden GmbH, ein Teil von Springer Nature 2024
B. Tolg, *Informatik auf den Punkt gebracht*,
https://doi.org/10.1007/978-3-658-43715-2_6

Tab. 6.1 Vergleichsoperatoren der Sprache *C++*

Operation	Beschreibung
$A == B$	Überprüft, ob zwei Ausdrücke A und B identisch sind
$A > B$	Überprüft, ob Ausdruck A echt größer ist, als Ausdruck B
$A < B$	Überprüft, ob Ausdruck A echt kleiner ist, als Ausdruck B
$A >= B$	Überprüft, ob Ausdruck A größer oder gleich Ausdruck B ist
$A <= B$	Überprüft, ob Ausdruck A kleiner oder gleich Ausdruck B ist
$A! = B$	Überprüft, ob Ausdruck A ungleich Ausdruck B ist

Hilfe von Variablen zu formulieren, stehen Vergleichsoperatoren zur Verfügung, die durch das Programm ausgewertet werden können. Tab. 6.1 zeigt eine Liste der in *C++* nutzbaren Vergleichsoperatoren.

Dabei ist besonders die erste Vergleichsoperation, das $==$, eine beliebte Fehlerquelle. In *C++* wird durch das einfache $=$ einer Variablen ein Wert zugewiesen. Durch das $==$ wird überprüft, ob zwei Werte identisch sind. Wegen der Definition von *true* als ungleich 0 und *false* als 0 kann jedoch auch eine Wertzuweisung als logischer Ausdruck interpretiert werden. Wenn der Variablen der Wert 0 zugewiesen wird, wäre der Ausdruck *false,* andernfalls *true.* Es gibt also keine Fehlermeldung, die darauf hinweist, dass mit großer Wahrscheinlichkeit nicht das ausgewertet wurde, was eigentlich beabsichtigt war.

Sehr oft kommt es vor, dass ein einziger Ausdruck nicht ausreicht, um eine Bedingung zu beschreiben. In diesem Fall müssen mehrere Ausdrücke miteinander verknüpft werden. Dabei muss dem Programm mit Hilfe logischer Ausdrücke mitgeteilt werden, in welcher Weise diese Verknüpfung erfolgen soll. Tab. 6.2 zeigt eine Liste der in *C++* nutzbaren logischen Operatoren.

Auch bei diesen logischen Verknüpfungen gibt es häufige Fehlerquellen. In der Mathematik sind Ausdrücke wie $5 < x < 10$ gültige Schreibweisen um auszudrücken, dass x zwischen 5 und 10 liegen soll. Bei der Sprache *C++* funktioniert dieser Ausdruck jedoch nicht. Es würde zunächst überprüft werden, ob $5 < x$ gilt. Das ist entweder wahr oder falsch, das Ergebnis wäre also *true* mit einem Wert von 1 oder *false* mit einem Wert von 0. Danach würde überprüft werden, ob 0 oder 1 kleiner 10 ist, was in jedem Fall wahr wäre. Die richtige Notation in *C++* lautet $5 < x$ && $x < 10$, wenn überprüft werden soll, ob x zwischen 5

Tab. 6.2 Logische Operatoren der Sprache *C++*

Operation	Beschreibung
A && B	(Logisches AND) überprüft, ob beide Ausdrücke wahr sind
$A \|\| B$	(Logisches OR) überprüft, ob mindestens einer der Ausdrücke wahr ist
$!A$	(Logisches NOT) invertiert die Aussage des Ausdrucks

und 10 liegt. Es ist folglich wichtig, einzelne Ausdrücke, wie in Tab. 6.1 vorgestellt, immer durch die logischen Operatoren aus Tab. 6.2 zu verknüpfen, wenn komplexere Ausdrücke erstellt werden sollen.

Auch sollten Klammern genutzt werden, um die Reihenfolge der Operationen besser sichtbar zu machen. Dadurch lässt sich die Wart- und Lesbarkeit des Programmcodes ohne großen Aufwand verbessern.

6.2   *if*-Anweisungen

Um basierend auf einem Ausdruck zwischen zwei Alternativen entscheiden zu können, besitzt die Sprache *C++* die *if*-Anweisung. Abb. 6.1 zeigt die Darstellung dieser Form der Verzweigung in Form eines UML Aktivitätsdiagramms. Direkt nach dem Start soll als erstes eine Benutzereingabe erfolgen, die in der Variablen x gespeichert werden soll. Danach folgt die Verzweigung, die zwei alternative Programmpfade zulässt. In diesem Beispiel soll die Verzweigung abhängig von dem eingegebenen Wert von x durchgeführt werden. Wenn der Wert von x kleiner oder gleich 10 ist, so soll dies auf die Konsole ausgegeben werden,

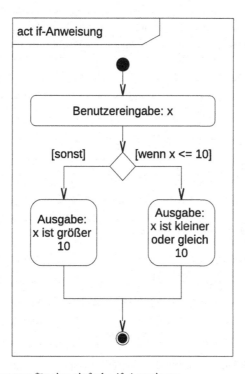

Abb. 6.1 Aktivitätsdiagramm für eine einfache *if*-Anweisung

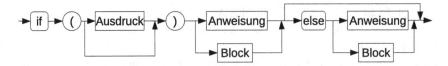

Abb. 6.2 Syntaxdiagramm für die *if*-Anweisung

andernfalls soll ausgegeben werden, dass der Wert größer als 10 ist. Direkt danach soll sich
das Programm beenden.

Abb. 6.2 zeigt das Syntaxdiagramm für die *if*-Anweisung. Der Befehl beginnt immer
mit dem Schlüsselwort *if*, gefolgt von einer Bedingung in runden Klammern. Danach folgt
entweder eine einzelne Anweisung, oder ein Anweisungsblock, also mehrere Anweisungen,
die durch geschweifte Klammern eingeschlossen sind. Optional kann darauf ein *else* folgen,
welches ebenfalls von einem Kommando oder einem Block ergänzt wird. Das Syntaxdiagramm für einen Block wurde in Abb. 2.4 vorgestellt.

In Listing 6.1 ist das in Abb. 6.1 gezeigte Aktivitätsdiagramm als *C++* Implementierung
umgesetzt. Die *if*-Verzweigung nutzt eine aus Abschn. 6.1 bekannte Vergleichsoperation
aus, um zu überprüfen, ob der Wert von *x* kleiner oder gleich 10 ist. Da danach nur eine
einzige Anweisung folgt, muss kein Block eingefügt werden, d. h. die geschweiften Klammern können weggelassen werden. Es reicht direkt die Ausgabe zu formulieren. Sollte die
Bedingung nicht erfüllt sein, so wird die Ausgabe ausgeführt, die im *else*-Zweig angegeben
wurde.

```
1   #include <iostream>
2
3   using namespace std;
4
5   int main()
6   {
7     // Variablendefinition und -initialisierung
8     int x = 0;
9
10    // Einlesen einer Benutzereingabe
11    // von der Konsole in die Variable x
12    cin >> x;
13
14    // Fallunterscheidung
15    if (x <= 10)
16      cout << "x ist kleiner oder gleich 10";
17    else
18      cout << "x ist groesser 10";
19  }
```

Listing 6.1 Implementierung des in Abb. 6.1 gezeigten Beispiels mit einer *if*-Anweisung

Natürlich können auch bei der Sprache *C++* mehrere *if*-Anweisungen ineinander verschachtelt werden. Listing 6.2 fügt dem Beispiel noch eine weitere Unterscheidung hinzu. Sollte der Wert von *x* nun kleiner oder gleich 10 sein, so wird in einer weiteren *if*-Anweisung unterschieden, ob der Wert echt kleiner als 10 ist, in dem Fall erfolgt die entsprechende Ausgabe, oder ob der Wert gleich 10 ist, ebenfalls mit entsprechender Ausgabe.

Wie an dem Beispiel zu sehen ist, ist es nicht immer leicht bei vielen *if*-Anweisungen, die ineinander verschachtelt werden, die Übersicht zu behalten. Es ist deshalb ratsam, konsequent die Bereiche einzurücken, die sich innerhalb der *if*-Anweisung befinden. Auch kann das Setzen von geschweiften Klammern die Übersichtlichkeit erhöhen, auch wenn dies in dem vorliegenden Beispiel nicht zwingend erforderlich wäre.

```
1   #include <iostream>
2
3   using namespace std;
4
5   int main()
6   {
7       // Variablendefinition und -initialisierung
8       int x = 0;
9
10      // Einlesen einer Benutzereingabe
11      // von der Konsole in die Variable x
12      cin >> x;
13
14      // Fallunterscheidung
15      if (x <= 10)
16          if (x < 10)
17              cout << "x ist kleiner 10";
18          else
19              cout << "x ist gleich 10";
20      else
21          cout << "x ist groesser 10";
22  }
```

Listing 6.2 Ergänzung des in Abb. 6.1 gezeigten Beispiels mit verschachtelten *if*-Anweisungen

Gelegentlich kommt es vor, dass in Programmen eine Fallunterscheidung vorgenommen werden muss, die jedem einzelnen Fall eine individuelle Reaktion zuordnet. Abb. 6.3 zeigt eine solche Fallunterscheidung für ein sehr vereinfachtes Reisebüro (die möglichen Ziele wurden zufällig ausgewählt und die Preise sind natürlich Unsinn). Angenommen der Benutzer soll ein Reiseziel angeben, welches direkt den Preis für die Reise bestimmt. In diesem Fall können mehrere *if*-Verzweigungen hintereinander gestellt werden, um diese Fallunterscheidung zu treffen.

Das Listing 6.3 implementiert das Beispiel aus Abb. 6.3 mit Hilfe von mehreren *if*-Anweisungen. Dabei sei angemerkt, dass es sich bei der Anweisung *else if* um ein normales *if* handelt, welches in einen *else*-Zweig geschrieben wurde. Es sind also zwei voneinander unabhängige Anweisungen. Dies könnte auch durch eine andere Einrückung deutlich gemacht werden.

```
 1   int main()
 2   {
 3      // Variablendefinition und -initialisierung
 4      double Preis = 0.0;
 5      char R = ' ';
 6
 7      // Einlesen einer Benutzereingabe
 8      // von der Konsole in die Variable R
 9      cin >> R;
10
11      // mehrfache Fallunterscheidung
12      if (R == 'M') Preis = 100.0;
13      else if (R == 'H') Preis = 150.0;
14      else if (R == 'T') Preis = 200.0;
15      else Preis = 0.0;
16
17      return 0;
18   }
```

Listing 6.3 Fallunterscheidung mit Hilfe von *if*-Anweisungen, basierend auf Abb. 6.1

Der Typ der Variablen *R* ist *char*, daraus folgt, dass in dieser Variable keine Zahlen, sondern einzelne Buchstaben, besser gesagt Zeichen, gespeichert werden können. Soll der Inhalt der Variablen *R* nun in einem Vergleich überprüft werden, muss deutlich gemacht werden, dass eine Variable mit einem Zeichen verglichen wird. Aus diesem Grund müssen einzelne Anführungsstriche um das Zeichen gesetzt werden.

Ein Beispiel:

```
if (R == a)     // überprüft, ob der Wert der Variablen R
                // mit dem der Variablen a identisch ist

if (R == 'a')   // überprüft, ob der Wert der Variablen R
                // dem Buchstaben a entspricht
```

6.3   *switch-case*-Anweisungen

Mit Hilfe der *switch-case*-Anweisung können Fallunterscheidungen, wie in Abb. 6.3 gezeigt, besonders einfach umgesetzt werden. In diesem Beispiel soll ein sehr einfaches Reisebüro realisiert werden, welches drei zufällig ausgewählte Ziele anbietet. Die Preise wurden absichtlich unterschiedlich gewählt, um vier unterschiedliche Szenarien zu ermöglichen. Wie das Listing 6.3 zeigt, können Fallunterscheidungen auch mit Hilfe der *if*-Anweisung

Abb. 6.3 Aktivitätsdiagramm
für eine Fallunterscheidung

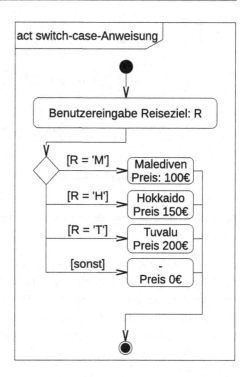

getroffen werden, dies wird jedoch schnell unübersichtlich, wenn mehrere Bedingungen zu dem gleichen Ergebnis führen sollen. Die *switch-case*-Anweisung eröffnet hier viele neue Möglichkeiten.

Abb. 6.4 zeigt zunächst einmal das Syntaxdiagramm für die *switch-case*-Anweisung. Die Komplexität des Diagramms lässt bereits erahnen, dass es viele verschiedene Möglichkeiten gibt, die Anweisung zu nutzen. Als erstes muss immer das Schlüsselwort *switch* angegeben werden, danach folgt in runden Klammern ein Ausdruck, der verschiedene Werte annehmen kann. Dabei ist darauf zu achten, dass diese Werte entweder einem ganzzahligen Datentyp entsprechen müssen, oder aber es möglich sein muss, den Ausdruck in einen solchen zu konvertieren. Unter diese Bedingung fallen natürlich auch Variablen vom Typ *char,* oder die in Abschn. 5.3 vorgestellten *Enumerationen.* In geschweiften Klammern wird nun ein Anweisungsblock definiert, in dem beschrieben wird, wie auf verschiedene Fälle reagiert werden soll.

Innerhalb des Anweisungsblocks kann mit der Anweisung *case* eine neue Fallunterscheidung begonnen werden. Darauf muss ein konstanter Ausdruck folgen, der den Wert beschreibt, der in diesem Fall bearbeitet werden soll. Es muss unterstrichen werden, dass nur konstante Ausdrücke zulässig sind, Variablen oder gar Vergleichsoperationen dürfen nicht verwendet werden. Danach folgt zwingend ein Doppelpunkt. Nun können beliebig viele Anweisungen folgen, die für diesen Fall relevant sind. Allerdings ist es nicht notwendig,

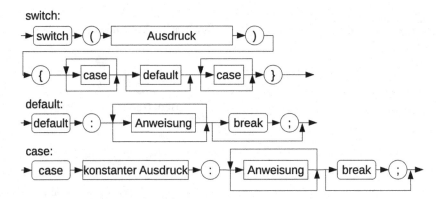

Abb. 6.4 Syntaxdiagramm für die *switch-case*-Anweisung

dass tatsächlich Anweisungen folgen. Das hat mit dem nun folgenden Schlüsselwort *break* zu tun, welches diesen Fall abschließt. Das *break* sorgt dafür, dass die Fallunterscheidung an dieser Stelle beendet wird. Wird es jedoch weggelassen, würde der Code ausgeführt werden, der bei der nächsten Fallunterscheidung vorgesehen ist, usw. Dadurch ist es möglich mehrere *case*-Anweisungen hintereinander zu schreiben, die alle mit dem gleichen Code ausgeführt werden sollen, oder sukzessive Code hinzuzufügen, je nachdem, welcher Fall erreicht wurde.

Es kann durchaus beabsichtigt sein, dass mehrere Fälle der *switch-case*-Anweisung zu dem gleichen Verhalten führen. In Listing 6.5 wird dies beispielhaft gezeigt. Dieser spezielle Fall wird in der Informatik *Fallthrough* genannt. Er sollte immer durch einen Kommentar gekennzeichnet werden, da es sonst nicht möglich ist zu erkennen, ob der *Fallthrough* beabsichtigt ist, oder einfach nur ein *break* vergessen wurde.

Wenn keiner der durch *case* beschriebenen Fälle eintritt, kann durch das Schlüsselwort *default,* gefolgt von einem Doppelpunkt, ein Fall definiert werden, der in allen anderen Fällen eintreten soll. Auch dieser Fall kann durch ein *break* beendet werden. Da das Schlüsselwort *default* nur ein einziges Mal angegeben werden darf, sich davor oder danach jedoch beliebig viele *case*-Anweisungen befinden dürfen, war es notwendig, das Syntaxdiagramm in insgesamt drei Bereiche zu unterteilen.

Das Listing 6.3 implementiert das Beispiel aus Abb. 6.3 mit Hilfe einer *switch-case*-Anweisung. Da für jedes Reiseziel unterschiedliche Preise erforderlich sind, wurde nach jeder Fallunterscheidung ein *break* gesetzt. Sollte eine fehlerhafte Eingabe erfolgen, so wird der Preis auf 0 festgelegt. Dies ist bei diesem einfachen Programm natürlich nicht erforderlich, da der Preis zu Beginn bereits mit 0 initialisiert wurde. Bei einem größeren Programm, in welches dieses Beispiel integriert werden könnte, macht es aber durchaus Sinn, einen Fehlerfall auf die eine oder andere Art zu behandeln.

```
1    int main()
2    {
3      // Variablendefinition und -initialisierung
4      double Preis = 0.0;
5      char   R     = ' ';
6
7      // Eingabe des Reiseziels
8      cin >> R;
9
10     switch(R)
11     {
12       case 'M': // Reise zu den Malediven
13         Preis = 100.0;
14         break;
15       case 'H': // Reise nach Hokkaido
16         Preis = 150.0;
17         break;
18       case 'T': // Reise nach Tuvalu
19         Preis = 200.0;
20         break;
21       default: // Abfangen des Fehlerfalls
22         Preis = 0.0;
23         break;
24     }
25
26     // weiterer Programmcode
27
28     return 0;
29   }
```

Listing 6.4 Die Fallunterscheidung aus Abb. 6.3 mit Hilfe einer *switch-case*-Anweisung

Wenn nun alle Reiseziele den gleichen Preis kosten würden, könnten die Anweisungen und die *break* Anweisungen bei den anderen Fällen entfallen. Listing 6.5 zeigt ein verändertes Programm, bei dem nur noch zwischen dem Fall unterschieden wird, dass irgendein Reiseziel angegeben wurde, oder eine fehlerhafte Eingabe erfolgte.

```
1    int main()
2    {
3      // Variablendefinition und -initialisierung
4      double Preis = 0.0;
5      char   R     = ' ';
6
7      // Eingabe des Reiseziels
8      cin >> R;
9
10     switch(R)
11     {
12       case 'M': // Reise zu den Malediven
```

```
13        case 'H':  // Reise nach Hokkaido
14        case 'T':  // Reise nach Tuvalu
15                   // Fallthrough
16          Preis = 100.0;
17          break;
18        default: // Abfangen des Fehlerfalls
19          Preis = 0.0;
20          break;
21      }
22
23      return 0;
24  }
```

Listing 6.5 Die Fallunterscheidung bei gleichen Preisen mit Hilfe von *switch-case*

Übungen

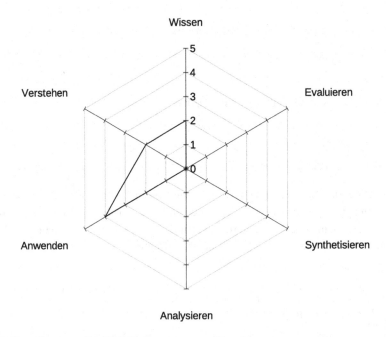

Abb. 6.5 Netzdiagramm für die Selbstbewertung von Kap. 6

6.1 Vergleiche

Wie können Sie in *C*++ durch logische Vergleichsoperationen überprüfen, ob ein Ausdruck *A*

(a) gleich einem Ausdruck *B* ist,

(b) kleiner gleich einem Ausdruck *B* ist, oder

(c) ungleich einem Ausdruck *B* ist?

6.2 Anweisungsblöcke

Was ist ein Anweisungsblock und wie unterscheidet er sich von einer Anweisung?

6.3 Vergleiche

Erklären Sie den Unterschied zwischen = und == bei der Sprache *C*++ !

6.4 Verzweigungen

Die Sprache *C*++ besitzt zwei verschiedene Anweisungen, mit denen Entscheidungen in Programmen getroffen werden. Wie heißen die beiden Anweisungen und was sind die Unterschiede.

6.5 *if*-Anweisung

Bevor Sie mit der Programmierung dieser Aufgabenstellung beginnen, sollen Sie ein Aktivitätsdiagramm entwickeln, dass den Programmablauf beschreibt!

Für das Aktivitätsdiagramm und das Programm erhalten Sie jeweils einen Punkt.

Schreiben Sie ein Programm, das den Benutzer zunächst auffordert, seine Körpergröße k in Metern einzugeben. Dieser Wert soll durch eine Benutzereingabe in einer Variablen vom Typ *double* gespeichert werden. Danach soll der Benutzer sein Gewicht g in Kilogramm eingeben, auch dieser Wert soll in einer Variablen vom Typ *double* gespeichert werden. Nun soll der Body-Mass-Index durch die Formel

$$double\ bmi = g/(k * k);$$

berechnet werden. Mit Hilfe einer *if*-Anweisung sollen nun folgende Ausgaben erzeugt werden:

Ist der $BMI < 18,5$ so soll das Wort *Untergewicht* ausgegeben werden.

Andernfalls soll überprüft werden, ob der $BMI < 25$ ist. In diesem Fall soll das Wort *Normalgewicht* ausgegeben werden.

Trifft keiner der beiden ersten Fälle zu, so soll überprüft werden, ob der $BMI < 30$ ist, dann soll das Wort *Übergewicht* ausgegeben werden.

In jedem anderen Fall soll das Wort *Adipositas* ausgegeben werden.

6.6 *switch-case*-Anweisung

Bevor Sie mit der Programmierung dieser Aufgabenstellung beginnen, sollen Sie ein Aktivitätsdiagramm entwickeln, dass den Programmablauf beschreibt!

Für das Aktivitätsdiagramm und das Programm erhalten Sie jeweils einen Punkt.

Erzeugen Sie eine Enumeration mit den Werten *KELLER, ERDGESCHOSS, LABORE* und *BUEROS* und nennen Sie die Enumeration *Haus*.

Erzeugen Sie nun eine Ausgabe, in der Sie den Benutzer bitten, die Etage zu wählen, in die er fahren möchte. Geben Sie dabei die verschiedenen Optionen aus, zum Beispiel:

```
cout << "Keller: " << KELLER << endl;
```

Speichern Sie die Benutzereingabe in einer Variable vom Typ *int*. Treffen Sie danach mit Hilfe einer *switch-case* Anweisung eine Fallunterscheidung. Dabei sollen folgende Ausgaben produziert werden:

Unterirdisch für den Keller,

Ebenerdig für das Erdgeschoss,

Ueberirdisch für Labore und Büros, sowie

Falsche Eingabe! für jeden anderen Fall.

Schleifen 7

Kurz & Knapp

- Schleifen führen Anweisungen wiederholt aus.
- Die Sprache *C++* kennt drei Arten von Schleifen.
- Es wird zwischen kopf- und fußgesteuerten Schleifen unterschieden:
  - kopfgesteuert
    - *while*-Schleife
    - *for*-Schleife
  - fußgesteuert
    - *do-while*-Schleife
- **Gefahrenquelle:**
  Gerade bei *while* und *do-while*-Schleifen besteht die Gefahr einer Endlosschleife, da häufig die Änderung der Schleifenvariablen vergessen wird.

Bei der Programmierung von Software müssen häufig bestimmte Teile des Programms wiederholt ausgeführt werden. Manchmal kann genau angegeben werden, wie häufig der Code wiederholt werden muss. Ein einfaches Beispiel dafür ist, wenn die Werte einer Funktion für alle ganzen Zahlen im Intervall von 0 bis 10 ausgegeben werden sollen. Abb. 7.1 zeigt ein Aktivitätsdiagramm, welches den Ablauf wiedergibt. Zunächst wird der Wert x auf 0 gesetzt. Danach wird der Funktionswert von x ausgegeben. Um welche Funktion es sich handelt, spielt für das Beispiel keine Rolle. Als nächstes wird die Abbruchbedingung überprüft, indem verglichen wird, ob der Wert x kleiner als 10 ist. Wenn die Bedingung zutrifft, bleibt das Programm in der Schleife und gibt erneut einen Funktionswert für das nun erhöhte x aus. Andernfalls wird das Programm beendet.

© Springer Fachmedien Wiesbaden GmbH, ein Teil von Springer Nature 2024
B. Tolg, *Informatik auf den Punkt gebracht*,
https://doi.org/10.1007/978-3-658-43715-2_7

Abb. 7.1 Aktivitätsdiagramm
für die wiederholte Ausgabe
von Funktionswerten

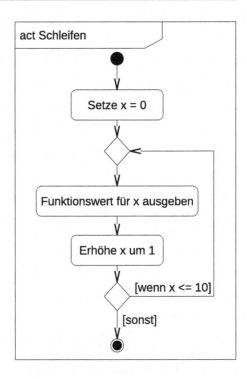

In anderen Fällen ist jedoch nur die Abbruchbedingung bekannt, nicht jedoch, wie lange es dauert, bis diese Bedingung eintritt. Wenn zum Beispiel der Inhalt einer unbekannten Datei Zeile für Zeile eingelesen werden soll, soll am Dateiende mit dem Lesen aufgehört werden. Da die Datei unbekannt ist, könnte sie ebenso gut ein Buch enthalten, wie sie leer sein könnte.

In C++ stehen verschiedene Schleifentypen zur Verfügung, die es Ihnen ermöglichen, Teile des Programms wiederholt auszuführen. Grundsätzlich kann jeder Schleifentyp für jeden Anwendungsfall verwendet werden, allerdings kann es sehr umständlich werden, wenn der falsche Schleifentyp gewählt wurde.

Die gegebenen Beispiele zeigen, dass die Abbruchbedingung bei Schleifen eine wichtige Rolle spielt. Das bedeutet, dass es einen Zustand zu Beginn der Schleife gibt, der im Verlauf der Schleife verändert wird und der irgendwann die Abbruchbedingung erfüllt.

In C++ wird zwischen kopfgesteuerten und fußgesteuerten Schleifen unterschieden. Die Namen erklären sich dadurch, dass eine Schleife immer mit einem Schleifenkopf beginnt, darauf folgt der Schleifenkörper und am Ende der Schleifenfuß. Die Bezeichnung bezieht sich immer darauf, an welcher Stelle der Schleife die Abbruchbedingung geprüft wird. C++ kennt drei verschiedene Typen von Schleifen, die im Folgenden vorgestellt werden.

7.1   *do-while*-Schleifen

Die *do-while*-Schleife ist die einzige fußgesteuerte Schleife, die es in *C++* gibt. In Abb. 7.2 ist das Syntaxdiagramm für diesen Schleifentyp abgebildet. Eine *do-while*-Schleife beginnt immer mit dem Schlüsselwort *do,* gefolgt von einer Anweisung, oder mehreren Anweisungen innerhalb geschweifter Klammern, die wiederholt werden sollen. Danach folgt die Anweisung *while* und innerhalb runder Klammern ein Ausdruck, der die Abbruchbedingung beschreibt. Am Ende der *do-while*-Schleife muss immer ein Semikolon stehen, um die Anweisung abzuschließen.

Fußgesteuerte Schleifen haben die Eigenschaft, dass zunächst der Schleifenkörper durchlaufen wird, bevor die Abbruchbedingung überprüft wird. Im Gegensatz zu den anderen Schleifentypen wird der Körper einer *do-while*-Schleife also mindestens einmal durchlaufen, unabhängig davon, ob die Abbruchbedingung erfüllt ist, oder nicht.

Das Listing 7.3 setzt das in Abb. 7.1 dargestellte Aktivitätsdiagramm mit Hilfe einer *do-while*-Schleife in *C++* -Code um.

```
1   #include <iostream>
2
3   using namespace std;
4
5   int main()
6   {
7       // Variablendefinition und -initialisierung
8       int x = 0;
9
10      // Schleifenkopf
11      do
12      {
13          // Schleifenkörper
14          cout << f(x);
15          x = x + 1;
16      }
17      // Schleifenfuß
18      while (x <= 10);
19  }
```

Listing 7.1 Lösung des in Abb. 7.1 gezeigten Beispiels mit einer *do-while*-Schleife.

Typische Anwendungsfälle
Da der Körper der *do-while*-Schleife mindestens einmal durchlaufen wird, sollte sie in Fällen genutzt werden, wo genau dies erforderlich ist. Ein typisches Beispiel hierfür sind Benutzereingaben.

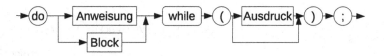

Abb. 7.2 Syntaxdiagramm für die *do-while*-Schleife

Wenn bei einer Benutzereingabe Randbedingungen gelten, wie zum Beispiel, dass ein
Wert innerhalb eines vorgegebenen Intervalls liegen soll, dann muss die Abfrage wiederholt werden, bis die Eingabe innerhalb dieses Intervalls liegt. Wie viele Wiederholungen der
Benutzer dazu benötigt, ist nicht bekannt. Es muss außerdem in jedem Fall eine Benutzereingabe erfolgen, unabhängig davon, ob der aktuelle Wert der Variablen bereits die Abbruchbedingung erfüllen würde.

In dem Listing 7.2 wird eine Benutzereingabe im Intervall von [0, 10] erwartet. Die
Variable x ist bereits mit 0 initialisiert und würde die Abbruchbedingung erfüllen. Dennoch
muss mindestens eine Benutzereingabe erfolgen, bevor die Abbruchbedingung überprüft
werden kann.

```
 1   #include <iostream>
 2
 3   using namespace std;
 4
 5   int main() {
 6     // Variablendefinition und -initialisierung
 7     int x = 0;
 8
 9     // Schleifenkopf
10     do
11     {
12       // Schleifenkörper
13       cout << "Bitte geben Sie eine Zahl "
14            << "zwischen 0 und 10 ein: ";
15       cin >> x;
16     }
17     // Schleifenfuß
18     while (x < 0 || x > 10);
19   }
```

Listing 7.2 Benutzeringabe mit Nebenbedingungen mit einer *do-while*-Schleife.

7.2   *while*-Schleifen

Die *while*-Schleifen gehören zu den kopfgesteuerten Schleifen. Bei diesem Schleifentyp
wird die Abbruchbedingung überprüft, bevor der Schleifenkörper ausgeführt wird. Es ist
also möglich, dass der Schleifenkörper niemals erreicht wird, wenn die Abbruchbedingung
bereits zu Beginn erfüllt wurde. Abb. 7.3 zeigt das Syntaxdiagramm für diesen Schleifentyp.

Eingeleitet wird die Schleife mit dem Schlüsselwort *while,* gefolgt von einem Ausdruck
in runden Klammern, der die Abbruchbedingung beschreibt. Danach folgt der Schleifenkörper, der entweder aus einer einzelnen Anweisung, oder aber einem Anweisungsblock

Abb. 7.3 Syntaxdiagramm für
die *while*-Schleife

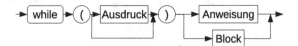

innerhalb geschweifter Klammern besteht. Das Listing 7.3 zeigt die Realisierung des in Abb. 7.1 gezeigten Aktivitätsdiagramms mit Hilfe einer *while*-Schleife.

```
1   #include <iostream>
2
3   using namespace std;
4
5   int main()
6   {
7       // Variablendefinition und -initialisierung
8       int x = 0;
9
10      // Schleifenkopf
11      while (x <= 10)
12      {
13          // Schleifenkörper
14          cout << f(x);
15          x++;
16      }
17  }
```

Listing 7.3 Lösung des in Abb. 7.1 gezeigten Beispiels mit einer while-Schleife.

Typische Anwendungsfälle

Die *while*-Schleifen werden üblicherweise in Situationen verwendet, die zwei Bedingungen erfüllen. Zum einen gibt es eine klar definierte Abbruchbedingung, die das Ende der Schleife feststellt. Zum anderen ist unbekannt, wie viele Durchläufe der Schleife benötigt werden, um dieses Ende zu erreichen.

Ein anschauliches Beispiel ist das Einlesen von Daten aus einer Datei. Die Abbruchbedingung ist klar definiert: Wenn das Dateiende erreicht wurde, muss mit dem Lesen aufgehört werden. Die Anzahl der Durchläufe ist jedoch nicht bekannt, sofern es keine Zusatzinformationen zu der Datei gibt. Die Datei könnte leer sein, oder mehrere Gigabyte an Daten enthalten.

Ein weiteres, weniger anspruchsvolles, Beispiel kommt aus dem Bereich der Näherungsverfahren in der numerischen Mathematik. Näherungsverfahren werden immer dann verwendet, wenn keine exakte Lösung gefunden werden kann, oder es extrem schwer wäre, eine solche zu finden.

Das Listing 7.4 zeigt ein sehr einfaches Näherungsverfahren zum Finden der Wurzel der Zahl 8. Ohne weiter nachzudenken kann man davon ausgehen, dass die Lösung irgendwo innerhalb des Intervalls [0, 8] zu finden sein wird. Die untere Grenze soll als *a* bezeichnet werden, die obere als *b*. Das Programm soll nun die Grenzen so aufeinander zuschieben, dass sie sich von oben und unten an das richtige Ergebnis annähern.

```
1   #include <iostream>
2
3   using namespace std;
4
5   int main()
6   {
```

```
7    // Variablendefinition und -initialisierung
8    double a = 0.0;
9    double b = 8.0;
10   double c = 0.0;
11
12   // Schleifenkopf
13   // Die Abbruchbedingung überprüft den Abstand
14   // der beiden Intervallgrenzen
15   while (b - a > 0.000001)
16   {
17     // Schleifenkörper
18
19     // Berechnung des Werts in der
20     // Mitte des Intervalls
21     c = (a + b) / 2.0;
22
23     if (c*c > 8.0)
24       // Ersetzen der oberen Grenze
25       b = c;
26     else
27       // Ersetzen der unteren Grenze
28       a = c;
29   }
30
31   cout << c << endl;
32 }
```

Listing 7.4 Beispiel eines einfachen Näherungsverfahrens mit Hilfe einer *while*-Schleife.

Die Abbruchbedingung ist dann sehr einfach: Das Programm soll abbrechen, wenn der Abstand der oberen zu der unteren Grenze kleiner ist, als ein vorgegebener maximaler Fehler. In diesem Beispiel soll der maximale Fehler 0,000001 betragen.

Die Anzahl der Schleifendurchläufe, die benötigt wird um dieses Ziel zu erreichen, ist jedoch ohne weitere Überlegungen nicht genau bekannt. Sollten die Grenzen des Intervalls schon nahe genug beieinanderliegen, so wäre kein einziger Durchlauf der Schleife nötig. Liegen die Grenzen ungünstig, so können sehr viele Durchläufe nötig sein.

Im Schleifenkörper wird das Intervall bei jedem Durchlauf verkleinert. Dazu wird die Mitte des aktuellen Intervalls berechnet und in der Variable c gespeichert. Der Wert in c ist damit der Testwert für die gesuchte Wurzel der Zahl 8. Wenn c^2 nun größer ist als der Wert 8, dann folgt daraus, dass c größer ist als die gesuchte Wurzel. In diesem Fall wird die obere Intervallgrenze b auf c verschoben. Andernfalls wird die untere Intervallgrenze a auf c verschoben. Mit jedem weiteren Schleifendurchlauf konvergiert eine der beiden Grenzen gegen das gesuchte Ergebnis, bis schließlich die Abbruchbedingung erfüllt wird.

7.3   *for*-Schleifen

Die *for*-Schleife zählt ebenfalls zu den kopfgesteuerten Schleifen. Das Syntaxdiagramm ist in Abb. 7.4 dargestellt. Es ist leicht zu sehen, dass sich ihr Aufbau von dem der anderen beiden Schleifentypen unterscheidet. Nach dem Schlüsselwort *for* folgen drei Anweisungen,

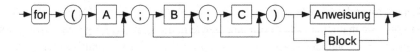

Abb. 7.4 Syntaxdiagramm für die *for*-Schleife

die jeweils durch Semikola voneinander getrennt werden. Die einzelnen Anweisungen, in der Abbildung mit *A*, *B* und *C* gekennzeichnet, sind optional. Die Semikola müssen jedoch in jedem Fall angegeben werden.

- Anweisung *A* wird ausgeführt, bevor die Schleifendurchläufe beginnen. Sehr häufig wird hier eine Zählvariable initialisiert.
- In Anweisung *B* befindet sich die Abbruchbedingung, welche vor jedem Schleifendurchlauf überprüft wird.
- Anweisung *C* wird nach jedem Schleifendurchlauf ausgeführt. In vielen Fällen wird hier die in Anweisung *A* initialisierte Variable verändert, sodass die Abbruchbedingung irgendwann erfüllt wird.

Da die *for*-Schleife sehr häufig zum Hoch- oder Runterzählen von Variablen genutzt wird, wird sie auch Zählschleife genannt. Das Listing 7.5 zeigt die Realisierung des in Abb. 7.1 gezeigten Aktivitätsdiagramms mit Hilfe einer *for*-Schleife.

```
1    #include <iostream>
2
3    using namespace std;
4
5    int main()
6    {
7        // Schleifenkopf
8        for (int x = 0;x <= 10;x++)
9        {
10           // Schleifenkörper
11           cout << f(x);
12       }
13   }
```

Listing 7.5 Lösung des in Abb. 7.1 gezeigten Beispiels mit einer *for*-Schleife.

Die erste Anweisung definiert und initialisiert die Schleifenvariable *x* mit dem Wert 0. Als Abbruchbedingung wird in der zweiten Anweisung festgelegt, dass die Schleife laufen soll, solange der Wert von *x* kleiner oder gleich dem Wert 10 ist. Die dritte Anweisung *x++* ist eine sehr verkürzte Schreibweise der Anweisung *x = x + 1*. Soll der Wert von *x* mit einem anderen Wert, z. B. 2, hochgezählt werden, so könnte auch die Anweisung *x += 2* als Kurzschreibweise verwendet werden.

Typische Anwendungsfälle

Die Darstellung mathematischer Formeln, so wie in dem Listing 7.5 gezeigt, ist bereits ein sehr typisches Beispiel für die Verwendung der *for*-Schleife. Auch wenn die gleiche Aufgabe mit jedem Schleifentyp durchgeführt werden kann, fällt auf, dass die Umsetzung mit der *for*-Schleife sehr knapp und übersichtlich ausfällt.

Weitere typische Anwendungsfälle für *for*-Schleifen werden im Kap. 8 über die so genannten Arrays beschrieben. Sehr viele Operationen, die mit Arrays durchgeführt werden, erfordern den Einsatz von Schleifen, wobei die *for*-Schleife häufig die beste Wahl darstellt.

Auch mehrdimensionale Formeln lassen sich durch *for*-Schleifen gut darstellen. Dazu können mehrere Schleifen ineinander verschachtelt werden. Dies funktioniert mit allen vorgestellten Schleifentypen und soll hier beispielhaft mit der *for*-Schleife durchgeführt werden. Das Listing 7.6 zeigt eine solche Ausgabe.

```
1    #include <iostream>
2
3    using namespace std;
4
5    int main()
6    {
7      // Schleife für die y-Werte
8      for (int y = 0;y < 5;y++)
9      {
10       // Schleife für die x-Werte
11       for (int x = 0;x < 5;x++)
12       {
13         // Ausgabe der Funktionswerte
14         cout << "(" << x << ", " << y << ")" << "\t";
15       }
16       cout << endl;
17     }
18   }
```

Listing 7.6 Darstellung einer Funktion mit zwei Variablen mit Hilfe von *for*-Schleifen.

Die äußere Schleife durchläuft dabei die Zeilen der Darstellung und erhöht die Variable y bei jedem Durchlauf. Innerhalb der äußeren Schleife passieren zwei Dinge: Die innere Schleife durchläuft jede Spalte und gibt den Wert der x- und die y-Koordinate in Klammern aus. Um ein wenig Abstand zwischen den Ausgaben zu erhalten, wird durch \t noch ein Tabulator [1] eingefügt.

---

[1] Die Textkonsole ist in mehrere Spalten unterteilt, die durch den Tabulator angesprungen werden können. Die Ausgabe wirkt dadurch aufgeräumter. Ist die Ausgabe der Funktion jedoch unterschiedlich lang, so kann es passieren, dass eine der Ausgaben über eine Tabulatorposition hinausragt, sodass für die nachfolgenden Ausgaben ein Versatz entsteht. In solchen Fällen sollte die Länge der Ausgabe begrenzt werden.

(0, 0) (1, 0) (2, 0) (3, 0) (4, 0)	(0, 0) (1, 0)	(0, 0) (1, 0) (3, 0) (4, 0)
(0, 1) (1, 1) (2, 1) (3, 1) (4, 1)	(0, 1) (1, 1)	(0, 1) (1, 1) (3, 1) (4, 1)
(0, 2) (1, 2) (2, 2) (3, 2) (4, 2)	(0, 2) (1, 2)	(0, 2) (1, 2) (3, 2) (4, 2)
(0, 3) (1, 3) (2, 3) (3, 3) (4, 3)	(0, 3) (1, 3)	(0, 3) (1, 3) (3, 3) (4, 3)
(0, 4) (1, 4) (2, 4) (3, 4) (4, 4)	(0, 4) (1, 4)	(0, 4) (1, 4) (3, 4) (4, 4)
a)	b)	c)

Abb. 7.5 Ausgabe der verschiedenen Programme zur Funktionsausgabe.
a Listing 7.6, **b** Listing 7.7, **c** Listing 7.8

Nach jedem Durchlauf der inneren Schleife, wird in der äußeren Schleife noch in der Ausgabe ein Zeilenende herbeigeführt. Abb. 7.5 a) zeigt das Ergebnis.

7.4   *continue* und *break*

Wenn Schleifen durchlaufen werden, kann es manchmal sinnvoll sein, den Durchlauf zu unterbrechen, oder zu überspringen. Wenn zum Beispiel beim Durchlaufen einer Schleife ein Fehler erkannt wird, macht es keinen Sinn mehr den Rest der Schleife abzuarbeiten. Es soll eine Fehlermeldung ausgegeben werden und der Schleifendurchlauf unterbrochen werden. Im Prinzip könnte dies auch durch eine *if*-Abfrage realisiert werden, die einen Teil des Schleifeninhalts nur dann ausführen würde, wenn der Fehlerfall nicht eingetreten ist. Allerdings kann dies manchmal umständlich zu realisieren sein.

Mit dem Kommando *break* kann eine Schleife sofort unterbrochen werden. Werden mehrere Schleifen ineinander verschachtelt, so ist nur die Schleife davon betroffen, in der sich die *break*-Anweisung befindet. Das Beispiellisting 7.7 verändert das Listing 7.6 so, dass die innere Schleife beim Erreichen der dritten Spalte unterbrochen wird. Abb. 7.5 b) zeigt die veränderte Ausgabe des Programms.

```
1   #include <iostream>
2
3   using namespace std;
4
5   int main()
6   {
7     // Schleife für den Durchlauf der Zeilen
8     for (int y = 0;y < 5;y++)
9     {
10      // Schleife für den Durchlauf der Spalten
11      for (int x = 0;x < 5;x++)
12      {
13        // Unterbrechung der Schleife in der
```

```
14            // dritten Spalte mit Hilfe von break
15            if (x == 2) break;
16
17            // Ausgabe der Funktionswerte
18            cout << "(" << x << ", " << y << ")" << "\t";
19          }
20        cout << endl;
21      }
22    }
```

Listing 7.7 Modifikation von Listing 7.5 mit Hilfe von *break*.

Das Kommando *continue* verhält sich ähnlich wie das Kommando *break*, überspringt jedoch nur den aktuellen Durchlauf der Schleife und lässt die Schleife an sich weiterlaufen. Alle Kommandos, die nach dem Befehl *continue* folgen, werden übersprungen.

Das Listing 7.8 verändert das Listing 7.6 so, dass die Ausgabe der dritten Spalte übersprungen wird. Abb. 7.5 c) zeigt die entsprechend veränderte Ausgabe.

```
1    #include <iostream>
2
3    using namespace std;
4
5    int main()
6    {
7      // Schleife für den Durchlauf der Zeilen
8      for (int y = 0;y < 5;y++)
9      {
10       // Schleife für den Durchlauf der Spalten
11       for (int x = 0;x < 5;x++)
12       {
13         // \"{U}berspringen des Schleifeninhalts der
14         // dritten Spalte mit Hilfe von continue
15         if (x == 2) continue;
16
17         // Ausgabe der Funktionswerte
18         cout << "(" << x << ", " << y << ")" << "\t";
19       }
20      cout << endl;
21     }
22   }
```

Listing 7.8 Modifikation von Listing 7.5 mit Hilfe von *continue*.

Übungen

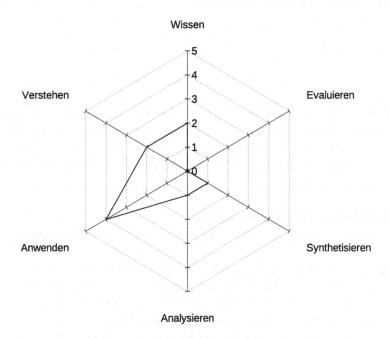

Abb. 7.6 Netzdiagramm für die Selbstbewertung von Kap. 7

7.1 Schleifen

Nennen Sie die drei Möglichkeiten Schleifen in $C++$ zu realisieren und ordnen Sie sie den kopf- bzw. fußgesteuerten Schleifen zu.

7.2 Anwendungsfälle

Nennen Sie für alle drei Schleifen jeweils einen typischen Anwendungsfall.

7.3 Schleifentypen

Erklären Sie mit eigenen Worten den Unterschied zwischen kopf- und fußgesteuerten Schleifen!

7.4 Endlosschleifen
Erklären Sie, wie eine Endlosschleife entsteht!

7.5 Fahrstuhl
Nehmen Sie das Programm aus Übung 6.6 und verändern Sie es so, dass Sie so lange nach der Etage gefragt werden, in die Sie fahren möchten, bis Sie eine ungültige Eingabe tätigen. Das Programm soll sich zusätzlich die Etage merken, in der Sie sich aktuell befinden. Sollten Sie die aktuelle Etage erneut auswählen, soll statt des üblichen Texts der Hinweis *Hier befinden Sie sich gerade!* erscheinen.

7.6 Ausgabe der Zeichenzuordnungstabelle
In dieser Aufgabe gilt jeder Aufgabenteil als einzelner Punkt für die Gesamtauswertung.

(a) Schreiben Sie ein Programm, das in einer Schleife die Zahlen von 0 bis 255 durchläuft und auf der Konsole ausgibt. Zusätzlich sollen die Werte, wie in Übung 5.9, durch einen *Typecast* in *char*-Variablen gewandelt und ebenfalls ausgegeben werden.

(b) Ergänzen Sie Ihr Programm so, dass die Ausgabe in 2 Spalten erfolgt.

(c) Ergänzen Sie Ihr Programm so, dass die Ausgabe in 3 Spalten erfolgt.

7.7 Programmanalyse
Betrachten Sie das folgende Programm und versuchen Sie herauszufinden, was dieses Programm tut. Dabei geht es nicht darum, das Programm Zeile für Zeile zu beschreiben, sondern darum, ein genaues Bild davon zu erhalten, was das Ziel des dargestellten Programms ist. Natürlich können Sie das Programm einfach abtippen und es ausprobieren, aber das ist nicht Ziel der Übung. In dem Programm werden Anweisungen verwendet, die Sie noch nicht kennen. Die dürfen Sie natürlich recherchieren (Listing 7.9).

```
1    #include <iostream>
2
3    using namespace std;
4
5    int main()
6    {
7        const int N = 21;
8
```

```
9       for (int y = 0; y < N; y++)
10      {
11        for (int x = 0; x < N; x++)
12        {
13          int dx = x - N / 2;
14          int dy = y - N / 2;
15
16          if (sqrt(dx * dx + dy * dy) < N*0.4 &&
17              sqrt(dx * dx + dy * dy) > N*0.1)
18          {
19            cout << "*";
20          }
21          else
22          {
23            cout << " ";
24          }
25        }
26        cout << endl;
27      }
28
29      return 0;
30    }
```

Listing 7.9 Programm mit unbekannter Aufgabe

7.8 Ausgabe der Zeichenzuordnungstabelle Teil 2

Ergänzen Sie Ihr Programm aus Übung 7.5 um eine Benutzereingabe der Spaltenanzahl *s*. Der Wert soll ganzzahlig und im Intervall [1; 10] liegen. Danach soll die Ausgabe in *s* Spalten erfolgen.

Felder 8

Kurz & Knapp

- Felder speichern N Daten unter einem gemeinsamen Namen.
- Die Einträge eines Feldes werden Elemente genannt.
- Ein Feld kann sich in mehrere Dimensionen ausdehnen.
- Auch Texte sind nichts anderes als ein Feld von N Zeichen.
- Um einzelne Daten zu erhalten, werden Indices verwendet.
- Häufig werden Schleifen[1] für den Zugriff verwendet.
- Der kleinste Index eines Feldes ist immer 0.
- Der höchste Index eines Feldes ist immer $N - 1$.
- **Gefahrenquelle:**
  Es wird beim Zugriff auf das Feld nicht überprüft, ob sich der Index innerhalb der Grenzen befindet.

Wenn Programme Daten verarbeiten sollen, so müssen häufig viele Werte verwaltet werden, die alle den gleichen Variablentyp besitzen. Soll zum Beispiel in einem Experiment über einen Zeitraum von einer Minute ein Temperaturverlauf aufgezeichnet werden, bei dem jeweils nach 5 s ein neuer Temperaturwert gemessen wird, so ergibt sich eine Wertetabelle, wie in Tab. 8.1 gezeigt.

Nun ist dieses Problem noch sehr überschaubar. Es wäre möglich jeweils 13 Variablen vom Typ *unsigned int* für die Zeit und vom Typ *double* für die Temperatur anzulegen.

---

[1] Die *for*-Schleife wird aus mehreren Gründen sehr oft verwendet. Zum einen muss bei Feldern immer eine feste Anzahl an Elementen durchlaufen werden. Zum anderen bietet die *for*-Schleife mit ihrem Schleifenkopf eine sehr kompakte Darstellung aller relevanten Informationen. Zusätzlich wird die Schleifenvariable im Schleifenkopf verändert und verringert so die Gefahr, dass es vergessen wird.

© Springer Fachmedien Wiesbaden GmbH, ein Teil von Springer Nature 2024
B. Tolg, *Informatik auf den Punkt gebracht*,
https://doi.org/10.1007/978-3-658-43715-2_8

Tab. 8.1 Gemessener Temperaturverlauf bei einem Experiment

Zeit (s)	Temperatur (°C)
0	1,00
5	1,42
10	2,01
15	2,86
20	4,06
25	5,75
30	8,17
35	11,59
40	16,44
45	23,34
50	33,12
55	46,99
60	66,69

Nur wäre dieser Ansatz nicht sehr flexibel und spätestens wenn die Messung mehrere Tage umfassen soll, wäre das resultierende Programm mit diesem Ansatz nicht mehr sinnvoll.

In der Mathematik gibt es eine sehr einfache Lösung für dieses Problem. Der Name einer Messreihe wird mit einem Index versehen, um deutlich zu machen, dass es sich um viele Werte handelt. Die Bezeichnung T_i, mit $i = 1, ..., N$ könnte somit für die gemessenen Temperaturen stehen und T_4 für die vierte gemessene Temperatur. In unserem Beispiel wäre $N = 13$, also die Anzahl der gemessenen Werte.

Bei vielen Programmiersprachen wurde der gleiche Lösungsansatz gewählt. In der Informatik ist die Bezeichnung für eine Gruppe von Werten, die alle mit einem Namen und einem Index angesprochen werden *Feld* bzw. *Array*[2], die Werte innerhalb des Feldes nennen sich Elemente. Für die Programmiersprache ist es wichtig, dass der Index deutlich vom Namen des Feldes unterschieden werden kann. Bei der Programmiersprache *C++* wird der Index deshalb immer in eckigen Klammern hinter dem Namen des Feldes geschrieben.

Das aus der Mathematik bekannte T_i würde in *C++* also $T[j]$ geschrieben werden, allerdings mit dem Unterschied, dass in *C++* der Index j immer bei 0 beginnt und bei $N - 1$ endet. Der vierte Wert der Messung T_4 wäre also in *C++* $T[3]$.

Das Listing 8.1 legt verschiedene Felder an und zeigt unterschiedliche Möglichkeiten der Initialisierung.

---

[2] Tatsächlich werden beide Begriffe absolut gleichwertig verwendet. In meinem persönlichen Sprachgebrauch verwende ich das Wort *array* jedoch wesentlich häufiger. Für das Buch wollte ich jedoch nicht ständig zwischen deutschen und englischen Begriffen wechseln und bleibe deshalb bei dem Begriff Feld. Gewöhnen Sie sich aber am besten an beide Begriffe.

```cpp
1   #include <iostream>
2
3   using namespace std;
4
5   int main()
6   {
7     // festlegen einer Konstanten für die Feldgröße
8     const unsigned int N = 13;
9
10    // Initialisierung eines Feldes mit vorgegebenen
11    // Werten
12    unsigned int time[N] = { 0, 5, 10, 15
13                           , 20, 25, 30, 35
14                           , 40, 45, 50, 55, 60};
15
16    // Initialisierung eines Feldes mit dem Wert 0
17    double T[N] = { 0.0 };
18
19    // Initialisierung des Feldes mit einer
20    // for-Schleife
21    for (int i = 0 ; i < N ; i++)
22    {
23      cout << "Bitte geben Sie die Temperatur nach "
24           << time[i] << "s ein: ";
25      cin >> T[i];
26    }
27  }
```

Listing 8.1 Definition und Initialisierung von Feldern

In Zeile 8 wird zunächst eine Hilfskonstante N mit dem Wert 13 für die Feldgröße initialisiert. Dies ist sehr sinnvoll, wenn später das Feld mit Schleifen durchlaufen werden soll. In diesem Fall kann die Hilfskonstante N immer als Bezug verwendet werden. Soll die Feldgröße angepasst werden, so reicht eine Anpassung an einer Stelle. Variable Werte sind bei der Definition von Feldern nicht zulässig, deshalb muss die Variable mit dem Schlüsselwort *const* versehen werden. Natürlich kann anstelle der Konstanten N aber auch immer der Wert 13 geschrieben werden. Damit ist klar, dass die Länge eines solchen Feldes zur Laufzeit nicht ohne weiteres geändert werden kann. Wie Felder mit variabler Größe erzeugt werden, wird in Kap. 11 erklärt.

Für das Beispiel mit den gemessenen Temperaturen benötigen wir ein Feld, in dem wir die Zeiten für die Messungen ablegen können. Um ein Feld zu definieren, muss, wie in Zeile 11, hinter den Namen der Variablen in eckigen Klammern die Anzahl der Elemente geschrieben werden, aus denen das Feld bestehen soll.

An dieser Stelle gibt es häufig Missverständnisse. Das Feld *time* besteht nach dieser Definition aus N (also 13) Elementen. Die gültigen Indizes sind jedoch die Werte 0 bis 12.

Da die Werte in diesem Beispiel vorgegeben wurden, kann das Feld bei der Definition in Zeile 12 auch gleich initialisiert werden. Eine Möglichkeit der Initialisierung ist, die Werte in geschweiften Klammern und mit Kommata getrennt dem Feld zuzuweisen. Diese Notation ist jedoch nur bei der Initialisierung erlaubt. Sollen nur einige Werte initialisiert werden, können auch weniger Werte in den Klammern stehen. Die verbleibenden Werte werden dann zu 0 initialisiert. Es ist jedoch niemals gestattet zu viele Werte in die Klammern zu schreiben.

In Zeile 17 wird das Feld für die gemessenen Temperaturen ebenfalls mit 13 Elementen definiert. Da die Temperaturen noch nicht bekannt sind, werden alle Elemente des Feldes durch die leeren geschweiften Klammern mit 0 initialisiert.

Ab Zeile 21 werden die Werte des Feldes T mit Hilfe einer *for*-Schleife eingelesen. Im Schleifenkopf wird die Zählvariable i definiert und initialisiert, sodass diese den Wertebereich von 0 bis $N-1$ durchläuft. Innerhalb der Schleife wird ein erklärender Text ausgegeben und der Wert für die Sekundenanzahl dem Feld *time* jeweils an der i-ten Stelle entnommen. Danach wird in Zeile 25 die Benutzereingabe in dem i-ten Element des Feldes T gespeichert.

Nachdem das Programm durchlaufen wurde, können die Werte, die in T gespeichert wurden, für verschiedene weitere Berechnungen verwendet werden. Es wäre zum Beispiel möglich, den Mittelwert oder die Standardabweichung der Temperatur zu bestimmen.

Die Werte eines Feldes werden immer direkt hintereinander im Speicher angeordnet. Besteht ein Feld aus 10 Elementen vom Typ *int* und belegt ein *int* 4 Byte Speicherplatz, so wird das Feld $10 \cdot 4$ Bytes $= 40$ Bytes Speicherplatz belegen. Die genaue Größe des verbrauchten Speichers kann mit Hilfe der Funktion *sizeof* ermittelt werden. Zum Beispiel liefert *sizeof(T)* in dem Listing 8.1 den Wert $13 \cdot 4$ Bytes $= 52$ Bytes.

8.1   Zeichenketten

In Kap. 5 wurde bereits der Variablentyp *char* vorgestellt, der einzelne Buchstaben speichern kann. Natürlich ist es bei vielen Anwendungen nicht ausreichend nur einzelne Buchstaben zu speichern, stattdessen werden ganze Wörter benötigt.

Nun ist ein Wort nichts anderes, als eine geordnete Menge von Buchstaben, bzw. allgemeiner, Zeichen. Im Prinzip also genau das, was durch ein Feld erzeugt wird. In der Programmiersprache *C* werden Wörter auch genau so dargestellt, durch ein einfaches Feld mit dem Variablentyp *char*. Diese Felder werden *C-strings* genannt. In der Programmiersprache *C++* gibt es dafür einen eigenen Datentyp *string*, der zusätzliche Funktionen bietet. Allerdings werden die *C-strings* weiterhin verwendet, sodass der Variablentyp *string* kein Ersatz, sondern mehr eine Ergänzung ist, die die Benutzung von Zeichenketten vereinfacht.

Da ein *C-string* ein normales Feld ist, kann auch dessen Länge während der Laufzeit des Programms nicht ohne weiteres geändert werden. Deshalb wird die Länge eines solchen *C-strings* immer so definiert, dass in dem speziellen Anwendungsfall jeder mögliche Text auf jeden Fall hineinpassen würde. Nun ist das Feld für viele Texte zu groß und es muss noch festgelegt werden, wann der Text innerhalb eines zu großen Feldes endet. Dies wird erreicht, indem hinter dem Text der Wert 0 in das Feld geschrieben wird. Dies geschieht in vielen Fällen, wie zum Beispiel der Wertzuweisung, automatisch. Da die 0 das Ende eines Textes markiert, wird auch von nullterminierten *strings* gesprochen.

Auch die Länge eines Textes ist nicht sofort aus der Größe des Feldes abzuleiten, da die Feldgröße immer nur die maximale Größe darstellt. Um die Länge eines Textes herauszufinden, müsste eine Schleife den Text durchlaufen und alle Zeichen zählen, bis der Wert 0 gefunden wird. Listing 8.2 zeigt, wie die Länge eines Textes in einem *C-string* ermittelt werden kann.

In Zeile 8 wird zunächst eine Hilfsvariable vom Typ *int* definiert und mit dem Wert -1 initialisiert. In Zeile 11 wird dann ein Feld mit 1024 Elementen vom Typ *char* definiert und mit einem Beispieltext initialisiert.

Ab Zeile 13 folgt dann eine *for*-Schleife, die das Feld einmal vollständig durchläuft. Wenn der Wert des Feldes *text* an der Stelle *i* gleich 0 ist, wird *length* auf den aktuellen Wert von *i* gesetzt und die Schleife mit der Anweisung *break;* beendet. Damit wird sichergestellt, dass nur die erste 0 in dem Textfeld dazu führt, dass der Wert der Variablen *length* verändert wird. Außerdem ist noch zu beachten, dass *text[i]* mit der Zahl 0 als Ende für den Text verglichen wird. Sollte mit dem Textzeichen $'0'$ verglichen werden, müsste die Zahl in einfachen Anführungsstrichen stehen, um es als *char* zu kennzeichnen.

Die gleiche Aufgabe wird nun in Listing 8.3 mit Hilfe eines *C++-strings* gelöst.

Um den Datentyp *string* verwenden zu können, muss zunächst einmal, wie in Zeile 2, die Bibliothek *string* eingebunden werden. Wie viele andere Standardbibliotheken von *C++* benutzt auch *string* den *namespace std*. Es ist deshalb ratsam mit Hilfe von *using namespace std;* dafür zu sorgen, dass der *namespace* nicht bei jedem Aufruf genannt werden muss. In Zeile 9 wird nun eine Variable vom Typ *string* angelegt und mit dem gleichen Text wie in dem Beispiellisting 8.2 initialisiert.

In Zeile 11 erfolgt nun direkt die Ausgabe des Ergebnisses, da der Variablentyp *string* eine Funktion *length()* zur Verfügung stellt, die die Länge des beinhalteten Textes ermittelt. Der Aufruf erfolgt in Zeile 12 durch *text.length()*. Funktionen werden in Kap. **??** genauer beschrieben.

```
1    #include <iostream>
2
3    using namespace std;
4
5    int main()
6    {
7        // Hilfsvariable, um die Länge zu ermitteln
8        int   length = -1;
9
10       // Zuweisung eines Beispieltextes an einen C - String
11       char text[1024] = "Dies ist ein Beispieltext";
12
13       for (int i = 0 ; i < 1024 ; i++)
```

```
14    {
15        // Die erste 0 in dem Feld wird als Länge des Textes
16        // abgespeichert
17        if (text[i] == 0)
18        {
19            length = i;
20            break;
21        }
22    }
23
24    cout << "Der Text: " << text << endl << "besteht aus "
25         << length << " Zeichen!" << endl;
26  }
```

Listing 8.2 Verwendung von *C-strings*

```
1    #include <iostream>
2    #include <string>
3
4    using namespace std;
5
6    int main()
7    {
8        // Zuweisung eines Beispieltextes an einen C - String
9        string text = "Dies ist ein Beispieltext";
10
11        cout << "Der Text: " << text << endl << "besteht
12             aus "
13             << text.length() << " Zeichen!" << endl;
14  }
```

Listing 8.3 Verwendung von *C++-strings*

Obwohl es sich bei der Variable *text* in Listing 8.3 nun um einen *string* handelt, kann dennoch mit Hilfe der eckigen Klammern auf die einzelnen Buchstaben des Textes zugegriffen werden. Die *for*-Schleife aus dem Listing 8.3 würde also auch im Listing 8.3 funktionieren.

Bei der Verarbeitung von Zeichenketten und besonders beim Sortieren ist die Tatsache hilfreich, dass jedem Zeichen eine Zahl zugeordnet ist, die synonym verwendet werden kann. Tab. 8.2 zeigt einen Ausschnitt aus der *ASCII*-Tabelle.

Wie der Tabelle zu entnehmen ist, befinden sich die Großbuchstaben im Intervall [65; 90] und die Kleinbuchstaben im Intervall [97; 122]. Die Zeichen ′0′ bis ′9′ befinden sich im Intervall [48; 57].

Da jeder Buchstabe und jedes Zahlenzeichen nun einer Zahl zugeordnet ist, kann der Computer intern mit diesen Zahlen arbeiten. Die Abfrage *if (′A′ <′ B′)* ... würde also tatsächlich zutreffen, da sie der Abfrage *if (65 < 66)* ... entspricht.

Tab. 8.2 Ausschnitt aus der ASCII Zeichenzuordnungstabelle

Zeichen	Code	Zeichen	Code	Zeichen	Code
'0'	48	'A'	65	'a'	97
'1'	49	'B'	66	'b'	98
'2'	50	'C'	67	'c'	99
'3'	51	'D'	68	'd'	100
'4'	52	'E'	69	'e'	101
'5'	53	'F'	70	'f'	102
'6'	54	'G'	71	'g'	103
'7'	55	'H'	72	'h'	104
'8'	56	'I'	73	'i'	105
'9'	57	'J'	74	'j'	106
...	...	...	...	...	...
...	...	'X'	88	'x'	120
...	...	'Y'	89	'y'	121
...	...	'Z'	90	'z'	122

8.2 Mehrdimensionale Felder

Bei verschiedenen Aufgabenstellungen kann es nötig sein, dass ein Feld mehr als eine Dimension besitzt. Sollen zum Beispiel die Daten eines Computertomographen analysiert werden, so werden drei Dimensionen benötigt, um jedem Raumpunkt einen Wert für den Absorptionsgrad zuordnen zu können. In der Mathematik gibt es Funktionen, die jeder x – und jeder y – Koordinate einen Wert für die z-Koordinate zuordnen, etc.

Um in $C++$ ein Feld mit mehreren Dimensionen zu erzeugen, müssen bei der Definition eines neuen Feldes einfach alle Dimensionen hintereinander in eckigen Klammern angegeben werden. Die Definition *int array2d[5][10];* würde also ein zweidimensionales Feld mit 5 · 10 Elementen erzeugen. Der Zugriff auf ein Feld mit zwei oder mehr Dimensionen erfolgt analog zu eindimensionalen Feldern, indem in eckigen Klammern die jeweiligen Indizes angegeben werden. Auch hier beginnt die Zählung der Indizes bei 0.

Als Beispiel soll die mathematische Funktion $z = \sqrt{x^2 + y^2}$ in einem zweidimensionalen Feld abgespeichert werden. Das Listing 8.4 zeigt eine Beispielimplementierung.

```
1   #include <iostream>
2   // in der cmath Bibliothek befinden sich
3   // mathematische Funktionen, z.B. sqrt
4   // zur Berechnung der Wurzel
5   #include <cmath>
6
```

```
7    using namespace std;
8
9    int main()
10   {
11     // Hilfsvariablen für die Ausdehnung des Feldes
12     const int Y = 50;
13     const int X = 50;
14
15     // Definition des zweidimensionalen Feldes
16     double z[Y][X] = {0.0};
17
18     // Berechnung der Funktionswerte für alle (x, y)
19     // Koordinatenpaare
20     for (int y = 0; y < Y; y++)
21     {
22       for (int x = 0; x < X; x++)
23       {
24         z[y][x] = sqrt(x*x + y*y);
25       }
26     }
27   }
```

Listing 8.4 Anwendung eines mehrdimensionalen Feldes in *C++*

Das zweidimensionale Feld, das für die Ergebnisse der Berechnung benötigt wird, wird in Zeile 12 definiert. Um die Größe der zwei Dimensionen festzulegen werden die Hilfsvariablen *X* und *Y* verwendet, die in den Zeilen 8 und 9 initialisiert wurden.

Ab Zeile 16 beginnt die Berechnung der Funktionswerte mit Hilfe von zwei ineinander verschachtelten Schleifen. In Zeile 20 werden den einzelnen Feldelementen die Funktionswerte zugewiesen, der Zugriff erfolgt durch die Angabe der Indizes jeweils in eckigen Klammern.

8.3   Mehrdimensionale Felder mit Zeichenketten

Bei Programmen die Texte verarbeiten sollen kann es zu der Situation kommen, dass Eingaben auf mehrere Variablen vom Typ *string* verteilt werden. Es kann zum Beispiel notwendig sein, eine Reihe von Eingaben zu verwalten, die anschließend nach bestimmten Kriterien sortiert werden müssen. In diesen Fällen arbeitet das Programm im Prinzip ebenfalls mit mehrdimensionalen Feldern. Werden *C-strings* verwendet, so ist offensichtlich, dass es sich um ein mehrdimensionales Feld handelt. Die Zeile *char words[N][M]* würde ein Feld erzeugen, dass *N* Wörter der Länge *M* aufnehmen kann. Das Beispiellisting 8.5 zeigt, wie mehrdimensionale Zeichenketten verwendet werden können.

In Zeile 11 wird ein mehrdimensionales Feld von Typ *char* erzeugt und mit einer Reihe von Wörtern initialisiert. Die Wörter werden mit Kommata getrennt und in doppelten Anführungsstrichen geschrieben, damit sie als *strings* erkannt werden. Das Array besitzt die Größe

5 · 255, wie durch die Konstanten in den Zeilen 8 und 9 definiert. Alternativ können in diesem Beispiel auch *C++-strings* verwendet werden. Dazu muss Zeile 11 auskommentiert und Zeile 13 aktiviert und die *Präprozessordirektive #include <string>* ergänzt werden.

Sollen die Wörter nun einfach nur ausgegeben werden, so gibt es eine vereinfachte Schreibweise, um dies zu tun. Da die *C-strings* immer dann enden, wenn sich in dem Feld der Wert 0 befindet, reicht eine einfache Schleife wie in Zeile 17, um die Ausgabe zu realisieren, da das Wortende durch die Ausgabeoperation erkannt werden kann.

In Zeile 23 erfolgt ebenfalls die Ausgabe der kompletten Wörter. Das Ergebnis der Ausgabe ist identisch zu dem, dass in Zeile 17 durch eine einzelne Schleife erreicht wird. In diesem Fall wird jedoch jeder Buchstabe einzeln ausgegeben. Die innere *while*-Schleife durchläuft dabei die jeweiligen Wörter bis entweder das Ende der Dimension erreicht wird, oder der Wert 0 in einem Element gefunden wird.

Da der Typ *string* im Vergleich mit den *C-strings* viele Zusatzfunktionen anbietet und leichter bedient werden kann, ist es gerade am Anfang ratsam, diesen Datentyp zu verwenden.

```
1   #include <iostream>
2   //#include <string>
3   using namespace std;
4
5   int main()
6   {
7     // Hilfsvariablen für die Ausdehnung des Feldes
8     const unsigned int N = 5;
9     const unsigned int M = 255;
10    // Initialisierung des Feldes
11    char words[N][M]
12      = { "Dies", "ist", "ein", "Test", "!" };
13    // string words[N]
14    //  = { "Dies", "ist", "ein", "Test", "!" };
15
16    // Ausgabe aller Wörter des Feldes
17    for (int i = 0; i < N; i++)
18    {
19      cout << words[i] << endl;
20    }
21
22    // Ausgabe aller Wörter des Feldes Variante 2
23    for (int i = 0; i < N; i++)
24    {
25      int j = 0;
26      while (j < N && words[i][j] != 0)
27      {
28        cout << words[i][j];
29        j++;
30      }
31      cout << endl;
```

```
32      }
33   }
```

Listing 8.5 Mehrdimensionale Zeichenketten mit *C-strings*

Übungen

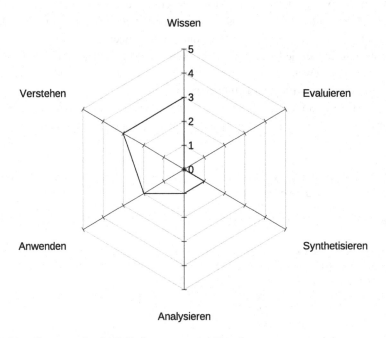

Abb. 8.1 Netzdiagramm für die Selbstbewertung von Kap. 8

8.1 Indizes
In welchem Intervall liegen die Indizes eines Feldes, dass durch die Zeile *int array[15];* definiert wurde?

8.2 Zeichenketten
Durch welches Zeichen wird das Ende eines Textes in einem *C-string* markiert und wie werden diese *strings* deshalb genannt?

8.3 ASCII-Tabelle
Was wird in der ASCII-Tabelle dargestellt?

8.4 Buchstabenvergleich
Erklären Sie, weshalb ein Vergleich zweier Buchstaben, wie in $if('a' <' b')$... funktioniert!

8.5 Funktionswerte
In einem Programm sollen die Werte einer Funktion berechnet und ausgegeben werden. Nach dieser Ausgabe werden die Funktionswerte nicht mehr benötigt. Wird für dieses Programm ein Feld benötigt?
   Begründen Sie Ihre Antwort!

8.6 Zahlen und Zeichen
Erklären Sie den Unterschied zwischen der Zahl 9 und dem Zeichen $'9'$ in C++ !

8.7 Zufallszahlen
Erzeugen Sie ein Programm, in dem ein Feld vom Typ *int* mit $N = 100$ Elementen erzeugt wird. Durchlaufen Sie nun jedes Element des Feldes mit einer *for*-Schleife und weisen Sie jedem Element den Wert $rand()\%1000$ zu. Die Funktion $rand()$ erzeugt eine zufällige ganze Zahl. Durch die Modulooperation % wird der Rest bei einer Division mit der Zahl 1000 berechnet. Das Ergebnis ist eine Zahl, die im Intervall [0; 999] liegt.
   Summieren Sie die Zahlen in einer zweiten Schleife auf und teilen Sie das Ergebnis durch N. Geben Sie das Ergebnis Ihres Programms mit dem Hinweis

```
Mittelwert der Zufallszahlen: x
```

auf der Konsole aus. Ersetzen Sie das x dabei durch den berechneten Wert.

8.8 Größter Anfangsbuchstabe
Schreiben Sie ein Programm, das 10 Wörter in ein Feld vom Datentyp *string* einliest. Danach sollen die Wörter innerhalb ihres Programms durchsucht werden, sodass das Wort mit dem Anfangsbuchstaben gefunden und ausgegeben wird, der zuletzt im Alphabet zu finden ist.

8.9 Programmanalyse

Analysieren Sie das folgende Programm. Versuchen Sie dafür herauszufinden, was die einzelnen Programmzeilen inhaltlich tun und folgern Sie daraus die Aufgabe des Programms.

Es wurden Befehle benutzt, die Sie noch nicht kennen. Versuchen Sie diese zu recherchieren.

Tippen Sie das Programm nicht ab, sondern versuchen Sie ohne Unterstützung zu verstehen, was passiert!

```
 1    #include <iostream>
 2    #include <time.h>
 3
 4    using namespace std;
 5
 6    int main()
 7    {
 8      srand(time(0));
 9
10      const int N = 1000;
11      double values[N] = { 0.0 };
12
13      for (int i = 0; i < N; i++)
14      {
15        values[i] = ((double)(rand() % 1000)) / 100.0;
16      }
17
18      for (int i = 0; i < N; i++)
19      {
20        for (int j = 0; j < N - 1; j++)
21        {
22          if (values[j] > values[j + 1])
23          {
24            double h = values[j];
25            values[j] = values[j + 1];
26            values[j + 1] = h;
27          }
28        }
29      }
30
31      for (int i = 0; i < N; i++)
32      {
33        cout << values[i] << endl;
34      }
35
```

```
36      return 0;
37    }
```

8.10 Wortlängen

Schreiben Sie ein Programm, das $N = 1000$ Wörter mit einer zufälligen Länge von mindestens 3 und maximal 10 Kleinbuchstaben erzeugt und in einem Feld abspeichert.

Danach soll Ihr Programm die mittlere Wortlänge und die Standardabweichung aller Wortlängen bestimmen und zusammen mit den Wörtern auf dem Bildschirm ausgeben.

Die Formel für das arithmetische Mittel lautet:

$$\overline{x} = \frac{1}{N} \sum_{i=0}^{N-1} x_i \tag{8.1}$$

Die Formel für die Standardabweichung lautet:

$$s = \sqrt{\frac{1}{N-1} \sum_{i=0}^{N-1} (x_i - \overline{x})^2} \tag{8.2}$$

Funktionen

9

Kurz & Knapp

- Eine Funktion wird deklariert durch:
  - Rückgabetyp
  - Name
  - Parameter in runden Klammern.
- Mit Funktionen können Programme strukturiert werden.
- Funktionen können immer wieder verwendet werden.

Je komplexer die Aufgaben werden, die durch Computer gelöst werden sollen, desto komplexer werden auch die Programme, die diese Aufgaben lösen sollen[1]. In komplexen Softwaresystemen gibt es viele Aufgaben, die an verschiedenen Stellen eines Programms ausgeführt werden müssen. Es kann zum Beispiel notwendig sein, an mehreren Stellen eine Fehlermeldung auszugeben, die immer einem bestimmten Muster folgen soll. Zum Beispiel:

```
FEHLER: Eine Datei konnte nicht geöffnet werden!
Wollen Sie fortfahren (j/n)?
```

Der Anfang der Zeile soll immer gleich sein. Die Fehlermeldung am Ende kann jedoch, abhängig von dem konkreten Fall, wechseln.

Nun ist es natürlich leicht möglich, diese wenigen Zeilen überall dort in das Programm zu kopieren, wo eine Fehlermeldung ausgegeben werden soll. Danach müsste einfach nur der

---

[1] Böse Zungen behaupten, dass viele der Probleme, die durch Computer gelöst werden, ohne sie nicht existieren würden.

© Springer Fachmedien Wiesbaden GmbH, ein Teil von Springer Nature 2024   103
B. Tolg, *Informatik auf den Punkt gebracht*,
https://doi.org/10.1007/978-3-658-43715-2_9

Text des Fehlers geändert werden. Was passiert aber, wenn sich der Aufbau der gesamten Ausgabe ändern soll? Ab sofort soll die Ausgabe z. B. immer so aussehen:

```
FEHLER:
-------
Eine Datei konnte nicht geöffnet werden!
-------
Wollen Sie fortfahren (j/n)?
```

In diesem Fall durchsuchen Sie Ihr komplettes Programm nach den Fehlerausgaben, um sie zu ändern. Je nachdem, wie komplex Ihr Programm bereits ist, besteht natürlich immer die Gefahr, dass Sie dabei die eine oder andere Ausgabe übersehen. Und es gibt wesentlich komplexere Teile eines Programms, die sich wiederholen können.

Es ist offensichtlich, dass sich wiederholende Programmabschnitte nur einmal geschrieben werden sollten, um sie dann wiederverwenden zu können. Zusätzlich sollten diesen zusammenhängenden Bereichen Namen zugeordnet werden, sodass leicht erkennbar wird, was sie tun. Und wie das Beispiel bereits zeigt, kann es notwendig sein, dass diesen Programmabschnitten Werte übergeben werden müssen, bzw. dass sie Werte zurückgeben müssen. Alle diese Aufgaben werden durch Funktionen erfüllt.

Abb. 9.1 zeigt das Syntaxdiagramm für Funktionen in *C++* .

Der Kopf der Funktion besteht immer aus drei Teilen:

- Der Rückgabetyp legt fest, welche Art von Wert durch die Funktion zurückgegeben wird. Die Funktion hat immer nur einen einzigen Rückgabetyp und kann nur einen einzigen Wert dieses Typs zurückgeben. Grundsätzlich verhält sich eine Funktion hier wie eine entsprechende Variable allerdings mit dem Unterschied, dass der zurückgegebene Wert durch die Funktion erst noch berechnet wird. Es kann auch Funktionen geben, bei denen es keinen Sinn macht, wenn sie einen Wert zurückgeben. In dem Fall muss dennoch ein Rückgabewert angegeben werden, der dann *void* lautet. Das Wort *void* bedeutet *die Leere* und steht als Platzhalter, wenn kein Datentyp zurückgegeben werden soll.
- Der Name der Funktion legt fest, wie die Funktion in Zukunft innerhalb des Programms aufgerufen wird. Es ist sinnvoll einen Namen zu wählen, der so kurz wie möglich die Aufgabe der Funktion beschreibt.
- Innerhalb von runden Klammern können Parameter angegeben werden, die an die Funktion übergeben werden sollen. Es kann vorkommen, dass das für bestimmte Funktionen

Abb. 9.1 Syntaxdiagramm für
Funktionen

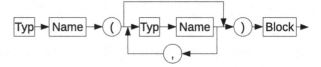

nicht notwendig ist. In dem Fall müssen aber dennoch die Klammern nach dem Namen
der Funktion folgen. Sollen mehrere Parameter übergeben werden, so müssen diese durch
Kommata getrennt werden.

Das Listing 9.1 zeigt die Implementierung einer Funktion, die die Fehlermeldung aus dem
vorherigen Beispiel umsetzt.

```cpp
1   #include <iostream>
2   #include <string>
3
4   using namespace std;
5
6   // Implementierung der Fehlerfunktion
7   bool error(string errormessage)
8   {
9     char result;
10
11    cout << "FEHLER:" << endl;
12    cout << "-------" << endl;
13    cout << errormessage << endl;
14    cout << "-------" << endl;
15    cout << "Wollen Sie fortfahren (j/n)?" << endl;
16    cin >> result;
17
18    if (result == 'j')
19    {
20      return true;
21    }
22
23    return false;
24  }
25
26  // Hauptfunktion
27  int main()
28  {
29    // ...
30    bool goOn = error("Eine Datei konnte nicht ...!");
31
32    if (goOn == false)
33    {
34      return 10;
35    }
36    // ...
37  }
```

Listing 9.1 Eine Funktion für Fehlermeldungen

Wenn eine Funktion geschrieben werden soll, muss immer als erstes geklärt werden, welchen Wert die Funktion zurückgeben soll. In dem Beispiel soll die Fehlermeldung abfragen,
ob das Programm nach dem Fehler weitermachen soll. Natürlich wäre es möglich, direkt
das Ergebnis der Benutzereingabe durchzureichen, aber wenn sich die geforderten Eingaben
irgendwann einmal ändern, stimmt die folgende Verarbeitung möglicherweise nicht mehr.

Aus diesem Grund ist es sinnvoll eine etwas abstraktere Rückgabe zu wählen. Der Variablen-typ *bool* bietet sich an, da er nur zwischen wahr und falsch, *true* oder *false,* unterscheidet. Innerhalb der Funktion kann dann entschieden werden, was in diesem Fall wahr oder falsch ist.

Danach muss ein sinnvoller Name für die Funktion gefunden werden. Da es in dem Beispiel um eine Fehlerausgabe geht, bietet sich der Name *error* an. Es ist wichtig, dass die Funktion deklariert[2] werden muss, bevor sie das erste Mal verwendet wird, in diesem Fall also vor der *main*-Funktion.

Nun muss entschieden werden, welche Parameter die Funktion benötigt. Die Funktion erfüllt in diesem Beispiel eine bestimmte Aufgabe, sie soll eine Fehlermeldung ausgeben. Diese Fehlerausgabe soll zwar immer nach dem gleichen Muster erfolgen, allerdings hängt der Text der Fehlermeldung davon ab, welcher Fehlerfall eingetreten ist. Das ist das ent-scheidende Kriterium für einen Parameter. Die Funktion selbst kann nicht wissen, welcher Fehlerfall eingetreten ist, folglich kann sie auch nicht über den Text der Fehlermeldung ent-scheiden. Diese Information muss von außen kommen, und das ist ein Funktionsparameter.

Die Funktion *error* wurde nach all diesen Überlegungen implementiert. In Zeile 9 wird innerhalb der Funktion eine Hilfsvariable angelegt, um die spätere Benutzereingabe einzu-lesen. Eine häufige Frage lautet, ob es überhaupt möglich ist, eine Variable vom Typ *char* in einer Funktion vom Typ *bool* anzulegen. Und die Antwort lautet, dass das eine mit dem anderen nichts zu tun hat. Der Typ des Rückgabewertes bezieht sich nur auf den Wert, den die Funktion irgendwann einmal an die Stelle zurückgibt, von wo aus sie aufgerufen wurde. Der Befehl dafür lautet *return.* In den Zeilen 20 und 23 wird die Rückgabe der Funktion festgelegt und diese Werte müssen tatsächlich zu dem Typ der Funktion, in diesem Fall also *bool,* passen. Was die Funktion allerdings vorher macht, und welche Variablen sie dafür nutzt, ist nicht festgelegt.

Die Funktion selbst erledigt in den Zeilen 11 bis 15 die Ausgabe der Fehlermeldung nach dem geforderten Muster. In Zeile 16 wird die Benutzereingabe abgefragt und in Zeile 18 überprüft, ob der Buchstabe *'j'* eingegeben wurde. In diesem Fall gibt die Funktion den Wert *true* zurück, in jedem anderen Fall den Wert *false.*

Die Hauptfunktion *main* beginnt in Zeile 27 und ist genau so aufgebaut, wie die Funktion *error.* Der Rückgabetyp der Funktion ist *int,* der Name der Funktion lautet *main* und die leeren runden Klammern nach dem Namen signalisieren, dass die Funktion keine Parameter entgegennimmt.

Was genau mit diesem Programm umgesetzt werden soll, ist an dieser Stelle nicht wichtig, deshalb deuten die Zeilen 29 und 36 an, dass dort irgendetwas passiert.

In Zeile 30 wird die Variable *goOn* vom Typ *bool* angelegt. Ihr wird der Rückgabewert der Funktion *error* zugewiesen, nachdem diese mit dem Parameter *„Eine Datei konnte nicht ...!"* aufgerufen wurde. Der Funktionsaufruf führt dazu, dass zunächst in die Funktion

---

[2] Auch bei Funktionen wird zwischen der *Deklaration* und *Definition* unterschieden. Bei der *Dekla-ration* wird nur ein Funktionsprototyp erzeugt, der in Abschn. 9.2 beschrieben wird.

gesprungen und deren Code ausgeführt wird. Erst nach Beendigung der Funktion geht es in der Hauptfunktion weiter.

In Zeile 32 wird überprüft, ob die Funktion den Wert *false* zurückgegeben hat, in diesem Fall würde die Hauptfunktion *main* beendet werden und an den Aufrufer den Wert 10 zurückgeben.

Zur Wiederholung: Der Aufrufer ist bei *main* immer das Betriebssystem. Dieses erwartet von einem Programm den Rückgabewert 0, wenn das Programm ordnungsgemäß beendet wurde. Jeder andere Wert wird als Fehlermeldung interpretiert. Natürlich kann das Betriebssystem mit dem zurückgemeldeten Fehler nichts anfangen, es wird den Wert lediglich ausgeben. Deshalb ist es beim Schreiben eines Programms sinnvoll, eine Dokumentation der möglichen Rückgabewerte anzulegen, um den Wert interpretieren zu können. Der Wert 10 entspricht in diesem Fall also einem Abbruch nach einer fehlgeschlagenen Dateioperation. Welcher Wert verwendet wird ist letztendlich aber egal, solange dokumentiert wird, was er bedeutet.

9.1 Funktionen überladen

Gelegentlich treten Situationen auf, in denen die Lösung für eine Aufgabe unterschiedlich gut oder effizient gelöst werden kann, je nachdem welchen Typ der übergebene Parameter besitzt. Manchmal ist es auch notwendig eine Aufgabe mit verschiedenen Parameterkonfigurationen aufzurufen, weil die Ausgangsdaten in unterschiedlichen Formaten vorliegen können, zum Beispiel als Vektor oder als Satz von Koordinaten. Für diese Fälle besitzt *C++* die Möglichkeit, Funktionen zu überladen.

Das bedeutet, dass mehrere Funktionen den gleichen Namen besitzen dürfen, wenn sich nur die Funktionsparameter innerhalb der runden Klammern in der Anzahl, der Reihenfolge oder den Typen unterscheiden. Der Name und die Parameterliste, wobei dabei die Anzahl der Parameter, deren Reihenfolge und Typ relevant sind, werden *Signatur* der Funktion genannt. Zwei Funktionen unterscheiden sich jedoch nicht, wenn die Parameter zwar vom gleichen Typ sind, aber unterschiedliche Namen besitzen oder wenn sich zwei Funktionen nur im Rückgabetyp unterscheiden. Diese Informationen sind nicht Teil der *Signatur.*

Ein zugegeben nicht sehr kreatives aber dafür einfaches Beispiel für überladene Funktionen bietet Listing 9.12. Das Programm erzeugt hintereinander die Ausgaben

```
Dies ist ein int
Dies ist ein double
Dies ist ein string
```

```
1    void distinguish(int v)
2    {
3      cout << "Dies ist ein int" << endl;
4    }
5
6    void distinguish(double v)
7    {
8      cout << "Dies ist ein double" << endl;
9    }
10
11   void distinguish(string v)
12   {
13     cout << "Dies ist ein string" << endl;
14   }
15
16   // Die folgende Funktion kann nicht definiert werden,
17   // da sie sich nur durch den Rückgabewert von
18   // der ersten Funktion unterscheidet.
19   int distinguish(int v)
20   {
21     cout << "Dies ist ein int" << endl;
22   }
23
24   int main()
25   {
26     distinguish(3);
27     distinguish(3.5);
28     distinguish("t");
29   }
```
Listing 9.2 Überladung von Funktionen

9.2   Funktionsprototypen

Größere Programme bestehen aus vielen verschiedenen Funktionen, die sich auch häufig
gegenseitig aufrufen. Dabei entsteht früher oder später ein Problem, das sich mit dem bisherigen Wissen nicht lösen lässt. In Listing 9.3 wird eine solche Situation sehr vereinfacht
gezeigt.

```
1    // Funktion a benötigt Funktion b um zu funktionieren.
2    void a()
3    {
4      // ...
5      b();
6      // ...
7    }
8
9    // Funktion b benötigt Funktion a um zu funktionieren.
10   void b()
11   {
```

```
12      // ...
13      a ( ) ;
14      // ...
15      }
16
17      // Hauptfunktion
18      int main ( )
19      {
20          // ...
21          a ( ) ;
22          // ...
23      }
```

Listing 9.3 Gegenseitiger Funktionsaufruf

Natürlich würde ein solches Programm schon allein dadurch einen Fehler verursachen, dass die Funktionen sich einfach unkontrolliert gegenseitig aufrufen. Das Programm würde festhängen und beinahe sofort mit einer Fehlermeldung abstürzen. In diesem Beispiel soll deshalb davon ausgegangen werden, dass der gegenseitige Aufruf notwendig ist und von vorher definierten Bedingungen abhängt.

Dennoch entsteht durch die gegenseitige Abhängigkeit ein Problem. Eine Funktion kann erst dann verwendet werden, wenn sie vor der ersten Benutzung deklariert wurde. Da sich die Funktionen jedoch gegenseitig aufrufen, gibt es keine Reihenfolge, die dieses Problem auflösen würde.

Was wir bisher kennengelernt haben, ist die so genannte *Definition* einer Funktion. Dabei wird sowohl der Funktionskopf, als auch der Funktionskörper festgelegt. Zusätzlich zu der Definition ist es jedoch auch möglich, Funktionen zu *deklarieren*. Die *Deklaration* ermöglicht es, zunächst die wichtigsten Informationen für die Funktion festzulegen, sodass der *Compiler* bei der Übersetzung des Programms überprüfen kann, dass die Funktion richtig angewendet wurde. Das funktioniert auch dann, wenn noch nicht definiert wurde, was die Funktion eigentlich machen soll.

Alle wichtigen Informationen sind im Kopf einer Funktion zusammengefasst. Um eine Funktion zu deklarieren, müssen nur diese Informationen angegeben werden. Anstelle des Funktionskörpers folgt bei der Deklaration allerdings nur ein Semikolon. Die folgenden Angaben müssen bei der Deklaration gemacht werden:

- Der Rückgabetyp muss angegeben werden, damit bei der Übersetzung geprüft werden kann, dass der Kontext der Funktion korrekt ist. Eine Funktion mit dem Rückgabetyp *void* produziert zum Beispiel keinen Wert, der in einer Variablen gespeichert werden könnte.
- Der Name der Funktion ist wichtig, um die Funktion zu erkennen und Tippfehlern vorzubeugen.
- Innerhalb von runden Klammern müssen die Parameter deklariert werden. Für eine Deklaration ist es jedoch nicht erforderlich den Parametern Namen zuzuordnen. Der Typ der Parameter und die richtige Reihenfolge reichen für eine Überprüfung bei der Überset-

zung aus. Es ist allerdings dennoch möglich, diese Namen schon bei der Deklaration anzugeben.

Eine Funktionsdeklaration wird auch Funktionsprototyp genannt. Beispiele für Funktionsprototypen finden sich im Listing 9.4.

Nachdem die Funktionen deklariert wurden, können sie sofort benutzt werden. Die Definition der Funktion muss allerdings irgendwo innerhalb des Programms erfolgen, da das Programm sonst nicht vollständig übersetzt werden kann. Spätere Programme werden aus mehreren Dateien bestehen. Wir sprechen dann von Projekten. Die Funktionsdefinition kann dann auch in anderen Projektdateien erfolgen.

9.3   Referenzen und Felder als Funktionsparameter

Funktionen besitzen die Einschränkung, dass sie nur einen einzigen festgelegten Rückgabewert besitzen. Der Rückgabewert verhält sich vielmehr, wie der Typ einer Variablen. Wird eine Funktion aufgerufen, so berechnet sie möglicherweise ein Ergebnis eines bestimmten Typs. Der Rückgabewert legt diesen Typ fest. Im restlichen Programm kann der Funktionsaufruf nun so betrachtet werden, als würde eine Variable des entsprechenden Typs verwendet.

Dennoch ist es häufig notwendig, dass eine Funktion mehrere Werte berechnet und diese an die aufrufende Stelle zurückgibt. In *C++* erfolgt dies über einen so genannten *Call by Reference*. Dieser Begriff beschreibt eine spezielle Notation bei der Parameterdefinition einer Funktion innerhalb der runden Klammern. Bisher wurden Parameter immer definiert, indem zuerst der Variablentyp und dann der Variablenname angegeben wurde. Diese Art der Definition nennt sich *Call by Value*.

```
1    // Eine Funktionsdeklaration ohne Angabe der
2    // Parameternamen.
3    void a(int, double);
4
5    // Eine Funktionsdeklaration mit Angabe der
6    // Parameternamen. Aus Wart- und
7    // Lesbarkeitsgründen empfohlen.
8    int b(double x, double y);
9
10   // Definition der Funktion a
11   void a(int i, double k)
12   {
13      // ...
14   }
15
16   // Definition der Funktion b
17   int b(double x, double y)
18   {
19      // ...
```

```
20   }
21
22   // Hauptfunktion
23   int main()
24   {
25     // ...
26   }
```

Listing 9.4 Beispiele für Funktionsdeklarationen

Beim *Call by Value* werden innerhalb der Funktion neue Variablen des entsprechenden Typs angelegt. Werden beim Funktionsaufruf Parameter übergeben, so werden diese Werte einfach in die neuen Variablen der Funktion hineinkopiert. Beendet die Funktion ihre Aufgabe, so wird der Rückgabetyp an die aufrufende Stelle kopiert und alle Funktionsvariablen gelöscht. Da bei dem *Call by Value* mit lokalen Kopien der Werte gearbeitet wird, die am Ende des Funktionsaufrufs gelöscht werden, sind alle Änderungen an den Parameterwerten nach Beendigung der Funktion verloren.

Jede Variable kann auch mit einem *Call by Reference* an eine Funktion übergeben werden. Um dies zu kennzeichnen, muss zwischen dem Typ und dem Parameternamen ein kaufmännisches Und (&) eingefügt werden. In diesem Fall wird keine neue Variable angelegt. Stattdessen verweist der Funktionsparameter auf die Originalvariable, die an die Funktion übergeben wurde. Innerhalb der Funktion kann die Variable dann mit dem Namen des Funktionsparameters angesprochen werden und an der Stelle des Aufrufs mit dem dort vergebenen Namen. Im Prinzip verweisen nach einem *Call by Reference* also zwei Namen auf die gleiche Variable. Natürlich ist es bei der Festlegung der Funktionsparameter jederzeit möglich, sowohl *Call by Value,* als auch *Call by Reference* zu verwenden.

Listing 9.5 zeigt die Definition von Funktionsparametern, die per *Call by Reference* übergeben werden. In dem Programm wurde ein Funktionsprototyp angelegt, um die Schreibweise einer *Call by Reference* bei einer Funktionsdeklaration zu verdeutlichen.

```
1    #include <iostream>
2
3    using namespace std;
4
5    // Eine Funktionsdeklaration bei einem Call by
6       Reference.
7    void swap(int&, int&);
8
9    // Hauptfunktion
10   int main()
11   {
12     int val1 = 5;
13     int val2 = 10;
14
15     cout << val1 << ", " << val2 << ", ";
16
17     swap(val1, val2);
18
19     cout << val1 << ", " << val2;
```

```
20
21    // FEHLER:
22    // swap(5, 10);
23    return 0;
24  }
25
26  // Definition der Funktion swap
27  void swap(int& a, int& b)
28  {
29    int h = a;
30    a = b;
31    b = h;
32  }
```

Listing 9.5 Der Tausch von zwei Werten

In Zeile 4 des Programms wird der Funktionsprototyp für die Funktion *swap* angelegt. Die Namen der Funktionsparameter müssen nicht angegeben werden, es ist jedoch erforderlich nach dem Parametertyp das kaufmännische Und zu schreiben, um deutlich zu machen, dass dieser Parameter *Call by Reference* benutzen soll. Eine alternative Schreibweise mit Parameternamen ist in Zeile 6 angegeben.

Innerhalb der *main*-Funktion in Zeile 16 wird die Funktion *swap* mit den vorher definierten und initialisierten Variablen *val1* und *val2* aufgerufen. Nach dem Aufruf der Funktion sind die Werte der beiden Variablen vertauscht, sodass die Ausgabe des Programms *5, 10, 10, 5* lautet.

Ein wichtiger Sonderfall wird in Zeile 21 angedeutet. Da die *Call by Reference* einen zweiten Namen für eine Variable erzeugt, muss zwingend eine Variable existieren, auf die die Referenz verweisen kann. Die Übergabe konstanter Werte ist bei Funktionsparametern, die *Call by Reference* nutzen folglich nicht mehr möglich.

In Zeile 26 folgt die Definition der Funktion *swap*. Sie führt eine so genannte Dreiecksvertauschung durch. Bei diesem Tausch wird eine Hilfsvariable *h* benötigt, in der der Wert einer Variablen *a* zwischengespeichert wird. Danach wird der Wert in der Variablen *a* mit dem Wert der Variablen *b* überschrieben. Abschließend kann der in *h* zwischengespeicherte Wert in *b* kopiert werden. Nach der Dreiecksvertauschung haben *a* und *b* ihre Inhalte getauscht.

Die Benutzung von *Call by Reference* hat einen weiteren Vorteil. Wird anstelle einer Kopie nur eine Referenz angelegt, so kann dies natürlich viel schneller bewerkstelligt werden. Aus diesem Grund kann es sinnvoll sein, eine Referenz zu übergeben, auch wenn der Wert innerhalb der Funktion nicht verändert werden soll. In diesem Fall kann mit Hilfe des Schlüsselworts *const* verhindert werden, dass der Parameter innerhalb der Funktion verändert werden darf. Ein Funktionskopf mit einer konstanten Referenz würde durch *void f(const int & a);* deklariert werden. Aufgrund der bei C++ etwas unübersichtlich geratenen Definition des Schlüsselworts *const*, würde der Funktionskopf *void f(int const & a);* allerdings auch das exakt gleiche Ergebnis produzieren.

9.3.1 Felder als Parameter

Auch Felder sind als Funktionsparameter zulässig. Im Gegensatz zu anderen Variablen werden Felder jedoch immer als Referenz übergeben. Es ist also nicht möglich, die Werte des Arrays innerhalb der Funktion zu verändern, ohne dass diese Änderung auch bei der aufrufenden Stelle auftritt.

Das Listing 9.6 zeigt Deklarationen und Definitionen von Funktionen, die eindimensionale Felder als Parameter entgegennehmen. Neben der normalen Option die Namen der Parameter bei der Deklaration wegzulassen, gibt es bei Feldern zusätzlich die Möglichkeit die Größe des Feldes anzugeben (wie bei der Funktion f in Listing 9.5), oder sie wegzulassen (wie bei der Funktion g). Zwischen diesen beiden Varianten besteht jedoch im Ergebnis kein Unterschied. Da C++ die Größe eines Arrays nicht überprüft und es sogar möglich ist, kleinere oder größere Felder an die Funktion zu übergeben, kann diese Angabe auch zu Verwirrungen führen.

```
1   // Funktionsdeklarationen mit Feldern.
2   void f(int[5]);
3   void g(int[]);
4
5   // Hauptfunktion
6   int main()
7   {
8     int values[5];
9
10    f(values);
11    g(values);
12  }
13
14  // Definition der Funktion f
15  void f(int w[5])
16  {
17    //...
18  }
19  // Definition der Funktion g
20  void g(int w[])
21  {
22    //...
23  }
```

Listing 9.6 Funktionen mit Feldern

Soll sichergestellt werden, dass die Werte eines Feldes nicht verändert werden können, so kann auch hier das Schlüsselwort *const* verwendet werden. Die Funktionsdeklaration *void f(const int w[]);* oder *void f(int const w[]);* würde verhindern, dass Werte des Feldes innerhalb der Funktion verändert werden dürfen.

Bei mehrdimensionalen Feldern kann die Größe des Feldes nur bei der ersten Dimension weggelassen werden. C++ ist sonst nicht in der Lage, die Koordinaten des Feldes richtig aufzulösen. Eine Deklaration einer Funktion, die ein mehrdimensionales Feld der Größe 5·5 als Parameter entgegennimmt, könnte folglich *void f(int w[][5]);* oder *void f(int w[5][5]);* lauten.

9.4   Vertiefung: vorbelegte Funktionsparameter

Funktionen können Programme deutlich vereinfachen und durch die Möglichkeit Parameter zu übergeben, können sie ihr Verhalten zusätzlich individuell an die Bedürfnisse der jeweiligen Situation anpassen. Dabei kann es allerdings passieren, dass sich die verschiedenen Funktionen eigentlich fast immer gleich verhalten sollen und nur in Ausnahmefällen etwas anderes tun sollen.

Als Beispiel könte eine Funktion dienen, die eine Reihe von Bindestrichen als Trennlinie in die Konsole schreiben soll. Die Trennlinie soll immer aus zwanzig Bindestrichen bestehen, jedoch muss bei einer einzigen Ausgabe die Länge der Trennlinie nur zehn Bindestriche betragen. Für diesen Fall bietet *C++* die Möglichkeit Funktionsparameter mit Standardwerten zu belegen.

Das Listing 9.7 definiert eine Funktion *separator,* die das vorher beschriebene Beispiel implementiert. Im Funktionsprototyp wird der Parameter *b* auf den Wert 20 vorbelegt. Diese Vorbelegung darf in der Funktionsdefinition nicht wiederholt werden. Nur wenn kein Funktionsprototyp existiert, muss die Vorbelegung in der Funktionsdefinition erfolgen.

Wenn die Funktion *separator* aufgerufen wird, muss der Parameter nun nicht mehr angegeben werden. In diesem Fall wird automatisch der Wert 20 gesetzt. Soll ein anderer Wert als 20 verwendet werden, so kann die Funktion wie sonst auch unter Angabe des Parameterwertes aufgerufen werden.

```
1   #include <iostream>
2
3   using namespace std;
4
5   // Funktionsdeklarationen mit Vorbelegung.
6   void separator(int b = 20);
7
8   // Hauptfunktion
9   int main()
10  {
11    separator();
12    separator(10);
13  }
14
15  // Definition der Funktion
16    separator
17  void separator(int b)
18  {
19    for (int i=0;i<b;i++)
20    {
21      cout << "-";
22    }
23    cout << endl;
24  }
```

Listing 9.7 Vorbelegte Parameter bei Funktionen

Eine besondere Situation entsteht, wenn mehrere Parameter vorbelegt werden sollen. Hierbei muss darauf geachtet werden, dass vorbelegte Parameter immer am Ende der Parameterliste stehen müssen. Da vorbelegte Parameter beim Aufruf weggelassen werden können, wäre es sonst nicht in jedem Fall möglich, die darauf folgenden Parameter richtig zuzuordnen. Auch beim Funktionsaufruf gibt es eine Besonderheit. Soll der Wert des letzten Parameters verändert werden, so müssen in diesem Fall dennoch für alle anderen Parameter Werte übergeben werden, auch wenn sie bereits vorbelegt sind. Das Listing 9.8 zeigt einige Beispiele.

```
1   // Funktionsdeklarationen
2
3   // OK
4   void test1(int a = 0, int b = 1);
5
6   // Nicht OK
7   void test2(int x = 0, int y = 0, double r);
8
9   // OK
10  void test3(int x, int y, double r = 1.0);
11
12  // OK
13  void test4(int x, int y = 0, double r = 1.0);
14
15  // OK
16  void test5(int x = 0, int y = 0, double r = 1.0);
17
18  // Funktionsaufrufe
19  test1(5);          // OK a = 5, b = 1
20  test5(3);          // OK, wenn x = 3 sein soll
21                     // Nicht OK, wenn r = 3.0 sein soll
22  test5(0, 0, 3.0)   // OK x = 0, y = 0, r = 3.0
```

Listing 9.8 Beispiele für vorbelegte Funktionsparameter

9.5 Vertiefung: Variadische Funktionen

In einigen seltenen Fällen kann es notwendig sein, eine Funktion zu schreiben, deren Parameteranzahl nicht vorher festgelegt werden kann. Eine solche Funktion wird variadische Funktion genannt. Ein Beispiel hierfür ist die *printf* Funktion, die eine Ausgabe auf der Konsole erzeugt. Der erste Parameter der *printf* Funktion ist ein *char* Feld, das einen Text festlegt, in den an bestimmten Stellen Werte eingefügt werden sollen. Die Stellen an denen Werte eingefügt werden sollen, werden über vordefinierte Sonderzeichen im Text markiert. Die Werte, die eingefügt werden sollen, folgen dann als weitere Parameter beim Funktionsaufruf. Der Funktionsaufruf

printf("Es wurden %i Werte erzeugt", 5);

würde zum Beispiel die Ausgabe *Es wurden 5 Werte erzeugt* auf der Konsole erzeugen. Das vordefinierte Sonderzeichen *%i* bedeutet in diesem Fall, dass ein Parameter als ganze Zahl in den Text eingefügt werden soll.

Natürlich ist bei einer solchen Funktion nicht klar, wie viele Parameter in den Text eingefügt werden sollen. Eine Festlegung der Anzahl oder der Typen der Parameter würde zur Folge haben, dass eine nicht mehr realisierbare Anzahl an Kombinationen entstehen würde, die alle durch Einzelfunktionen abgedeckt werden müssten. Um dies zu verhindern bietet *C++* die Möglichkeit, Funktionen zu definieren, die über eine variable Anzahl an Parametern verfügen.

Obwohl dies ein sehr hilfreiches Angebot von *C++* ist, so ist es dennoch wegen der vielen Unbekannten nicht einfach zu bedienen und fehleranfällig.

Das Listing 9.9 implementiert eine variadische Funktion, die die Summe von *n* Zahlen berechnen soll. Um die Möglichkeit zu erhalten, eine Funktion mit einer variablen Parameteranzahl entwickeln zu können, muss die Bibliothek *stdarg.h* eingebunden werden, da die dafür benötigten Funktionen sonst nicht zur Verfügung stehen. Dabei bietet *C++* selbst mit diesen Funktionen zunächst einmal keine Möglichkeit herauszufinden, wie viele Parameter an die Funktion übergeben wurden. Aus diesem Grund ist es sinnvoll, diese Information mit dem ersten, als *int* fest definierten, Parameter abzufragen. Danach folgen in der Parameterliste drei Punkte, um deutlich zu machen, dass hier beliebig viele weitere Parameter folgen können. Der Funktionsprototyp und der Kopf der Funktionsdefinition unterschieden sich bei diesen Funktionen kaum.

Um eine Parameterliste speichern zu können, wird eine Variable vom Typ *va_list* benötigt. In dem aktuellen Beispiel heißt die Variable *parameterList*. Diese Variable muss mit Hilfe der Funktion *va_start* initialisiert werden. Die Funktion benötigt dazu zwei Parameter, zum einen die Parameterliste die initialisiert werden soll und zum anderen die Variable *n*. Die Variable *n* gibt jedoch nicht an, wie viele Parameter übernommen werden sollen, sondern ist der Name des Parameters, nachdem die variable Parameterliste beginnen soll. Es ist wichtig die Parameterliste mit Hilfe der Funktion *va_end* wieder zu de-initialisieren, bevor die Funktion verlassen wird.

```
1    #include <iostream>
2    #include <stdarg.h>
3
4    using namespace std;
5
6    // Funktionsprototyp
7    double sum(int n, ...);
8
9    // Definition einer variadischen Funktion
10   double sum(int n, ...)
11   {
12     double result = 0;
13
14     va_list parameterList;
15     va_start(parameterList, n);
16
```

```
17      for (int i = 0; i<n; i++)
18      {
19        double summand = va_arg(parameterList, double);
20        result += summand;
21      }
22      va_end(parameterList);
23
24      return result;
25  }
26
27  // Hauptfunktion
28  int main()
29  {
30    cout << sum(5, 1.0, 2.0, 3.0, 4.0, 5.0);
31  }
```

Listing 9.9 Ein Beispiel für eine variadische Funktion

Um nun in dem Beispielprogramm die Summe der übergebenen Parameter zu berechnen, muss jeder einzelne Parameter ausgewertet werden. Die Funktion *va_arg* liefert jeweils immer den nächsten Parameter aus der Parameterliste, die an die Funktion übergeben wird. Zusätzlich muss der Funktion noch mitgeteilt werden, wie der Parameter interpretiert werden soll. In unserem Beispiel soll der Wert als *double* interpretiert werden. Dies ist eine weitere Fehlerquelle: Es ist nicht möglich, den tatsächlichen Variablentyp zu ermitteln. Das Beispielprogramm funktioniert nur dann, wenn die übergebenen Werte auch tatsächlich als *double* interpretiert werden können. Zusätzlich können nicht alle Variablentypen verwendet werden, *char, int* und *double* funktionieren, *float* jedoch nicht.

Um die *n* Parameter zu erhalten, die übergeben wurden, wird die Funktion innerhalb einer *for*-Schleife aufgerufen. Auch hier wird durch *C++* nicht überprüft, ob die Anzahl der übergebenen Parameter tatsächlich dem Wert *n* entspricht.

Innerhalb der Hauptfunktion wird die Funktion mit einigen Testwerten aufgerufen. Die Ausgabe des Programms ist erwartungsgemäß 15.

9.6 Vertiefung: Rekursive Aufrufe

Das Grundprinzip der Rekursion ist auf den ersten Blick sehr einfach zu verstehen. Ein Vorgang ist rekursiv, wenn die gleichen Regeln immer und immer wieder auf einen Datensatz angewendet werden. In *C++* sind rekursive Funktionen im einfachsten Fall solche, die sich immer wieder selbst aufrufen. In komplizierteren Fällen können sich auch mehrere Funktionen gegenseitig aufrufen, um ein Problem rekursiv zu lösen. Das Listing 9.3 war bereits ein solches rekursives Beispiel. Um jedoch im Detail zu verstehen, was Rekursion bedeutet und um eigene Probleme rekursiv zu lösen, wird ein tieferes Verständnis und etwas Erfahrung benötigt.

Zunächst einmal ist es wichtig zu verstehen, dass jede Funktion, die aufgerufen wird, eine Reihe an Informationen im Speicher ablegt, dem so genannten *Stack*, bzw. Stapelspeicher.

Der Name für diesen Speicher wurde geschickt gewählt, denn neue Informationen werden immer „oben" auf den Stapel gelegt und nur diese Informationen können leicht abgefragt werden. Es wird in diesem Zusammenhang auch von „LIFO" gesprochen. Das bedeutet *Last In First Out,* die letzte Information, die abgelegt wurde, wird als erste wieder entfernt. Wie bei einem Stapel aus Tellern.

Die Informationen einer Funktion umfassen den Rückgabewert, die Funktionsparameter, die lokalen Variablen der Funktion und die Rücksprungadresse, die anzeigt, wohin das Programm springen muss, wenn die Funktion beendet wurde. Dies geschieht für jeden Funktionsaufruf neu, auch wenn eine einzige Funktion sich immer wieder selbst aufruft. Obwohl also eine Funktion gleich heißt, werden für jeden neuen Aufruf neue Variablen auf dem Stapel angelegt, die individuelle Werte besitzen können.

Eine weitere Erkenntnis ist, dass dieser Speicher begrenzt ist. Es können also nicht unendlich viele Funktionsaufrufe hintereinander stattfinden. Im Gegenteil wird eine Funktion, die sich ohne Begrenzung selbst aufruft praktisch sofort zum Absturz führen.

Warum also sollte ein Problem rekursiv gelöst werden, wenn es schwer zu verstehen ist und auch noch die Gefahr eines speicherbedingten Absturzes besteht? Tatsächlich sind gerade einfache Problemstellungen, wie die Berechnung der Fakultät oder die Fibonacci-Zahlen, die auf den ersten Blick dazu einladen rekursiv gelöst zu werden, häufig sehr ineffizient, wenn ein rekursiver Ansatz gewählt wird. Diese Probleme lassen sich viel effizienter mit Hilfe einer Schleife lösen. Dieser Ansatz wird iterativ genannt.

Bei komplexeren Problemen, wie dem Sortieren von Zahlen, lassen sich jedoch sehr effiziente rekursive Lösungen, wie zum Beispiel der *Quicksort* Algorithmus, finden. Es gibt auch rekursive Datenstrukturen, die häufig genutzt werden und die sich sehr effizient mit rekursiven Ansätzen durchsuchen lassen.

Für den Einstieg ist es jedoch sinnvoll, mit einem einfachen Beispiel zu beginnen, auch wenn es nicht effizient ist: Die Fakultät einer Zahl n wird berechnet, indem alle Zahlen von 1 bis n miteinander multipliziert werden. Daraus lässt sich eine rekursive Regel ableiten:

$$n! = n \cdot (n-1)!, \quad mit \quad 1! = 1 \tag{9.1}$$

Die Fakultät einer Zahl n kann berechnet werden, indem n mit der Fakultät der Zahl $n-1$ multipliziert wird, wobei die Fakultät der Zahl 1 als 1 definiert ist. Diese Regel lässt sich direkt in das rekursive Listing 9.10 übersetzen.

```
1    #include <iostream>
2
3    using namespace std;
4
5    // rekursive Fakultätsberechnung
6    unsigned int faculty(unsigned int n)
7    {
8       if (n == 1) return 1;
9
10      return n * faculty(n - 1);
11   }
```

```
12
13   // Hauptfunktion
14   int main()
15   {
16     cout << faculty(5) << endl;
17   }
```

Listing 9.10 Rekursive Lösung der Fakultätsberechnung

Die Funktion *faculty* berechnet rekursiv die Fakultät der Zahl *n*. Dabei ist es wichtig, dass es neben dem rekursiven Pfad, der die Funktion *faculty* erneut aufruft, einen nicht rekursiven Pfad gibt. Dieser nicht-rekursive Pfad wird ausgewählt, wenn die übergebene Zahl *n* den Wert 1 besitzt, da dieser Wert bereits feststeht. Er stellt sicher, dass die Funktion nach einer endlichen Anzahl an Aufrufen keine weiteren rekursiven Aufrufe tätigt.

Sollte der Wert der Variablen *n* nicht 1 entsprechen, so berechnet die Funktion das Ergebnis des Produktes aus *n* und dem rekursiven Aufruf der Funktion *faculty* mit dem Parameter *n* − 1. Diese Funktion ruft sich selbst auf mit dem Parameter *n* − 2 usw., bis der Parameter irgendwann dem Wert 1 entspricht. Danach gibt jede Funktion der Reihe nach, das Ergebnis ihrer Berechnungen zurück, bis am Ende die Fakultät fertig berechnet ist.

Eine iterative Lösung des Fakultätsproblems wird in Listing 9.11 vorgestellt. Durch die Verwendung einer Schleife kann das Problem wesentlich effizienter gelöst werden, da viel weniger Speicher dafür benötigt wird. Die iterative Lösung benötigt zwar drei *int* Variablen, um das Ergebnis zu berechnen. Die rekursive Lösung benötigt jedoch bei jedem Funktionsaufruf eine *int* Variable.

```
1    #include <iostream>
2
3    using namespace std;
4
5    // iterative Fakultätsberechnung
6    unsigned int faculty(unsigned int n)
7    {
8      unsigned int result = n;
9
10     for (int i = n-1;i>1;i--)
11     {
12       result *= i;
13     }
14
15     return result;
16   }
17
18   // Hauptfunktion
19   int main()
20   {
21     cout << faculty(5) << endl;
22   }
```

Listing 9.11 Iterative Lösung der Fakultätsberechnung

9.7   Vertiefung: *static*

Innerhalb von Funktionen besitzt das Schlüsselwort *static* eine andere Bedeutung, als bei globalen Variablen. Wird eine Variable innerhalb einer Funktion als statische Variable angelegt und initialisiert, so wird diese Variable nicht bei jedem Funktionsaufruf neu angelegt und nach Abschluss der Funktion gelöscht. Stattdessen wird die Variable nur ein einziges Mal angelegt und initialisiert, wenn die Funktion das erste Mal aufgerufen wird[3]. Von diesem Zeitpunkt an existiert die Variable und wird erst dann wieder gelöscht, wenn das Programm beendet wird.

Mit Hilfe statischer Variablen können Zustände innerhalb von Funktionen gespeichert werden, die von Funktionsaufruf zu Funktionsaufruf weitergetragen werden. Zum Beispiel lässt sich mit Hilfe einer statischen Variable zählen, wie häufig eine bestimmte Funktion bereits aufgerufen wurde. In Listing 9.12 wird die Funktion *callCount* implementiert.

```
 1   #include <iostream>
 2
 3   using namespace std;
 4
 5   void callCount()
 6   {
 7     static int count = 0;
 8     count++;
 9
10     cout << "Funktionsaufruf: " << count << endl;
11   }
12
13   // Hauptfunktion
14   int main()
15   {
16     for (int i = 0; i < 10; i++)
17     {
18       callCount();
19     }
20   }
```

Listing 9.12 Verwendung statischer Variablen zum Zählen von Funktionsaufrufen

Innerhalb der Funktion wird als erstes die statische Variable *count* angelegt und mit 0 initialisiert. Diese Initialisierung befindet sich zwar innerhalb der Funktion, wird jedoch nur ein einziges Mal bei dem ersten Funktionsaufruf aufgerufen und danach ignoriert.

Bei jedem Funktionsaufruf wird der Wert der Variablen um 1 erhöht und auf der Konsole ausgegeben.

Innerhalb der Hauptfunktion wird die Funktion *callCount* innerhalb einer Schleife 10 Mal hintereinander aufgerufen. Die Ausgabe des Programms lautet:

---

[3] Tatsächlich ist die Initialisierung von statischen Variablen nicht auf Funktionskörper beschränkt. Die hier erklärten Regeln gelten für alle statischen Variablen, die innerhalb von Blöcken, also innerhalb von geschweiften Klammern angelegt werden.

```
Funktionsaufruf: 1
Funktionsaufruf: 2
Funktionsaufruf: 3
Funktionsaufruf: 4
Funktionsaufruf: 5
Funktionsaufruf: 6
Funktionsaufruf: 7
Funktionsaufruf: 8
Funktionsaufruf: 9
Funktionsaufruf: 10
```

Die statische Variable behält also tatsächlich zwischen den Funktionsaufrufen ihren Wert bei und zählt so die Anzahl der Funktionsaufrufe.

Übungen

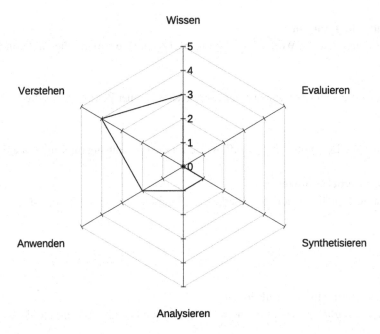

Abb. 9.2 Netzdiagramm für die Selbstbewertung von Kap. 9

9.1 Funktionsprototyp

Zählen Sie die Informationen auf, die benötigt werden, um einen Funktionsprototyp zu erstellen.

9.2 Rückgabewert

Schreiben Sie den Funktionskopf einer Funktion f auf, die keinen Rückgabetyp besitzt. Als Parameter sollen drei Variablen übergeben werden, die die Typen *int*, *double* und *char* besitzen. Den Funktionskörper sollen Sie durch geschweifte Klammern andeuten.

9.3 *Call by Reference*

Was ist mit dem Begriff *Call by Reference* gemeint?

9.4 Variadische Funktionen

Erklären Sie mit eigenen Worten, welche Eigenschaften eine variadische Funktion besitzt!

9.5 Rekursion

Was ist der Unterschied zwischen einer rekursiven und einer iterativen Lösung?

9.6 *static*

Erklären Sie die Bedeutung des Begriffs *static* im Zusammenhang mit Funktionen!

9.7 Funktionsüberladungen

Was ist damit gemeint, wenn von „überladenen Funktionen" gesprochen wird?

9.8 Eingabe- und Ausgabefunktionen

Schreiben Sie ein Programm, in dem zwei Funktionen benutzt werden, um die Ein- bzw. Ausgaben durchzuführen.

Implementieren Sie dazu zunächst eine Funktion *input*, die einen Text von der Konsole einlesen und ihn als Rückgabewert an den Aufrufer zurückgeben soll. Verwenden Sie die Anweisung *getline(cin, text);* um den Text einzulesen, da der Operator ⟩⟩ die Eingabe an den Leerzeichen unterbrechen würde.

Die zweite Funktion, *output,* soll den Text entgegennehmen und auf dem Bildschirm ausgeben. Dabei soll sich ober- und unterhalb des Texts eine Reihe von Bindestrichen befinden, die exakt so lang ist, wie der ausgegebene Text.

Innerhalb der Hauptfunktion soll zunächst die Funktion *input* aufgerufen und das Ergebnis in einer Variablen vom Typ *string* gespeichert werden. Bevor die Ausgabefunktion aufgerufen wird, sollen bei dem eingegebenen Text aber noch alle Leerzeichen (' ') durch Sterne ('*') ersetzt werden.

9.9 Rekursion

Entwerfen Sie ein Programm, das in der Hauptfunktion *main* die Funktion *recursion* aufruft und ihr den Parameter 0 übergibt.

(a) Schreiben Sie nun die Funktion *recursion,* die einen Parameter c vom Typ *int* entgegennimmt. Sie soll sich selbst mit dem Parameter $c + 1$ aufrufen, wenn der Wert von c kleiner als 100 ist. Nachdem der Aufruf erfolgt ist, soll der Wert von c auf dem Bildschirm ausgegeben werden.

(b) Verändern Sie das Programm so, dass die Ausgabe der Variablen c vor dem rekursiven Aufruf erfolgt. Erklären Sie die veränderte Ausgabe!

9.10 Programmanalyse

Analysieren Sie das folgende Programm. Versuchen Sie dafür herauszufinden, was die einzelnen Programmzeilen inhaltlich tun und folgern Sie daraus die Aufgabe des Programms.

Es wurden Befehle benutzt, die Sie noch nicht kennen. Versuchen Sie diese zu recherchieren!

Tippen Sie das Programm nicht ab, sondern versuchen Sie ohne Unterstützung zu verstehen, was passiert!

```
1    #include <iostream>
2
3    using namespace std;
4
5    int func(int val[], int s, int e)
6    {
7      if ((e - s) == 0) return val[s];
8
9      int h = (e + s) / 2;
10     int e1 = func(val, s, h);
11     int e2 = func(val, h + 1, e);
12
13     return e1 + e2;
14   }
15
```

```
16    int main()
17    {
18      const int N = 100;
19      int values[N];
20
21      for (int i = 0; i < N; i++)
22      {
23        values[i] = i + 1;
24      }
25
26      cout << "Ergebnis: " << func(values, 0, N - 1)
27            << endl;
28
29      return 0;
30    }
```

9.11 Ausgabe von Parametern einer variadischen Funktion

In dieser Aufgabe sollen Sie die variadische Funktion *myPrint* entwickeln, die einen Parameter vom Typ *string* entgegennimmt und dem Benutzer danach die Möglichkeit gibt, beliebig viele weitere Parameter zu übergeben.

Innerhalb der Funktion soll der *string* durchlaufen und Zeichen für Zeichen untereinander auf der Konsole ausgegeben werden. Immer wenn sich in der Funktion ein Stern ('*') befindet, soll jedoch nicht der Stern ausgegeben werden, sondern einer der zusätzlichen Parameter, der immer als *int* interpretiert werden soll.

Die Hauptfunktion soll *myPrint* mit den Parametern *("-+-*-+-*-+-*", 1, 2, 3)* aufrufen.

Klassen und Strukturen 10

Kurz & Knapp

- Eine Klasse beschreibt einen Bauplan für Objekte.
- Sie erzeugt einen neuen selbstdefinierten Datentyp (der Datentyp *string* ist ein gutes Beispiel).
- Ein Objekt, bzw. eine Instanz ist eine konkrete Ausprägung einer Klasse (z. B. eine *string* Variable, die einen bestimmten Text speichert).
- Zusätzlich zu den Daten kann eine Klasse Funktionen besitzen.
- In einer Klasse gibt es eine Reihe von spezialisierten Funktionen:
  - Der Konstruktor initialisiert ein Objekt einer Klasse
  - Der Destruktor de-initialisiert ein Objekt einer Klasse
  - Die Operatoren ermöglichen unter anderem die Definition mathematischer Zusammenhänge, Vergleiche oder Relationen $(+, -, *, /, =, ==, [], ...)$.

Bisher wurden in diesem Buch Programme vorgestellt, die aus einzelnen Anweisungen bestehen und die in Funktionen zusammengefasst werden. Diese Art der Programmierung nennt sich prozedurale Programmierung, da Funktionen in der Informatik häufig auch Prozeduren genannt werden. Anfang der neunziger Jahre des letzten Jahrhunderts kam jedoch der Begriff der objektorientierten Programmierung auf.

Die Idee der objektorientierten Programmierung ist es, Daten und Funktionen, die inhaltlich zusammengehören, in einer gemeinsamen Struktur, der Klasse, zu verbinden. Die Klasse dient dabei als Bauplan für Objekte, die tatsächlich Daten speichern und manipulieren können. Diese Art der Programmierung ermöglicht eine neue Herangehensweise an die Struktur eines Programms und eine andere Vorstellung der Datenstrukturen.

© Springer Fachmedien Wiesbaden GmbH, ein Teil von Springer Nature 2024   125
B. Tolg, *Informatik auf den Punkt gebracht*,
https://doi.org/10.1007/978-3-658-43715-2_10

Ein anschauliches Beispiel, das für eine Klasse verwendet werden kann, ist ein Vektor in einem zweidimensionalen Koordinatensystem. Zunächst muss ermittelt werden, welche Daten einen solchen Vektor ausmachen. Für den Vektor sind das offensichtlich die beiden Koordinaten x und y.

Jeder Vektor in einem zweidimensionalen Koordinatensystem besitzt diese beiden Eigenschaften. Zusätzlich können aus diesen beiden Eigenschaften weitere Informationen abgeleitet werden, wie zum Beispiel die Länge des Vektors, oder dessen Winkel zur x-Achse. Außerdem gibt es eine Reihe von mathematischen Funktionen, die für Vektoren definiert sind, wie Addition, Subtraktion oder Skalarprodukt, sowie Relationen, wie die Gleichheit zweier Vektoren.

Bei der prozeduralen Programmierung hätten die Daten und die eigentlich dazugehörigen Funktionen keinen Bezug zueinander. Verschiedene Koordinatenpaare können in einem mehrdimensionalen Feld gespeichert werden, während Funktionen auf diesem Feld die Rechenoperationen übernehmen würden.

Mit Hilfe einer Klasse kann jedoch ein neuer Datentyp *Vector2D* definiert werden, der sowohl die Daten, als auch die dazugehörigen Funktionen in einer einzigen Struktur verbindet. Bei der Programmierung mit Klassen wird zwischen Funktionen und Variablen „innerhalb" und „außerhalb" von Klassen unterschieden. Funktionen und Variablen, die bei der Klassendeklaration als Teil der Klasse deklariert werden, werden Memberfunktionen, oder *Methoden,* und Membervariablen, bzw. *Attribute,* genannt. Gerade bei den Membervariablen ist es eine gute Praxis durch den Namen der Variablen kenntlich zu machen, dass es sich um Variablen innerhalb der Klasse handelt. Bei allen Membervariablen wird deshalb in diesem Buch ein „m_" dem Namen der Variable vorangestellt.

Es gibt verschiedene Arten, wo Klassen innerhalb eines Programms untergebracht werden können. Im Prinzip ist es möglich, alle Klassen und die Hauptfunktion in eine einzige Datei zu schreiben. Das wird jedoch bereits bei kleineren Projekten schnell unübersichtlich. Es ist auch möglich, fast alle Funktionen der Klasse innerhalb der Klassendeklaration zu schreiben. Die Sprache *C++* bietet jedoch die Möglichkeit Klassen auf zwei eigenständige Dateien aufzuteilen, die dann in andere Dateien eingebunden werden können. Diese Schreibweise wird in diesem Buch konsequent verwendet, sodass Beispielprogramme nun immer aus mindestens drei Teilen bestehen. Jede Klasse besitzt eine *Header* und eine *cpp*-Datei. Hinzu kommt das Hauptprogramm, welches sich in einer eigenen *cpp*-Datei befindet.

Die meisten Entwicklungsumgebungen ermöglichen es, die für eine Klasse benötigten Dateien automatisch generieren zu lassen. Meistens wird auch schon die Deklaration und die Implementierung der Klasse automatisch vorbereitet.

Die Klassendeklaration befindet sich in der Datei *Vector2D.h*, einer so genannten *Header* Datei. In diesem Buch wurden schon mehrfach *Header* Dateien verwendet und zwar immer im Zusammenhang mit der *#include* Anweisung. Die *Header* Dateien beinhalten die Klassendeklaration, oder etwas anschaulicher, eine Art Inhaltsverzeichnis der Klasse. In der Klassendeklaration werden alle Variablen und Funktionen deklariert, die die Klasse besitzen soll. Das Beispiellisting 10.1 zeigt die *Header* Datei für die Klasse *Vector2D*.

```
1   // Include-Guard
2   #ifndef _VECTOR2D_H
3   #define _VECTOR2D_H
4
5   // Klassendeklaration
6   class Vector2D
7   {
8   public:
9       // Variablendeklaration
10      double m_x;
11      double m_y;
12  };
13
14  // Ende des Include-Guards
15  #endif // _VECTOR2D_H
```

Listing 10.1 Die Klasse Vector2D (Vector2D.h)

Die *Header* Datei beginnt mit einigen Präprozessorkommandos, die *Include-Guard* genannt werden und eine wichtige Aufgabe erfüllen. Sie verhindern, dass eine Klasse mehr als einmal deklariert werden kann. Dieser Mechanismus ist deshalb notwendig, weil jede Datei, in der die Klasse später einmal verwendet werden soll, über eine *#include* Anweisung verfügen muss, die die *Header* Datei *Vector2D.h* einbindet. Wenn der Präprozessor auf eine *#include* Anweisung trifft, dann kopiert er den Inhalt der angegebenen Datei an die Stelle der *#include* Anweisung. Würde es keinen *include-Guard* geben, würde folglich bei jeder *#include* Anweisung versucht werden, die Klasse erneut zu deklarieren. Das würde bereits beim zweiten Versuch fehlschlagen.

Wie funktioniert der *Include-Guard* nun genau? Die erste Anweisung *#ifndef* steht für *if not defined*. Die Anweisung überprüft also, ob der darauf folgende Text *_VECTOR2D_H* noch nicht definiert wurde. Wenn der Präprozessor das erste Mal auf diese Anweisung trifft, ist der Text natürlich noch nicht definiert[1]. In diesem Fall ist die Aussage richtig und der nachfolgende Text wird unverändert weiterbearbeitet. Die zweite Anweisung, die folgt ist dann die *#define* Anweisung, die dafür sorgt, dass der entsprechende Text sofort definiert wird. Bei allen folgenden *#include* Anweisungen wird die *#ifndef* Anweisung also fehlschlagen und den kompletten Text, bis zu der *#endif* Anweisung, ignorieren.

Einige Präprozessoren unterstützen das nicht standardisierte Kommando *#pragma once*, welches ebenfalls die Eigenschaften eines *Include-Guards* besitzt. In diesem Fall muss die *Header* Datei nur mit diesem Kommando beginnen, um eine Mehrfachdeklaration zu verhindern.

Die eigentliche Klassendeklaration beginnt mit der Anweisung *class* gefolgt von dem Namen der Klasse. Innerhalb von geschweiften Klammern können dann die Funktionen

---

[1] Da unter anderem durch eingebundene Bibliotheken Begriffe definiert werden können, ist es wichtig, dass eindeutige Ausdrücke gewählt werden.

und Variablen deklariert werden. Abgeschlossen wird die Klassendeklaration mit einem Semikolon.

Die erste Anweisung innerhalb der Klasse ist ein Schlüsselwort für die Sichtbarkeitsstufe, ein sehr wichtiges Konzept der objektorientierten Programmierung: Die Datenkapselung. Dieses Konzept legt die Verantwortung für die Daten vollständig in die Hand der Klasse. Das bedeutet bei *C++* , dass bei der Programmierung einer Klasse festgelegt werden kann, welche Daten von außerhalb der Klasse gelesen und verändert werden dürfen und welche nicht. Es existieren drei so genannte *Sichtbarkeitsstufen:*

- *public:* Das Schlüsselwort *public* legt fest, dass diese Attribute und Methoden öffentlich zugänglich sein sollen. Sie können von Funktionen außerhalb der Klasse genauso genutzt werden, wie von Memberfunktionen innerhalb der Klasse.
- *protected:* Variablen und Funktionen, die nach dem Schlüsselwort *protected* deklariert werden, sind vor dem Zugriff von außen geschützt. Sie dürfen nur von Memberfunktionen benutzt werden, die innerhalb der Klasse deklariert wurden.
- *private:* Variablen und Funktionen, die nach dem Schlüsselwort *private* deklariert werden, verhalten sich zunächst einmal so, als wären Sie nach dem Schlüsselwort *protected* deklariert worden. Ein Zugriff von außen wird verhindert, nur Memberfunktionen der Klasse dürfen auf diese Elemente zugreifen. Zusätzlich werden Elemente, die nach dem Schlüsselwort *private* deklariert worden sind nicht weitervererbt. Die Vererbung von Klasseneigenschaften ist ein weiteres wichtiges Konzept der objektorientierten Programmierung, das in Abschn. 10.4 genauer erklärt wird.

Die verschiedenen Sichtbarkeitsstufen können während einer Klassendeklaration beliebig oft genutzt werden. Eine Sichtbarkeitsstufe ist so lange gültig, bis sie durch eine andere ersetzt wird. Wird bei einer Klasse keine Sichtbarkeitsstufe angegeben, so gilt die Stufe *private.* Daraus folgt, dass jedes Element einer Klasse über eine Sichtbarkeitsstufe verfügt. Um Fehler zu vermeiden, sollte die Sichtbarkeitsstufe jedoch immer explizit angegeben werden.

Das Konzept der Datenkapselung ermöglicht es, Hilfsfunktionen und Membervariablen zu deklarieren, die nur innerhalb der Klasse benutzt werden können. Solange eine einzige Person an einem Programm arbeitet, mag das als nicht sinnvoll erscheinen, da diese Person ohnehin jederzeit auf alles zugreifen kann. Und zudem das Programm perfekt kennt. Programmieren aber mehrere Personen an einem Projekt, so sind die Klassen der Anderen vergleichbar mit einer Blackbox, deren Inhalt nicht unbedingt im Detail bekannt ist. Wenn dann der Aufruf einer Hilfsfunktion vorbereitet werden muss, oder der Aufruf der Funktion allein kein sinnvolles Ergebnis produzieren würde, ist es wichtig, diese Hilfsfunktion zu schützen. Stattdessen sollte eine öffentliche Memberfunktion angeboten werden, die alle Vorbereitungen trifft, oder die Aufrufe in der richtigen Reihenfolge durchführt.

Bei Membervariablen muss entschieden werden, ob der Wertebereich der Variablen eingeschränkt ist, oder ob von der Änderung eines Variablenwertes möglicherweise weitere Variablen betroffen sind. Trifft eins von beiden für eine Membervariable zu, so sollte der Zugriff von außerhalb der Klasse verhindert werden. Stattdessen sollten öffentliche Hilfsfunktionen geschrieben werden, die den Zugriff ermöglichen.

Im aktuellen Beispiel geht es um einen Vektor in einem zweidimensionalen Koordinatensystem. Die Klasse besitzt nur zwei Membervariablen m_x und m_y, deren Wertebereich nicht eingeschränkt ist und deren Werte voneinander unabhängig sind. Es gibt also keinen Grund diese Membervariablen vor einem Zugriff zu schützen. Die Deklaration der Membervariablen erfolgt wie bereits bekannt, indem zuerst der Datentyp gefolgt von dem Namen der Variablen angegeben wird. Die Anweisung wird mit einem Semikolon beendet.

Die zweite Datei, die in Listing 10.2 dargestellt wird, ist die so genannte *cpp* Datei, in der die Memberfunktionen der Klasse implementiert werden. Da es aktuell noch keine Memberfunktionen gibt, ist diese Datei vorerst noch fast leer. Die *#include* Anweisung sorgt dafür, dass die Klassendeklaration in der *cpp* Datei bekannt ist. Bisher wurden bei *#include* Anweisungen immer spitze Klammern verwendet, in denen der Dateiname angegeben wurde. Ob Klammern oder Anführungsstriche verwendet werden, hängt davon ab, wo nach den Dateien gesucht werden soll. Bei spitzen Klammern werden Pfade durchsucht, die durch die Entwicklungsumgebung oder den *Compiler* definiert werden. Sie werden immer dann verwendet, wenn Standardbibliotheken eingebunden werden. Bei Anführungszeichen wird der Suchradius vergrößert, es wird zusätzlich das Verzeichnis durchsucht, in dem sich die Datei mit der *#include* Anweisung befindet und mitunter noch weitere. Die Anführungsstriche werden immer dann verwendet, wenn *Header* Dateien des eigenen Projekts eingebunden werden sollen.

```
1    #include "Vector2D.h"
```
Listing 10.2 Die Klasse Vector2D (Vector2D.cpp)

Um ein lauffähiges Programm zu erhalten, muss noch eine Hauptfunktion existieren, die sich in diesem Fall in der Datei *Projekt.cpp* befinden soll und in Listing 10.3 dargestellt wird.

```
1    #include <iostream>
2    #include "Vector2D.h"
3
4    using namespace std;
5
6    // Hauptfunktion
7    int main()
8    {
9      Vector2D v1;
10
11     // ...
12
13     // Werte einlesen
14     cin >> v1.m_x;
```

```
15      cin >> v1.m_y;
16   }
```

Listing 10.3 Das Hauptprogramm (Projekt.cpp)

Um die neue Klasse benutzen zu können, muss die *Header* Datei der Klasse *Vector2D* mit Hilfe der *#include* Anweisung eingebunden werden. Innerhalb der Hauptfunktion wird nun durch eine Variablendefinition ein Objekt der Klasse *Vector2D* angelegt und *v1* genannt. Da die Membervariablen *m_x* und *m_y* der Klasse *Vector2D* als *public* deklariert wurden, ist der Zugriff auch aus der Hauptfunktion heraus möglich. Um auf die Membervariablen eines Objekts zugreifen zu können, muss zunächst der Name des Objekts geschrieben werden, in diesem Beispiel *v1,* gefolgt von einem Punkt und dem Namen der Membervariablen, auf die zugegriffen werden soll. Der Punkt dient dabei als „Türöffner"in das Objekt.

Im Prinzip verhalten sich *m_x* und *m_y* innerhalb des Hauptprogramms nun wie ganz normale Variablen mit einem etwas längeren Namen. Allerdings sind diese Variablen dem Objekt *v1* zugeordnet. Es wäre nun leicht möglich, ein zweites Objekt *v2* zu erzeugen, das wiederum über zwei Membervariablen verfügen würde. Da beide Objekte zu der Klasse *Vector2D* gehören, fällt es leichter sich die Objekte als Vektoren vorzustellen und damit zu arbeiten. Bei zwei Feldern vom Typ *double* wäre es schwieriger den Zusammenhang zu erkennen, oder vier Werte als zwei Vektoren zu interpretieren.

10.1   Konstruktoren und Destruktor

In Kap. 5 dieses Buches wird bereits empfohlen, Variablen immer zu initialisieren. Dieser Rat ist auch bei Klassen sinnvoll. Da nur die Klasse in jedem Fall Zugriff auf ihre Variablen besitzt, muss also ein Weg existieren, mit dem eine Klasse eine Variableninitialisierung vornehmen kann. Aber nicht nur die Variablen müssen initialisiert werden. Bei komplexeren Klassen kann es notwendig sein, dass aufwändigere Konfigurationen vorgenommen werden müssen, wenn ein neues Objekt erzeugt wird. Ebenso kann es wichtig sein, das Elemente de-initialisiert werden, wenn ein Objekt einer Klasse gelöscht wird.

Um dies zu erreichen, existieren bei der Sprache *C++* zwei Arten von Funktionen, die Konstruktoren und der Destruktor. Es ist sicher, dass die erste Funktion, die für ein neues Objekt aufgerufen wird, ein Konstruktor ist. Ebenso ist sicher, dass die letzte Funktion, die aufgerufen wird, bevor ein Objekt gelöscht wird, der Destruktor ist. Beide Funktionen werden im Lebenszyklus eines Objekts nur ein einziges Mal aufgerufen. Es können mehrere Konstruktoren existieren, die es ermöglichen ein Objekt auf unterschiedliche Art zu initialisieren. Es existiert aber immer nur ein einziger Destruktor.

In Listing 10.4 wird das vorherige Beispiel um einige Konstruktoren und einen Destruktor ergänzt. Sowohl die Konstruktoren, als auch der Destruktor weisen einige Besonderheiten bezüglich des Rückgabetyps und des Namens auf. Sowohl die Konstruktoren als auch der Destruktor besitzen keinen Rückgabetyp, noch nicht einmal *void*. Der Name eines Konstruktors entspricht immer exakt dem Klassennamen. Existieren mehrere Konstruktoren, so gelten die normalen Regeln der Funktionsüberladung, die bereits in Abschn. 9.1 vorgestellt wurden. Alle Konstruktoren müssen unterschiedliche Parameterkonfigurationen besitzen. Der Name eines Destruktors entspricht ebenfalls dem Klassennamen, jedoch wird dem Namen immer eine Tilde (~) vorangestellt.

In diesem Beispiel macht es Sinn, mehrere Konstruktoren anzubieten. Es kann sein, dass ein neuer Vektor ohne weitere Konfiguration angelegt werden soll. In diesem Fall wird der Konstruktor verwendet, der keine Parameter entgegennimmt. Dieser Konstruktor wird Standardkonstruktor genannt und existiert auch dann, wenn er nicht definiert wird. Tatsächlich wurde er in Listing 10.3 bei der Erstellung des Objekts *v1* bereits verwendet. Diese automatisch generierte Variante des Standardkonstruktors nimmt jedoch keine Variableninitialisierung vor. Deshalb ist es dennoch sinnvoll, den Standardkonstruktor selbst zu implementieren, da es nur so möglich ist, die eigenen Variablen sinnvoll zu initialisieren. Das Beispiel in Listing 10.3 macht auch deutlich, dass Konstruktoren anders aufgerufen werden, als andere Funktionen. Obwohl nur der Variablentyp und der Variablenname angegeben werden, entspricht dies bereits einem Konstruktoraufruf, ohne das runde Klammern einen Funktionsaufruf andeuten.

In manchen Fällen ist es einfacher, wenn ein Objekt gleich mit der richtigen Konfiguration erstellt werden kann. Bei einem Vektor könnte die Position in kartesischen Koordinaten bereits vorliegen. Aus diesem Grund wurde der zweite Konstruktor erstellt.

```
1    // Include-Guard
2    #ifndef _VECTOR2D_H
3    #define _VECTOR2D_H
4
5    // Klassendeklaration
6    class Vector2D
7    {
8    public:
9      // Standardkonstruktor
10     Vector2D();
11     // verschiedene Konstruktoren
12     Vector2D(double x, double y);
13     // Konvertierungskonstruktor
14     explicit Vector2D(double l);
15     // Kopierkonstruktor
16     Vector2D(const Vector2D &v);
17
18     // Destruktor
19     ~Vector2D();
20
21     double m_x;
22     double m_y;
```

```
23   };
24
25   // Ende des Include-Guards
26   #endif // _VECTOR2D_H
```

Listing 10.4 Konstruktoren und Destruktor der Klasse Vector2D (Vector2D.h)

Konvertierungskonstruktoren werden immer dann benötigt, wenn es möglich sein soll, einen Wert oder ein Objekt eines bestimmten Typs in ein anderes umzuwandeln. Sie besitzen immer genau einen Parameter von dem Typ, der in ein Objekt der Klasse konvertiert werden soll. In diesem Fall soll ein einzelner *double* Wert als Vektor interpretiert werden, der parallel zu der x-Achse verläuft und die Länge *l* besitzt. Die Sprache *C++* wird mit Hilfe dieses Konstruktors nun zum Beispiel bei einem Funktionsaufruf Werte des Typs *double* automatisch in einen *Vector2D* umwandeln, sollte das nötig sein. Solche Aufrufe und Umwandlungen nennen sich *implizite* Aufrufe. Es kann sein, dass solche Konvertierungskonstruktoren benötigt werden, *implizite* Aufrufe durch die Sprache *C++* jedoch nicht gewünscht sind oder sogar Fehler verursachen. Für diesen Fall existiert das Schlüsselwort *explicit*. Es sorgt dafür, dass *C++* den Konstruktor nicht automatisch aufrufen kann, sondern dass eine Konvertierung ausdrücklich (also explizit) im Programm geschrieben werden muss.

Die explizite Konvertierung erfolgt durch eine Typumwandlung, bzw. einen *Typecast*.

Der vierte Konstruktor ist der so genannte *Copyconstructor* oder Kopierkonstruktor. Auch der Kopierkonstruktor wird automatisch generiert, auch wenn er nicht explizit definiert wurde. Seine Aufgabe ist denkbar einfach, er erstellt eine exakte Kopie eines Objekts. Normalerweise ist diese Aufgabe sehr einfach zu lösen, indem der komplette Speicherbereich, in dem sich ein Objekt befindet einfach an die Position des neuen Objekts kopiert wird. Die Größe eines Objekts ist aus der Klassendeklaration bekannt und der interne Aufbau der Objekte ist auch immer identisch. Es kann aber zu großen Problemen kommen, wenn eigener Speicher reserviert wird, da dann die automatische Kopie nicht mehr funktioniert. Dies wird in Abschn. 11.8 genauer erläutert. Der grundsätzliche Aufbau eines Kopierkonstruktors soll aber bereits hier erläutert werden.

Der Kopierkonstruktor hat eine sehr wichtige Aufgabe bei der Sprache *C++*. Immer dann, wenn bei einem Funktionsaufruf ein Parameter übergeben oder ein Rückgabewert zurückgegeben wird, muss eine Kopie der entsprechenden Variablen angelegt werden. Ist die Variable ein Objekt einer Klasse wird dabei immer der Kopierkonstruktor aufgerufen, ohne dass dies im Programm explizit angegeben wird.

Ein Kopierkonstruktor besitzt immer einen einzigen Parameter. Dieser Parameter besitzt immer den Typ der Klasse selbst und muss als Referenz übergeben werden. Würde der Parameter nicht als Referenz übergeben werden, müsste bei dem Funktionsaufruf des Kopierkonstruktors eine Kopie des Objekts angelegt werden. Dafür würde aber der Kopierkonstruktor benötigt, der gerade erst definiert werden soll.

Bei neueren *Compilern* muss zusätzlich sichergestellt werden, dass der übergebene Wert nicht verändert werden kann, indem die Referenz mit dem Schlüsselwort *const* als konstant markiert wird.

Der Destruktor erfüllt bei dem derzeitigen Beispiel keine Aufgabe und wurde nur der Vollständigkeit halber mit deklariert.

Für jeden der Konstruktoren und den Destruktor muss nun noch eine Definition implementiert werden. Dies geschieht in der *cpp* Datei, die in Listing 10.5 dargestellt wird.

Die erste Besonderheit findet sich direkt beim Funktionsnamen der Konstruktoren. Um deutlich zu machen, dass hier eine Funktion definiert wird, die innerhalb der Klasse *Vector2D* deklariert wurde, muss der Name der Klasse mit zwei Doppelpunkten vorangestellt werden.

Da jedes Objekt durch genau einen der Konstruktoren erstellt wird, muss in jedem der Konstruktoren eine Variableninitialisierung stattfinden, die die übergebenen Funktionsparameter nutzt. Dabei können die Variablen auf zwei Arten mit Werten belegt werden. Zum einen ist es möglich, innerhalb des Funktionskörpers eines Konstruktors eine Wertzuweisung vorzunehmen. Im Standardkonstruktor des Programms 10.5 wurde eine solche Wertzuweisung beispielhaft für alle Parameter vorgenommen. Das scheint zunächst der intuitive Weg zu sein, hat jedoch den Nachteil, dass konstante Werte der Klasse so nicht mit Werten belegt werden können. Das funktioniert nur bei der Initialisierung, die bei Konstruktoren über eine spezielle Notation geregelt ist.

```
1   #include "Vector2D.h"
2
3   // Standardkonstruktor
4   Vector2D::Vector2D()
5   // Initialisierung
6   : m_x(0.0)
7   , m_y(0.0)
8   {
9       // Wertzuweisung
10      m_x = 0.0;
11      m_y = 0.0;
12  }
13
14  // verschiedene Konstruktoren
15  Vector2D::Vector2D(double x, double y)
16  : m_x(x)
17  , m_y(y)
18  {
19  }
20
21  // Konvertierungskonstruktor
22  /*explicit*/ Vector2D::Vector2D(double l)
23  : m_x(1.0)
24  , m_y(0.0)
25  {
26  }
27
28  // Kopierkonstruktor
29  Vector2D::Vector2D(const Vector2D &v)
```

```
30    : m_x(v.m_x)
31    , m_y(v.m_y)
32    {
33    }
34
35    // Destruktor
36    Vector2D::~Vector2D()
37    {
38    }
```

Listing 10.5 Konstruktoren und Destruktor der Klasse Vector2D (Vector2D.cpp)

Um Variablen in einem Konstruktor zu initialisieren, kann nach der Parameterliste der Funktion ein Doppelpunkt geschrieben werden, um die Initialisierung zu beginnen. Danach folgen mit Kommata getrennt die Namen der Variablen, die initialisiert werden sollen und die initialen Werte in runden Klammern. Diese Notation wird *Initialisierungsliste* genannt.

Da bei dem Standardkonstruktor keine Parameter übergeben werden, können die Variablen mit frei wählbaren Werten initialisiert werden. Ohne Informationen bietet es sich an, einen Nullvektor zu erzeugen.

Bei dem nächsten Konstruktor werden zwei Parameter für die x- und die y-Koordinate übergeben. Hier zeigt sich, weshalb es unter anderem sinnvoll ist, die Namen der Membervariablen mit einem *m_* zu versehen. Es ist nun eindeutig, dass die lokalen Funktionsparameter x und y heißen und die Membervariablen der Klasse m_x und m_y. Innerhalb des Konstruktors müssen die Membervariablen nun nur noch mit den Werten der passenden Funktionsparameter initialisiert werden.

Der Konvertierungskonstruktor sollte einen *double* Wert *l* in einen zur x-Achse parallelen Vektor mit der Länge *l* transformieren. Dies geschieht sehr leicht, indem der Wert *l* direkt in die Membervariable m_x geschrieben wird, während m_y den Wert 0 erhält. Wichtig ist an dieser Stelle zu bemerken, dass das Schlüsselwort *explicit* bei der Funktionsdefintion nicht noch einmal wiederholt werden darf. Um dennoch darauf hinzuweisen, dass dieser Konstruktor nur explizit aufgerufen werden darf, wurde das Schlüsselwort als Kommentar in die Kopfzeile eingefügt.

Der Kopierkonstruktor besitzt nur einen Parameter *v*, der vom Typ der selbstgeschriebenen Klasse *Vector2D* ist und als Referenz übergeben wird. Wie bereits in dem Beispiellisting 10.3 gezeigt, kann auf die Membervariablen eines Klassenobjekts mit Hilfe eines Punkts zugegriffen werden. Da sowohl der übergebene *Vector2D*, als auch das neue Objekt über die gleichen Membervariablen verfügen, können also alle Membervariablen von *v* dazu genutzt werden, ihre korrespondierenden Membervariablen in dem neuen Objekt zu initialisieren. Es gibt hier nur eine Besonderheit. Da der Kopierkonstruktor ein Teil der Klasse ist, gilt er immer als Memberfunktion der Klasse. Also auch wenn hier zwei Objekte der Klasse bearbeitet werden, so hat der Kopierkonstruktor doch immer Zugriff auf alle Membervariablen. Selbst dann, wenn sie mit der Sichtbarkeitsstufe *protected* oder *private* deklariert wurden.

Der Destruktor ist der Vollständigkeit halber mit definiert. In diesem Beispiel wird er jedoch keine Funktion erfüllen und bleibt deshalb leer.

In der Hauptfunktion des Programms 10.6 können die verschiedenen Konstruktoren nun getestet werden.

```
1   #include <iostream>
2   #include "Vector2D.h"
3
4   using namespace std;
5
6   void ausgabe(Vector2D v);
7
8   // Hauptfunktion
9   int main()
10  {
11      Vector2D v1; // Standardkonstruktor
12      Vector2D v2(2.1, 3.2); // Konstruktor
13      Vector2D v3(2.3); // Konvertierungskonstruktor
14      Vector2D v4(v2); // Kopierkonstruktor
15
16      ausgabe(v2);
17
18      v3 = 5; // Funktioniert nur, ohne explicit
19      v3 = Vector2D(5);
20      // ...
21  }
22
23  void ausgabe(Vector2D v)
24  {
25      //...
26  }
```

Listing 10.6 Das Hauptprogramm (Projekt.cpp)

Die ersten vier Objekte, die in dem Programm erstellt werden, nutzen die Konstruktoren in der Reihenfolge, wie sie in der Klasse erstellt wurden. Zuerst den Standardkonstruktor, danach den Konstruktor, der kartesische Koordinaten entgegennimmt, gefolgt vom Konvertierungskonstruktor und dem Kopierkonstruktor. Diese Aufrufe sind relativ offensichtlich, wenn davon abgesehen wird, dass bei dem Aufruf des Standardkonstruktors keine Klammern angefügt werden müssen.

Weniger offensichtlich ist, dass bei dem Aufruf der Funktion *ausgabe* eine Kopie des Vektors *v2* angelegt wird. Hier wird durch *C++* automatisch der Kopierkonstruktor aufgerufen.

Die Wertzuweisung $v3 = 5$ funktioniert tatsächlich nicht, da der Konvertierungskonstruktor als *explicit* gekennzeichnet wurde. Würde das Schlüsselwort *explicit* in Listing 10.4 weggelassen werden, würde die Zeile funktionieren, da dann implizit der Konvertierungskonstruktor aufgerufen werden könnte.

Die darauf folgende Wertzuweisung $v3 = Vector2D(5)$ funktioniert hingegen immer, da der Konvertierungskonstruktor explizit aufgerufen wird.

10.2 Memberfunktionen

Aus den Membervariablen des Vektors sollen nun weitere Werte abgeleitet werden. So können für den Vektor zum Beispiel dessen Länge, oder dessen Winkel in Polarkoordinaten berechnet werden. Zusätzlich wird der mögliche Wertebereich der Vektoren auf das Intervall von -10 bis 10 auf beiden Koordinatenachsen eingeschränkt. Damit ist es nun erforderlich die Membervariablen der Klasse vor einem externen Zugriff zu schützen.

Grundsätzlich ist es eine gute Praxis die Namen von Funktionen, die Werte aus der Klasse zurückgeben, mit der englischen Vorsilbe (dem Präfix) *get* zu versehen. Analog sollten Funktionsnamen von Funktionen, die Werte innerhalb der Klasse setzen mit der englischen Vorsilbe *set* beginnen. Das ist auf keinen Fall verpflichtend, es erleichtert es aber die Übersicht zu behalten.

Listing 10.7 zeigt die veränderte Klassendeklaration. Zusätzlich zu den Konstruktoren und dem Destruktor wurden noch eine Reihe von Funktionsprototypen hinzugefügt. Die Funktionsprototypen verhalten sich exakt so, wie in Abschn. 9.2 beschrieben. Jede Funktion, die einen Wert zurückgibt, wurde mit einem Namen versehen, der mit der Vorsilbe *get* beginnt. Die Funktion, die die Werte des Vektors verändert beginnt mit der Vorsilbe *set*. Die Schreibweise, bei der das erste Wort eines Namens klein geschrieben wird, um dann jedes weitere Wort mit einem Großbuchstaben beginnen zu lassen, nennt sich *Camel Case*-Notation oder auch Kamel- oder Höckerschrift. Es handelt sich um eine Namenskonvention, die in der Informatik häufig Verwendung findet.

Die Membervariablen *m_x* und *m_y* wurden nun als *protected* deklariert, um zu verhindern, dass von außerhalb der Klasse direkt auf die Variablen zugegriffen werden kann. Der Zugriff erfolgt nun indirekt. Von außerhalb der Klasse kann auf die Funktion *getX* oder *setCartesian* zugegriffen werden, da diese als *public* deklariert wurden. Diese Memberfunktionen der Klasse wiederum haben Zugriff auf die geschützten Membervariablen[2].

Das scheint auf den ersten Blick umständlich zu sein, jedoch hat diese Vorgehensweise einen großen Vorteil. Innerhalb der Funktionen kann überprüft werden, ob die Werte, die gesetzt werden sollen, innerhalb der erlaubten Grenzen liegen. Damit kann die Klasse sicherstellen, dass die Werte, die in einem Objekt der Klasse gespeichert werden, immer den Regeln entsprechen.

Natürlich ist es möglich, die Klasse noch um viele nützliche Memberfunktionen zu erweitern. Für dieses Beispiel sind die dargestellten Funktionen jedoch ausreichend.

---

[2] Einige meiner Studierenden haben zu Beginn Probleme damit zu verstehen, warum diese Funktionen keine Parameter besitzen. Der Hintergrund ist, dass diese Funktionen immer auf einem Objekt der Klasse angewendet werden. Die Informationen, die sie wiedergeben oder verändern sollen, sind schon in dem Objekt vorhanden. Dennoch kann es natürlich Situationen geben, in denen auch bei einer Klassenfunktion zusätzliche Informationen über die Parameter transportiert werden müssen. Das funktioniert dann genauso, wie bei allen Funktionen.

```
1    // Include-Guard
2    #ifndef _VECTOR2D_H
3    #define _VECTOR2D_H
4
5    // Klassendeklaration
6    class Vector2D
7    {
8    public:
9        // Standardkonstruktor
10       Vector2D();
11       // verschiedene Konstruktoren
12       Vector2D(double x, double y);
13       // Konvertierungskonstruktor
14       explicit Vector2D(double l);
15       // Kopierkonstruktor
16       Vector2D(Vector2D &v);
17
18       // Destruktor
19       ~Vector2D();
20
21       // Memberfunktionen
22       double getAngle();
23       double getLength();
24       double getX();
25       double getY();
26
27       void   setCartesian(double x, double y);
28
29   protected:
30       double m_x;
31       double m_y;
32   };
33
34   // Ende des Include-Guards
35   #endif // _VECTOR2D_H
```

Listing 10.7 Memberfunktionen der Klasse Vector2D (Vector2D.h)

Die Implementierung der Memberfunktionen wird in der *cpp* Datei der Klasse durchgeführt und in den Programmen 10.8 und 10.9 dargestellt. Da in den neuen Funktionen einige mathematische Funktionen verwendet werden, muss eine neue Bibliothek mit *#include* eingebunden werden, die *cmath* Bibliothek. Sie ermöglicht die Verwendung von Funktionen wie *sin* oder *cos* für Sinus und Cosinus, *sqrt,* das steht für *square root,* die Quadratwurzel und vielen weiteren[3].

---

[3] In einigen Implementierungen sind auch mathematische Konstanten definiert, jedoch nicht in allen. Manchmal kann der Zugriff auf diese Konstanten auch nicht direkt erfolgen, es muss erst ein bestimmter Ausdruck definiert werden, bevor die *cmath* Bibliothek eingebunden werden darf. Häufig lautet dieser Ausdruck *#define _USE_MATH_DEFINES.* Da dies aber nicht standardisiert ist, wurde in

```
1    #include "Vector2D.h"
2    #include <cmath>
3
4    // Definition einer Konstanten für Pi
5    const double PI = 3.14159265358979323846264338332795;
6
7    // Standardkonstruktor
8    // ...
9
10   // verschiedene Konstruktoren
11   Vector2D::Vector2D(double x, double y)
12   {
13      setCartesian(x, y);
14   }
15
16   // Konvertierungskonstruktor
17   /*explicit*/ Vector2D::Vector2D(double l)
18   {
19      setCartesian(l, 0);
20   }
21
22   // Kopierkonstruktor
23   // ...
24
25   // Destruktor
26   // ...
27
28   // ...
```

Listing 10.8 Anpassungen der Konstruktoren der Klasse Vector2D (Vector2D.cpp)

Der Standardkonstruktor bleibt in diesem Beispiel unverändert, da er die Membervariablen immer auf 0 setzt, was innerhalb des erlaubten Intervalls liegt. Der Konstruktor, der zwei Koordinaten x und y entgegennimmt, muss nun jedoch überprüfen, ob die Werte innerhalb des Intervalls liegen. Da die Funktion *setCartesian(...)* ebenfalls die Grenzen überprüfen muss, ist es sinnvoll, die Funktion direkt in dem Konstruktor aufzurufen. So muss die Überprüfung der Intervallgrenzen nur in der Funktion *setCartesian(...)* durchgeführt werden. Zum einen spart dies eine doppelte Implementierung, zum anderen werden dadurch aber auch Fehler vermieden. Bei größeren Programmen kann es bei doppelten Implementierungen leicht passieren, dass Fehler nur an einer Stelle repariert werden, während andere vergessen werden. Dafür sollte ein Bewusstsein entwickelt werden, damit solche Situationen vermieden werden.

---

diesem Buch darauf verzichtet, eine der Varianten zu verwenden, um eine allgemeine Einführung in *C++* zu geben. Stattdessen wurde eine Konstante *PI* definiert und verwendet.

Auch der Konvertierungskonstruktor muss nun die vorgegebenen Intervallgrenzen beachten, sodass hier die gleiche Lösung gewählt wurde. In Listing 10.9 folgen nun die neuen Memberfunktionen der Klasse.

Die Funktion *getAngle(...)* berechnet den Winkel des Vektors zu der positiven x-Achse und nutzt dazu eine Funktion, die sich *atan2(...)* nennt. Diese Funktion berechnet, genauso wie die Funktion *atan(...)*, den Arcustangens, unterscheidet sich aber in den Funktionsparametern. Während die Funktion *atan(...)* nur einen Parameter entgegennimmt, der sich aus m_y/m_x berechnet, nimmt die Funktion *atan2(...)* die Werte m_y und m_x in dieser Reihenfolge in zwei getrennten Parametern entgegen. Der Hintergrund ist, dass die *atan(...)* Funktion aufgrund der zwei Vorzeichen nur zwischen zwei Quadranten des Koordinatensystems unterscheiden kann. Bei der *atan2(...)* Funktion können vier unterschiedliche Vorzeichenkombinationen entstehen, die es ermöglichen, zwischen allen vier Quadranten des Koordinatensystems zu unterscheiden. Eine mathematische Erklärung für alle hier verwendeten Formeln findet sich in Papula (2014).

Mit Hilfe der Funktion *getLength(...)* kann die Länge des Vektors durch den Satz von Pythagoras berechnet werden. Die Länge entspricht damit auch dem Radius, der für die Polarkoordinaten benötigt wird.

Um die aktuellen Werte der Membervariablen zu erfragen, können nun die Funktionen *getX()* und *getY()* verwendet werden. Da dies die einzige Aufgabe dieser Funktionen ist, fällt die Implementierung sehr kurz aus. Da bei jedem Funktionsaufruf Werte der Funktion im Speicher abgelegt werden müssen, bedeutet das, dass bei jedem Funktionsaufruf ein kleiner zusätzlicher Zeitbedarf für die Organisation des Funktionsaufrufs entsteht. Bei sehr kleinen Funktionen ist der organisatorische Aufwand natürlich proportional viel größer, als bei Funktionen, in denen viel passiert. Die Sprache *C++* bietet deshalb die Möglichkeit die Übersichtlichkeit einer Funktion zu nutzen, ohne dabei einen Geschwindigkeitsverlust zu erleiden. Bei sehr kleinen Funktionen kann bei der Klassendeklaration in der *Header* Datei das Schlüsselwort *inline* vorangestellt werden. Auch dieses Schlüsselwort wird, ebenso wie *explicit*, nur bei der Deklaration, nicht jedoch bei der Definition vorangestellt. In diesem Fall kann der *Compiler* entscheiden, ob ein Funktionsaufruf durchgeführt wird, oder ob der Code der Funktion direkt an die Stelle des Aufrufs kopiert wird. In der *Header* Datei würde die Programmzeile dann *inline double getX();*, bzw. *inline double getY();* lauten.

```
1   // ...
2
3   double Vector2D::getAngle()
4   {
5     return atan2(m_y, m_x) * 180 / PI;
6   }
7
8   double Vector2D::getLength()
9   {
10    return sqrt(m_x * m_x + m_y * m_y);
11  }
12
```

```
13   double Vector2D::getX()
14   {
15     return m_x;
16   }
17
18   double Vector2D::getY()
19   {
20     return m_y;
21   }
22
23   void    Vector2D::setCartesian(double x, double y)
24   {
25     if (x > 10)  x = 10;
26     if (x < -10) x = -10;
27     if (y > 10)  y = 10;
28     if (y < -10) y = -10;
29
30     m_x = x;
31     m_y = y;
32   }
```

Listing 10.9 Memberfunktionen der Klasse Vector2D (Vector2D.cpp)

Die Funktion *setCartesian(...)* stellt nun mit einigen *if*-Anweisungen sicher, dass die Werte, mit denen die Membervariablen initialisiert werden, immer im Intervall von −10 bis 10 liegen.

In der Hauptfunktion in Listing 10.10 können die Memberfunktionen getestet werden. Da die Membervariablen nun durch *protected* geschützt sind, ist ein direkter Zugriff nicht mehr möglich. Es werden zwei Hilfsvariablen *x* und *y* benötigt, um die Werte einzulesen[4].

```
1    #include <iostream>
2    #include "Vector2D.h"
3
4    using namespace std;
5
6    // Hauptfunktion
7    int main()
8    {
9      Vector2D v1; // Standardkonstruktor
10
11     // Hilfsvariablen
12     double x = 0.0;
13     double y = 0.0;
14
15     // Ausgabe
```

---

[4] Bei komplexeren Programmen, die eine grafische Oberfläche besitzen, ist dies ein übliches Vorgehen, da die Eingaben häufig nicht in dem Format eingelesen werden, das später verarbeitet wird.

```
16      // Werteingabe
17      cin >> x;
18      cin >> y;
19
20      v1.setCartesian(x, y);
21
22      cout << "Vektorlaenge: " << v1.getLength()
23      << endl;
24   }
```

Listing 10.10 Das Hauptprogramm (Projekt.cpp)

Mit Hilfe der Funktion *setCartesian(...)* können die eingelesenen Werte dann an den Vektor übergeben werden. Die daraus resultierende Vektorlänge kann mit Hilfe der Funktion *getLength()* berechnet werden.

10.3 Operatoren

Bei Klassen, die Konstrukte aus der Mathematik abbilden, ist es wichtig, dass auch die mathematischen Operationen, die für diese Konstrukte definiert wurden in den Klassen realisiert werden können. Natürlich ist es jederzeit möglich Funktionen zu schreiben, die die Operationen durchführen, aber es wäre viel intuitiver, könnten die normalen mathematischen Operationen auch mit der gewohnten Schreibweise durchgeführt werden. Um dies zu realisieren, gibt es für Klassen in der Sprache *C++* spezielle Funktionen, die sich sowohl von der Programmierung, als auch von der Benutzung her von anderen Funktionen unterscheiden. Sie ermöglichen es, mathematische Operationen in der gewohnten Schreibweise umzusetzen. Dieser spezielle Funktionstyp nennt sich Operator.

Zusätzlich zu den mathematischen Operationen gibt es noch weitere Anwendungsmöglichkeiten für Operatoren, die es ermöglichen Sprachelemente von *C++* für eigene Klassen neu zu interpretieren. Werden Operatoren für eigene Klassen implementiert, so wird dies Überladen von Operatoren genannt. Eine nicht vollständige Liste der Operatoren, die in *C++* überladen werden können, ist in Tab. 10.1 dargestellt.

Um zu verdeutlichen wie Operatoren funktionieren, soll die Klasse *Vector2D* nun erweitert werden. In Listing 10.11 wurden die Deklarationen für die Operatoren der *Header* Datei hinzugefügt. Teile des Programms wurden diesmal durch Kommentare ersetzt um die neuen Programmteile hervorzuheben. Diese Programmteile sind unverändert zu Listing 10.7.

Was Operatoren gerade für Anfänger verwirrend macht, ist die Tatsache, dass Operatoren auf zwei verschiedene Arten deklariert werden können. Zusätzlich ist bei einigen der Operatoren nur eine der beiden Deklarationsmöglichkeiten wählbar. Weshalb das so ist, soll etwas später erklärt werden. Zunächst einmal muss verstanden werden, wie ein Operator grundsätzlich funktioniert.

Die Namen und die Aufrufe von Operatoren funktionieren anders als bei anderen Funktionen, um die typische Schreibweise mathematischer Funktionen nachzubilden. Um das zu

Tab. 10.1 Überladbare Operatoren der Sprache *C++*

Art	Operatoren
Arithmetische Operatoren	+, -, *, /, %, ++, –, Vorzeichen: +, -
Zuweisungsoperatoren	=, +=, -=, *=, /=, %=,
	&=, | =,ˆ=, <<=, >>=
Vergleichsoperatoren	==, !=, >, <, >=, <=
Logische Operatoren	!, &&, ||
Bitoperatoren	~, &, |,ˆ, <<, >>
Feldoperatoren	[]

verdeutlichen, ist es einfacher mit den Operatoren zu beginnen, die außerhalb von Klassen deklariert werden. Als Beispiel soll hier eine Multiplikation von zwei Vektoren definiert werden, deren Ergebnis das Skalarprodukt sein soll. Die genaue mathematische Erklärung, was ein Skalarprodukt ist, findet sich in Papula (2014). Für dieses Beispiel ist erst einmal nur die Formel 10.1 wichtig.

```
1   // Include-Guard
2   #include <iostream>
3
4   using namespace std;
5
6   // Klassendeklaration
7   class Vector2D
8   {
9   public:
10      // ...
11
12      // Feldoperator
13      double operator[](int n);
14      // Skalare Multiplikation
15      Vector2D operator*(double right);
16      // Skalarprodukt
17      double operator*(Vector2D right);
18
19      // externe Operatoren
20      friend ostream &operator<<(ostream &out,
21      Vector2D);
22      friend Vector2D operator*(double left, Vector2D
23      right);
24
25   protected:
26      // ...
27   };
28
```

```
29    // Ausgabeoperator
30    ostream &operator<<(ostream &out, Vector2D right);
31
32    // Skalare Multiplikation
33    Vector2D operator*(double left, Vector2D right);
34
35    // Ende des Include-Guards
```
Listing 10.11 Operatoren der Klasse Vector2D (Vector2D.h)

$$\vec{a} \cdot \vec{b} = \begin{pmatrix} a_x \\ a_y \end{pmatrix} \cdot \begin{pmatrix} b_x \\ b_y \end{pmatrix} = a_x \cdot b_x + a_y \cdot b_y = c \tag{10.1}$$

Nun müssen drei Fragen beantwortet werden:

- Mit welchem Variablentyp kann das Ergebnis der Multiplikation beschrieben werden?
- Welcher Variablentyp steht auf der linken Seite des Multiplikationszeichens?
- Welcher Variablentyp steht auf der rechten Seite des Multiplikationszeichens?

Für dieses Beispiel können diese Fragen mit einem Blick in die Formel leicht beantwortet werden. Links und rechts des Multiplikationszeichens steht ein Vektor und das Ergebnis der Multiplikation ist eine reelle Zahl. Die Vektoren lassen sich am besten durch die Klasse *Vector2D* abbilden, die hier gerade entwickelt wird und für die reelle Zahl bietet sich eine Variable vom Typ *double* an. Diese Antworten lassen sich direkt in eine Deklaration für einen Operator übersetzen. Der grundsätzliche Aufbau eines globalen Operators, also eines Operators der außerhalb einer Klasse deklariert wird, lautet:

```
Rückgabetyp operator* (typL nameL, typR
nameR);
```

In diesem konkreten Beispiel lässt sich das übersetzen in:

```
double operator* (Vector2D left, Vector2D right);
```

Der Aufruf eines solchen Operators in einer anderen Funktion ist nun sehr untypisch zu anderen Funktionen:

```
1    Vector2D left(1,0);
2    Vector2D right(2,2);
3
4    double rueckgabewert = left * right;
```
Listing 10.12 Aufruf eines Operators

Bei dem Aufruf eines Operators wird der Rückgabewert also ganz normal verwendet. Der Name des Operators lautet beim Aufruf jedoch nicht *operator**, sondern nur ***. Die Parameter werden nicht in Klammern hinter dem Funktionsaufruf geschrieben, sondern ohne Klammern links und rechts von dem Operator. Der erste Parameter der Deklaration entspricht dabei immer dem Wert links vom Operator und der zweite Parameter entspricht immer dem Wert rechts vom Operator.

Wird der gleiche Operator nun innerhalb einer Klasse deklariert, so ist der erste Parameter immer automatisch vom Typ der Klasse selbst. Die Deklaration innerhalb der Klasse würde

```
double operator* (Vector2D right);
```

lauten. Auch die Implementierung der beiden Operatoren ist leicht unterschiedlich, wie das Listing 10.12 anhand des Beispiels einer skalaren Multiplikation zeigt. Der Funktionsaufruf des Operators erfolgt jedoch weiterhin wie in Listing 10.11, nur mit dem Unterschied, dass der linke Parameter nun vom Typ *Vector2D* sein muss. Tatsächlich erkennt der *Compiler* sogar anhand des linken Parameters, in welcher Klasse nach einer Deklaration der entsprechenden Multiplikation gesucht werden muss.

Nun gibt es in der Mathematik Operationen, die unabhängig von der Parameterreihenfolge immer das gleiche Ergebnis besitzen. Diese Operationen werden kommutativ genannt. Das gilt jedoch nicht für alle Operationen. Deshalb ist es wichtig, dass *C++* die Möglichkeit bietet, zwischen den verschiedenen Parameterreihenfolgen zu unterscheiden. Da bei einer Deklaration eines Operators innerhalb einer Klasse der linke Parameter, der beim Aufruf auch links stehen muss, immer vom Typ der Klasse ist, müssen manche Operatoren außerhalb der Klasse deklariert werden. Es gibt nämlich noch eine weitere Einschränkung zu beachten. Ein Operator, der innerhalb einer Klasse deklariert wird, macht nur dann Sinn, wenn einer der beiden Parameter vom Typ der Klasse ist. Das kann bei den Operatoren, bei denen beide Parameter frei gewählt werden können, aber nicht garantiert werden. Deshalb ist es konsequent diese außerhalb von Klassen zu deklarieren.

Nun ergibt sich aber noch ein weiteres Problem. Wenn ein Operator außerhalb einer Klasse deklariert wird, dann besitzt er keinen Zugriff auf die geschützten Elemente der Klasse. Dies wäre aber wünschenswert, wenn es sich zum Beispiel um mathematische Operationen handelt, bei denen nur eine andere Reihenfolge realisiert werden sollte. Deshalb bietet *C++* die Möglichkeit innerhalb einer Klasse Funktionen und Klassen zu deklarieren, denen der Zugriff auf geschützte Elemente gestattet werden soll. Das Schlüsselwort für diese Ausnahmeregelung lautet *friend*. Innerhalb des Programms 10.11 gibt es für alle Operatoren, die außerhalb der Klasse deklariert wurden eine zusätzliche Zeile innerhalb der Klasse. Diese Zeile besteht aus dem Schlüsselwort *friend* und einem Funktionsprototyp. Da diese Prototypen eindeutig sind, können so die Funktionen festgelegt werden, die „Freunde" der Klasse sein sollen.

Bei der *friend* Deklaration ist die Sichtbarkeitsstufe unerheblich. Das Ergebnis ist identisch, egal, ob die Deklaration in einem *public, protected* oder *private* Bereich erfolgt. Die

„Freundschaft" ist auch nicht transitiv. Das bedeutet, dass die „Freunde" einer befreundeten Klasse nicht automatisch zu „Freunden" der eigenen Klasse werden. Zusätzlich lässt sich „Freundschaft" nicht vererben. Erbt eine Klasse von einer befreundeten Klasse, existiert nicht automatisch eine „Freundschaftsbeziehung" zu der eigenen Klasse. Was Verebung genau bedeutet wird im Abschn. 10.4 erklärt und ist hier zunächst nicht weiter wichtig.

In dem Listing 10.11 sind nun beispielhaft fünf verschiedene Operatoren deklariert, von denen drei innerhalb der Klasse deklariert wurden. Der erste Operator ist ein Feldoperator und ermöglicht es, hinter einem Objekt der Klasse eckige Klammern zu schreiben, so, als würde es sich um ein Feld mit zwei Elementen handeln.

Der zweite Operator soll eine skalare Multiplikation ermöglichen, also ein Produkt eines Vektors mit einem Skalar, wie in Formel 10.2. Da der Operator innerhalb der Klasse deklariert wurde, muss der linke Parameter also immer vom Typ *Vector2D* sein. Mit diesem Operator könnte also die Rechenoperation Vektor mal Skalar ermöglicht werden, die umgekehrte Schreibweise Skalar mal Vektor jedoch nicht. Listing 10.13 zeigt beide Fälle in der Anwendung.

$$\vec{a} \cdot \lambda = \begin{pmatrix} a_x \\ a_y \end{pmatrix} \cdot \lambda = \begin{pmatrix} a_x \cdot \lambda \\ a_y \cdot \lambda \end{pmatrix} = \vec{b} \qquad (10.2)$$

```
1   Vector2D left(1,0);
2
3   // OK
4   Vector2D rueckgabewert = left * 5;
5
6   // Nicht OK
7   Vector2D rueckgabewert2 = 5 * left;
```
Listing 10.13 Aufruf der skalaren Multiplikation

Um den zweiten Fall auch zu ermöglichen, wurde ein externer Operator *double operator* (double left, Vector2D right);* definiert, der als ersten Parameter einen Skalar und als zweiten Parameter einen Vektor besitzt.

Für den dritten Operator, der das in Formel 10.1 gezeigte Skalarprodukt realisieren soll, gibt es nur eine Deklaration, da beide Parameter Vektoren sind und die Reihenfolge somit keine Rolle spielt.

Ein besonderer Operator ist der Ausgabeoperator, der ebenfalls außerhalb einer Klasse deklariert werden muss. Er orientiert sich an der Klasse *ostream* deren Objekt *cout* bereits mehrfach verwendet wurde. Mit Hilfe des Ausgabeoperators soll es ermöglicht werden, ein Objekt der Klasse *Vector2D* direkt durch *cout* ausgeben zu können. Das ist bisher nicht möglich, da bei der Implementierung von *cout* natürlich niemand definiert hat, wie mit einer Klasse *Vector2D* umgegangen werden soll. Mit Hilfe dieses Operators lässt sich das aber nachholen.

In Listing 10.14 folgt nun die Implementierung der Operatoren. Auch hier wurden die bereits bekannten Funktionen durch drei Punkte ersetzt, da keine Änderungen zu den vorherigen Programmen vorgenommen wurden.

Es fällt auf, dass nur die Operatoren, deren Deklaration innerhalb der Klasse erfolgt, um den Präfix *Vector2D::* ergänzt wurden. Die Operatoren, die außerhalb der Klasse deklariert wurden, sind globale Funktionen, die diesen Zusatz nicht bekommen dürfen, da sie nicht Teil der Klasse sind.

Der Feldoperator wird aufgerufen, indem nach dem Namen eines Objekts eckige Klammern mit einem Index angefügt werden. Ein Objekt *v1* der Klasse *Vector2D* könnte also durch den Feldoperator wie ein Feld genutzt werden. Die folgenden Zeilen:

```
Vector2D v1(3.2, 1.5);

cout << v1[0] << " : " << v1[1] << " : " << v1[2] << endl;
```

sollen die Ausgabe:

```
3.2 : 1.5 : nan
```

```
1    #include "Vector2D.h"
2    #include <cmath>
3    // ...
4
5    // Feldoperator
6    double Vector2D::operator[](int n)
7    {
8       if (n == 0) return m_x;
9       if (n == 1) return m_y;
10
11      return nan("");
12   }
13
14   // Skalare Multiplikation
15   Vector2D Vector2D::operator*(double right)
16   {
17      Vector2D result;
18
19      result.m_x = m_x * right;
20      result.m_y = m_y * right;
21
22      return result;
23   }
24
25   // Skalarprodukt
26   double Vector2D::operator*(Vector2D right)
```

```
27  {
28      return m_x * right.m_x + m_y * right.m_y;
29  }
30
31  // Ausgabeoperator
32  ostream &operator<<(ostream &out, Vector2D right)
33  {
34      out << "Vector2D(" << right.m_x
35          << ", " << right.m_y << ")";
36
37      return out;
38  }
39
40  // Skalare Multiplikation
41  Vector2D operator*(double left, Vector2D right)
42  {
43      return right * left;
44  }
```

Listing 10.14 Implementierung der Operatoren der Klasse Vector2D (Vector2D.cpp)

produzieren. Dabei steht *nan* für *not a number* und soll deutlich machen, dass es für diesen Index kein Element des Vektors gibt. Der Operator selbst überprüft nur den Wert des Parameters n. Für $n = 0$ wird der Wert von m_x zurückgegeben und für $n = 1$ der Wert von m_y. In jedem anderen Fall wird der Wert *nan* mit Hilfe der Funktion *nan("")* zurückgegeben, die von *C++* bereitgestellt wird.

Der Operator für die skalare Multiplikation entspricht dem typischen Aufbau mathematischer Operatoren. Zuerst wird eine Variable vom Typ des Rückgabewerts angelegt, um das Ergebnis zu speichern. Im zweiten Schritt werden die Werte für das Ergebnis berechnet. In diesem Fall, indem die Membervariablen der Klasse m_x und m_y mit dem Parameter r multipliziert werden. Da die Multiplikation innerhalb der Klasse deklariert wurde und deshalb nur einen Funktionsparameter besitzt, ist der linke Parameter des Operators immer das Objekt der Klasse selbst. Abschließend muss der berechnete Ergebniswert nur noch als Ergebnis zurückgegeben werden.

Das Skalarprodukt wird auf sehr ähnliche Art und Weise berechnet. Da die Berechnung des Ergebniswerts jedoch so kurz ist, wird keine zusätzliche Variable angelegt, sondern das Ergebnis direkt nach der *return* Anweisung berechnet. Erneut ist der linke Parameter der Operation das Objekt der Klasse, deshalb werden direkt die Membervariablen m_x und m_y verwendet. Der rechte Parameter r wurde als Funktionsparameter übergeben. Da der Operator Teil der Klasse *Vector2D* ist, kann direkt auf die geschützten Membervariablen zugegriffen werden, sodass die Berechnung nach Formel 10.1 durchgeführt werden kann.

Der Ausgabeoperator $<<$ hat in der Sprache *C++* verschiedene Bedeutungen. Er wird bei Zahlen, wie zum Beispiel *int*, die als Binärzahlen interpretiert werden können, dazu verwendet, alle Bits der Zahl um eine bestimmte Anzahl an Stellen nach links zu schieben. Bei Klassen wird der Operator aber auch dazu verwendet, eine Ausgabe mit Hilfe der *ostream*

Klasse zu ermöglichen. Wird der Operator für letzteres verwendet, so muss sich der Operator an die Regeln der Klasse *ostream* halten. Ein Datenstrom sammelt zunächst Informationen und gibt sie meistens in Blöcken wieder frei. Soll ein Ausgabeoperator geschrieben werden, muss als erster Parameter ein Objekt der Klasse *ostream* als Referenz übergeben werden, damit bei der Schreibweise *cout << v1;* der erste Parameter, in diesem Fall also *cout,* durch den Aufruf verändert wird. Außerdem muss das übergebene Objekt auch zurückgegeben werden, der Rückgabetyp muss also ebenfalls *ostream&* sein, damit eine verkettete Schreibweise, wie *cout << v1 << endl;* funktioniert.

Innerhalb des Operators kann die *ostream* Referenz, die in diesem Beispiel *out* genannt wurde, genauso genutzt werden, wie *cout.* Es können Ausgaben getätigt werden mit Hilfe von Datentypen, die *ostream* bekannt sind, wie *string, int* oder *double.* Nachdem die Ausgabe so gestaltet wurde, wie gewünscht, muss das *ostream* Objekt abschließend mit der *return* Anweisung zurückgegeben werden.

Der letzte Operator für die skalare Multiplikation wurde geschrieben, um bei einer Multiplikation auch den Skalar an die erste Position schreiben zu können. Das Ergebnis beider Schreibweisen ist jedoch identisch, da die Multiplikation eines Skalars mit einem Vektor kommutativ ist. Auch hier soll die Rechenoperation nicht doppelt implementiert werden, da dies später zu einem Fehler führen könnte. Der Operator dreht intern also nur die Reihenfolge der Parameter um und liefert als Rückgabewert das Ergebnis des bereits implementierten Operators.

In der Hauptfunktion von Listing 10.15 können die neuen Operatoren nun getestet werden.

```
1    #include <iostream>
2    #include "Vector2D.h"
3
4    using namespace std;
5
6    // Hauptfunktion
7    int main()
8    {
9      // Variablendefinition und -initialisierung
10     Vector2D v1(1, 0);
11     Vector2D v2(2, 2);
12
13     // Ausgabeoperator
14     cout << "v1: " << v1 << endl
15          << "v2: " << v2 << endl;
16     // Skalarprodukt
17     cout << "Skalarprodukt: " << v1 * v2 << endl;
18     // Skalare Multiplikation
19     cout << "5 * v1: " << 5 * v1 << endl;
20     cout << "v1 * 5: " << v1 * 5 << endl;
21     // Feldoperator
22     cout << "v1.m_x: " << v1[0] << endl;
```

```
23      cout << "v1.m_y: " << v1[1] << endl;
24      cout << "Fehler: " << v1[2] << endl;
25   }
```
Listing 10.15 Das Hauptprogramm (Projekt.cpp)

Die Hauptfunktion beginnt, indem zunächst zwei Vektoren angelegt werden. Der erste Vektor verläuft parallel zur x-Achse und hat die Länge 1, während der zweite Vektor im 45° Winkel zum ersten Vektor verläuft mit der Länge $\sqrt{8} \approx 2,828$. Als erstes wird der Ausgabeoperator getestet. Ohne den Operator wäre es nicht zulässig, ein Objekt der Klasse *Vector2D* direkt in eine *cout* Anweisung zu schreiben. Mit Hilfe des Operators kann die Ausgabe jedoch so umgesetzt werden. Die vollständige Ausgabe des Programms lautet:

```
v1: Vector2D(1, 0)
v2: Vector2D(2, 2)
Skalarprodukt: 2
5 * v1: Vector2D(5, 0)
v1 * 5: Vector2D(5, 0)
v1.m_x: 1
v1.m_y: 0
Fehler: nan
```

wobei die ersten beiden Zeilen durch den Ausgabeoperator erzeugt werden.

Das Skalarprodukt berechnet als Ergebnis eine 2. Dieser Wert kann überprüft werden, indem der Arcuscosinus des Quotienten des Skalarprodukts und dem Produkt der beiden Vektorlängen berechnet wird. Das Ergebnis ist der Winkel zwischen den beiden Vektoren und dessen Größe ist erwartungsgemäß $acos(2/(1 \cdot \sqrt{8})) = 45°$.

Um die skalare Multiplikation zu testen, wird der Vektor *v1* einmal von jeder Seite mit der Zahl 5 multipliziert, wodurch sich dessen Länge in beiden Fällen um den Faktor 5 vergrößert.

Abschließend können die einzelnen Elemente des Vektors *v1* nun mit Hilfe von eckigen Klammern erhalten werden, so, als würde es sich bei *v1* um ein Feld handeln. Wird ein Index angegeben, der weder 0, noch 1 ist, so wird als Fehlerwert *nan* zurückgegeben.

Um weitere Operatoren implementieren zu können, ist es unbedingt erforderlich ein grundsätzliches Verständnis von Zeigern zu besitzen. Aus diesem Grund wird die Implementierung weiterer Operatoren erst in Abschn. 11.8.2 fortgesetzt.

10.4 Vererbung und Polymorphie

Ein wichtiges Konzept der objektorientierten Programmierung ist die Fähigkeit von Klassen ihre Eigenschaften an andere Klassen zu vererben. Diese „Erben" haben dann die Möglichkeit der Klasse neue Eigenschaften und Funktionen hinzuzufügen, ohne die ursprüngliche Klasse, die so genannte Basisklasse, zu verändern. Aber damit nicht genug. Es ist sogar möglich Funktionen, die in der Basisklasse existieren, durch neue Funktionen mit gleichem Namen und unterschiedlicher Funktionalität zu ersetzen. Dieses Konzept nennt sich Polymorphie, also Vielgestaltigkeit.

Besitzen zwei Klassen gleiche Memberfunktionen, so ist dies allein aber noch kein Hinweis darauf, dass die beiden Klassen voneinander erben sollten. Als Beispiel sollen hier zwei Klassen genannt werden, die ein Dreieck bzw. einen Kreis in die Konsole zeichnen können. Beide Klassen verfügen über identische Funktionen, sie können die Fläche und den Umfang berechnen und beide Klassen besitzen eine Funktion *paint,* mit der entweder ein Dreieck oder ein Kreis gezeichnet wird. Eine Vererbung macht hier keinen Sinn, da beide Klassen inhaltlich nur wenig Bezug haben und komplett unterschiedliche Daten speichern[5].

Was bedeutet nun Vererbung in der objektorientierten Programmierung und speziell bei *C++*? Wenn eine Klasse von einer anderen Klasse erbt, erhält sie automatisch alle Membervariablen und Memberfunktionen, die in der anderen Klasse innerhalb der Sichtbarkeitsstufen *public* oder *protected* deklariert und definiert wurden. Alle Attribute und Methoden aus der Sichtbarkeitsstufe *private* sind für die erbende Klasse jedoch nicht zugänglich. Erbt also eine Klasse *A* von einer Klasse *B,* die nur die Sichtbarkeitsstufen *public* oder *protected* benutzt, so kann *A* durch die Vererbung sofort alles, was auch *B* kann. Dieses Konzept ist besonders dann sinnvoll, wenn die Klasse *A* eine inhaltliche Erweiterung der Klasse *B* ist und viele Eigenschaften der Klasse *B* auch tatsächlich sinnvoll übernommen werden können.

Die große Stärke dieses Systems ist, dass sich *C++* merkt, dass die Klasse *A* bestimmte Eigenschaften von *B* besitzt. Wird bei einem Funktionsaufruf nun eine Referenz vom Typ *B* erwartet, kann wegen der Vererbung auch ein Objekt der Klasse *A* übergeben werden. Innerhalb der Funktion kann dann jede Eigenschaft benutzt werden, die *B* anbietet. Das Verhalten hängt jedoch von der Klasse des Objekts ab, das übergeben wurde.

Diese Beschreibung ist sehr theoretisch und abstrakt und wird gleich in einem Beispiel konkretisiert. Die grundsätzliche Idee, dass der Typ einer übergebenen Variable, die die Vererbung benutzt, nicht immer dem von der Funktion erwarteten Typ entspricht, sollte jedoch im Hinterkopf behalten werden.

Besonders gute Beispiele für Vererbung sind Systeme, die verschiedene Anzeigefenster, Knöpfe, Textfelder und mehr verwalten müssen, da gerade diese Klassen viele Eigenschaften der anderen Fenster weiterverwenden. Jedes Fenster besitzt eine bestimmte Breite und Höhe, reagiert irgendwie auf den Versuch, es zu verschieben und vieles mehr. Leider ist gerade dieses Beispiel sehr komplex und nicht für den Einstieg geeignet.

Ein weniger komplexes Beispiel ergibt sich aus einem Klassensystem, welches die Studierenden und die Mitarbeiter einer Hochschule erfassen soll. Hier bietet es sich an, die grundsätzlichen Daten, die sowohl für Studierende, als auch für Mitarbeiter gespeichert werden müssen, in einer Klasse *person* zu sammeln, von der dann die beiden anderen Klassen *student* und *staff* erben können.

---

[5] In diesem Fall kann es jedoch sinnvoll sein, eine Klasse als Schnittstelle zu definieren, von der beide Klassen erben können.

In Listing 10.16 wird die Klasse *person* deklariert. Die *Include-Guards* wurden im Folgenden durch Kommentare verkürzt, sind aber analog zu den vorherigen Beispielen zu implementieren. Natürlich könnten noch viel mehr Informationen und Funktionen in der Klasse umgesetzt werden, doch da es hier um das Thema Vererbung geht, soll das Beispiel klein gehalten werden. Zunächst einmal macht es bei dieser Klasse keinen Sinn, einen Standardkonstruktor anzubieten, da ein Eintrag für eine Person, von der nichts bekannt ist, unnötig ist. In diesem Beispiel können also nur Personen angelegt werden, deren Daten vollständig bekannt sind.

```cpp
1   // Include-Guard
2   #include <string>
3
4   using namespace std;
5
6   // Klassendeklaration
7   class person
8   {
9   public:
10      // Konstruktor
11      person(string firstName, string lastName);
12      //Destruktor
13      virtual ~person();
14
15      virtual void print();
16
17      string getFirstName();
18      string getLastName();
19  protected:
20      //Name
21      string m_firstName;
22      string m_lastName;
23  };
24  // Ende des Include-Guards
```

Listing 10.16 Deklaration der Klasse *person* (person.h)

Bei der Deklaration des Destruktors wird ein neues Schlüsselwort verwendet: *virtual.* Dieses Schlüsselwort kennzeichnet Funktionen, die von der erbenden Klasse neu definiert werden dürfen. Für Klassen, in denen mindestens eine Funktion als virtuell deklariert wird, wird eine Tabelle angelegt, die so genannte *virtual function table* oder *vtable*. In dieser Tabelle merkt sich *C++* welche Funktionen durch die aktuelle Klasse implementiert wurden und welche nicht.

Vorher wurde bereits erwähnt, dass der Typ der übergebenen Variable nicht immer dem erwarteten Typ entsprechen muss, wenn Vererbung im Spiel ist. Mit Hilfe der Tabelle kann sich *C++* merken, welche Funktion verwendet werden muss, auch wenn der Typ der Variablen nicht den Erwartungen entspricht. Fehlt das Schlüsselwort *virtual,* können Funktionen in erbenden Klassen dennoch neu implementiert werden. Allerdings fehlt in diesem Fall der Eintrag in der *vtable*. Wird ein Objekt von einer erbenden Klasse nun an eine Funktion übergeben, die eine Variable vom Typ der Basisklasse erwartet, wird die Funktion der Basisklasse aufgerufen.

Bei Destruktoren ist das Verhalten ähnlich. Ist der Destruktor virtuell, so kann ein Objekt gelöscht werden, auch wenn der Typ des Objekts nicht bekannt ist. In diesem Fall kann über die *vtable* nachgesehen werden, welcher Destruktor der Richtige ist.

Die *print* Funktion dient als Beispiel für Polymorphie und soll in den erbenden Klassen überschrieben werden, deshalb wurde sie ebenfalls als *virtual* deklariert. Die beiden *get* Funktionen sollen es ermöglichen, den Vor- und Nachnamen der Person einzeln abzufragen. Diese Funktionen sollen unverändert vererbt werden, ohne dass sie verändert werden können.

Die Implementierung der Klasse *person* ist in Listing 10.17 dargestellt. Wie schon bei anderen Schlüsselwörtern, wird auch *virtual* nur bei der Deklaration angegeben und nicht noch einmal bei der Definition wiederholt. In dem Beispielprogramm wurde das Schlüsselwort dennoch als Kommentar vor die Funktion geschrieben. Dies ist eine gute Praxis, die die Arbeit mit komplexen Programmen vereinfacht, da es der Übersichtlichkeit dient. Der Konstruktor initialisiert die Membervariablen mit Hilfe der übergebenen Parameter und der Destruktor hat auch in diesem Beispiel keine Aufgabe.

Die Funktion *print* gibt den Namen der Klasse in der Konsole aus, sowie den Vor- und Nachnamen innerhalb von runden Klammern. Die Funktionen *getFirstName* und *getLastName* geben jeweils nur den Inhalt der entsprechenden Membervariable zurück.

Listing 10.18 zeigt nun die Klasse *student*, die alle Eigenschaften der Klasse *person* erben und ergänzen soll. Als erstes muss die *Header* Datei der Klasse *person* durch eine *#include* Anweisung eingebunden werden, da sonst die Klasse *person* nicht bekannt wäre. Durch dieses Einbinden wird automatisch auch der Datentyp *string* bekannt, da er in der *Header* Datei von *person* ebenfalls eingebunden war.

Bei der Deklaration der Klasse *student* muss nun kenntlich gemacht werden, dass die Klasse von *person* erben soll. Dies geschieht, indem nach dem Schlüsselwort *class* und dem Namen der Klasse ein Doppelpunkt angefügt wird, gefolgt von einer Sichtbarkeitsstufe und dem Namen der Basisklasse, von der geerbt werden soll. Danach folgt die normale Klassendeklaration.

Die Sichtbarkeitsstufen bei der Vererbung sind ebenfalls *public, protected* und *private,* wobei als Sichtbarkeitsstufe bei Vererbungen fast immer *public* verwendet wird. Bei der Sichtbarkeitsstufe *protected,* werden alle Elemente der Sichtbarkeitsstufen *public* und *protected* der Basisklasse vererbt, erhalten jedoch in der erbenden Klasse alle die Sichtbarkeitsstufe *protected.* Von außen kann also auf keines der Elemente zugegriffen werden. Das gleiche passiert bei der Sichtbarkeitsstufe *private,* nur mit dem Unterschied, dass alle Elemente die Sichtbarkeitsstufe *private* erhalten und somit auch nicht mehr weitervererbt werden würden. Zusätzlich können Klassen, die *private* von einer Basisklasse erben, nicht mehr als Objekte der Basisklasse verwendet werden, wie bei den anderen Sichtbarkeitsstufen. Also eine starke Einschränkung der möglichen Funktionalität, die nur in den seltensten Fällen benötigt wird.

```
1   #include "person.h"
2   #include <iostream>
3
4   using namespace std;
5
6   person::person(string firstName, string lastName)
7   : m_firstName(firstName)
8   , m_lastName(lastName)
9   {
10  }
11
12  /*virtual*/ person::~person()
13  {
14  }
15
16  /*virtual*/ void person::print()
17  {
18    cout << "Person(" << m_firstName
19         << " " << m_lastName << ")" << endl;
20  }
21
22  string person::getFirstName()
23  {
24    return m_firstName;
25  }
26
27  string person::getLastName()
28  {
29    return m_lastName
30  }
```

Listing 10.17 Implementierung der Klasse *person* (person.cpp)

Alle Membervariablen der Klasse *person* sind nun auch in der Klasse *student* vorhanden, Vor- und Nachnamen können also bereits gespeichert werden. Studierende besitzen aber noch eine zusätzliche Matrikelnummer, die eine Person nicht besitzt. Aus diesem Grund wird eine zusätzliche Membervariable *m_matriculationNumber* vom Typ *int* deklariert.

Der Konstruktor der Klasse *student* soll erneut nur dann aufrufbar sein, wenn alle Informationen über die Studierenden vorliegen, sodass er neben dem Vor- und Nachnamen auch die Matrikelnummer als Funktionsparameter enthält.

```
1   // Include-Guard
2   #include "person.h"
3
4   using namespace std;
5
6   // Klassendeklaration
7   class student : public person
8   {
```

```
9    public:
10     // Konstruktor
11     student(string firstName, string lastName
12               , int matriculationNumber);
13     //Destruktor
14     virtual ~student();
15
16     virtual void print();
17
18     int getMatriculationNumber();
19   protected:
20     //Matrikelnummer
21     int m_matriculationNumber;
22   };
23   // Ende des Include-Guards
```

Listing 10.18 Deklaration der Klasse *student* (student.h)

Da auch die Memberfunktionen der Klasse *person* vererbt wurden, besitzt die Klasse *student* bereits die Funktionen *getFirstname* und *getLastname,* sodass diese nicht erneut deklariert werden müssen. Ergänzend dazu soll die Klasse *student* aber über die Funktion *getMatriculationNumber* verfügen, mit der die Matrikelnummer erfragt werden kann.

Die Implementierung der Klasse *student* ist in Listing 10.19 umgesetzt. Und gleich bei dem Konstruktor gibt es die erste Besonderheit. Die Variablen *m_firstName* und *m_lastName* wurden nur in der Basisklasse *person* deklariert, nicht jedoch in der erbenden Klasse *student.* Aus diesem Grund dürfen die beiden Variablen bei der Initialisierung, also nach dem Doppelpunkt und vor dem Körper des Konstruktors nicht initialisiert werden. Im Allgemeinen kann es passieren, dass von einer unbekannten Klasse geerbt wird, also das nicht klar ist, was eigentlich in dem Konstruktor der Basisklasse passiert. Es ist deshalb ratsam, bei der Initialisierung der Variablen der Basisklasse auf den Konstruktor der Basisklasse zu vertrauen. Der Konstruktor der Basisklasse darf bei der Initialisierung aufgerufen werden. In diesem Fall werden die Werte der Parameter *firstName* und *lastName* einfach durchgereicht. Der Konstruktor erledigt die Initialisierung. Innerhalb der Klasse *student* muss nur noch die Initialisierung der Membervariablen *m_matriculationNumber* ergänzt werden.

```
1    #include <iostream>
2    #include "student.h"
3
4    using namespace std;
5
6    student::student(string firstName, string lastName
7                      , int matriculationNumber)
8    : person(firstName, lastName)
9    , m_matriculationNumber(matriculationNumber)
10   {
11   }
12
```

```
13
14    /*virtual*/ student::~student()
15    {
16    }
17
18    /*virtual*/ void student::print()
19    {
20      cout << "Student(" << m_firstName << " "
21           << m_lastName
22           << ", Matrikelnummer: "
23           << m_matriculationNumber << ")" << endl;
24    }
25
26    int student::getMatriculationNumber()
27    {
28      return m_matriculationNumber;
29    }
```

Listing 10.19 Implementierung der Klasse *student* (student.cpp)

Generell ist es bei einer Vererbungshierarchie so, dass bei einer Klasse, die von anderen Klassen geerbt hat, immer zuerst der Konstruktor der Basisklasse aufgerufen wird. Danach folgt jeder Konstruktor auf dem Weg der Hierarchie, bis hin zu dem Konstruktor der Klasse, deren Objekt gerade erzeugt wird. Bei den Destruktoren ist der Weg genau andersherum. Hier wird zuerst der Destruktor der aktuellen Klasse aufgerufen und der Destruktor der Basisklasse zuletzt.

Die Funktion *print* wurde für die Studierenden neu implementiert. Es wird nun der Name und die Matrikelnummer ausgegeben. Gelegentlich kann es nützlich sein, wenn die Funktionen der Basisklasse genutzt werden können, ohne dass in der erbenden Klasse alles neu geschrieben werden muss. Die Sprache *C++* erlaubt es deshalb, in einer erbenden Klasse Zugriff auf die *Member* der Basisklasse zu bekommen, auch wenn diese durch eigene Funktionen überschrieben werden. Um den Zugriff zu ermöglichen, muss zunächst der Name der Basisklasse geschrieben werden, gefolgt von zwei Doppelpunkten[6] und dem Namen des Elements aus der Basisklasse. Die Funktion *print* hätte auch folgendermaßen implementiert werden können:

```
/*virtual*/ void student::print()
{
  person::print();

  cout << ", Matrikelnummer: "
       << m_matriculationNumber << endl;
}
```

---

[6] Das dient auch in den *cpp* Dateien dazu, deutlich zu machen, dass eine Funktion zu einer bestimmten Klasse gehört.

Bei dieser Implementierung würde zunächst durch die Anweisung *person::print();* die Ausgabe durch die Funktion *print* der Klasse *person* erfolgen. Nach der schließenden Klammer der Ausgabe würde dann eine neue Zeile beginnen und dort die Ausgabe der Matrikelnummer folgen.

Die Funktion *getMatriculationNumber* gibt den Wert der Membervariablen zurück, analog zu den anderen *get* Funktionen.

Um die Klassen und ihre Funktionen zu testen, wurde eine Funktion *testInherit* geschrieben, die in Listing 10.20 durch die Hauptfunktion aufgerufen wird. Zunächst werden die Klassen *person* und *student* durch Einbinden ihrer *Header* Dateien bekannt gemacht, sodass sie verwendet werden können.

Die Funktion *testInherit* nimmt eine Referenz vom Typ *person* als Parameter entgegen. Innerhalb der Funktion wird nichts weiter gemacht, als die *print* Funktion des übergebenen Objekts aufzurufen. Wenn der Parameter in Zeile 4 als *Call by Reference* übergeben wird, können auch Objekte der Klasse *student* übergeben werden. Da es weiterhin die Orginalobjekte sind, werden in diesem Fall auch die veränderten Funktionen der Klasse *student* aufgerufen. Würde das Objekt durch *Call by Value* übergeben werden, würde weiterhin ein Funktionsaufruf mit der Klasse *student* funktionieren, das Objekt würde aber in ein Objekt der Klasse *person* kopiert werden. Im Ergebnis würde immer ein Aufruf der Funktion *print* der Klasse *person* erfolgen[7].

In der Hauptfunktion wird jeweils eine Variable *p* vom Typ *person* und eine Variable *s* vom Typ *student* mit Beispielwerten angelegt. Danach erfolgt der Aufruf der Funktion *testInherit* mit beiden Variablen. Die Ausgabe des Programms lautet:

```
1    #include "person.h"
2    #include "student.h"
3
4    void testInherit(person &p)
5    {
6      p.print();
7    }
8
9    // Hauptfunktion
10   int main()
11   {
12     person p("Maxima", "Mustermann");
13     student s("Max", "Musterfrau", 1234567);
14
15     testInherit(p);
16     testInherit(s);
17   }
```

Listing 10.20 Das Hauptprogramm (Projekt.cpp)

---

[7] Bei anderen Klassen können bei diesem Vorgehen allerdings verschiedene Probleme auftreten. Es wäre deshalb ratsam die Typumwandlung in der Klasse genau zu definieren.

```
Person(Maxima Mustermann)
Student(Max Musterfrau, Matrikelnummer: 1234567)
```

Es wurde hier also das Konzept der Polymorphie erfolgreich angewendet. Obwohl die Funktion in beiden Fällen ein Objekt der Klasse *person* erwartet, kann durch die Kombination von Vererbung und Übergabe durch Referenz hier eine Ausgabe stattfinden, die abhängig von der übergebenen Klasse ist.

Würde die alternative *print* Funktion der Klasse *student* verwendet werden, die die Implementierung der Basisklasse mitbenutzt, so würde sich die Ausgabe verändern.

```
Person(Maxima Mustermann)
Person(Max Musterfrau)
, Matrikelnummer: 1234567
```

In diesem Fall würde bei der Klasse *student* erst die Ausgabe erfolgen, die in der Klasse *person* definiert wurde, und danach die ergänzende Ausgabe aus der Klasse *student*.

10.5 Vertiefung: Abstrakte Klassen

Wenn Vererbungshierarchien implementiert werden, bei denen viele Klassen voneinander erben, ist es häufig sinnvoll Schnittstellen zu definieren, die genau festlegen, welche Funktionen umgesetzt werden müssen und welche nicht. Häufig haben diese Schnittstellenklassen jedoch keine eigene Aufgabe, sodass es zum einen keine sinnvolle Implementierung für die Funktionen gibt und zusätzlich verhindert werden soll, dass überhaupt Objekte dieser Klasse erzeugt werden können. In C++ nennen sich solche Klassen *abstrakt*.

Ein Beispiel für eine solche Situation sind die bereits erwähnten Grafikobjekte, wie Linie, Polygon (ein Vieleck) oder Kreis. Alle diese Objekte sollten eine gemeinsame Schnittstelle haben, die es ermöglicht, Eigenschaften zu berechnen, wie die Fläche oder den Umfang, und die Objekte zu zeichnen. In C++ ist es möglich eine Klasse zu deklarieren, die diese Schnittstelle festlegt. Wenn dann alle Grafikobjekte von dieser Schnittstellenklasse erben, ist sichergestellt, dass sich alle Grafikobjekte an die gleichen Regeln halten.

Die Deklaration von Schnittstellen hat noch einen weiteren Vorteil. Wenn eine Klasse implementiert wird, die später mit den Grafikobjekten arbeiten soll, muss diese Klasse nur die Schnittstelle kennen und nicht alle möglichen Klassen, die irgendwann einmal von der Schnittstelle erben. Da sich alle erbenden Klassen immer an die Schnittstelle halten müssen, ist sichergestellt, dass die Verarbeitung in jedem Fall funktioniert.

Das Listing 10.21 zeigt die Deklaration einer Schnittstellenklasse für die Grafikobjekte. Auch hier wurden nur wenige Funktionen implementiert, um das Konzept deutlich zu machen.

Es hat sich als gute Praxis erwiesen Schnittstellenklassen bereits durch den Namen kenntlich zu machen. Eine Möglichkeit dies zu tun, ist dem Namen der Klasse ein großes *I* für *Interface* voranzustellen. Natürlich ist das nicht verpflichtend und es hat auch keine Auswirkung auf die Klasse. Jedoch wird es so erleichtert, in großen Projekten die Übersicht zu behalten.

Der Konstruktor und der Destruktor werden bei abstrakten Klassen normal implementiert, auch wenn sich die Aufgaben meistens auf die Initialisierung und Deinitialisierung einiger Variablen beschränkt. Natürlich ist es abhängig von der konkreten Situation, doch da eine abstrakte Klasse als Basisklasse einer Vererbung angelegt wird, ist es sinnvoll darüber nachzudenken, den Destruktor als virtuell zu deklarieren und dies im Zweifel zu tun.

Um die Klasse abstrakt werden zu lassen, müssen Funktionen der Klasse als *virtual* deklariert und danach zu 0 gesetzt werden. Solche Funktionen werden rein virtuell genannt. Das = 0; am Ende einer Funktionsdeklaration bedeutet, dass für diese Funktion innerhalb der Klasse keine Implementierung existiert. Tatsächlich kann dennoch eine Implementierung existieren, auf die sich aber nur die von der Basisklasse erbende Klasse berufen darf.

Bereits die Existenz einer einzigen rein virtuellen Funktion sorgt dafür, dass keine Objekte der Klasse angelegt werden dürfen und die Klasse somit abstrakt ist. In diesem Beispiel wurde die Funktion *getClassName* hinzugefügt, um dies zu verdeutlichen. Es können noch beliebig viele Funktionen existieren, die komplett implementiert werden, die Klasse ist dennoch abstrakt.

In Listing 10.22 werden der Konstruktor, der Destruktor und die Funktion *getClassName* der abstrakten Klasse implementiert.

```
1    // Include-Guard
2    #include <string>
3
4    using namespace std;
5
6    // Klassendeklaration
7    class IgraphicObject
8    {
9    public:
10      // Konstruktor
11      IgraphicObject();
12      //Destruktor
13      virtual ~IgraphicObject();
14
15      virtual void    print()  = 0;
16      virtual double getArea() = 0;
17      virtual double getPerimeter() = 0;
18
19      string getClassName();
20   protected:
21      //Klassenbezeichnung
22      int m_className;
```

```
23    };
24    // Ende des Include-Guards
```

Listing 10.21 Deklaration einer abstrakten Klasse (IgraphicObject.h)

```
1     #include "IgraphicObject.h"
2
3     IgraphicObject::IgraphicObject()
4     : m_className("IgraphicObject")
5     {
6     }
7
8     /*virtual*/ IgraphicObject::~IgraphicObject()
9     {
10    }
11
12    string getClassName()
13    {
14       return m_className;
15    }
```

Listing 10.22 Implementierung einer abstrakten Klasse (IgraphicObject.cpp)

Der Konstruktor initialisiert lediglich die Membervariable *m_className* mit dem Namen der Klasse, der durch die Funktion *getClassName* abgefragt werden kann. Eine solche Konstruktion erweist sich häufig als sinnvoll, wenn bei der Fehlersuche Ausgaben des Programms in Logdateien angelegt werden sollen. Dadurch lässt sich stets nachvollziehen, welche Klasse einen Ablauf zu verantworten hat. Natürlich müssen erbende Klassen den Inhalt der Membervariablen *m_className* entsprechend anpassen, damit das System funktioniert.

Die Implementierung könnte noch um Definitionen für rein virtuelle Funktionen ergänzt werden, wenn es Implementierungen gibt, die in vielen erbenden Klassen wiederverwendet werden können. Das ist jedoch nicht notwendig und nur in wenigen Fällen sinnvoll.

10.6   Vertiefung: Strukturen

Die Sprache *C++* baut als Erweiterung auf die Sprache *C* auf und hat deren Sprachelemente übernommen. In *C* konnten bereits komplexere Datentypen erzeugt werden, indem mehrere Variablen mit Hilfe des Schlüsselworts *struct* zusammengefasst wurden. Listing 10.23 zeigt ein Beispiel für eine solche Struktur.

```
1     struct Container
2     {
3        int     id;
4        double  value;
5     }
```

Listing 10.23 Ein Beispiel für eine *struct* Datenstruktur

Häufig entsteht Verwirrung darüber, wann in C++ eine *struct* und wann eine *class* verwendet werden sollte und was eigentlich der Unterschied zwischen diesen beiden Konstrukten ist. In der Sprache C++ ist der Unterschied tatsächlich minimal. Bei einer *class* ist die Sichtbarkeitsstufe, wenn nichts weiter angegeben wird, *private*. Auch bei einer Vererbung würde eine Klasse *private* vererbt werden, wenn keine weitere Angabe gemacht wird. Bei einer *struct* ist die Sichtbarkeitsstufe ohne weitere Angabe in beiden Fällen *public*. Ansonsten verhalten sich beide Konstrukte identisch. Alles andere, was in den vorherigen Kapiteln besprochen wurde, kann sowohl für Klassen, als auch für Strukturen angewendet werden.

Wozu also die beiden Konstrukte, reicht es nicht Klassen zu verwenden? Im Prinzip schon.

Allerdings können die beiden Konstrukte genutzt werden, um unterschiedliche Arten von Klassen zu kennzeichnen. Soll ein Konstrukt entwickelt werden, das Konstruktoren besitzt, Operatoren und Funktionen, so sollte eine Klasse verwendet werden. Sie repräsentiert die Idee der objektorientierten Programmierung mit allen dazugehörenden Möglichkeiten.

Gelegentlich kann es jedoch nötig sein einen Datencontainer zu entwerfen, der zwar einige Daten für einen bestimmten Anwendungszweck bündeln soll, aber keine Funktionen oder Operatoren benötigt. Der Zugriff auf alle Elemente dieses Containers soll direkt möglich sein, bestenfalls sind ein Konstruktor und Destruktor hilfreich. In diesen Fällen verwenden viele Programmierer eine *struct*.

10.7   Vertiefung: *const* und *static*

Die beiden Schlüsselwörter *const* und *static* sind bereits an anderen Stellen in diesem Buch vorgestellt worden. Im Zusammenhang mit Klassen kommen jedoch noch einige Besonderheiten hinzu, die in diesem Kapitel vorgestellt werden sollen.

10.7.1 *const*

Werden konstante Objekte einer Klasse angelegt, muss C++ erkennen können, welche Funktionen den Zustand des Objekts verändern und welche nicht. Eine *get* Funktion, die nur den Inhalt einer Variable wiedergibt, könnte problemlos aufgerufen werden, eine *set* Funktion jedoch nicht. Da *get* und *set* für C++ jedoch keine Bedeutung haben, ist dies kein funktionierendes Kriterium.

Funktionen, die auch bei konstanten Objekten benutzbar sein sollen, müssen durch das Schlüsselwort *const* explizit gekennzeichnet werden. Dieses Vorgehen wird *const correctness* genannt. In Listing 10.24 wird die Klasse *Vector2D* so verändert, dass Funktionen, die den Zustand der Klasse nicht ändern, auch bei konstanten Objekten aufgerufen werden können.

Die Konstruktoren und der Destruktor der Klasse sind offenbar Funktionen, die den Zustand des Objekts verändern, da Variablen initialisiert oder deinitialisiert werden. Aber alle *get* Funktionen können durch das Schlüsselwort *const* ergänzt werden, da sie das jeweilige Objekt nicht verändern.

Die *set(...)* Funktion ermöglicht es jedoch, den Zustand des Objekts zu verändern, sodass diese Funktion nicht um das Schlüsselwort *const* ergänzt werden darf.

Anders als bei anderen Schlüsselwörtern wie *inline* oder *virtual* muss *const* auch bei der Implementierung der jeweiligen Funktion angegeben werden. Dies wird in Listing 10.25 beispielhaft gezeigt.

Klassen können zusätzlich Membervariablen enthalten, die als konstant markiert wurden. Diese Konstanten können im Gegensatz zu Variablen nur durch die Initialisierungsliste im Konstruktor einen Wert zugewiesen bekommen. Eine Wertzuweisung ist weder im Konstruktor, noch in der restlichen Klasse erlaubt.

```
1   // Include-Guard
2   // Klassendeklaration
3   class Vector2D
4   {
5   public:
6       // Konstruktoren und Destruktor
7
8       // Memberfunktionen
9       double getAngle() const;
10      double getLength() const;
11      double getX() const;
12      double getY() const;
13
14      void    setCartesian(double x, double y);
15
16  protected:
17      // Variablendeklaration
18  };
19  // Ende des Include-Guards
```

Listing 10.24 Deklaration der Klasse Vector2D unter Berücksichtigung der *const correctness* (Vector2D.h)

```
1   // ...
2   double Vector2D::getAngle() const
3   {
4       return atan2(m_y, m_x) * 180 / PI;
5   }
6   // ...
7   void    Vector2D::setCartesian(double x, double y)
8   {
9       //...
```

```
10      m_x = x;
11      m_y = y;
12   }
```

Listing 10.25 Memberfunktionen der Klasse Vector2D unter Berücksichtigung der *const correctness* (Vector2D.cpp)

10.7.2 *static*

Bisher waren alle Membervariablen und Memberfunktionen, die in diesem Buch beschrieben wurden, an ein Objekt gebunden. Das bedeutet, dass die Klasse Funktionen und Variablen zwar deklariert, aber ein Objekt erstellt werden muss, um die Variablen und Funktionen auch tatsächlich zu nutzen.

Es kann aber auch Daten und Funktionen geben, die einer bestimmten Klasse zugeordnet werden können, die aber unabhängig von einzelnen Objekten sind. Ein Beispiel hierfür ist eine Zählvariable, die alle Objekte einer bestimmten Klasse zählen soll. Im Prinzip ist das ganz einfach: Jedes Mal, wenn ein Objekt einer Klasse erzeugt oder zerstört wird, muss eine Variable um eins hochgezählt oder verringert werden. Das funktioniert aber nur dann, wenn diese Variable für alle Objekte der Klasse die gleiche Variable ist. Und genau das ermöglicht das Schlüsselwort *static*.

Bei Funktionen, die als *static* deklariert wurden, ist es ähnlich. Die Funktionen können aufgerufen werden, ohne dass ein Objekt der Klasse existiert. Da statische Funktionen zu der Klasse gehören und nicht zu einem bestimmten Objekt, können innerhalb einer statischen Funktion nur statische Variablen der Klasse genutzt werden. Die Übergabe von Funktionsparametern ist jedoch ganz normal möglich.

Listing 10.26 zeigt die Deklaration einer Klasse, deren einzige Aufgabe es ist, zu zählen, wie viele Objekte der Klasse existieren.

```
1    // Include-Guard
2    // Klassendeklaration
3    class counter
4    {
5    public:
6       // Konstruktor
7       counter();
8       // Destruktor
9       ~counter();
10
11      static int getCount();
12
13   protected:
14      static int m_count;
15   };
16   // Ende des Include-Guards
```

Listing 10.26 Deklaration der Klasse *counter* (counter.h)

Der Konstruktor und der Destruktor wurden ganz normal deklariert. Die Klasse soll eine
statische Variable *m_count* besitzen, die die Anzahl der Objekte der Klasse zählen soll.
Zusätzlich soll noch eine Funktion *getCount* existieren, die ebenfalls statisch sein soll, und
mit deren Hilfe der Wert der Variablen *m_count* abgefragt werden kann.

Statische Variablen können nicht wie normale Variablen im Konstruktor einer Klasse
initialisiert werden. Der *Compiler* verhindert dies, aber selbst wenn nicht, würde es nicht
sinnvoll sein. Würden statische Variablen im Konstruktor initialisiert, würde dies bei jedem
neuen Objekt stattfinden und das würde der Idee einer statischen Variablen zuwiderlaufen.
Stattdessen werden statische Variablen wie globale Variablen initialisiert. Um deutlich zu
machen, dass es sich um Variablen einer Klasse handelt, muss dem Namen der Variablen
der Name der Klasse gefolgt von zwei Doppelpunkten vorangehen. In Listing 10.27 wird
dies gleich nach der *#include* Anweisung umgesetzt.

```
1   #include "counter.h"
2
3   // Initialisierung einer statischen Variable
4   int counter::m_count = 0;
5
6   counter::counter()
7   {
8       m_count++;
9   }
10
11  counter::~counter()
12  {
13      m_count--;
14  }
15
16  /*static*/ int counter::getCount()
17  {
18      return m_count;
19  }
```

Listing 10.27 Implementierung der Klasse *counter* (counter.cpp)

Innerhalb des Konstruktors wird die statische Variable *m_count* um den Wert 1 erhöht. Da
die Variable für alle Objekte gleich ist, wird somit gezählt, wie viele Objekte der Klasse
erstellt wurden. Damit dieser Wert auch dann noch stimmt, wenn Objekte der Klasse gelöscht
werden, ist es notwendig innerhalb des Destruktors den Wert der Variablen *m_count* wieder
um 1 zu verringern.

Die Funktion *getCount* wurde als statische Funktion deklariert. Wie schon bei *inline* und
virtual wird auch *static* nicht noch einmal bei der Funktionsdefinition wiederholt. Innerhalb
der Funktion kann auf Funktionsparameter und statische Membervariablen und Funktionen zugegriffen werden. In diesem Beispiel soll lediglich der Wert der Variablen *m_count*
zurückgegeben werden.

In der Hauptfunktion von Listing 10.28 werden die Funktionen der Klasse nun getestet.

```
1    #include <iostream>
2    #include "counter.h"
3
4    using namespace std;
5
6    // Hauptfunktion
7    int main()
8    {
9      cout << counter::getCount() << endl;
10
11     counter c1;
12     counter c2;
13     counter c3;
14
15     cout << counter::getCount() << endl;
16
17     for (int i = 0; i < 5; i++)
18     {
19       counter c;
20       cout << counter::getCount() << endl;
21     }
22
23     system("pause");
24   }
```

Listing 10.28 Testprogramm für die Klasse *counter* (projekt.cpp)

Wie deutlich zu sehen ist, wird die Funktion *getCount* aufgerufen, bevor das erste Objekt der Klasse erstellt wurde. Die Ausgabe entspricht dem Wert 0, da die statische Variable bisher nur initialisiert wurde. Im Anschluss an diese Ausgabe werden drei Objekte der Klasse *counter* erzeugt und erneut der Rückgabewert der Funktion *getCount* ausgegeben. Das Ergebnis ist nun erwartungegemäß 3, da bei jedem Konstruktoraufruf der Variablenwert um 1 erhöht wurde.

Innerhalb der folgenden Schleife wird bei jedem Schleifendurchlauf ein Objekt der Klasse *counter* angelegt und die Funktion *getCount* aufgerufen um deren Rückgabewert auszugeben. Allerdings werden keine aufsteigenden Zahlen 4, 5, ... ausgegeben, sondern immer wieder die Zahl 4. Da das Objekt innerhalb des Schleifenkörpers definiert wird, existiert das Objekt immer nur für genau einen Durchlauf der Schleife. Somit wird zwar bei jedem Durchlauf ein Objekt der Klasse angelegt, allerdings auch gleich wieder gelöscht. Bei jedem Aufruf des Konstruktors wird somit der Variablenwert um 1 erhöht, jedoch am Ende eines Durchgangs beim Aufruf des Destruktors wieder um den Wert 1 verringert. Die Gesamtanzahl der aktuell existierenden Objekte verändert sich nicht.

Damit sind alle Funktionen der Klasse erfolgreich getestet. Die vollständige Ausgabe des Programms lautet:

```
0
3
4
4
4
4
4
```

Übungen

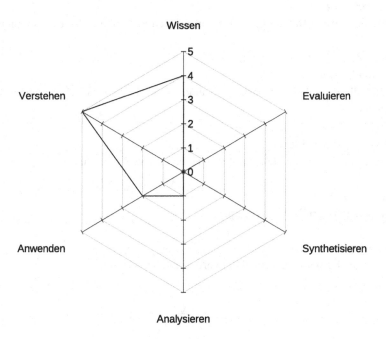

Abb. 10.1 Netzdiagramm für die Selbstbewertung von Kap. 10

10.1 Sichtbarkeitsstufen
Nennen Sie die verschiedenen Sichtbarkeitsstufen bei Klassen in $C++$ und ihre Bedeutung!

10.2 Operatoren
Was ist die Bedeutung des Begriffs Operator bei einer Klasse in *C++*?

10.3 *Include-Guards*
Was ist ein *Include-Guard* und was soll er verhindern?

10.4 abstrakte Klassen
Nennen Sie die Bedeutung des Begriffs „abstrakte Klasse"!

10.5 *Membervariablen*
Erläutern Sie, wie sich *Membervariablen* von anderen Variablen in einer Klasse unterscheiden!

10.6 Konstruktoren
Erklären Sie die Aufgabe des Konstruktors einer Klasse und wie er sich von anderen Funktionen unterscheidet!

10.7 Klassen und Strukturen
Identifizieren Sie Unterschiede zwischen Klassen und Strukturen in *C++*!

10.8 Polymorphie
Erklären Sie den Begriff der Polymorphie!

10.9 Polymorphie
Erklären Sie die Funktion des Schlüsselworts *static* bei Klassen!

10.10 Die Klasse *point2D*
Schreiben Sie eine eigene Klasse, die den Namen *point2D* tragen soll. Die Klasse soll zwei Membervariablen m_x und m_y besitzen, die beide vom Typ *double* sein sollen. Die Sichtbarkeitsstufe der Membervariablen soll verhindern, dass die Variablen von außerhalb der Klasse zugegriffen werden können.
   Entwickeln Sie außerdem drei Konstruktoren für die Klasse:

- Der erste Konstruktor soll ohne Parameter auskommen und die beiden Variablen jeweils mit dem Wert 0.0 initialisieren.
- Mit dem zweiten Konstruktor sollen die Membervariablen bei der Initialisierung mit sinnvollen Werten gefüllt werden können. Deshalb soll der Konstruktor zwei Variablen *x* und *y* entgegennehmen und die Werte in die Membervariablen kopieren.
- Der dritte Konstruktor soll ein Kopierkonstruktor sein.

Mit Hilfe eines Operators + sollen zwei Punkte addiert werden können. Das Ergebnis soll ein neuer Punkt sein, dessen Koordinaten jeweils der Summe der beiden Punktkoordinaten entsprechen.

Der Operator * soll das Skalarprodukt durch $s = \vec{a} \cdot \vec{b} = a_x * b_x + a_y * b_y$ berechnen. Das Ergebnis ist also eine Variable vom Typ *double*.

Schreiben Sie außerdem einen Operator, mit dessen Hilfe Sie den Inhalt der Klasse mit *cout* ausgeben lassen können. Die Ausgabe soll in der Form: *point2D(x, y)* erfolgen.

Versuchen Sie in Ihrem Hauptprogramm, die verschieden Funktionen anzuwenden und zu testen!

10.11 Die Klasse *circle*
In dieser Aufgabe soll eine weitere Klasse entwickelt werden, die den Namen *circle* tragen soll. Die Klasse soll über zwei Membervariablen verfügen. In der ersten Variable *m_center*, die vom Typ *point2D* aus der Übung 10.10 sein soll, soll der Mittelpunkt des Kreises gespeichert werden. Die zweite Variable *m_r* soll den Radius als *double* speichern.

Es sollen drei Konstruktoren implementiert werden:

- Der erste Konstruktor benötigt keine Parameter und soll den Mittelpunkt auf die Koordinaten (0.0; 0.0) legen. Der Radius soll den Wert 1.0 besitzen.
- Mit dem zweiten Konstruktor soll eine Initialisierung möglich sein, deshalb sollen drei Variablen vom Typ *double* übergeben werden. Damit sollen die *x*, *y* und *r* Werte übergeben werden.
- Der dritte Konstruktor soll ebenfalls zur Initialisierung dienen. Die Übergabeparameter sollen der Mittelpunkt, als *point2D,* und der Radius, als *double* sein.

Die Funktion *area* soll die Fläche des Kreises mit der Formel $A = \pi \cdot r^2$ berechnen.

Mit der Funktion *perimeter* soll der Umfang des Kreises durch die Formel $U = 2 \cdot \pi \cdot r$ bestimmt werden.

Schreiben Sie außerdem einen Operator, mit dessen Hilfe Sie den Inhalt der Klasse mit *cout* ausgeben lassen können. Die Ausgabe soll in der Form: *circle(point2D(x, y), r)* erfolgen.

Versuchen Sie in Ihrem Hauptprogramm, die verschieden Funktionen anzuwenden und zu testen!

10.12 Programmanalyse

Analysieren Sie das folgende Programm. Versuchen Sie dafür herauszufinden, was die einzelnen Programmzeilen inhaltlich tun und folgern Sie daraus die Aufgabe des Programms.

Es wurden Befehle benutzt, die Sie noch nicht kennen. Versuchen Sie diese zu recherchieren!

Tippen Sie das Programm nicht ab, sondern versuchen Sie ohne Unterstützung zu verstehen, was passiert!

```
1    // Include-Guard
2    #include <string>
3
4    using namespace std;
5
6    class Riddle
7    {
8    public:
9      Riddle(string data);
10
11     friend ostream& operator<<(ostream &out,
12   Riddle r);
13   protected:
14     string m_data;
15   };
16
17   ostream& operator<<(ostream &out, Riddle r);
```

Listing 10.29 *Riddle.h*

```
1    #include "Riddle.h"
2    #include <iostream>
3
4    Riddle::Riddle(string data)
5    {
6      char k;
7
8      for (int i = 0; i < data.length(); i++)
9      {
10       k = data[i];
11
12       if (k >= 97 && k <= 122)
13         k = 65 + (k - 94) % 26;
14       else
15         if (k >= 65 && k <= 90)
```

```
16            k = 65 + (k - 62) % 26;
17
18       m_data += k;
19     }
20   }
21
22   ostream& operator<<(ostream &out, Riddle r)
23   {
24     char k;
25
26     for (int i = 0; i < r.m_data.length(); i++)
27     {
28       k = r.m_data[i];
29
30       if (k >= 65 && k <= 90)
31         k = 65 + (k - 42) % 26;
32
33       out << k;
34     }
35
36     return out;
37   }
```

Listing 10.30 *Riddle.cpp*

Teil III
Fortgeschrittene Programmiertechniken

Zeiger

11

Kurz & Knapp

- Der Speicher eines Programms ist grob in vier Bereiche unterteilt
  - Programmcode
  - Globale Variablen
  - Der *Stack* für Funktionen und lokale Variablen
  - Der *Heap* für dynamisch angelegte Speicherbereiche
- Jeder Speicherplatz besitzt eine Adresse
- Zeiger ermöglichen es, sich bestimmte Adressen zu merken
- **Gefahrenquelle:**
  Bei der Arbeit mit Zeigern können leicht Fehler entstehen.
- **Gefahrenquelle:**
  Die durch Zeiger verursachten Fehler sind in den meisten Fällen nur sehr schwer zu finden.

In allen vorherigen Kapiteln wurden Variablen innerhalb oder außerhalb von Funktionen oder als Teil von Klassen erzeugt. Die meisten dieser Variablen werden in einem bestimmten Bereich des Hauptspeichers abgelegt, der *Stack* genannt wird. Für den *Stack* gelten einige Einschränkungen, die einen schnellen Zugriff auf die Daten ermöglichen. Zum einen ist der *Stack* in seiner Größe beschränkt und zum anderen erfolgt der Zugriff immer nach dem so genannten *Last In, First Out* (LIFO) Prinzip. Das bedeutet, dass die Daten, die zuletzt auf dem *Stack* abgelegt wurden, immer obenauf liegen und den *Stack* auch wieder als erste verlassen. Der *Stack* ist für die gesamte Laufzeit des Programms in seiner festen Größe verfügbar.

© Springer Fachmedien Wiesbaden GmbH, ein Teil von Springer Nature 2024
B. Tolg, *Informatik auf den Punkt gebracht*,
https://doi.org/10.1007/978-3-658-43715-2_11

Bei jedem Funktionsaufruf werden für die jeweilige Funktion Daten auf dem *Stack* abgelegt. Diese Daten umfassen die Position, an die das Programm zurückspringen muss, wenn die Funktion beendet wird, die Funktionsparameter und die lokalen Variablen der Funktion. Wird eine Funktion beendet, werden alle diese Daten wieder vom *Stack* entfernt. Da immer nur eine Funktion zur gleichen Zeit aktiv sein kann, liegen die Daten der aktuellen Funktion also immer oben auf dem *Stack*. Damit ist die Existenz der lokalen Variablen und Parameter an die Ausführungsdauer der jeweiligen Funktion gekoppelt.

Globale Variablen, die außerhalb von Funktionen angelegt werden, müssen über die gesamte Laufzeit des Programms existieren und werden in einem eigenen Speicherbereich abgelegt. Das gleiche gilt für den Programmcode, der ebenfalls in einem eigenen Bereich des Hauptspeichers liegt.

Bei sehr vielen Anwendungen werden jedoch Variablen benötigt, deren Lebensdauer nicht an Funktionen gekoppelt ist und deren Größe die des *Stack*s bei weitem überschreitet. Zusätzlich sollen diese Variablen nicht während der gesamten Laufzeit des Programms existieren, sondern nur dann, wenn sie benötigt werden. Ein Beispiel hierfür ist eine Anwendung, die Bilder laden und verarbeiten soll. Die Größe eines Bildes mit der Auflösung $1920 \cdot 1080$ Bildpunkten beträgt bei 4 Bytes pro Bildpunkt unkomprimiert ca. 8MB. Die übliche Größe für den *Stack* beträgt 1MB. Damit wäre es nicht möglich ein solches Bild auf dem *Stack* abzulegen. Zusätzlich sollen Anwendungen dieser Art in den allermeisten Fällen mehrere Bilder verwalten können, die während der Programmlaufzeit geladen und wieder geschlossen werden können.

Um solche Anwendungen zu ermöglichen kann dynamisch Speicher angefordert werden, der auf dem so genannten *Heap* angelegt wird. Speicher, der so angefordert wird, wird dem Programm so lange zugeordnet, bis der Speicher durch das Programm explizit wieder freigegeben wird. Da sich das Programm in diesem Fall selbst merken muss, wo sich der angeforderte Speicher befindet, werden so genannte *Zeiger,* bzw. *Pointer* benötigt. Das Arbeiten mit Zeigern eröffnet viele neue Möglichkeiten, jedoch auch viele neue Fehlerquellen, die in Programmen nur sehr schwer zu finden sind. Aus diesem Grund ist es notwendig ein grundlegendes Verständnis über das Arbeiten mit Zeigern und den Speicher zu entwickeln.

Zunächst einmal ist in dem Speicher eines Computers jedes Byte durchnummeriert. Im Prinzip ist diese Nummerierung vergleichbar mit den Hausnummern in einer Straße, sodass auch hier der Begriff *Adresse* verwendet wird. Jede Variable, die in dem Programm erzeugt wird, muss an einer Adresse abgelegt werden und belegt dort abhängig vom Variablentyp eine bestimmte Menge Speicher. Die Tab. 5.1 in Kap. 5 gibt den Speicherverbrauch für jeden Variablentyp wieder. Wird also zum Beispiel eine 4 Byte große Variable, wie ein *int*, an einer bestimmten Adresse abgelegt, so werden die nächsten 3 Bytes ebenfalls durch diese Variable belegt und können nicht mehr für andere Daten verwendet werden (siehe Abb. 11.1).

Die Adressen der einzelnen Bytes wurden in dieser Abbildung durch N, $N + 1$, ... angegeben. Tatsächlich wird für die Darstellung von Adressen häufig das hexadezimale Zahlensystem verwendet. Auch wenn diese Darstellung zu Beginn eine Hürde darstellt, so erhöht

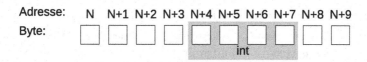

Abb. 11.1 Schematische Darstellung einer Variable im Hauptspeicher

sie doch später die Lesbarkeit solcher Adressen. Da jedes Byte aus 8 Bits besteht, kann ein Byte immer durch zwei hexadezimale Ziffern dargestellt werden.

Jede Variable, die in den Beispielprogrammen angelegt wurde, befindet sich also an einer bestimmten Adresse innerhalb des Speichers. Auf die Adresse einer Variablen kann in *C++* immer mit Hilfe des kaufmännischen Und-Symbols & (im Englischen und in der Informatik auch *Ampersand* genannt) zugegriffen werden. In der Hauptfunktion von Listing 11.1 wird eine Variable vom Typ *int* mit dem Namen *data* angelegt und mit dem Wert 0 initialisiert.

```
1   #include <iostream>
2
3   using namespace std;
4
5   // Hauptfunktion
6   int main()
7   {
8       // Variablendefinition und -initialisierung
9       int data = 0;
10
11      // Ausgabe der Speicheradresse
12      // der Variablen data
13      cout << &data << endl;
14
15      return 0;
16  }
```

Listing 11.1 Ausgabe einer Speicheradresse

Mit Hilfe der Anweisung *cout << &data << endl*; wird die Adresse, an der sich die Daten der Variablen *data* befinden auf der Konsole ausgegeben. Die Ausgabe des Programms lautet

0136FA74

Da die Ausgabe hexadezimal erfolgt, wurde die Variable also an der dezimal dargestellten Speicheradresse 20380276 abgelegt. Die Adresse liegt im *Stack* des Programms. Würde der Speicherinhalt mit den zugehörigen Adressen ausgegeben werden, würde das in Tabelle 11.1 dargestellte Ergebnis dabei herauskommen.

Tab. 11.1 Speicherbelegung durch Listing 11.1

Bereich	Adresse (hex)	Adresse (dez)	Daten (hex)	Daten (dez)
Stack	0136FA79	20380281	?	?
	0136FA78	20380280	?	?
	0136FA77	20380279	00	0
	0136FA76	20380278	00	0
	0136FA75	20380277	00	0
	0136FA74	20380276	00	0
	0136FA73	20380275	?	?
	0136FA72	20380274	?	?

In den umliegenden Speicherbereichen befinden sich irgendwelche Werte, die nicht bekannt sind. Aber an den 4 Bytes, die durch die *int* Variable belegt werden, muss sich der Zahlenwert 0 befinden, da alle 4 Bytes der Variablen diese Zahl repräsentieren müssen.

Um einen Speicherbereich auf dem *Heap* zu beanspruchen, muss die Anweisung *new*, gefolgt von einem Variablentyp, verwendet werden. Diese Anweisung versucht Speicher auf dem *Heap* zu reservieren und gibt die Startadresse des Speicherbereichs zurück, wenn sie erfolgreich war. Diese Adresse muss nun in einer geeigneten Variablen, einem Zeiger, gesichert werden, damit auf den Speicher zugegriffen werden kann. Um einen Zeiger zu deklarieren, wird zunächst eine ganz normale Variable von dem Typ angelegt, der sich an der gesicherten Adresse befinden soll. Als einziger Unterschied wird zwischen dem Typ und dem Namen der Variablen ein * eingefügt. Es ist dabei egal, ob der * direkt an dem Variablentyp, dem Namen, oder sogar durch Leerzeichen von beiden getrennt eingefügt wird.

Der Stern bewirkt, dass eine Zeigervariable angelegt wird, deren Speicherverbrauch nichts mehr mit dem genannten Typ, sondern nur noch mit der Größe einer Speicheradresse zu tun hat. In einem 32 Bit-System besteht eine Adresse aus 4 Bytes, in einem 64 Bit-System besteht eine Adresse aus 8 Bytes. Ein Zeiger vom Typ *char** benötigt also genau soviel Speicher, wie eine Zeigervariable vom Typ *int**, obwohl sich die Datentypen *char* und *int* vom Speicherverbrauch her unterscheiden.

In Listing 11.2 wird eine Zeigervariable vom Typ *int** mit dem Namen *data* angelegt und mit dem Ergebnis der *new* Anweisung initialisiert. Durch die *new* Anweisung wird durch den Zusatz *int(0)* ein vier Byte großer Speicherbereich auf dem *Heap* angelegt und mit dem Wert 0 initialisiert. Sollte die *new* Anweisung den Speicher erfolgreich reservieren können, so gibt sie die Startadresse des Bereichs als Rückgabewert zurück.

```
1    #include <iostream>
2
3    using namespace std;
4
5    // Hauptfunktion
```

```
6    int main()
7    {
8        // Variablendefinition und -initialisierung
9        int* data = new int(0);
10
11       // Ausgabe der Speicheradresse
12       // der Variablen data
13       cout << &data << endl;
14
15       // Ausgabe der Speicheradresse
16       // die in data gesichert wurde
17       cout << data << endl;
18
19       // Ausgabe des Wertes
20       // der auf dem Heap gespeichert wurde
21       cout << *data << endl;
22
23       // Freigabe des Heap Speichers
24       delete data;
25       data = 0;
26
27       return 0;
28   }
```

Listing 11.2 Anlegen einer Variablen auf dem *Heap*

Als nächstes folgen durch das Programm drei Ausgaben. Die Zeigervariable *data* ist eine normale Variable, die auf dem *Stack* gespeichert wird. Die Adresse dieser Variablen wird durch die Anweisung *cout << &data << endl;* als erstes ausgegeben. In der Variable *data* wird eine Adresse gespeichert, die sich auf dem *Heap* befindet und die durch die *new* Anweisung generiert wurde. Dieser Inhalt der Variablen *data* wird durch die Anweisung *cout << data << endl;* ausgegeben. Als Letztes soll der Inhalt der Speicheradresse auf dem *Heap* ausgegeben werden, also die 0. Um dies zu erreichen, wird dem Namen der Zeigervariable ein * vorangestellt. Die Variable wird *dereferenziert*. Diese Bezeichnung beschreibt einen indirekten Zugriff. Zunächst wird der Inhalt der Variable *data* als Adresse interpretiert, dann wird der Inhalt dieser Adresse als *int* interpretiert (da *data* ein Zeiger vom Typ *int** ist) und zurückgegeben. Die Anweisung *cout << *data << endl;* gibt das Ergebnis auf der Konsole aus.

Abschließend muss der Speicherbereich auf dem *Heap* manuell freigegeben werden, wenn er nicht mehr benötigt wird. Dies geschieht durch die Anweisung *delete data;*. Durch diese Anweisung wird jedoch nur der Speicherbereich an der entsprechenden Adresse wieder freigegeben. In der Zeigervariablen *data* ist weiterhin die nun ungültige Adresse gespeichert. Ein erneuter Zugriff auf diese Adresse kann einen Fehler verursachen, unter bestimmten Umständen jedoch auch nicht. Wird der Speicherbereich von dem Programm mittlerweile anderweitig benutzt, so wird möglicherweise ein anderer Datensatz beschädigt. Dies kann zu Fehlern führen, die erst viel später für Auswirkungen sorgen. Aus diesem Grund ist es die beste Herangehensweise, eine Zeigervariable sofort auf den Wert 0 zu setzen, nachdem der Speicherbereich freigegeben wurde. Diese Adresse ist für einen Zugriff immer ungültig und sorgt für einen Programmabsturz, sollte versucht werden darauf zuzugreifen. Das klingt nach einem Problem, weil ein Programmabsturz natürlich unerwünscht ist. Tatsächlich ist in diesem Fall ein Fehler jedoch wünschenswert, da der sich genau an der Stelle befindet, an der das Programm abstürzt. Somit kann der Fehler schnell erkannt und behoben werden.

Diese Vorgehensweise ist auch dann sinnvoll, wenn Zeiger nicht sofort verwendet werden. Eine goldene Regel sollte lauten: Ein Zeiger besitzt entweder einen gültigen Wert, oder er enthält den Wert 0.

Das Programm erzeugt die folgende Ausgabe:

```
0115F7C0
03232E10
0
```

In Abb. 11.2 wird die Speicherbelegung von Listing 11.2 schematisch dargestellt. Tab. 11.2 schlüsselt ergänzend die Inhalte der einzelnen Speicherstellen sowohl in hexadezimaler, als auch in dezimaler Zahlendarstellung auf. Auf dem *Stack* befindet sich ab der Adresse $0115F7C0$ der Inhalt der Variablen *data*. Wird der Inhalt des Speichers von hinten nach vorne gelesen, ergibt sich die Adresse $03\,23\,2E\,10$, die sich auf dem *Heap* befindet, und in der der Wert 0 hinterlegt wurde.

Hier zeigt sich ein weiterer Vorteil der hexadezimalen Schreibweise. Hexadezimal können die Werte der einzelnen Bytes direkt aneinandergehängt werden, sodass sie die Zieladresse ergeben. Die Werte der dezimalen Schreibweise ermöglichen diese direkte Übersetzung in eine dezimale Adresse nicht.

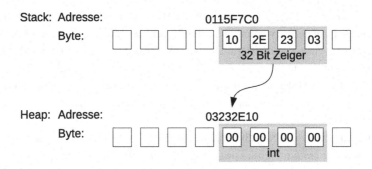

Abb. 11.2 Schematische Darstellung der Speicherbelegung durch Listing 11.2

Tab. 11.2 Speicherbelegung durch Listing 11.1

Bereich	Adresse (hex)	Adresse (dez)	Daten (hex)	Daten (dez)
Heap	03232E15	52637205	?	?
	03232E14	52637204	?	?
	03232E13	52637203	00	0
	03232E12	52637202	00	0
	03232E11	52637201	00	0
	03232E10	52637200	00	0
	03232E0F	52637199	?	?
	03232E0E	52637198	?	?
	…	…	…	…
Stack	0115F7C5	18216901	?	?
	0115F7C4	18216900	?	?
	0115F7C3	18216899	03	3
	0115F7C2	18216898	23	35
	0115F7C1	18216897	2E	46
	0115F7C0	18216896	10	16
	0115F7BF	18216895	?	?
	0115F7BE	18216894	?	?

11.1 Typumwandlung

Der Typ eines Zeigers hat eine andere Bedeutung, als der Typ einer „normalen" Variable. Bei der „normalen" Variable bestimmt der Variablentyp die Größe des Speicherverbrauchs und die Art, wie der Inhalt der Variable interpretiert wird. Ein *double* ist eine reelle Zahl, die laut Tab. 5.1 8 Byte Speicherplatz belegt.

Bei einer Zeigervariable wird die Größe des Speicherplatzes ausschließlich darüber bestimmt, ob das Programm für 32 Bit Systeme oder für 64 Bit Systeme erstellt wird. Der Speicherverbrauch beträgt im ersten Fall 4 Byte und im zweiten 8 Byte. Der Typ der Zeiger-variable wird nur dafür verwendet, wie der Inhalt der gespeicherten Zieladresse interpretiert werden soll. Besitzt ein Zeiger den Typ *int** so werden, ausgehend von der gespeicherten Adresse, die nächsten vier Bytes zusammengefasst und als ganze Zahl interpretiert.

Aus diesem Grund ist es möglich, einen Zeiger vom Typ *void** zu erzeugen. Bei einer „normalen" Variable könnte der *Compiler* nicht entscheiden, wie viel Speicherplatz er für die Variable bereitstellen soll. Deshalb kann es keine Variablen vom Typ *void* geben. Bei einem *void** Zeiger ist die Größe aber bereits festgelegt. Allerdings wäre es dem *Compiler* nicht möglich, den Inhalt dieses Zeigers zu interpretieren. Die Verwendung von *void** Zeigern ist weiter verbreitet, als es auf den ersten Blick vielleicht scheint. Sie werden immer dann verwendet, wenn der Inhalt eines Zeigers nicht bearbeitet werden muss, oder es verschiedene Arten von Zeigern geben kann, die z. B. in einer Funktion verarbeitet werden sollen.

Damit der Inhalt eines *void*∗ Zeigers verarbeitet werden kann, muss der Variablentyp durch eine Typumwandlung geändert werden, sodass der *Compiler* den Inhalt interpretieren kann. In Listing 11.3 wird ein Zeiger vom Typ *void*∗ angelegt und mit Hilfe einer *new* Anweisung initialisiert. Die *new* Anweisung benötigt natürlich einen Variablentyp um Speicher auf dem *Heap* anzulegen. In diesem Beispiel erzeugt die *new* Anweisung eine Adresse vom Typ *int*∗ und gibt diese zurück. Da der *void*∗ Zeiger keine Annahme über den Inhalt der Speicheradresse trifft, ist die Wertzuweisung in diese Richtung zulässig.

```
1    #include <iostream>
2
3    using namespace std;
4
5    int main()
6    {
7      // Die Wertzuweisung von int* zu void* funktioniert
8      void* zeiger = new int(25);
9
10     // Die Wertzuweisung von void* zu int* funktioniert
11     // nur, wenn der Typ explizit umgewandelt wird.
12     int* zeiger2 = (int*)zeiger;
13
14     // Die direkte Ausgabe verursacht einen Fehler
15     // cout << *zeiger << endl;
16
17     // Wird der Typ des Zeigers geändert,
18     // so ist die Ausgabe kein Problem.
19     cout << *(int*)zeiger << endl;
20
21     delete zeiger;
22     zeiger = 0;
23     zeiger2 = 0;
24
25     return 0;
26   }
```

Listing 11.3 Typumwandlung einer Zeigervariablen

Als nächstes soll durch *int* ∗ *zeiger2* = (*int*∗)*zeiger*; eine Variable *zeiger2* vom Typ *int*∗ angelegt und mit dem Inhalt der Variablen *zeiger* initialisiert werden. Da *zeiger2* die Annahme trifft, dass sich an der gespeicherten Zieladresse ein Wert vom Typ *int* befindet, die Variable *zeiger* jedoch keine solche Annahme trifft, muss die Variable *zeiger* explizit in den Typ *int*∗ umgewandelt werden. Andernfalls wir der *Compiler* eine Fehlermeldung erzeugen.

Auch eine Dereferenzierung der Variablen *zeiger,* wie in der auskommentierten Zeile *cout* << ∗*zeiger* << *endl*; ist wegen des nicht interpretierbaren Typs *void*∗ nicht erlaubt.

Wird der Zeiger jedoch wie in der Zeile *cout* << ∗(*int*∗)*zeiger* << *endl*; in den Typ *int*∗ umgewandelt, so kann das Ergebnis interpretiert und ausgegeben werden. Bemerkenswert ist, dass zunächst der Typ des Zeigers umgewandelt und er erst danach dereferenziert wird. Das Programm erzeugt erwartungsgemäß die Ausgabe 25.

Abschließend muss auch hier der angelegte Speicher wieder freigegeben werden. Da die Variablen *zeiger* und *zeiger2* auf die gleiche Adresse verweisen, darf die *delete* Anweisung natürlich nur bei einer der beiden Variablen angewendet werden. Es sollten danach aber beide Variablen den Wert 0 erhalten, um fehlerhafte Zugriffe auf den freigegebenen Speicher zu verhindern.

11.2 *const*

Da Zeiger, genau wie Referenzen, den direkten Zugriff auf den Speicher ermöglichen, ist es auch hier notwendig, dass es die Möglichkeit gibt, den Schreibzugriff zu verhindern. Wie bereits bei anderen Beispielen kann auch bei Zeigern das Schlüsselwort *const* verwendet werden.

Wird eine einfache Zeigervariable deklariert, so gibt es drei verschiedene Positionen, an denen das Schlüsselwort *const* stehen darf. Allerdings führen zwei dieser Positionen zu dem gleichen Ergebnis. In Listing 11.4 wurden die verschiedenen Varianten konstanter Zeigervariablen angelegt.

```
1    #include <iostream>
2
3    using namespace std;
4
5    int main()
6    {
7        // Wert konstant, Adresse Variabel
8        const int * zeiger1 = new int(0);
9        // Wert konstant, Adresse Variabel
10       int const * zeiger2 = new int(0);
11       // Wert variabel, Adresse konstant
12       int* const  zeiger3 = new int(0);
13
14       // *zeiger1 = 5; // Nicht OK
15       // *zeiger2 = 5; // Nicht OK
16       *zeiger3 = 5;
17
18       cout << *zeiger1 << endl
19            << *zeiger2 << endl
20            << *zeiger3 << endl;
21
22       delete zeiger1;
23       delete zeiger2;
24       delete zeiger3;
25
26       zeiger1 = 0;
27       zeiger2 = 0;
28       // zeiger3 = 0;
```

```
29
30      return 0;
31    }
```

Listing 11.4 Verschiedene konstante Zeigervariablen

Die beiden ersten Zeilen *const int * zeiger1 = new int(0);* und *int const * zeiger2 = new int(0);* bewirken exakt das Gleiche. In beiden Fällen wird eine Zeigervariable angelegt, bei der es nicht erlaubt ist, den Inhalt der gespeicherten Adresse zu verändern. Aus diesem Grund sind die Zeilen *zeiger*1 = 5; und *zeiger*2 = 5; auskommentiert. Es ist aber sehr wohl erlaubt, die Adresse selbst zu verändern. Es wäre folglich möglich, der Variablen die Adresse einer anderen *int* Variablen zuzuordnen, aber auch deren Inhalt dürfte nicht verändert werden.

Beide Schreibweisen beziehen sich auf das *int*, wobei die zweite Schreibweise diejenige ist, die leichter zu verstehen ist. Normalerweise bezieht sich das Schlüsselwort *const* immer auf das Element, das links des Schlüsselworts steht. Nur bei dem ersten Element, in diesem Fall das *int*, ist es zusätzlich gestattet, das Schlüsselwort vor das Element zu ziehen, auf das es sich bezieht.

Durch die Zeile *int* const zeiger3 = new int(0);* wird eine Zeigervariable initialisiert, bei der der Inhalt der Speicheradresse verändert werden darf, jedoch nicht die gespeicherte Adresse. Es ist also problemlos möglich, den Wert auf dem *Heap* durch die Zeile *zeiger*3 = 5; von 0 auf 5 zu setzen. Auch bei dieser Schreibweise bezieht sich das Schlüsselwort auf das direkt links daneben stehende Element, in diesem Fall also den Stern, der die Adresse symbolisiert.

Die Ausgabe des Programms ist

```
0
0
5
```

, da nur der Inhalt des Speicherbereichs, auf den *zeiger3* zeigt, verändert werden durfte.

Nachdem die Speicherbereiche durch die *delete* Anweisungen wieder freigegeben wurden, sollen die gespeicherten Adressen zu 0 gesetzt werden, um fehlerhafte Zugriffe zu verhindern. Da die in *zeiger3* gespeicherte Adresse jedoch konstant ist, kann die Zeile *zeiger*3 = 0; nicht ausgeführt werden.

Natürlich ist es ebenfalls möglich, beide Ausdrücke zu kombinieren, um einen Zeiger zu erzeugen, bei dem weder die Adresse, noch deren Inhalt verändert werden darf. Die dazu gehörende Zeile wäre *int const * const zeiger4 = new int(0);*.

11.3 Felder

Bei den bisherigen Feldern war es nicht möglich, die Größe des Feldes während der Laufzeit des Programms eingeben zu lassen, da der *Compiler* nur konstante Feldgrößen akzeptiert hat. Jedoch ist es gerade bei Feldern sinnvoll, die Größe individuell an die Bedürfnisse anzupassen. Würde zum Beispiel ein Datensatz angelegt werden, der 1 MB an Daten speichern soll, so würde das Programm sofort abstürzen, da auf dem *Stack* kein weiterer Speicher verfügbar wäre. Den *Stack* zu vergrößern wäre auch nur eine ungenügende Lösung, denn zum einen wird dieser Speicher durch das Programm permanent belegt und zum anderen würde das gleiche Problem dann einfach etwas später auftauchen. Zudem wird Speicher in dieser Größenordnung oft nur dann benötigt, wenn das Programm einen bestimmten Datensatz (vielleicht ein Bild) laden und verarbeiten soll. Wird dieser Datensatz nicht mehr benötigt, so kann der Speicher wieder freigegeben werden. In Listing 11.5 wird ein Feld mit dynamischer Größe angelegt. Dazu wird zunächst eine Hilfsvariable *n* angelegt, in der die Größe des Feldes gespeichert werden soll. Im Gegensatz zu Listing 8.1 muss die Variable *n* nicht mehr als *const* deklariert werden. Als nächstes soll das Programm einen Wert für die Feldgröße *n* einlesen.

```cpp
1   #include "stdafx.h"
2   #include <iostream>
3
4   using namespace std;
5
6   int main()
7   {
8       // Variablendefinition und -initialisierung
9       // für die Feldgröße
10      unsigned int n = 0;
11
12      // Eingabe der Feldgröße
13      cout << "Bitte geben Sie die Groesse "
14           << "des Datensatzes ein:" << endl;
15      cin >> n;
16
17      // Initialisierung eines dynamischen Feldes
18      int* data = new int[n];
19
20      // Initialisierung aller Feldwerte mit 0
21      for (int i = 0; i < n; i++)
22      {
23          data[i] = 0;
24      }
25
26      // Speicherfreigabe
27      delete[] data;
28      data = 0;
29
30      return 0;
31  }
```

Listing 11.5 Anlegen eines dynamischen Feldes

Nun wird eine Zeigervariable *data* vom Typ *int** angelegt und mit Hilfe der *new* Anweisung initialisiert. Durch die Verwendung von eckigen Klammern hinter dem Variablentyp wird deutlich gemacht, dass ein Feld auf dem *Heap* angelegt werden soll. Die Variable *n* gibt die Anzahl der Elemente und der Variablentyp *int* den Speicherverbrauch pro Element an. Die Anweisung *new int[n]* versucht also $n * 4Bytes$ auf dem *Heap* zu reservieren. Nach der Initialisierung verhalten sich Felder auf dem *Stack* und auf dem *Heap* wieder exakt gleich.

Um das zu verdeutlichen werden in dem Programm durch die folgende *for*-Schleife alle Elemente des Feldes *data* mit dem Wert 0 initialisiert. Dazu werden alle Indizes von 0, ..., $n-1$ einmal durchlaufen. Der Zugriff erfolgt wie bei allen Feldern durch die Kombination des Feldnamens und des Index in eckigen Klammern. In diesem Beispiel also durch $data[i]$.

Da das Feld auf dem *Heap* angelegt wurde, muss der Speicher allerdings, wie bei allen Zeigervariablen, manuell freigegeben werden. Dies geschieht durch die Anweisung *delete[ ]*, die deutlich macht, dass nicht nur die angegebene Adresse, sondern ein Feld wieder freigegeben werden soll.

In Abb. 11.3 wird die Speicherbelegung des Programms direkt nach der Initialisierung des Feldes dargestellt. Auf dem *Stack* wird bei einem 32-Bit-System eine 4 Byte große Adresse abgelegt. In dem Programm ist dies die Zeigervariable *data*. Der Inhalt dieser Variablen zeigt auf eine Adresse auf dem *Heap*. Dort werden wegen des gewählten Variablentyps

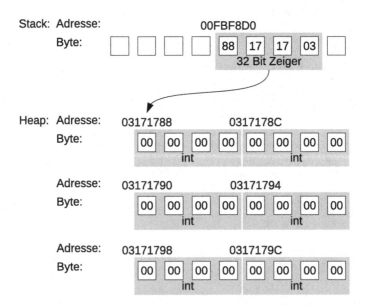

Abb. 11.3 Schematische Darstellung der Speicherbelegung durch Listing 11.5 für $n = 6$

int immer 4 Byte große Gruppen als eine ganze Zahl interpretiert. Wird für die Größe des Arrays *n* der Wert 6 gewählt, so ergibt sich die dargestellte Situation. Aus Gründen der Übersichtlichkeit wurden nur die Anfangsadressen der jeweiligen Integerwerte in der Abbildung eingezeichnet.

11.4 Zeigerarithmetik

In der Sprache *C++* verhalten sich alle Zeiger sehr ähnlich wie Felder. Es ist sogar möglich die eckigen Klammern zu verwenden, selbst wenn ein Zeiger nicht als Feld angelegt wurde. Das liegt daran, dass die gesuchte Zieladresse mit einer einfache Formel berechnet wird, wenn eckige Klammern hinter einen Zeiger geschrieben werden, die in jedem Fall angewendet werden kann. Wenn in einem Programm die Zeile

```
zeiger[n] = 15;
```

steht, dann lautet die Formel, mit der die Zieladresse berechnet werden kann immer

$$(Zieladresse) = (gespeicherte Adresse) + n \cdot (Größe\ des\ Datentyps) \qquad (11.1)$$

Der Zugriff erfolgt bei dieser Notation immer indirekt. Das bedeutet, dass der Inhalt der Zieladresse verändert wird, genauso, wie bei einem Feld.

Diese Art des Speicherzugriffs ist sehr gefährlich, da es unbedingt notwendig ist, genau zu wissen, welche Positionen sicher zugegriffen werden können. Es wäre sehr leicht möglich, hinter einen reservierten Speicherbereich zuzugreifen und so beliebig komplexe Fehler zu erzeugen. Allerdings bietet diese Form des Speicherzugriffs auch große Vorteile, vor allem, wenn der Typ des Zeigers verändert wird. Das folgende Listing 11.6 zeigt ein Beispiel für einen solchen Zugriff.

```
 1   #include <iostream>
 2
 3   using namespace std;
 4
 5   int main()
 6   {
 7       // Initialisieren eines int Zeigers
 8       int *data = new int(4223);
 9
10       // Initialisieren eines unsigned char Zeigers
11       // mit der Adresse von data
12       unsigned char* bytes = (unsigned char*)data;
13
14       // Ausgabe der Stackposition und des Inhalts
15       cout << "Stack: " << &data << " : " << data << endl;
16
```

```
17      // Ausgabe der Heap-Positionen und des Inhalts
18      // Byte für Byte
19      for (int i = 0; i < 4; i++)
20      {
21        cout << "Heap:   " << (int*)&bytes[3-i]
22             << " : " << (int)bytes[3-i] << endl;
23      }
24
25      // Freigabe des Speichers
26      delete data;
27      data = 0;
28
29      return 0;
30    }
```

Listing 11.6 Ausgabe eines Speicherbereichs Byte für Byte

Zunächst wird ein durch die Zeile *int *data = new int(4223);* ein Zeiger vom Typ *int** angelegt und mit Hilfe der *new* Anweisung initialisiert. Auf dem *Heap* wird der Speicherplatz für eine 4 Byte große Variable vom Typ *int* angelegt und die reservierte Adresse in *data* gespeichert. In der Zeile *unsigned char* bytes = (unsigned char*)data;* wird eine weitere Variable mit dem Namen *bytes* angelegt und mit der gleichen Adresse initialisiert, auf die auch schon *data* zeigt. Damit das funktioniert, muss auf *data* eine Typumwandlung von *int** zu *unsigned char** durchgeführt werden.

Beide Variablen unterscheiden sich nun bei dem Zugriff auf den Speicherinhalt mit Hilfe der eckigen Klammern, da die Formel 11.1 von der Größe des Datentyps abhängt. Da *data* vom Typ *int** ist, würde die Adresse durch *data[1]* um den Wert 4 vergrößert werden. Im Gegensatz dazu ist *bytes* vom Typ *unsigned char**, sodass *bytes[1]* die Adresse nur um den Wert 1 vergrößern würde. Dadurch wird es möglich, die Bytes, aus denen sich der Integerwert im Speicher zusammensetzt, einzeln zu betrachten.

Durch die Zeile *cout <<" Stack :"<< &data <<":"<< data << endl;* wird zuerst die Adresse ausgegeben, an der die Variable *data* auf dem *Stack* gespeichert wird und dann, gefolgt von einem Doppelpunkt, der an dieser Adresse gespeicherte Wert. Letzterer entspricht natürlich genau der Adresse auf dem *Heap*, an der der Speicherplatz für den Integerwert angelegt wurde.

In der folgenden *for*-Schleife durchläuft die Zählvariable *i* nun die Werte 0, 1, 2, 3 um die einzelnen Bytes des Integers ausgeben zu können. Durch die Anweisung *(int*)&bytes[3-i]* wird folgendes erreicht: *bytes[3-i]* greift auf die Adresse zu, die um 3 − i Bytes vergrößert wurde. Dies dient lediglich dem kosmetischen Zweck, dass die Werte von oben nach unten absteigend ausgegeben werden sollen und somit bei der größten Adresse begonnen werden soll. Die Anweisung *&bytes[3-i]* gibt nun nicht den Inhalt der entsprechenden Adresse aus, sondern die Adresse selbst. Da es sich allerdings um eine Variable vom Typ *unsigned char** handelt, versucht *cout* die Ausgabe mit Hilfe von Textzeichen. Um dies zu verhindern führt *(int*)&bytes[3-i]* eine Typumwandlung in einen *int** durch, damit eine hexadezimale Adresse ausgegeben wird.

Beinahe die gleiche Bedeutung hat die Anweisung *(int)bytes[3-i]*. Der Unterschied besteht nur darin, dass hier der Wert ausgegeben werden soll, und nicht die Adresse. Entsprechend wird die Typumwandlung in den Typ *int* durchgeführt.

Abschließend wird der angelegte Speicherplatz auf dem *Heap* wieder freigegeben und die gespeicherte Adresse mit 0 überschrieben.

Die Ausgabe des Programms sieht folgendermaßen aus:

```
Stack:  00AFF7EC : 00DBCEA0
Heap:   00DBCEA3 : 0
Heap:   00DBCEA2 : 0
Heap:   00DBCEA1 : 16
Heap:   00DBCEA0 : 127
```

Auf dem *Stack* wird an der Adresse $00AFF7EC$ die Adresse $00DBCEA0$ gespeichert, die sich auf dem *Heap* befindet. An dieser Adresse wurde eine Variable vom Typ *int* angelegt, die an den Adressen $00DBCEA0$ bis $00DBCEA3$ gespeichert wird. Wird der Inhalt dieser Speicheradressen (also 0 0 16 127) hexadezimal dargestellt, ergibt sich die Zahl 00 00 10 7F und das entspricht genau der erwarteten Zahl 4223.

Zeiger können auch mit Hilfe der Inkrement- und Dekrementoperatoren $++$ und $--$ verändert werden. Außerdem können Werte addiert und subtrahiert werden. Bei all diesen Operatoren wird jedoch nicht der angegebene Wert n addiert oder subtrahiert, sondern das n-fache des Variablentyps des Zeigers. Das klingt zunächst kompliziert, ist in der praktischen Anwendung aber ganz einfach. Beim Schreiben eines Programms ist es nicht notwendig auf die Größe des Variablentyps zu achten, um auf das nächste Element zuzugreifen. Es wird in jedem Fall eine 1 addiert. Intern wird der Zeiger dann um die benötigte Anzahl an Bytes vergrößert.

Die *for*-Schleife in Listing 11.6 könnte also auch durch den folgenden Quellcode ersetzt werden:

```
// Ausgabe der Heap-Positionen und des Inhalts
// Byte für Byte
bytes += 3;

for (int i = 0; i < 4; i++)
{
    cout << "Heap:  " << (int*)bytes << " : "
         << (int)*bytes << endl;
    bytes--;
}
```

Die Ausgabe des Programms wäre nach dieser Veränderung identisch zu der des Programms 11.6. Die zweite Variante ist jedoch schneller, da der Zugriff direkt auf die in der Variablen *bytes* gespeicherten Adresse erfolgen kann, während bei der ersten Variante die Zieladresse zweimal durch Formel 11.1 berechnet werden muss.

11.5   Vertiefung: Mehrdimensionale Felder

Mehrdimensionale Felder sind noch etwas anspruchsvoller, wenn sie auf dem *Heap* angelegt werden sollen. Das hängt damit zusammen, dass es verschiedene Varianten gibt, mit denen ein mehrdimensionales Feld im Speicher erzeugt werden kann. Jede dieser Varianten hat ganz besondere Vor- und Nachteile, die die Eigenschaften Geschwindigkeit, Flexibilität und Verständlichkeit betreffen.

Es ist deshalb wichtig, genau zu verstehen, wie *C++* bei den verschiedenen Varianten arbeitet, um die richtige Auswahl für die eigene Problemstellung zu treffen.

11.5.1 Variante 1 : Zeiger auf Felder

Eine Möglichkeit N-dimensionale Felder in *C++* zu erzeugen ist, einen Zeiger auf ein $N-1$-dimensionales Feld zu erzeugen. Der Vorteil dieser Variante ist, dass der Speicher zusammenhängend reserviert wird. Dadurch erfolgen Speicherzugriffe immer in der gleichen Region des Speichers, was den Zugriff beschleunigt. Allerdings ist nur die Größe der ersten Dimension frei und dynamisch wählbar. Die Größen der anderen $N-1$ Dimensionen müssen so konstant sein, wie bei einer Reservierung auf dem *Stack*. Das hängt damit zusammen, dass die $N-1$ Dimensionen des Feldes in dieser Variante über den Variablentyp des Zeigers realisiert werden. Dieser muss eine konstante Größe besitzen, damit Formel 11.1 angewendet werden kann.

Zusätzlich ist die Notation für die Reservierung eines solchen Feldes zwar innerhalb der Sprache konsistent, jedoch nicht auf den ersten Blick nachvollziehbar. In Listing 11.7 wird ein zweidimensionales Feld auf dem *Heap* erzeugt, indem ein Zeiger vom Variablentyp *int[1024]** angelegt wird.

```
1    int main()
2    {
3        // Variablendefinition und -initialisierung
4        // für die Feldgröße
5        unsigned int sizeY = 1024;
6        const unsigned int sizeX = 1024;
7
8        // Initialisierung eines dynamischen Feldes
9        int (*data)[sizeX] = new int[sizeY][sizeX];
10
11       // Initialisierung aller Elemente
12       for (int i = 0; i < sizeY; i++)
```

```
13    {
14       for (int j = 0; j < sizeX; j++)
15       {
16         data[i][j] = 0;
17       }
18    }
19
20    // Speicherfreigabe
21    delete[] data;
22    data = 0;
23
24    return 0;
25  }
```

Listing 11.7 Anlegen eines mehrdimensionalen dynamischen Feldes

Zunächst werden die Dimensionen des Feldes durch die Variable *sizeY* und die Konstante *sizeX* auf den Wert 1024 festgelegt. Die Konstante *sizeX* dient dabei als die konstante Größe des Zeigertyps.

Die Initialisierung des Feldes wird durch die Zeile 8 *int (*data)[sizeX] = new int[sizeY] [sizeX];* durchgeführt. Hier treffen drei Konventionen der Sprache C++ aufeinander, die die entstehende Notation schwer lesbar machen. Die erste Konvention besagt, dass der Typ des Zeigers immer vor dem Sternsymbol stehen muss. Die zweite Konvention besagt, dass die Dimension eines Feldes immer hinter dem Namen des Feldes stehen muss und die dritte Konvention legt fest, dass der Stern zum Typ des Zeigers gehört und nicht zu dessen Namen. Diese drei Konventionen geraten hier in Konflikt. Die Lösung *int (*data)[sizeX]* ist die Auflösung des Konflikts. Der Variablentyp wird durch *int* am Anfang und *[sizeX]* am Ende festgelegt. Damit sind die Konventionen für den Variablentyp und die Position der Felddimension erfüllt. Nun muss noch deutlich gemacht werden, dass ein Zeiger angelegt werden soll. Dies geschieht, indem der Name der Variablen in runden Klammern mit einem vorangestellten Stern definiert wird. Das Ergebnis ist eine Zeigervariable mit dem Namen *data* und dem Variablentyp *int[sizeX]**.

Nach der ungewöhnlichen Initialisierung des Feldes kann der Zeiger auf das Feld so benutzt werden, wie es bereits von zweidimensionalen Feldern vom *Stack* her bekannt ist. Innerhalb einer doppelten *for*-Schleife ab Zeile 11 wird allen Elementen des Feldes der Wert 0 zugewiesen. Die Zeile *data[i][j] = 0;* kann dabei folgendermaßen interpretiert werden: *data[i]* gibt einen Zeiger auf ein Feld vom Typ *int* und der Größe $sizeX = 1024$ zurück. Wegen des Variablentyps *int[1024]* wird die Adresse, die in *data* gespeichert wurde nach Formel 11.1 um $i * 4096$ Bytes erhöht und zeigt somit auf das $i + 1$-te Feld. Danach wird durch *[j]* auf das Element zugegriffen, dass sich $j * 4$ Bytes nach dieser Adresse befindet, und das ist genau das Element an der Position *[i][j]*.

Abschließend wird der Speicher wieder freigegeben und der Zeiger auf die Adresse 0 gesetzt.

In Abb. 11.4 wird dargestellt, wie der Speicher durch diese Variante belegt wird.

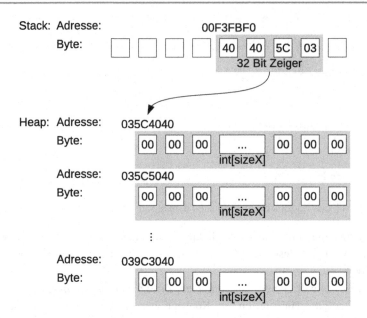

Abb. 11.4 Schematische Darstellung der Speicherbelegung durch Listing 11.7

Der Zeiger auf dem *Stack* befindet sich an der Adresse $00F3FBF0$ und verweist auf die Adresse 035C4040, die sich auf dem *Heap* befindet. Ab dieser Adresse wurde ein zusammenhängender Speicherblock reserviert, der entlang der vertikalen Achse aus 1024 Blöcken besteht, die alle den Variablentyp *int[1024]* besitzen und somit aus 4096 Bytes bestehen. Die Adressen, die jeweils am Anfang der Zeile stehen unterscheiden sich infolgedessen auch stets um den Wert 4096.

Diese Variante bietet den Vorteil, dass der Speicher zusammenhängend reserviert wird und sich, abgesehen von der ungewohnten Initialisierung, genauso ansprechen lässt, wie andere mehrdimensionale Felder auch. Es ist jedoch nur die Größe der ersten Dimension frei wählbar. Alle weiteren Dimensionen müssen eine konstante Größe besitzen. Es muss auch bei der Initialisierung *int (*data)[sizeX] = new int[sizeY][sizeX];* darauf geachtet werden, dass die Felddimensionen auf der linken Seite des Gleichheitszeichens die gleiche Größe und Reihenfolge besitzen, wie bei der Speicheranfrage auf der rechten Seite des Gleichheitszeichens. Beispielsweise würde eine Erweiterung auf drei Dimensionen durch *int (*data)[sizeY][sizeX] = new int[sizeZ][sizeY][sizeX];* mit variablem *sizeZ* und konstantem *sizeX* und *sizeY* erreicht werden.

11.5.2 Variante 2 : Zeiger auf Zeiger

Die zweite Variante kann als Weiterentwicklung der eindimensionalen Felder auf dem *Heap* gesehen werden. Bisher wurde ein Zeiger auf dem *Stack* erzeugt, der auf eine Adresse auf dem *Heap* zeigt, an der der Speicherplatz für ein Feld reserviert wurde. Wenn dieses Feld nun erneut aus Zeigern bestehen würde, die ihrerseits auf Felder auf dem *Heap* zeigen, so wäre es möglich ein zweidimensionales Feld zu erzeugen, dessen Ausdehnung sogar für jede Zeile individuell gewählt werden könnte.

Die Idee lässt sich auch auf beliebige Dimensionen ausdehnen, indem Zeiger auf Zeiger zeigen, die auf Zeiger zeigen usw. Der Nachteil dieser Variante ist jedoch, dass der reservierte Speicher nicht zusammenhängend ist. Aus diesem Grund kann der Zugriff auf die einzelnen Elemente durch die Zugriffe an verschiedenen Positionen des Speichers verlangsamt werden. Zudem kommt mit jeder neuen Dimension eine neue Ebene an Zeigern hinzu, die es gerade am Anfang schwierig machen, die resultierende Datenstruktur zu verstehen.

In Listing 11.8 wird ein zweidimensionales Feld erzeugt, indem die in diesem Kapitel beschriebene Variante 2 angewendet wird. Dazu werden zunächst wieder zwei Hilfsvariablen *sizeX* und *sizeY* angelegt und mit dem Wert 1024 initialisiert. Keine der Felddimensionen muss konstant sein und tatsächlich wäre es sogar möglich, in jeder Zeile einen anderen Wert für *sizeX* zu verwenden. Doch das Beispiel soll nicht unnötig kompliziert werden.

```
1   int main()
2   {
3       // Variablendefinition und -initialisierung
4       // für die Feldgröße
5       unsigned int sizeY = 1024;
6       unsigned int sizeX = 1024;
7
8       // Initialisierung eines dynamischen Feldes
9       int** data = new int*[sizeY];
10
11      // Initialisierung aller Felder
12      for (int i = 0; i < sizeY; i++)
13      {
14          data[i] = new int[sizeX];
15      }
16
17      // Initialisierung aller Elemente
18      for (int i = 0; i < sizeY; i++)
19      {
20          for (int j = 0; j < sizeX; j++)
21          {
22              data[i][j] = 0;
23          }
24      }
25
26      // Freigabe aller Felder
27      for (int i = 0; i < sizeY; i++)
28      {
```

```
29          delete[] data[i];
30          data[i] = 0;
31      }
32
33      // Speicherfreigabe
34      delete[] data;
35      data = 0;
36
37      return 0;
38  }
```

Listing 11.8 Anlegen eines mehrdimensionalen dynamischen Feldes (Variante für Fortgeschrittene)

Die 8. Zeile *int** data = new int*[sizeY];* legt eine neue Zeigervariable *data* vom Typ *int*** an. Diese Notation wirkt auf den ersten Blick seltsam, setzt aber konsequent fort, was auch schon bei den vorherigen Zeigervariablen beschrieben wurde. Der zweite Stern legt fest, dass es sich um eine Zeigervariable handelt, davor steht der Typ, der an dieser Adresse erwartet wird. Und das ist in diesem Fall erneut ein Zeiger, der wiederum auf einen Wert vom Typ *int* zeigt. Also ein Wert vom Typ *int**.

Diese Notation wird auch konsequent bei der *new*-Anweisung fortgesetzt. Hier wird auf dem *Heap* der Speicher für ein Feld vom Typ *int** angefordert. Also ein Feld von Zeigern, die auf Werte vom Typ *int* zeigen können. Damit ist aber nur der erste Schritt der Initialisierung getan, denn hinter den nun angelegten Zeigern verbirgt sich natürlich noch kein Speicher, in dem Werte abgelegt werden können.

Das geschieht erst in der folgenden *for*-Schleife in Zeile 11. Hier werden nun alle Zeiger des Feldes durch *data[i] = new int[sizeX];* initialisiert. Dabei wird erneut auf dem *Heap* Speicher für ein Feld vom Typ *int* mit *sizeX* Elementen angefordert. Die zurückgegebene Adresse wird in dem $i-ten$ Zeiger von *data* gespeichert. Durch dieses zweistufige Verfahren ist auch offensichtlich, weshalb der reservierte Speicher nicht unbedingt zusammenhängt. Der Speicher wird durch $sizeY + 1$ einzelne Anforderungen reserviert. Die angeforderten Speicherblöcke hängen zwar zusammen, werden aber immer dort reserviert, wo gerade ausreichend Platz ist, sodass das Feld im schlimmsten Fall auf $sizeY + 1$ unzusammenhängende Bereiche verteilt ist.

In Abb. 11.5 wird die Speicherbelegung dargestellt, die durch das Listing 11.8 erzeugt wird.

Auf dem Stack wurde an der Adresse $00\,CF\,F9\,64$ die Variable *data* angelegt und darin die Adresse des auf dem *Heap* angelegten Speichers $03\,06\,F0\,88$ hinterlegt.

An dieser Adresse befinden sich nun im *Heap* so viele Zeiger, wie durch *sizeY* festgelegt wurde. Diese Zeiger werden in dieser Abbildung ausnahmsweise übereinander dargestellt, um Platz für die nächsten Zeiger zu haben. Jeder dieser Zeiger verweist auf eine eigene Speicheradresse, an der ein Feld mit Elementen vom Typ *int* angelegt wurde. Die Größe des Feldes entspricht genau dem Wert von *sizeX*.

Für jeden Pfeil in der Abbildung wurde eine *new*-Anweisung verwendet, die in einem anderen Speicherbereich liegen könnte. Wird die Anzahl der Pfeile in dieser Variante mit der

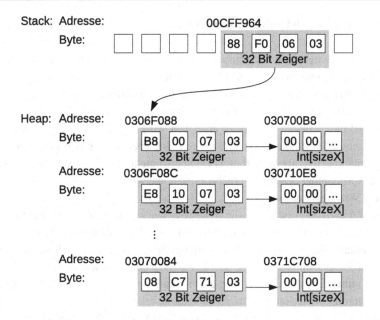

Abb. 11.5 Schematische Darstellung der Speicherbelegung durch Listing 11.8

aus den Varianten 1 oder 3 verglichen, fällt sofort auf, dass diese Lösung die am wenigsten zusammenhängende und damit potentiell langsamste ist.

Der Zugriff auf die einzelnen Elemente des Feldes erfolgt allerdings auch in dieser Variante nach dem bereits bekannten Schema. Innerhalb der zwei Schleifen in den Zeilen 17 und 19 kann durch *data[i][j] = 0;* den Elementen des zweidimensionalen Feldes der Wert 0 zugewiesen werden. Dabei liefert *data* einen Zeiger auf ein Feld, auf dessen $(i + 1)$tes Element zugegriffen wird. Das Ergebnis ist erneut ein Zeiger auf ein Feld. Hier wird auf das $(j + 1)$te Element zugegriffen, indem der Wert 0 zugewiesen wird.

Auch die Speicherfreigabe muss in dieser Variante in zwei Schritten erfolgen. Zunächst muss ab Zeile 26 in einer Schleife durch *delete[] data[i];* der Speicher aller Zeilen freigegeben werden. Auch hier sollte durch *data[i] = 0;* die hinterlegte Adresse durch den Wert 0 ersetzt werden, um Fehlern vorzubeugen.

Erst dann kann der Speicher ab Zeile 33 für das Feld aus Zeigern durch *delete[] data;* wieder freigegeben und durch *data = 0;* vor fehlerhaftem Zugriff geschützt werden. Bei einer anderen Reihenfolge wären die Adressen der Zeilen verloren und der Speicher könnte nicht mehr freigegeben werden.

Diese Variante ermöglicht es, sehr flexible Felder zu gestalten. Gleichzeitig ist dieser Ansatz langsam und es werden sehr viele Zeiger verwendet. Das sorgt dafür, dass beim Erzeugen und Löschen des Feldes eine bestimmte Reihenfolge eingehalten werden muss. Wird diese Reihenfolge nicht eingehalten, entstehen Situationen, in denen Speicher nicht mehr freigegeben werden kann.

11.5.3 Variante 3 : virtuelle Dimensionen

Neben den bereits vorgestellten Varianten gibt es noch eine dritte Möglichkeit mehrdimensionale Felder zu erzeugen. Während bei der ersten Variante die Größe einer Dimension konstant sein muss und bei der zweiten Variante zu Lasten der Geschwindigkeit sogar jede einzelne Zeile eine eigene Dimension besitzen kann, ist die dritte Variante in allen Dimensionen flexibel und schnell. Um das zu erreichen wird zunächst einmal überlegt, wie ein mehrdimensionales Feld überhaupt funktioniert. Im Speicher werden alle Bytes in einer Reihe durchnummeriert, als Modell eignet sich also mehr ein sehr langes Wandregal, weil es nur eine Ausdehnung besitzt. Ein mehrdimensionales Feld muss also auch irgendwie in dieses lange Wandregal passen.

In Abb. 11.6 wird dargestellt, wie die Bytes in einem zweidimensionalen Feld angeordnet werden können. Dabei stellen die grau hinterlegten Felder die Ausdehnung des Feldes in x und in y Richtung dar. Das Feld soll also die Größe $N \cdot N$, mit $N = 8$ besitzen, mit den Indizes i und j, die jeweils die Werte $0, \dots, 7 = N - 1$ annehmen können.

Die weiß hinterlegten Felder stellen die Bytes dar, die im Speicher hintereinander liegen und einfach durchnummeriert werden. Es ist leicht zu erkennen, dass die Nummer des ersten Bytes in jeder Zeile immer einem Vielfachen von $N = 8$ entspricht. Noch genauer entspricht die Nummer des ersten Bytes immer genau $i \cdot N$. Wird der Wert von j hinzuaddiert, kann die genaue Nummer eines jeden Bytes innerhalb des Feldes abhängig von i und j bestimmt werden.

Soll ein zweidimensionales Feld also in einem eindimensionales Speicher abgebildet werden, so kann dies zeilenweise geschehen. Die Position des Bytes innerhalb des linearen Speichers ergibt sich durch die Formel 11.2.

Abb. 11.6 Aufbau eines mehrdimensionalen Feldes in einem eindimensionalen Speicher

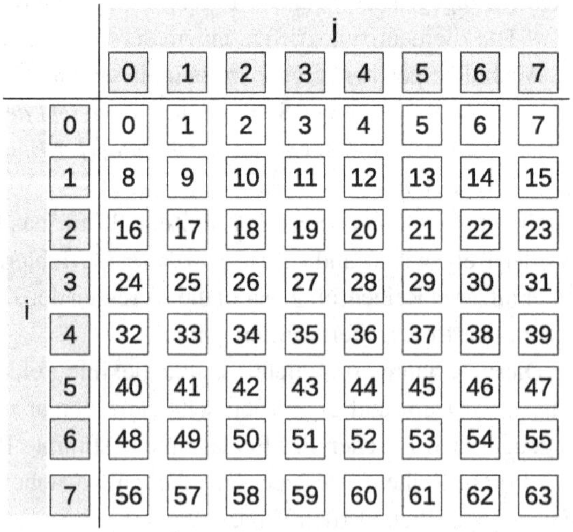

$$(Byteposition)(i, j) = i \cdot sizeX + j \qquad (11.2)$$

Damit ist es möglich, ein virtuelles zweidimensionales Feld zu erzeugen, indem ein eindimensionales Feld der Größe $sizeY \cdot sizeX$ angelegt wird. Die Position eines Bytes innerhalb eines zweidimensionalen Feldes kann abhängig von i und j mit Hilfe von Formel 11.2 berechnet werden. Es ist auch möglich diesen Lösungsansatz auf weitere Dimensionen auszudehnen. Eine dritte Dimension kann zum Beispiel hinzugefügt werden, indem ein weiteres Feld auf das bereits bestehende gelegt werden würde. Die Formel würde dann erweitert werden zu Formel 11.3.

$$(Byteposition)(i, j, k) = k \cdot sizeY \cdot sizeX + i \cdot sizeY + j \qquad (11.3)$$

Die räumliche Vorstellung der Dimensionen > 3 ist zwar schwierig, aber die Erweiterung der Formel ist leicht durchzuführen.

In Listing 11.9 wird gezeigt, wie diese dritte Variante in $C++$ für ein zweidimensionales Feld umgesetzt werden kann. Zunächst werden auch in diesem Programm zwei Hilfsvariablen $sizeX$ und $sizeY$ mit dem Wert 1024 initialisiert, um die Dimensionen des Feldes festzulegen.

```
1   int main()
2   {
3       // Variablendefinition und -initialisierung
4       // für die Feldgröße
5       unsigned int sizeY = 1024;
6       unsigned int sizeX = 1024;
7
8       // Initialisierung eines dynamischen Feldes
9       int* data = new int[sizeY*sizeX];
10
11      // Initialisierung aller Elemente
12      for (int i = 0; i < sizeY; i++)
13      {
14          for (int j = 0; j < sizeX; j++)
15          {
16              data[i * sizeX + j] = 0;
17          }
18      }
19
20      // Speicherfreigabe
21      delete[] data;
22      data = 0;
23
24      return 0;
25  }
```

Listing 11.9 Anlegen eines virtuellen mehrdimensionalen dynamischen Feldes (Variante für Programmierer)

Nun wird durch die Zeile 8 *int* data = new int[sizeY*sizeX];* ein eindimensionales Feld mit der Größe *sizeY · sizeX* auf dem *Heap* angelegt. Die Adresse des Feldes wird in der Zeigervariablen *data* gespeichert.

Um die Elemente des Feldes initialisieren zu können, wäre es nun natürlich möglich eine einzelne Schleife zu erzeugen, deren Zählvariable alle Indizes von 0 bis $sizeY · sizeX - 1$ durchläuft. Für dieses Beispielprogramm sollen aber ab Zeile 11 zwei ineinander verschachtelte Schleifen verwendet werden, um den Zugriff über zwei Koordinaten zu verdeutlichen. Wie schon in den Beispielen davor wird die Variable *i* für die Zeile und die Variable *j* für die Spalte verwendet. Der Zugriff auf die Elemente des Feldes erfolgt mit Hilfe der Formel 11.2, die die zweidimensionalen Koordinaten in die eindimensionale Feldposition umrechnet. Die entsprechende Zeile im Programm, in der allen Elementen des Feldes der Wert 0 zugewiesen wird, lautet *data[i * sizeX + j] = 0;*.

In Abb. 11.7 wird die Speicherbelegung von Listing 11.9 dargestellt. Im Prinzip ist die Speicherbelegung identisch zu der von Listing 11.5, nur mit dem Unterschied, dass in diesem Beispiel die Anzahl der Elemente von den zwei Dimensionen des virtuellen Feldes abhängig gemacht wurde. Auf dem Stack wird in der Variable *data* an Adresse 00 93 *F B F* 4 die *Heap*-Adresse des reservierten Speicherbereichs 02 *F*4 20 40 abgelegt. Danach folgen zusammenhängend *sizeY · sizeX* Werte vom Typ *int*, deren Adressen immer 4 Bytes auseinander liegen.

Auch in diesem Programm wird am Ende durch *delete[ ] data;* der reservierte Speicherplatz wieder freigegeben und durch *data = 0;* die gespeicherte Adresse gelöscht.

Mit Hilfe dieser Lösung lassen sich sehr einfach dynamische mehrdimensionale Felder erzeugen, die auch als eindimensionale Felder angesprochen werden können, wenn es Vorteile bietet. Der einzige Nachteil dieser Lösung ist, dass die Umrechnung der zweidimensionalen Koordinaten manuell durchgeführt werden muss. Mit Hilfe von Formel 11.2 ist dies jedoch kein Problem und eine Erweiterung auf höhere Dimensionen ist ebenfalls leicht möglich.

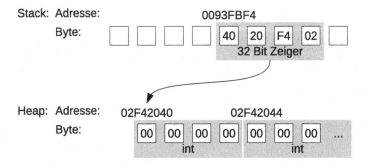

Abb. 11.7 Schematische Darstellung der Speicherbelegung durch Listing 11.9

11.6   Vertiefung: *malloc, realloc, free* und *memcpy*

Bei bestimmten Anwendungen ist die dynamische Reservierung eines bestimmten Speicherbereichs mit flexibler Größe noch nicht ausreichend, um die Aufgabe zu erfüllen. Kann die Größe des benötigten Speichers beim Start des Programms nur geschätzt werden, ist es gegebenenfalls notwendig die Größe des reservierten Speichers zur Laufzeit anzupassen. In diesem Fall ist es nötig nachträglich neuen Speicher anzufordern. Dieser neue Speicher soll allerdings den bestehenden Speicherplatz ergänzen und mit ihm zusammenhängen, was nicht immer möglich ist. Wenn so eine Situation entsteht, muss ein komplett neuer Speicherbereich in der gewünschten Größe angefordert werden. Der Inhalt des alten Speicherbereichs muss in den neuen Bereich kopiert und der alte Speicherplatz freigegeben werden.

In der Sprache *C* gibt es für diesen Anwendungszweck die Funktionen *malloc, realloc, free* und *memcpy*. Damit beherrscht *C++*, als Weiterentwicklung von *C*, diese Anweisungen natürlich auch.

Die Anweisungen *malloc* und *free* erfüllen prinzipiell die gleichen Aufgaben, wie *new* und *delete* bei *C++*. Durch *malloc* wird Speicher auf dem *Heap* reserviert und durch *free* wird dieser Speicher wieder freigegeben. Die beiden Anweisungen *new* und *delete*, können als Operatoren einer Klasse allerdings überschrieben werden. Die Funktionalität von *new* und *delete* ist also nicht gesichert. Aus diesem Grund sollten die beiden Varianten *new* und *delete*, sowie *malloc* und *free* niemals gemischt verwendet werden.

Die Funktion *realloc* ermöglicht es, einen bereits reservierten Speicherbereich zu vergrößern oder zu verkleinern. Sollte ein größerer Speicherbereich angefordert werden, der an der bisherigen Position keinen Platz findet, so wird ein neuer Bereich im Speicher reserviert und der Inhalt von der alten an die neue Position kopiert. Der alte Speicherbereich wird in diesem Fall freigegeben. Es ist wichtig zu wissen, dass, wenn kein neuer Speicher reserviert werden kann, ein Zeiger auf die Adresse 0, ein *Nullpointer*, zurückgegeben wird. In diesem Fall wird der alte Speicher jedoch nicht freigegeben. Für diesen Fall sollte die alte Adresse in jedem Fall bewahrt werden.

Durch die Funktion *memcpy* kann ein kompletter Speicherbereich von einer Adresse an eine andere kopiert werden. Da die Anweisung einen üblicherweise großen Speicherbereich kopiert und den Inhalt des Speichers nicht interpretiert kann diese Anweisung schnell ausgeführt werden.

In Listing 11.10 wird ein eindimensionales Feld mit Hilfe von *malloc* und *free* angelegt. Das Programm soll so lange Zahlen von der Konsole entgegennehmen, bis die Zahl 0 eingegeben wird. In diesem Fall soll die Eingabe abgebrochen werden. Um alle Zahlen speichern zu können, wird ein eindimensionales Feld benötigt, dessen benötigte Größe jedoch unbekannt ist. Natürlich soll auch kein Speicherplatz verschwendet werden, 1 GB des Hauptspeichers nur für diese Aufgabe zu reservieren wäre sicherlich unangemessen. Auch wäre das bei einer sehr geduldigen Person nicht ausreichend. Die Lösung ist ein Feld, dessen Größe bei Bedarf angepasst werden kann.

```
1    #include <iostream>
2
3    using namespace std;
4
5    int main()
6    {
7      // Variablendefinition und -initialisierung
8      unsigned int index = 0;
9      unsigned int value = 0;
10     unsigned int size = 5;
11
12     // Speicherreservierung mit malloc
13     int* data = (int*)malloc(size * sizeof(int));
14
15     do
16     {
17       // Benutzereingabe Anzahl unbekannt
18       cout << "Bitte geben Sie einen Wert ein: " << endl;
19       cout << "(Ende der Eingabe mit 0)" << endl;
20       cin >> value;
21
22       // Wird das Ende des reservierten Bereichs erreicht
23       // muss eine Größenanpassung vorgenommen werden.
24       if (index >= size)
25       {
26         size += 5;
27         data = (int*)realloc(data, size * sizeof(int));
28       }
29
30       // abspeichern des Wertes
31       data[index] = eingabe;
32
33       // neue Schreibposition
34       if (value != 0)
35       {
36         index++;
37       }
38     } while (value > 0);
39
40     // Speicherfreigabe
41     free(data);
42     data = 0;
43
44     return 0;
45   }
```

Listing 11.10 Anlegen eines wachsenden dynamischen Feldes mit *malloc* und *realloc*

Zunächst werden in dem Programm also einige Variablen angelegt und initialisiert. In der Variablen *index* soll die Position gespeichert werden, an der die nächste Zahl innerhalb des Feldes gespeichert werden muss. Initial ist das natürlich die Position 0. Gleichzeitig merkt sich die Variable natürlich auch, wie viele Werte bereits gespeichert wurden. Das wäre sinnvoll, wenn alle Werte später noch ausgegeben werden sollen.

In die Variable *value* soll der Wert von der Konsole eingelesen werden und die Variable *size* soll die tatsächliche Größe des Feldes speichern. Zu Beginn des Programms wird davon ausgegangen, dass eine durchschnittliche Person maximal 5 Zahlen eingibt und danach das Interesse verliert.

Durch die Zeile 13 *int* * *data = (int*)malloc(size * sizeof(int));* wird nun Speicher auf dem *Heap* reserviert. Die Funktion *malloc* nimmt als Parameter die Anzahl an Bytes entgegen, die reserviert werden sollen. In diesem Fall also $size \cdot sizeof(int)$. Dabei gibt die Funktion *sizeof* immer die Größe des übergebenen Datentyps in Byte zurück, in diesem Beispiel also 4. Der Rückgabewert der Funktion *malloc* ist immer ein Zeiger vom Typ *void**, da er in diesem Fall in einem Zeiger vom Typ *int** gespeichert werden soll, muss eine explizite Typumwandlung stattfinden.

Nun folgt ab Zeile 15 eine *do-while*-Schleife, die weiterläuft, so lange der Wert der Variablen *value* größer ist als 0. Innerhalb der Schleife wird zunächst eine Handlungsanweisung auf die Konsole ausgegeben und ein Wert in die Variable *value* eingelesen.

Als nächstes wird in Zeile 24 durch *if (index >= size)* überprüft, ob die aktuelle Position, an die geschrieben werden soll, noch innerhalb der bisher reservierten Grenzen des Feldes liegt. Sollte das nicht der Fall sein, so wird die Größe des Feldes um den Wert 5 erhöht. Die Größe des reservierten Speichers wird danach durch *data = (int*)realloc(data, size * sizeof(int));* an die neue Größe angepasst. Die Funktion *realloc* nimmt zwei Parameter entgegen. Der erste Parameter ist die Adresse, deren Speicherbereich verändert werden soll. Der zweite Parameter ist die neue Größe des Speicherbereichs in Bytes. Auch hier ist der Rückgabetyp ein Zeiger vom Typ *void**, sodass eine explizite Typumwandlung durchgeführt werden muss.

Um das Programm nicht unnötig kompliziert zu machen, wurde hier darauf verzichtet die alte Adresse zu sichern, bevor der neue Speicherbereich reserviert wird. In einer „richtigen" Anwendung müsste dies natürlich gemacht werden.

Nach der *if*-Anweisung ist sichergestellt, dass das Feld auf jeden Fall groß genug ist, um den neuen Wert zu speichern. Dieser wird in Zeile 31 durch *data[index] = eingabe;* an der Position *index* in das Feld eingefügt. Abschließend wird überprüft, ob ein Wert ungleich 0 eingegeben wurde und gegebenenfalls die Position des *index* um den Wert 1 vergrößert.

Am Ende des Programms wird der reservierte Speicher durch *free(data);* wieder freigegeben. Die Funktion *free* nimmt als Parameter die Adresse des Speicherbereichs entgegen, der freigegeben werden soll, lässt den Wert der Zeigervariablen aber unangetastet. Deshalb sollte auch hier durch *data = 0;* der Wert der Adresse gelöscht werden.

Das Listing 11.11 liefert ein einfaches Beispiel für das Kopieren eines Speicherbereichs mit Hilfe von *memcpy*. Dazu werden zunächst mit Hilfe von *malloc* zwei Felder auf dem *Heap* angelegt, die jeweils die Größe $size = 100$ besitzen.

```
1   int main()
2   {
3       // Variablendefinition und -initialisierung
4       unsigned int size = 100;
5
```

```
 6     // Speicherreservierung mit malloc
 7     int* source = (int*)malloc(size * sizeof(int));
 8     int* destination = (int*)malloc(size * sizeof(int));
 9
10     // Initialisierung des Feldes
11     for (int i = 0; i < size; i++)
12     {
13        source[i] = 0;
14     }
15
16     // Kopieren des Speicherinhalts
17     memcpy(destination, source, size * sizeof(int));
18
19     // Speicherfreigabe
20     free(source);
21     source = 0;
22
23     free(destination);
24     destination = 0;
25
26     return 0;
27   }
```

Listing 11.11 Kopieren eines Speicherbereichs mit *memcpy*

Allen Elementen des Feldes *source* wird mit Hilfe einer *for*-Schleife der Wert 0 zugewiesen und das Feld damit initialisiert. Nun soll das zweite Feld *destination* ebenfalls initialisiert werden, indem der Speicherbereich des ersten Feldes in den Speicherbereich des zweiten Feldes kopiert wird.

Dies geschieht durch die Zeile *memcpy(destination, source, size * sizeof(int));*. Die Funktion *memcpy* nimmt drei Parameter entgegen. Die ersten beiden Parameter geben die Zieladresse und die Quelladresse an, zwischen denen der Kopiervorgang stattfinden soll. Der Kopiervorgang erfolgt von Quelle zu Ziel. Der dritte Parameter bestimmt die Anzahl an Bytes, die kopiert werden sollen. In diesem Beispiel entspricht die Anzahl der Bytes der Größe des Feldes, das ist jedoch keine Voraussetzung für die Funktion.

Abschließend wird, wie bei den vorherigen Beispielprogrammen auch, der reservierte Speicher wieder freigegeben und die gespeicherten Adressen mit dem Wert 0 überschrieben.

11.7   Funktionen

Funktionen haben auf mehrere Arten mit Zeigern zu tun. Natürlich können Zeiger als Parameter an Funktionen übergeben werden. Das Verhalten ist ähnlich, wie dem bereits in Abschn. 9.3 beschriebenen *Call by Reference* und nennt sich *Call by Pointer*.

Es ist aber auch möglich, Zeiger auf Funktionen zu erzeugen um diese zum Beispiel an eine andere Funktion oder eine Klasse zu übergeben. Das ermöglicht es, dynamisch Funktionen zu definieren, die aufgerufen werden sollen, wenn ein bestimmtes Ereignis eintritt.

Diese beiden Anwendungszwecke sollen in den folgenden beiden Kapiteln genauer dargestellt werden.

11.7.1 Call by Pointer

Wenn Zeiger an Funktionen übergeben werden, haben sie zunächst einen ähnlichen Effekt, wie schon die Referenzen, die in Abschn. 9.3 vorgestellt wurden. Da bei einem Zeiger die Adresse eines Speicherplatzes übergeben wird, wirken die an dem Inhalt vorgenommenen Änderungen natürlich über die Grenzen der Funktion hinweg. Es ist also genauso gut möglich Zeiger zu übergeben, um den Inhalt einer Variable durch eine Unterfunktion ändern zu lassen.

In Abschn. 9.3 wurde das Listing 9.5 vorgestellt, das sich ebenso gut mit Hilfe von Zeigern lösen lässt. Das Ergebnis wird leicht verändert in Listing 11.12 dargestellt.

```
1    // Eine Funktionsdeklaration bei einem Call by Pointer.
2    void swap(int*, int*);
3
4    // Hauptfunktion
5    int main()
6    {
7        // Variablendefinition und -initialisierung
8        int value1 = 5;
9        int value2 = 10;
10
11       // Übergabe der Adressen
12       swap(&value1, &value2);
13
14       return 0;
15   }
16
17   // Definition der Funktion tausche
18   void swap(int* a, int* b)
19   {
20       // Vertauschen der Inhalte
21       int h = *a;
22       *a = *b;
23       *b = h;
24   }
```

Listing 11.12 Der Tausch von zwei Werten mit Hilfe von Zeigern

Bei der Funktionsdeklaration *void tausche(int*, int*);* werden die &-Symbole durch Sterne ersetzt, um die übergebenen Parameter als Zeiger zu kennzeichnen. Da die beiden Variablen *value1* und *value2* auf dem *Stack* angelegt wurden, muss nun bei dem Funktionsaufruf *swap(&value1, &value2);* das kaufmännische Und vorangestellt werden, um die Adressen der Variablen zu bekommen.

Innerhalb der Funktion *swap* müssen die Zeiger wie in **a = *b;* durch vorangestellte Sterne dereferenziert werden, um die Inhalte der Zeiger zu vertauschen. Insgesamt wird die Funktion durch die Verwendung von Zeigern unhandlicher, als bei einem *Call by Reference*.

Der Hintergrund ist, dass dies keine Situation ist, in der ein *Call by Pointer* verwendet werden würde. Grundsätzlich erfüllen die beiden Konzepte *Call by Reference* und *Call by Pointer* den gleichen Zweck. Es ist auch möglich in jeder Situation mit beiden Konzepten zu arbeiten, doch kann ein Programm durch die Verwendung des falschen Konzepts unhandlich werden.

Das Programm sollte also genau analysiert werden. Werden in dem ganzen Programm keine Zeiger verwendet, ist ein *Call by Reference* die richtige Wahl. Verwendet das Programm in Bezug auf die Funktion nur Zeigervariablen, ist ein *Call by Pointer* in den meisten Fällen die bessere Wahl. Lässt sich keine eindeutige Auswahl treffen, so können auch Funktionen mit beiden Konzepten angeboten werden.

11.7.2 Funktionszeiger

Die Sprache *C*++ ermöglicht es, Zeiger auf Funktionen zu erzeugen. Damit können Funktionen wie ganz normale Variablen gespeichert und verwendet werden. Ein typischer Anwendungsfall für einen Funktionszeiger ist eine so genannte *callback*-Funktion.

Dabei führt eine Funktion eines Programms oder einer Klasse eine bestimmte Operation aus. Nachdem die Operation beendet ist, sollen mehrere Klassen der Software über das Ende der Operation informiert werden. Natürlich wäre es möglich, die Reihenfolge der Funktionsaufrufe für die jeweiligen Klassen hart in das Programm zu schreiben. Viel eleganter wäre es jedoch, wenn ein Feld mit Funktionszeigern existieren würde. Jede Klasse, die informiert werden möchte kann dann die Adresse einer Funktion diesem Feld hinzufügen, oder wieder entfernen. Die Anzahl der Aufrufe könnte dann auf die Klassen beschränkt werden, die sich wirklich für das Ergebnis interessieren.

Für das erste praktische Beispiel eines Funktionszeigers ist die soeben vorgestellte Anwendung jedoch zu kompliziert. Deshalb wird in Listing 11.13 zunächst ein Funktionszeiger für eine einfache Funktion erzeugt und benutzt.

```
1    #include <iostream>
2
3    using namespace std;
4
5    // Beispielfunktion
6    int sum(int a, int b)
7    {
8      return a + b;
9    }
10
11   // Beispielfunktion 2
12   int mul(int a, int b)
13   {
14     return a * b;
15   }
16
17   int main()
```

```
18    {
19        // Deklaration eines Funktionszeigers
20        int(*fpointer)(int, int);
21
22        // Wertzuweisung einer Funktion durch
23        fpointer = sum;
24        // oder
25        fpointer = &sum;
26
27        // Der Zeiger funktioniert für alle Funktionen
28        // mit gleichen Merkmalen
29        fpointer = mul;
30
31        // Anwendung des Funktionszeigers
32        cout << fpointer(3, 7) << endl;
33
34        return 0;
35    }
```

Listing 11.13 Deklaration und Anwendung von Funktionszeigern

Funktionszeiger werden immer für eine bestimmte Art von Funktion angelegt. Das bedeutet, dass die wichtigen Merkmale einer Funktion, wie die Übergabeparameter und der Rückgabetyp, auch für den Funktionszeiger angegeben werden müssen. Durch *int sum(int a, int b)* wird eine einfache Funktion definiert, die einen Wert vom Typ *int* zurückgibt und zwei Parameter vom Typ *int* entgegennimmt. Diese Funktion berechnet die Summe der beiden übergebenen Werte.

Wird eine weitere Funktion mit den gleichen Merkmalen definiert, wie zum Beispiel durch *int mul(int a, int b)*, so kann der Funktionszeiger auch für diese Funktion verwendet werden.

Innerhalb der Hauptfunktion wird nun durch *int(*fpointer)(int, int);* ein Funktionszeiger definiert, der die Merkmale für die Funktionen festlegt, auf die er zeigen kann. Zunächst wird der Rückgabetyp durch *int* festgelegt. Der Name des Funktionszeigers muss mit einem Stern innerhalb von Klammern angegeben werden. Danach folgen in runden Klammern die Variablentypen der Funktionsparameter. Der Zeiger kann in diesem Beispiel auf eine Funktion mit dem Rückgabetyp *int* zeigen, die zwei Parameter vom Typ *int* erwartet.

Die Wertzuweisung einer Funktion zu dem Zeiger erfolgt durch *fpointer = sum;*. Der Name der Funktion wird dem Zeiger also wie ein ganz normaler Wert zugewiesen. Alternativ ist es auch zulässig, dem Namen der Funktion wie in *fpointer = ∑* ein kaufmännisches Und voranzustellen. Das ist jedoch keinesfalls erforderlich.

Auch mit der zweiten Funktion kann durch *fpointer = mul;* eine Wertzuweisung erfolgen, da sie die für den Zeiger festgelegten Merkmale aufweist.

Nun kann der Name des Zeigers wie eine Funktion verwendet werden. In der Zeile *cout << fpointer(3, 7) << endl;* wird das beispielhaft gezeigt. Der Aufruf der Funktion, auf die *fpointer* zeigt, erfolgt wie ein gewöhnlicher Funktionsaufruf und auch der

Rückgabewert kann ganz normal weiterverarbeitet werden. In diesem Beispiel lautet die
Ausgabe des Programms 21.

Häufig werden für Funktionen jedoch nicht nur einzelne Zeiger angelegt, stattdessen
werden Funktionszeiger auf den gleichen Funktionstyp oft an mehreren Stellen benötigt.
Wenn es sich um Funktionen mit mehreren Parametern handelt, kann es leicht zu Fehlern
kommen. Es ist deshalb sinnvoll einen neuen Variablentyp für Funktionen eines bestimmten
Typs zu erzeugen. In *C++* existiert für die Definition neuer Variablentypen die Anweisung
typedef. Listing 11.14 zeigt die Anwendung der *typedef*-Anweisung für Funktionszeiger.

```
1    #include <iostream>
2
3    using namespace std;
4
5    // Beispielfunktion
6    int sum(int a, int b)
7    {
8       return a + b;
9    }
10
11   typedef int(*fpointer)(int, int);
12
13   int main()
14   {
15      // Deklaration eines Funktionszeigers
16      fpointer fp;
17
18      // Wertzuweisung einer Funktion durch
19      fp = sum;
20
21      // Anwendung des Funktionszeigers
22      cout << fp(3, 7) << endl;
23
24      return 0;
25   }
```

Listing 11.14 Deklaration und Anwendung von Funktionszeigern mit Hilfe von *typedef*

In diesem Beispiel wird durch *typedef int(*fpointer)(int, int);* ein neuer Variablentyp angelegt. Die Definition des Variablentyps entspricht der Definition des bereits bekannten Funktionszeigers aus Listing 11.13. Auch die Merkmale der Funktionen, auf die der Zeiger
verweisen kann sind identisch. Allerdings legt in diesem Beispiel der Name *fpointer* nicht
den Namen für eine Variable fest, sondern für einen Variablentyp.

In der Hauptfunktion kann mit Hilfe dieses Variablentyps nun durch *fpointer fp;* ein
Funktionszeiger mit dem Namen *fp* angelegt werden. Die Wertzuweisung und Anwendung
dieses Funktionszeigers erfolgt nun analog zu Listing 11.13.

Da Funktionszeiger durch die *typedef*-Anweisung nun wie jeder andere Variablentyp
verwendet werden können, lassen sich auch einfach Felder von Funktionszeigern erzeugen.

11.8 Klassen

Das Thema Klassen wurde bereits ausführlich in Kap. 10 behandelt. Dennoch ist es sinnvoll das Kapitel noch einmal zu öffnen, nachdem die Zeiger eingeführt wurden.

Bisher wurde bereits gezeigt, dass sich die Verwendung von Zeigern immer dann lohnt, wenn große Speicherbereiche dynamisch angelegt werden sollen. Das hat zum Beispiel dazu geführt, dass die Größe von Feldern frei während der Laufzeit festgelegt und sogar nachträglich verändert werden konnte. Die Möglichkeiten der Felder wurden durch die Verwendung von Zeigern also erweitert.

Ähnliches passiert bei den Klassen. Eine erste offensichtliche Änderung ist jedoch zunächst die Notation, mit der auf die Memberfunktionen und -variablen der Klasse zugegriffen werden kann, wenn sie auf dem *Heap* angelegt wurde. Übung 10.10 wurde als Teil der Beschreibung der Klasse *Vector2D* in Listing 10.10 eine Hauptfunktion vorgestellt, in dem ein Objekt der Klasse angelegt und verwendet wurde. Dieses Programm soll nun so verändert werden, dass das Objekt der Klasse auf dem *Heap* angelegt wird. Listing 11.15 zeigt die neue Version des Programms.

```
1    #include <iostream>
2    #include "Vector2D.h"
3
4    using namespace std;
5
6    // Hauptfunktion
7    int main()
8    {
9        // Variablendefinition und -initialisierung
10       Vector2D* v1 = new Vector2D();
11
12       // Hilfsvariablen
13       double x = 0.0;
14       double y = 0.0;
15
16       // Ausgabe
17       // Werteingabe
18       cin >> x;
19       cin >> y;
20
21       v1->setCartesian(x, y);
22
23       cout << "Vektorlaenge: " << v1->getLength() << endl;
24
25       // Speicherfreigabe
26       delete v1;
27       v1 = 0;
28
29       return 0;
30   }
```

Listing 11.15 Das Hauptprogramm (Projekt.cpp)

Um einen Zeiger auf ein Objekt der Klasse *Vector2D* zu erzeugen, wird die ursprüngliche Zeile 10 *Vector2D v1;* in *Vector2D* v1 = new Vector2D();* geändert. Die Variable *v1* besitzt nun den Variablentyp *Vector2D** und mit Hilfe der *new*-Anweisung wird ein Objekt der Klasse auf dem *Heap* angelegt.

Dadurch verändert sich die Notation für den Zugriff auf die Klassenmember. Anstelle des Punktes *(.)*, wird nun ein Pfeil (− >) verwendet. Die Zeile 21 *v1.setCartesian(x, y);*, wird somit zu *v1− >setCartesian(x, y);*. Gleiches gilt für die Zeile 23 *cout << „Vektorlaenge:"* *<< v1.getLength() << endl;*, die zu *cout << „Vektorlaenge:" << v1− >getLength() <<* *endl;* geändert wird.

Da das Objekt auf dem *Heap* angelegt wurde, muss der Speicher durch *delete v1;* manuell wieder freigegeben werden. Und natürlich sollte auch in diesem Beispiel die Adresse durch *v1 = 0;* gelöscht werden, um fehlerhafte Zugriffe zu verhindern.

Innerhalb der Klassendeklaration ändert sich nichts. Die Beschreibung der Klasse selbst ist unabhängig davon, wo das Objekt angelegt wird.

11.8.1 Polymorphie

Der vollständige Einsatz von Polymorphie ist eigentlich nur dann möglich, wenn Zeiger eingesetzt werden. Ist der Typ eines Zeigers eine Klasse *A*, so kann dieser Zeiger auch auf Objekte von Klassen zeigen, die von der Klasse *A* erben. Natürlich können über diesen Zeiger dann nur Funktionen aufgerufen werden, die schon in der Klasse *A* deklariert wurden, doch das ist in vielen Fällen exakt das, was benötigt wird.

In Listing 11.16 wird eine abstrakte Klasse definiert, die eine Schnittstelle für Objekte darstellen soll, die in die Konsole gezeichnet werden können. Um die Klasse möglichst klein zu halten, wurde keine *.cpp*-Datei erzeugt. Stattdessen wurden die Definitionen des Konstruktors und des Destruktors direkt in die *Header*-Datei geschrieben.

```
1    // Include Guard
2    class Object { public:
3       Object() {};
4       virtual ~Object() {};
5
6       virtual void paint() = 0;
7    };
```

Listing 11.16 Die abstrakte Klasse *Object* (Object.h)

Es ist tatsächlich bei jeder Funktion innerhalb einer Klasse möglich, die vollständige Definition in die *Header*-Datei zu schreiben. Allerdings leidet die Übersichtlichkeit der *Header*-Datei dadurch in den meisten Fällen, sodass es nicht ratsam ist, sich diesen Stil anzugewöhnen. Bei einer kleinen abstrakten Klasse, deren Konstruktor und Destruktor leer bleiben, ist dies jedoch ohne Verlust der Übersichtlichkeit möglich.

Die Zeile *Object() {};* ist also die Definition des Konstruktors, wobei die leeren geschweiften Klammern deutlich machen, dass in dem Konstruktor nichts passiert. Genauso definiert die Zeile *virtual ~ Object() {};* den Destruktor. Das Schlüsselwort *virtual* macht deutlich, dass C++ zur Laufzeit in der *vtable* nachsehen muss, welcher Destruktor aufgerufen werden muss.

Mit der letzten Funktion, die nur deklariert wird, wird die Klasse abstrakt, denn in der Zeile 8 *virtual void paint() = 0;* wird der Funktion *paint* der Wert 0 zugewiesen. Für diese Funktion existiert innerhalb der Klasse also keine Implementierung, folglich muss die Funktion virtuell sein, damit in erbenden Klassen eine Definition nachgereicht werden kann.

Nun sollen zwei Klassen von der Klasse *Object* erben. Zum einen die Klasse *Cube*, die in den Programmen 11.17 und 11.18 dargestellt wird, und die Klasse *Circle*, deren Implementierung sich in den Programmen 11.19 und 11.20 befindet. Beide Klassen unterscheiden sich nur in Details, sodass eine detaillierte Beschreibung nur für die Klasse *Circle* durchgeführt wird.

```
1    // Include Guard
2    #include "Object.h"
3
4    class Cube : public Object
5    {
6    public:
7       Cube();
8       ~Cube();
9
10      void paint();
11   };
```
Listing 11.17 Die erbende Klasse *Cube* (Cube.h)

```
1    #include "Cube.h"
2    #include <iostream>
3
4    using namespace std;
5
6    Cube::Cube()
7       :Object()
8    {
9    }
10
11   Cube::~Cube()
12   {
13   }
14
15   void Cube::paint()
16   {
17      cout << "****" << endl
18           << "****" << endl
19           << "****" << endl
20           << "****" << endl;
21   }
```
Listing 11.18 Die erbende Klasse *Cube* (Cube.cpp)

```
1   // Include Guard
2   #include "Object.h"
3
4   class Circle : public Object
5   {
6   public:
7     Circle();
8     ~Circle();
9
10    void paint();
11  };
```

Listing 11.19 Die erbende Klasse *Circle* (Circle.h)

```
1   #include "Circle.h"
2   #include <iostream>
3
4   using namespace std;
5
6   Circle::Circle()
7     : Object()
8   {
9   }
10
11
12  Circle::~Circle()
13  {
14  }
15
16  void Circle::paint()
17  {
18    cout << "  **  " << endl
19         << " **** " << endl
20         << " **** " << endl
21         << "  **  " << endl;
22  }
```

Listing 11.20 Die erbende Klasse *Circle* (Circle.cpp)

In der *Header*-Datei der Klasse *Circle,* die in Listing 11.19 dargestellt wird, wird zunächst durch die Zeile *class Circle : public Object* festgelegt, dass die Klasse *Circle* von der Klasse *Object* erben soll. Die Klasse soll über einen Konstruktor und einen Destruktor verfügen, sowie über eine Implementierung der Funktion *paint,* die in der abstrakten Klasse *Object* nicht definiert wurde.

Innerhalb der *.cpp*-Datei wird für den Konstruktor festgelegt, dass als einzige Aktion der Konstruktor der Basisklasse aufgerufen werden soll. Wird nun ein Objekt der Klasse *Circle* aufgerufen, wird folglich zunächst der Konstruktor der Basisklasse ausgeführt, bevor der Konstruktor der Klasse *Circle* ausgeführt wird. Das macht auch Sinn, da die Basisklasse evtl. Konfigurationen vornehmen muss, die in der erbenden Klasse benötigt werden.

Der Destruktor der Klasse *Circle* soll keine Anweisung ausführen. Dennoch wird nach dem Destruktor der Klasse *Circle* der Destruktor der Basisklasse ausgeführt. Das liegt daran, dass der Destruktor in der Basisklasse als virtuell deklariert wurde. Wäre das nicht der Fall, so würde nur einer der beiden Destruktoren aufgerufen. Welcher das dann konkret ist, hängt von dem Variablentyp ab, mit dem das dazugehörige Objekt gelöscht wird. Dazu gleich mehr, wenn das Hauptprogramm erklärt wird.

In der Funktion *paint* wird lediglich durch eine *cout*-Anweisung ein einfacher Kreis auf der Konsole ausgegeben.

Alle Anweisungen und Konzepte, die in den Programmen 11.16 bis 11.20 angewendet wurden, sind in den vorherigen Kapiteln dieses Buches bereits erklärt worden. Sollte Ihnen beim Lesen etwas unbekannt vorgekommen sein, schauen Sie am besten noch einmal in dem entsprechenden Kapitel nach.

In Listing 11.21 werden nun alle vorher definierten Klassen benutzt, um das Konzept der Polymorphie vollständig zu erläutern.

```
1    #include "Object.h"
2    #include "Cube.h"
3    #include "Circle.h"
4
5    int main()
6    {
7        // Variableninitailisierung
8        const unsigned int N = 10;
9        Object* objects[N];
10
11       // Initialisierung der einzelnen Objekte
12       // des Feldes abhängig von der Feldposition
13       for (int i = 0; i < N; i++)
14       {
15           if (i % 2 == 0)
16           {
17               objects[i] = new Cube();
18           }
19           else
20           {
21               objects[i] = new Circle();
22           }
23       }
24
25       // Aufruf aller paint-Funktionen
26       for (int i = 0; i < N; i++)
27       {
28           objects[i]->paint();
29       }
30
31       // Speicherfreigabe für alle
32       // Feldelemente
33       for (int i = 0; i < N; i++)
34       {
35           delete objects[i];
```

```
36          objects[i] = 0;
37      }
38
39      return 0;
40  }
```

Listing 11.21 Das Hauptprogramm (Project.cpp)

Zunächst werden die *Header*-Dateien der Klassen eingebunden, damit sie im Hauptprogramm verwendet werden können. Dabei hätte die Datei *Object.h* nicht eingebunden werden müssen, da sie durch die *Header*-Dateien der beiden erbenden Klassen bereits eingebunden wurde.

Im Hauptprogramm werden zwei Variablen initialisiert: Zum einen die Konstante *N*, die die Größe eines Feldes festlegen soll, und das Feld *objects*. Das Feld *objects* stellt dabei eine Feldvariante dar, die noch nicht besprochen wurde. Das Feld wird auf dem *Stack* angelegt, deshalb muss dessen Größe konstant sein. Seine Elemente bestehen jedoch aus Zeigern, die später auf Objekte zeigen werden, die auf dem *Heap* angelegt werden. Das Feld besitzt den Variablentyp *Object**, ist also ein Zeiger auf ein Objekt einer abstrakten Klasse, die selbst nicht als Objekt angelegt werden kann. Die Erklärung ist die gleiche, wie schon bei den *void*-Zeigern. Da hier kein konkretes Objekt angelegt wird, sondern nur ein Zeiger, der eine fest definierte Größe besitzt, ist es möglich auch Zeiger auf eigentlich unmögliche Ziele, wie etwas undefiniertes *(void)*, oder eine abstrakte Klasse zu erzeugen.

Innerhalb der *for*-Schleife ab Zeile 13 werden die Elemente des Feldes initialisiert, indem abwechselnd Objekte des Typs *Cube* und *Circle* auf dem *Heap* angelegt, und deren Adressen den Feldelementen zugewiesen werden. Das funktioniert, weil beide Klassen von der Klasse *Object* geerbt haben und die Klassen damit über eine gemeinsame Schnittstelle verfügen. Die abstrakte Funktion *paint* ist in beiden Klassen implementiert, sodass Objekte der Klassen angelegt werden können.

In der folgenden Schleife ab Zeile 26 wird die *paint*-Funktion von jedem Element des Feldes aufgerufen. Dadurch werden abwechselnd Würfel und Kreise auf der Konsole ausgegeben. Generell könnte nun jede Funktion aufgerufen werden, die in der abstrakten Klasse definiert wurde, da sie entweder dort oder in einer der beiden erbenden Klassen definiert sein muss. Mit Hilfe von abstrakten Klassen und Polymorphie ist es also möglich, Schnittstellen zu definieren, an die sich alle erbenden Klassen halten müssen. Zeiger auf die abstrakte Klasse, bzw. die Schnittstelle, können genutzt werden, um Objekte an Funktionen zu übergeben, oder anderweitig zu verarbeiten. Die Funktionsweise der übergebenen Objekte richtet sich aber nach der individuellen Implementierung innerhalb der erbenden Klasse.

Das eröffnet viele neue Möglichkeiten, da Handlungsabläufe so weiter abstrahiert werden können. Allerdings ist ein wenig Erfahrung und ein größeres Projekt notwendig, um die daraus erwachsenden Möglichkeiten zu erkennen und zu schätzen.

Das Programm schließt, indem ab Zeile 33 der Speicherplatz aller reservierten Objekte gelöscht und die gespeicherte Adresse mit dem Wert 0 überschrieben wird.

11.8.2 Operatoren

In Abschn. 10.3 wurden bereits einige Operatoren und deren Implementierungen vorgestellt. Bei einigen Umsetzungen ist es jedoch notwendig, dass Zeiger eingesetzt werden. Aus diesem Grund werden die Beispielimplementierungen der Operatoren in diesem Kapitel fortgeführt, nachdem die dafür notwendigen Begriffe eingeführt wurden.

arithmetische Operatoren
Viele der arithmetischen Operatoren können vergleichbar zu den in Abschn. 10.3 vorgestellten Beispielen implementiert werden. Für einige der Operatoren wurden jedoch auch sehr individuelle Lösungen gewählt. Der Inkrementoperator $++$ und der Dekrementoperator $--$, die den Variablenwert um 1 erhöhen, bzw. verringern, besitzen in $C++$ zum Beispiel zwei mögliche Schreibweisen, die in Listing 11.22 gezeigt werden.

```
1   #include <iostream>
2
3   using namespace std;
4
5   // Hauptfunktion
6   int main()
7   {
8      int a = 0;
9      int b = 0;
10
11     cout << a++ << endl;
12     cout << ++b << endl;
13     cout << a << endl;
14     cout << b << endl;
15  }
```
Listing 11.22 Das Hauptprogramm (Projekt.cpp)

Die Ausgabe dieses Programms lautet:

```
0
1
1
1
```

Der Hintergrund ist, dass der Inkrement $a++$ nach der Ausgabe durch *cout* erfolgt, während der Inkrement $++b$ vor der Ausgabe erfolgt. Bei den letzten beiden Ausgaben besitzen beide Variablen den Wert 1.

Um diese beiden Schreibweisen in $C++$ zu unterscheiden wurde ein Weg gewählt, der nicht auf den ersten Blick intuitiv erscheint. Listing 11.23 zeigt die Deklaration der beiden möglichen Inkrementoperatoren.

```
1   //...
2
3   Vector2D& operator++(); // repräsentiert ++a;
4   Vector2D operator++(int); // repräsentiert a++;
5
6   // ...
```

Listing 11.23 Deklarationen der Dekrementoperatoren (Vector2D.h)

Der erste der beiden Operatoren gibt eine Referenz auf das Objekt der Klasse *Vector2D*
zurück, während der zweite Operator eine Kopie des Objekts erstellt und einen *int* Parameter
entgegennimmt, der verwendet wird, um die beiden Operatoren zu unterscheiden. Für den
Operator selbst besitzt der Parameter jedoch keine weitere Bedeutung. Die Implementierung
der beiden Operatoren wird in Listing 11.25 gezeigt.

```
1   // ...
2
3   // repräsentiert ++a;
4   Vector2D& Vector2D::operator++()
5   {
6     double v = getLength();
7     *this = *this * ((v + 1) / v);
8     return *this;
9   }
10
11  // repräsentiert a++;
12  Vector2D Vector2D::operator++(int)
13  {
14    Vector2D result = *this;
15
16    double v = getLength();
17    *this = *this * ((v + 1) / v);
18
19    return result;
20  }
21
22  // ...
```

Listing 11.24 Implementierung der Dekrementoperatoren (Vector2D.cpp)

Bei beiden Operatoren soll die Länge des Vektors um den Wert 1 vergrößert werden. Dazu
wird bei beiden Operatoren die Länge des Vektors durch *double v = getLength();* berechnet
und in der Variablen *v* gespeichert.

Um den Vektor um den Wert 1 zu verlängern, muss Formel 11.4 angewendet werden.
Dazu ist es sinnvoll, den bereits definierten Operator für die skalare Multiplikation zu verwenden. Allerdings wird dafür ein Objekt vom Typ *Vector2D* benötigt, das mit dem Skalar
multipliziert werden kann. Dieses Objekt war aber bisher nur außerhalb der Klasse bekannt.

$$\left| \vec{v} \cdot \frac{|\vec{v}| + 1}{|\vec{v}|} \right| = |\vec{v}| + 1 \tag{11.4}$$

Da dieses Problem häufig vorkommt, bietet die Sprache $C++$ jedem Objekt einer Klasse die Möglichkeit, einen Zeiger auf sich selbst zu benutzen. Dieser Zeiger hat den Namen *this* und meint immer das Objekt, dessen Funktion gerade aufgerufen wurde.

Durch die Zeile **this = *this * ((v + 1)/v);* wird also Formel 11.4 umgesetzt. Der Zeiger *this* wird durch den vorangestellten Stern dereferenziert und verweist damit auf die Daten, die sich hinter dem Zeiger verbergen. In anderen Worten: Auf das Objekt der Klasse *Vector2D*. Auf dieses Objekt wird der Operator für die skalare Multiplikation angewendet und damit jedes Element des Vektors mit dem Wert $(v + 1)/v = (|\vec{v}| + 1)/|\vec{v}|$ multipliziert. Das Ergebnis wird erneut in dem dereferenzierten Zeiger, also dem Objekt selbst, gespeichert.

Der Vektor, auf dem der Operator $++$ ausgeführt wurde, wurde so um den Wert 1 verlängert. Nun muss aber noch das unterschiedliche Verhalten abgebildet werden, das von beiden Operatoren erwartet wird.

Bei dem ersten Operator, also bei $++a$, kann der veränderte Vektor direkt als Ergebnis zurückgegeben werden. Die Zeile *return *this;* mag etwas verwirren, macht aber absolut Sinn. Der Zeiger *this* zeigt auf das Objekt selbst und wird durch den vorangestellten Stern dereferenziert. Damit wird ein Objekt vom Typ *Vector2D* zurückgegeben, das über eine Adresse verfügt, und entspricht so dem erwarteten Rückgabetyp *Vector2D&*.

Der zweite Operator $a++$ muss die Länge des Vektors ebenfalls um den Wert 1 verlängern, benutzt für die Berechnung des längeren Vektors also die gleichen Rechenschritte, wie der erste Vektor. Allerdings soll der Rückgabewert des Operators der Originalvektor sein, dessen Länge noch nicht verändert wurde. Aus diesem Grund wird in der ersten Zeile durch *Vector2D result = *this;* ein neues Objekt als Kopie dieses Originalvektors angelegt.

In den folgenden Zeilen wird die Länge des Vektors verändert und abschließend die zuvor gespeicherte Kopie durch *return result;* zurückgegeben.

Zuweisungsoperatoren

Von den Zuweisungsoperatoren gibt es grundsätzlich zwei Varianten. Die erste Variante kombiniert eine Rechenoperation mit einer Wertzuweisung und die zweite Variante weist dem Objekt direkt einen bestimmten Wert zu.

Als Beispiel für die Wertzuweisung mit kombinierter Rechenoperation dient hier der Operator $+=$. Die Implementierungen von anderen Operatoren dieser Art hängen natürlich von der jeweiligen Rechenoperation ab, doch die grundsätzlich Idee ist immer die Gleiche. Um die Unterschiede zu dem arithmetischen Operator $+$ hervorzuheben, wird auch eine Implementierung dieses Operators vorgestellt.

Der Wertzuweisungsoperator $=$ unterscheidet sich von den Zuweisungsoperatoren, die neben der Wertzuweisung noch eine Rechenoperation durchführen, und hat mehr Ähnlichkeiten mit dem Kopierkonstruktor. Auch für diesen Operator soll hier eine Beispielimplementierung vorgestellt werden. In Listing 11.25 sind die Deklarationen der Operatoren aus der *Header*-Datei der Klasse *Vector2D* dargestellt.

```
1    // ...
2
3        // Arithmetische Operatoren
4        Vector2D operator+(Vector2D r) const;
5
6        // Zuweisungsoperatoren
7        Vector2D& operator+=(Vector2D r);
8        void operator=(Vector2D r);
9
10   // ...
```

Listing 11.25 Deklarationen des arithmetischen Operators + und der Zuweisungsoperatoren + =
und = (Vector2D.h)

Einige Unterschiede zwischen den beiden Operatoren + und + = sind auf den ersten Blick
zu erkennen. Der Operator + führt eine normale Vektoraddition durch. Das bedeutet, dass
zwei Vektoren $\vec{l}$ und $\vec{r}$ mit Hilfe der Addition verknüpft werden. Das Ergebnis ist ein neuer
Vektor $\vec{e}$ vom Typ *Vector2D*. Dabei ist der linke Operand das Objekt, das den Operator
ausführt und der rechte Operand ist der Funktionsparameter, der in dem Beispielprogramm
r genannt wurde. Da bei dieser Operation das Objekt selbst nicht verändert wird, kann der
Operator auch auf konstanten Objekten durchgeführt werden. Die Deklaration *Vector2D
operator+(Vector2D r) const;* kann deshalb um das Schlüsselwort *const* ergänzt werden.

Bei dem Zuweisungsoperator + = wird ebenfalls eine Vektoraddition von zwei Vek-
toren $\vec{l}$ und $\vec{r}$ durchgeführt. Das Ergebnis ist jedoch kein neuer Vektor, sondern der durch
die Summe veränderte Vektor $\vec{l}$. Da kein neues Objekt erstellt wird, ist der Rückgabetyp
dieses Operators *Vector2D&*. Zusätzlich kann der Operator nicht auf konstanten Objekten
ausgeführt werden, da er das betreffende Objekt verändert.

Der Zuweisungsoperator = erstellt eine direkte Kopie des übergebenen Parameters *r*. Da
die Wertzuweisung üblicherweise nicht innerhalb anderer Rechenoperationen vorkommt, ist
der Rückgabetyp *void*. Auf konstanten Objekten kann der Operator ebenfalls nicht ausgeführt werden, da dessen einziger Sinn die Veränderung des Objekts ist, auf dem er ausgeführt
wird.

Die Implementierung der Operatoren in der *.cpp*-Datei wird in Listing 11.26 dargestellt.

```
1    //  ...
2
3        // Addition mit Objektkopie
4        Vector2D Vector2D::operator+(Vector2D r) const
5        {
6          Vector2D result;
7
8          result.m_x = this->m_x + r.m_x;
9          result.m_y = this->m_y + r.m_y;
10
11         return result;
12       }
13
14       // Addition mit Wertzuweisung
15       Vector2D& Vector2D::operator+=(Vector2D r)
```

```
16   {
17      this->m_x += r.m_x;
18      this->m_y += r.m_y;
19
20      return *this;
21   }
22
23   // Wertzuweisung
24   void Vector2D::operator=(Vector2D r)
25   {
26      this->m_x = r.m_x;
27      this->m_y = r.m_y;
28   }
29
30   // ...
```

Listing 11.26 Implementierung des arithmetischen Operators + und der Zuweisungsoperatoren + = und = (Vector2D.cpp)

Zunächst wird die normale Addition zweier Vektoren mit dem Operator + implementiert. Da das Objekt selbst nicht verändert werden darf, wird durch *Vector2D result;* ein neues Objekt vom Typ *Vector2D* angelegt, in dem das Ergebnis gespeichert werden kann.

Das Ergebnis berechnet sich durch die Formel 11.5 und wird in *C++* durch die Zeilen 8 *result.m_x = this− > m_x + r.m_x;* und 9 *result.m_y = this− > m_y + r.m_y;* umgesetzt. Bei beiden Zeilen wäre es möglich, das *this− >* vor *m_x* und *m_y* wegzulassen, allerdings wird dadurch deutlich, dass es sich um die Variablen des Objekts selbst handelt. Die Operation + zwischen *this− > m_x* und *r.m_x;* kann angewendet werden, da es sich hier um Variablen vom Typ *double* handelt.

$$\vec{c} = \vec{l} + \vec{r} = \begin{pmatrix} l_x \\ l_y \end{pmatrix} + \begin{pmatrix} r_x \\ r_y \end{pmatrix} = \begin{pmatrix} l_x + r_x \\ l_y + r_y \end{pmatrix} \tag{11.5}$$

Abschließend wird durch *return result;* der berechnete Vektor zurückgegeben.

Wird die Operation + mit der Wertzuweisung kombiniert, so wie bei dem Operator + =, so muss kein neues Objekt angelegt werden. Dadurch wird der Operator schneller, kann aber nicht auf konstanten Objekten angewendet werden.

Die Formel 11.5 wird in diesem Operator durch die Zeilen 17 *this− > m_x+ = r.m_x;* und 18 *this− > m_y+ = r.m_y;* umgesetzt, wobei das Ergebnis durch + = direkt in dem Objekt selbst gespeichert wird.

Als Ergebnis der Berechnung wird durch *return *this;* eine Referenz auf das nun veränderte Objekt zurückgegeben.

Der Operator für die reine Wertzuweisung muss nur die Werte der Variablen des zu kopierenden Objekts in die Variablen des aktuellen Objekts kopieren. Dies wird durch die Zeilen 26 *this− > m_x = r.m_x;* und 27 *this− > m_y = r.m_y;* erledigt.

Vergleichsoperatoren

Vergleichsoperatoren setzen das aktuelle Objekt *A* in Beziehung zu einem anderen Objekt. Dazu muss natürlich ein sinnvoller Vergleich zwischen den Instanzen einer Klasse möglich sein. Repräsentiert die Klasse Kreise, so könnte der Radius für einen Größenvergleich genutzt werden und bei Namen wäre eine alphabetische Reihenfolge denkbar. Allerdings kann es auch Situationen geben, in denen es keine sinnvolle Sortierung gibt. Repräsentiert die Klasse zum Beispiel etwas Abstraktes, wie Nachrichten, die zwischen verschiedenen Computern hin und her geschickt werden können, dann ist ein Größenvergleich wahrscheinlich nicht möglich.

In dem Beispiel in diesem Buch werden Vektoren verglichen, sodass ein Größenvergleich über den Betrag realisiert werden kann und auch die Gleichheit zweier Vektoren ist eindeutig definiert. In Listing 11.27 werden die Deklarationen für zwei Operatoren, == und >, vorgestellt. Da bei dem Vergleich zweier Objekte in den meisten Fällen nur zwei sinnvolle Antworten möglich sind, ist der Rückgabetyp beider Operatoren *bool*.

```
1  //...
2
3      // Vergleichsoperatoren
4      bool operator==(Vector2D r);
5      bool operator>(Vector2D r);
6
7  // ...
```

Listing 11.27 Deklarationen der Vergleichsoperatoren == und >

Die Implementierung der beiden Operatoren wird in Listing 11.28 dargestellt.

```
1  // ...
2
3  // Gleichheit
4  bool Vector2D::operator==(Vector2D r)
5  {
6    return (this->m_x == r.m_x) && (this->m_y == r.m_y);
7  }
8
9  // Ungleichheit (Größer)
10 bool Vector2D::operator>(Vector2D r)
11 {
12   return this->getLength() > r.getLength();
13 }
14
15 // ...
```

Listing 11.28 Implementierung der Vergleichsoperatoren == und >

Dabei wird in dem ersten Operator == ein logischer Ausdruck definiert, der überprüft, ob die Koordinaten beider Vektoren identisch sind. In diesem Fall ist das Ergebnis des Ausdrucks *true,* andernfalls *false.*

Der zweite Operator vergleicht die Beträge beider Vektoren und liefert genau dann den Wert *true* zurück, wenn der Betrag des linken Vektors größer ist, als der des Rechten. Weitere Vergleichsoperatoren lassen sich analog zu diesem Schema implementieren.

11.9   Vertiefung: Unions

Die Sprache *C++* beinhaltet noch eine weitere Variante der Klasse, die allerdings einige Besonderheiten aufweist. Die so genannte *Union* ist ebenfalls eine komplexe Struktur, die mehrere Variablen zu einem gemeinsamen Datentyp verbindet. Allerdings nutzt die *Union* dabei nur so viel Speicher, wie für die größte Membervariable benötigt wird, denn alle Variablen liegen im exakt gleichen Speicherbereich.

Aufgrund dieser Besonderheit hat die *Union* einige Einschränkungen im Vergleich zu den normalen Klassen. Es ist zum Beispiel nicht möglich, von *Unions* zu erben, oder diese zu vererben. Auch die Definition von virtuellen Funktionen ist nicht gestattet.

Die Variablen einer *Union* dürfen auch keine Referenzen sein.

Ansonsten können für *Unions* alle Funktionen definiert werden, die von den normalen Klassen bekannt sind, inklusive Konstruktoren, Destruktoren und Operatoren. In den meisten Fällen wird eine Union jedoch nur als Datencontainer verwendet.

Durch die Vereinigung der in der *Union* enthaltenen Variablen kann auf ganz unterschiedliche Art und Weise auf einen bestimmten Datensatz zugegriffen werden. Es ist zum Beispiel möglich, eine Variable vom Typ *int* zu definieren, zusammen mit einem Feld von vier *unsigned chars*. Dadurch kann der *int*-Variablen ein Wert zugeordnet werden, mit dem ganz normal gearbeitet werden kann. Gleichzeitig kann aber über das Feld jedes *Byte* des Integerwerts einzeln angesprochen werden. In Listing 11.29 wird dieses Beispiel implementiert.

```
1    #include <iostream>
2    #include <iomanip>
3
4    using namespace std;
5
6    // Definition der Union
7    union example
8    {
9       unsigned int value;
10      unsigned char part[4];
11      unsigned char first;
12   };
13
14   int main()
15   {
16      // Variablendeklaration
17      example test;
18
19      // Zuweisung des Wertes
```

```
20      // Hexadezimal fe dc ba 98
21      test.value = 4275878552;
22
23      // Ausgabe des Wertes als int
24      cout << hex << test.value << endl;
25
26      // Ausgabe des Wertes byteweise
27      for (int i = 0; i < 4; i++)
28      {
29        cout << (int)test.part[i] << " ";
30      }
31
32      cout << endl;
33
34      // Ausgabe des ersten Bytes
35      cout << (int)test.first << endl;
36
37      return 0;
38    }
```

Listing 11.29 Implementierung einer Union Datenstruktur

Die *Union* wird ähnlich definiert wie eine Klasse, nur das Schlüsselwort *class* wird durch das Schlüsselwort *union* ersetzt. Danach folgt der Name des neuen Datentyps und innerhalb von geschweiften Klammern werden die *Member* deklariert. In diesem Beispiel sollen drei unterschiedliche Konstrukte verwendet werden.

Die größte Variable legt immer den Speicherverbrauch der *Union* fest. In diesem Fall belegen die Variable vom Typ *unsigned int* und das Feld vom Typ *unsigned char* genau 4 Byte, während die Variable vom Typ *unsigned char* nur ein Byte belegt. Die *Union* besitzt also eine Größe von 4 Bytes. Die drei Variablen teilen sich innerhalb der *Union* den gleichen Speicher.

Um zu verdeutlichen, was das bedeutet, wurde in dem Hauptprogramm durch *example test;* eine Variable vom Typ der *Union* angelegt. Die Zeile *test.value = 4275878552;* initialisiert die Variable *test.value* der *Union* mit einem Wert. Dieser Wert wurde nicht zufällig ausgewählt, sondern entspricht genau der hexadezimalen Zahl *f e dc ba* 98, die also die vollen 4 Byte umfasst und an jeder Position eine andere Ziffer besitzt.

Zunächst wird durch *cout << hex << test.value << endl;* der Wert der Variablen *test.value* hexadezimal auf dem Bildschirm ausgegeben. Dafür sorgt das Schlüsselwort *hex,* das in der Bibliothek *iostream* definiert ist, und den Ausgabestrom permanent auf hexadezimale Ausgaben umstellt.

Innerhalb der *for*-Schleife wird nun der Inhalt des Feldes *test.part* und abschließend, der Inhalt der Variablen *test.first* ausgegeben.

Die Ausgabe des Programms lautet:

```
fedcba98
98 ba dc fe
98
```

Zunächst erfolgt die Ausgabe des kompletten Integerwerts, der erwartungsgemäß *fedcba*98 lautet. Danach erfolgt die Ausgabe Byte für Byte und, wie bei den Zeigern, erfolgt diese Ausgabe in umgekehrter Reihenfolge 98 *ba dc fe*. Abschließend wird das erste Byte des Integerwerts ausgegeben, die 98.

Übungen

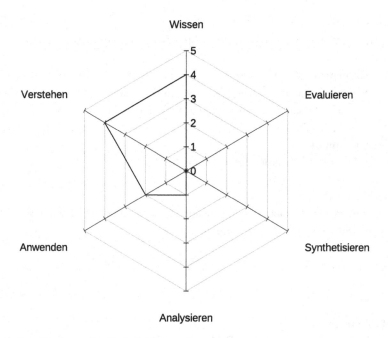

Abb. 11.8 Netzdiagramm für die Selbstbewertung von Kap. 11

11.1 Speicherbereiche
Nennen Sie die vier Bereiche, in die der Speicher eines Programms unterteilt werden kann!

11.2 Dereferenzierung
Beschreiben Sie die Bedeutung des Begriffs „Dereferenzierung"!

11.3 mehrdimensionale Felder
Erklären Sie kurz und mit eigenen Worten die drei Möglichkeiten, ein mehrdimensionales Feld auf dem *Heap* zu erzeugen!

11.4 Funktionszeiger

Nennen Sie die Anweisung, mit deren Hilfe Funktionszeiger erstellt werden können und zählen Sie die Informationen auf, die dafür benötigt werden!

11.5 *Stack* und *Heap*

Erklären Sie den Unterschied zwischen dem Stapelspeicher *Stack* und dem *Heap*!

11.6 Speicherverbrauch

Berechnen Sie die Menge an Speicherplatz, die ein Bild benötigt, das aus 1024x768 Bildpunkten besteht und dessen Bildpunkte den Farbwert mit 16Bit codieren.

11.7 Zeigerarithmetik

Erklären Sie die Besonderheit der Zeigerarithmetik!

11.8 Speicherreservierung

Fassen Sie zusammen, weshalb die Anweisungen *malloc* und *free*, sowie *new* und *delete* niemals gemischt verwendet werden sollten!

11.9 Zufallszahlen

Schreiben Sie ein Programm, dass ein Feld *values* mit N Elementen, auf dem *Heap* erzeugt und in einer *for*-Schleife mit zufälligen ganzen Zahlen im Intervall [1; 6] initialisiert. Die Zahl N soll eine ganze Zahl im Intervall [1; 1000] sein und durch den Benutzer gewählt werden.

Berechnen Sie den Erwartungswert und die Standardabweichung, wie in Übung 10 und geben Sie die Werte auf der Konsole aus.

Geben Sie am Ende den Speicher wieder frei.

11.10 Zufallszahlen die Zweite

Schreiben Sie ein Programm, dass ein zweidimensionales Feld *values* mit den Dimensionen $Y = 1000$ und $X = N$, auf dem *Heap* erzeugt. Die Zahl N soll ganzzahlig sein und durch den Benutzer im Intervall [1; 10] frei gewählt werden. Benutzen Sie die dritte Variante, also die virtuellen Dimensionen, um das Feld zu erzeugen. Initialisieren Sie das Feld mit Hilfe von *for*-Schleifen mit zufälligen ganzen Zahlen im Intervall [1; 6].

Berechnen Sie die Summe aller Werte in einer Zeile und bestimmen Sie vom Ergebnis den Erwartungswert und die Standardabweichung, wie in Übung 10. Geben Sie die Werte auf der Konsole aus.

Geben Sie am Ende den Speicher wieder frei.

11.11 Programmanalyse

Analysieren Sie das folgende Programm. Dieses Programm besitzt ausnahmsweise keinen tieferen Sinn, es geht lediglich darum, ein wenig mit den Zeigern und ihren Möglichkeiten zu hantieren.

Versuchen Sie herauszufinden, wie die Ausgabe des Programms lautet und erklären Sie jede einzelne Zeile!

Tippen Sie das Programm nicht ab, sondern versuchen Sie ohne Unterstützung zu verstehen, was passiert!

```
1   #include <iostream>
2
3   using namespace std;
4
5   int main()
6   {
7       int x = 0;
8       int y = 0;
9       int k = 0;
10      double *z = new double(3.0);
11
12      y = (int)z;
13
14      k = (int)*z;
15
16      x = (int)&y;
17
18      *((double*)y) *= 2;
19
20      *z /= k;
21
22      cout << (int)*((double*)(*(int*)x)) << endl;
23
24      delete z;
25      z = 0;
26
27      return 0;
28  }
```

Templates 12

Kurz & Knapp

- Ein Template ist eine allgemeine Beschreibung einer
  - Klasse, oder einer
  - Funktion
- Unterscheiden sich mehrere ansonsten identische Klassen oder Funktionen nur durch ihren Datentyp, verwendet man ein Template.
- Erst bei der Übersetzung durch den *Compiler* wird eine Klasse für einen konkreten Datentyp erstellt.
- **Gefahrenquelle:**
  Der Datentyp muss alles können, was allgemein für das Template definiert wurde.

12.1 Funktionstemplates

Funktionstemplates können immer dann verwendet werden, wenn eine ansonsten identische Funktion für unterschiedliche Datentypen implementiert werden muss. Ein ganz einfaches Beispiel wird in Listing 12.1 vorgestellt. Die Funktion *add* soll zwei Variablen entgegennehmen, addieren und das Ergebnis zurückgeben. Wenn es wichtig ist, dass immer der korrekte Variablentyp für die Funktion verwendet wird, so muss die Funktion mehrfach implementiert werden. Welche Funktion aufgerufen wird, hängt von den übergebenen Parametern ab, deshalb muss bei dem zweiten Aufruf der Variablentyp *float* durch das nachgestellte *f* kenntlich gemacht werden.

© Springer Fachmedien Wiesbaden GmbH, ein Teil von Springer Nature 2024
B. Tolg, *Informatik auf den Punkt gebracht*,
https://doi.org/10.1007/978-3-658-43715-2_12

```
 1   #include <iostream>
 2   #include <string>
 3
 4   using namespace std;
 5
 6   // Addition zweier Zahlen, typabhängig
 7   int add(int a, int b)
 8   {
 9      return a + b;
10   }
11
12   float add(float a, float b)
13   {
14      return a + b;
15   }
16
17   double add(double a, double b)
18   {
19      return a + b;
20   }
21
22   // Verketten zweier Texte
23   string add(string a, string b)
24   {
25      return a + b;
26   }
27
28   // Hauptfunktion
29   int main()
30   {
31      // Aufruf mit int
32      cout << add(1, 2) << endl;
33      // Aufruf mit float
34      cout << add(1.f, 2.f) << endl;
35      // Aufruf mit double
36      cout << add(1., 2.) << endl;
37      // Aufruf mit string
38      cout << add("a", "b") << endl;
39   }
```

Listing 12.1 Identische Funktionen für unterschiedliche Datentypen

Der gleiche Effekt kann mit Hilfe einer einzigen Templatefunktion erzielt werden. In Listing 12.2 ist das gleiche Programm mit Hilfe einer Templatefunktion implementiert worden. Vor die Implementierung der eigentlichen Funktion werden nun weitere Informationen eingefügt, die mit dem Schlüsselwort *template* beginnen. Danach folgt in spitzen Klammern die Definition eines Templatetyps. Dies geschieht mit Hilfe des Schlüsselworts *typename*, allerdings ist auch das Schlüsselwort *class* zulässig. Beide Schlüsselwörter bewirken exakt dasselbe Ergebnis. Nach dem Schlüsselwort wird noch ein Name für den Templatetyp vergeben, in diesem Beispiel *T*. Der Templatetyp *T* kann nun wie ein ganz normaler Variablentyp verwendet werden. Allerdings ist zu diesem Zeitpunkt noch nicht festgelegt, um welchen konkreten Variablentyp es sich tatsächlich handelt.

```
1  #include <iostream>
2  #include <string>
3
4  using namespace std;
5
6  // Addition zweier Variablentypen
7   mit einem Template
8  template<typename T>
9  T add(T a, T b)
10  {
11    return a + b;
12  }
13
14  // Hauptfunktion
15  int main()
16  {
17    // Aufruf mit int
18    cout << add<int>(1, 2) << endl;
19    // Aufruf mit float
20    cout << add<float>(1.f, 2.f) << endl;
21    // Aufruf mit double
22    cout << add<double>(1., 2.) << endl;
23    // Aufruf mit string
24    cout << add<string>("a", "b") << endl;
25  }
```
Listing 12.2 Implementierung mit einer Templatefunktion

Der Aufruf einer Templatefunktion erfolgt ganz analog zu dem Aufruf einer normalen Funktion, allerdings kann der Variablentyp, der für das Template verwendet werden soll, in spitzen Klammern nach dem Namen der Funktion angegeben werden. Wenn kein Variablentyp angegeben wird, wird der *Compiler* versuchen, den Variablentyp aus dem Kontext zu erkennen, dieser Vorgang nennt sich *template argument detection*. Listing 12.3 zeigt zwei Beispiele. Bei dem ersten Aufruf sind beide Parameter ganze Zahlen und es wird automatisch eine Funktion für den Variablentyp *integer* erzeugt. Bei dem zweiten Beispiel werden eine ganze Zahl und ein Text übergeben, obwohl laut Funktionsdefinition beide Parameter vom gleichen Typ sein müssen. Die Typerkennung schlägt fehl, und das Programm kann nicht übersetzt werden.

```
1  // Hauptfunktion
2  int main()
3  {
4    // template argument detection funktioniert
5    cout << add(1, 2) << endl;
6
7    // Hier kann der Typ nicht eindeutig erkannt werden
```

```
8      cout << add(1, "abc") << endl;
9    }
```

Listing 12.3 Beispiele für die *template argument detection*

Bei der Verwendung des Templatetyps *T* innerhalb der Funktion, entstehen Anforderungen
an den tatsächlichen Variablentyp, der später verwendet werden soll. In diesem einfachen
Beispiel kann später nur ein Variablentyp verwendet werden, für den eine Addition definiert
wurde. Für die Standardtypen wie *int*, *float* oder *double* ist das kein Problem, aber bei
selbstdefinierten Klassen muss der entsprechende Operator implementiert werden.

Während der Code aus Listing 12.2 durch den *Compiler* übersetzt wird, werden automatisch die spezialisierten Klassen erzeugt, die in Listing 12.1 von Hand geschrieben wurden.

12.2 Klassentemplates

Ein typisches Beispiel, in dem Klassentemplates verwendet werden können, ist die in Kap. 10
beschriebene Klasse *Vector2D*. In Listing 10.17 wird der Datentyp der beiden Membervariablen *m_x* und *m_y* mit *double* festgelegt. Allerdings ist davon auszugehen, dass es eine
Vektorklasse auch für andere Datentypen geben muss.

Zum Beispiel ist es für die Verarbeitung von gemessenen Daten sicherlich sinnvoll,
eine hohe Genauigkeit von Nachkommastellen verarbeiten zu können. Die Klasse würde in
diesem Fall den Variablentyp *double* verwenden. Eine Klasse *Vector2D* könnte aber auch
die Koordinaten eines Punktes auf dem Bildschirm repräsentieren. Bildschirmkoordinaten
werden aber häufig in ganzen Zahlen angegeben, und die Nachkommastellen wären eine
Verschwendung von Speicherplatz und letztendlich, wegen der langsameren Verarbeitung,
auch von Zeit. In diesem Fall würde die Klasse den Variablentyp *int* verwenden.

Listing 12.4 zeigt die Implementierung der bekannten Klasse *Vector2D* mit Hilfe eines
Templates. Wie schon zuvor bei den Funktionen, wird vor der Klassendeklaration das Schlüsselwort *template,* gefolgt von dem Schlüsselwort *typename* und einem Namen in spitzen
Klammern, eingefügt. Innerhalb der Klasse sind die Typen der beiden Membervariablen
von ursprünglich *double* zu dem neuen Templatetyp *T* verändert worden.

```
1    // Include-Guard
2    #ifndef _VECTOR2D_H
3    #define _VECTOR2D_H
4
5    #include <iostream>
6
7    using namespace std;
8
9    const double pi = 3.141592653589793238462643383279 5;
10
11   // Klassendefinition
12   template<typename T>
13   class Vector2D
14   {
```

```
15    public:
16      // ...
17
18    protected:
19      T m_x;
20      T m_y;
21    };
22
23    // Ende des Include-Guards
24    #endif // _VECTOR2D_H
```

Listing 12.4 Definition der Klasse Vector2D als Template (Vector2D.h)

Bei genauerem Hinsehen fallen allerdings zwei unscheinbare Unterschiede zu der Implementierung in Listing 10.7 auf. Zunächst einmal ist die Definition der Konstanten *pi* in die *Header*-Datei gewandert, zum anderen lautet der Kommentar nun *Klassendefinition* und nicht mehr *Klassendeklaration*. Die Begründung dafür ist, dass bei der Übersetzung durch den *Compiler* für jede allgemeine Templateklasse eine auf einen konkreten Datentyp spezialisierte Version erstellt werden muss. Da häufig nur die *Header*-Dateien über die *#include*-Direktive eingebunden werden, fehlen dem *Compiler* Informationen, wenn die Klasse auf zwei Dateien aufgeteilt ist [1]. In der neuen Version der Klasse *Vector2D* müssen also auch die Definitionen in der *Header*-Datei implementiert werden.

Listing 12.5 zeigt die notwendigen Veränderungen an den Konstruktoren der Klasse *Vector2D*, um sie als Template nutzen zu können. Der Standardkonstruktor ist vollständig unverändert und kann direkt übernommen werden. Dieser Konstruktor arbeitet ausschließlich mit den Variablen *m_x* und *m_y*, die bereits für das Template angepasst wurden. Bei dem zweiten Konstruktor, der mit dem Kommentar *verschiedene Konstruktoren* versehen wurde, werden die Variablentypen von ursprünglich *double* zu dem neuen Templatetyp *T* geändert, damit der übergebene Variablentyp zu den Typen der Membervariablen passt.

```
1     // ...
2
3     public:
4       // Standardkonstruktor
5       Vector2D()
6       // Initialisierung
7         : m_x(0)
8         , m_y(0)
9       {
10      }
11
12      // verschiedene Konstruktoren
13      Vector2D(T x, T y)
14      // Initialisierung
15        : m_x(x)
16        , m_y(y)
17      {
```

---

[1] Tatsächlich ist es mit einigen Tricks möglich, auch Templateklassen auf mehrere Dateien aufzuteilen, aber das geht über den Kontext des Buches hinaus.

```
18      }
19
20      // Konvertierungskonstruktor
21      template<typename S>
22      explicit Vector2D(S l)
23          // Initialisierung
24          : m_x(l)
25          , m_y(0)
26      {
27      }
28
29      // Kopierkonstruktor
30      template<typename S>
31      Vector2D(const Vector2D<S> &v)
32          // Initialisierung
33          : m_x(v.getX())
34          , m_y(v.getY())
35      {
36      }
37
38      // Destruktor
39      ~Vector2D()
40      {}
41
42  // ...
```

Listing 12.5 Konstruktoren und Destruktor der Klasse Vector2D als Template (Vector2D.h)

Für den Konvertierungskonstruktor wurde ein anderer Ansatz gewählt. Hier wurde ein weiterer Templatetyp *S* eingeführt. Innerhalb von Templateklassen können also auch Templatefunktionen verwendet werden. Damit ist es nun möglich, einen *Vector2D* vom Typ *double* anzulegen und im Konstruktor eine Variable vom Typ *int* zu verwenden. Durch diesen einfachen Ansatz einer Templatefunktion innerhalb einer Templateklasse sind nun alle Kombinationen von Variablen zu Vektoren möglich, sofern für die verwendeten Typen ein Operator= existiert.

Bei dem Kopierkonstruktor wurde ebenfalls ein neuer Templatetyp *S* eingeführt. Die Idee ist ähnlich wie bei dem Konstruktor zuvor. Es soll möglich sein, ein Objekt der Klasse *Vector2D* mit beliebigen anderen Objekten der Klasse *Vector2D* zu erzeugen, auch wenn diese einen anderen Templatetyp verwenden. Dabei ist aber zu beachten, dass eine Templateklasse vom Typ *int* nicht mehr als Templateklasse vom Typ *double* zählt. Deshalb können keine Member der jeweils anderen Klasse zugegeriffen werden, die über die Sichtbarkeitsstufen *protected* oder *private* verfügen.

Listing 12.6 zeigt einige Beispiele, mit denen Templateklassen im Hauptprogramm angelegt werden können. Der Kommentar über dem jeweiligen Aufruf beschreibt, welcher Konstruktor für die Objekterzeugung verwendet wird. Wie bei den Funktionstemplates wird der Templatetyp bei der Objekterzeugung durch Nennung eines spezifischen Typs in spitzen Klammern festgelegt. Bei dem Kopierkonstruktor wird als Beispiel ein Objekt der Klasse *Vector2D<int>* übergeben, um ein Objekt der Klasse *Vector2D<double>* zu initialisieren.

Dies ist nur möglich, da der Kopierkonstruktor als Templatefunktion innerhalb der Templateklasse implementiert wurde.

```
1   // Hauptfunktion
2   int main()
3   {
4       // Standardkonstruktor
5       Vector2D<double> v1;
6
7       // verschiedene Konstruktoren
8       Vector2D<int> v2(1, 2);
9
10      // Konvertierungskonstruktor
11      Vector2D<int> v3(3.2);
12
13      // Kopierkonstruktor
14      Vector2D<double> v4(v3);
15  }
```
Listing 12.6 Hauptprogramm zum Anlegen von Templateklassen

12.3 Vertiefung: Mehrere Templatetypen, Vordefinitionen und Konstante

In verschiedenen Situationen kann es sinnvoll sein, mehrere Templatetypen in einer Funktion zu verwenden. Ein offensichtliches Beispiel ist eine Funktion, die einen Datentyp in einen anderen konvertieren soll. Wird so eine Konverterfunktion für verschiedene Kombinationen von Variablentypen benötigt, bietet sich eine Implementierung mit Hilfe von Templates an. In Listing 12.7 wird eine Funktion vorgestellt, die zwei Variablen miteinander multiplizieren und in einen anderen Variablentyp konvertieren soll. Wie zuvor wird das Template durch das Schlüsselwort *template* eingeleitet. Innerhalb der spitzen Klammern erfolgt nun jedoch eine Aufzählung mehrerer Templatetypen mit ihren jeweiligen Namen, in diesem Beispiel werden die Namen S und T verwendet. Der Templatetyp S wird genutzt, um den Rückgabetyp der Funktion zu deklarieren, während T die Typen der Funktionsparameter festlegt.

```
1   template<typename S, typename T>
2   S multiply(T a, T b)
3   {
4       S f1 = (S)a; // Typecast des Variablentyps T
5       S f2 = (S)b; // auf den Variablentyp S
6
7       return f1 * f2;
8   }
```
Listing 12.7 Funktion mit mehreren Templatetypen

Innerhalb der Funktion werden zwei Variablen vom Typ S angelegt und mit den Inhalten der Parameter a und b initialisiert. Abschließend wird das Ergebnis der Multiplikation der beiden

Hilfsvariablen zurückgegeben. Natürlich können auch mehr als zwei Templatetypen für eine Funktion definiert werden, sollte dies notwendig sein. Die Funktion aus diesem Listing könnte zum Beispiel durch die Zeile $multiply < double, int > (3, 2);$ erfolgen. Auch bei dem Funktionsaufruf werden die spezifischen Typen innerhalb der spitzen Klammern durch Kommata getrennt angegeben.

Ähnlich, wie bei vorbelegten Funktionsparametern, so ist es auch bei Templates möglich, den Variablentyp vorzugeben, sodass ein Standardtyp existiert, wenn bei einem Aufruf keine Angabe gemacht wird. Listing 12.8 zeigt eine Funktion, die die Multiplikation aus Listing 12.7 durch eine Addition ersetzt. Zusätzlich wurde die Templatedefinition jedoch angepasst, indem hinter dem Namen des jeweiligen Templatetypen mit Hilfe einer Zuweisung der spezifische Typ *double* als Standard definiert wurde.

```
1    template<typename S = double, typename T = double>
2    S add(T a, T b)
3    {
4        S f1 = (S)a;
5        S f2 = (S)b;
6
7        return f1 + f2;
8    }
```

Listing 12.8 Templatefunktion mit vordefinierten Templatetypen

Der Aufruf der Funktion aus diesem Listing könnte sowohl unter Angabe spezifischer Variablentypen erfolgen, wie zum Beispiel durch die Zeile $add < int, int > (3, 2);$. Da die Templatetypen aber bereits vordefiniert sind, wäre der Aufruf $add(3, 2);$ ebenfalls möglich und identisch zu dem Aufruf $add < double, int > (3, 2);$, da der Typ der beiden Funktionsparamter durch die *template argument detection* erkannt und umgesetzt wird. Erst die Zeile $add(3.1, 2.2);$ ist identisch zu $add < double, double > (3.1, 2.2);$.

In Listing 12.9 wird neben dem bereits bekannten Templateparameter T noch ein sogenannter *non-type* Parameter vom Typ *int* mit dem Namen n definiert. Bei dem *non-type* Parameter muss es sich um einen konstanten Wert handeln, da bei der Übersetzung durch den *Compiler* eine eigene Funktion für jeden konstanten Parameter angelegt wird, der im gesamten Programm aufgerufen wird. In diesem Beispiel dient der *non-type* Parameter als Maximalwert für die Anzahl der Schleifendurchläufe. Das hier vorgestellte Beispielprogramm ist sicherlich nicht die beste Möglichkeit, eine solche Funktion zu implementieren, verdeutlicht aber sehr schön den möglichen Einsatz der *non-type* Parameter.

```
1    template<typename T, int n>
2    T power(T a)
3    {
4        T r = 1;
5
6        for (int i = 0; i < n; i++)
7        {
8            r = r * a;
9        }
10
```

```
11      return r;
12   }
```

Listing 12.9 Templatefunktion mit Konstanten

Die Funktion aus Listing 12.9 könnte durch die Zeile $power < double, 3 > (2)$; erfolgen und würde den Wert $2^3 = 8$ berechnen.

12.4 Vertiefung: Konzepte

Mit dem Sprachstandard *C++20* wurden die Möglichkeiten von Templates durch Konzepte erweitert. Ein Konzept ermöglicht es, zusätzliche Bedingungen zu definieren, die es ermöglichen, die Auswahl der möglichen Variablentypen einzuschränken, die an ein Template übergeben werden können. Dies ist sehr hilfreich, da das Konzept bereits beim Übersetzen überprüft werden kann und so die Fehlermeldungen des *Compilers* leichter zu verstehen sind. Jedes Konzept bekommt einen eindeutigen Namen und kann so wiederverwendet werden.

Für das Beispiel in Listing 12.9 ist die Flexibilität, die durch die Templates ermöglicht wird, natürlich sehr willkommen. Es macht allerdings keinen Sinn, die Funktion mit einer Variable vom Typ *string* aufzurufen, auch wenn das Template dies grundsätzlich ermöglichen würde. Hier wäre es sinnvoll, die Auswahl der möglichen Variablentypen einzuschränken, sodass nur Zahlen übergeben werden können. Listing 12.10 zeigt die Definition eines *Konzepts*, das überprüft, ob es sich bei dem übergebenen Variablentyp um einen arithmetischen Varieblentyp handelt.

```
1   #include <concepts>
2
3   using namespace std;
4
5   template<typename T>
6   concept Arithmetic = is_arithmetic<T>::value;
```

Listing 12.10 Definition eines Konzepts zur Zahlenerkennung

Zunächst folgt die bereits bekannte Zeile. Durch das Schlüsselwort *template* wird ein Templatetyp definiert, und in spitzen Klammern wird festgelegt, dass der Name des Templatetyps *T* lauten soll. In der nächsten Zeile wird nun aber weder eine Funktion noch eine Klasse definiert, stattdessen wird ein *Konzept* angelegt. Dies geschieht mit Hilfe des Schlüsselworts *concept*, gefolgt von einem Namen, der in diesem Beispiel *Arithmetic* lauten soll. Nach einem Gleichheitszeichen folgt ein boolscher Ausdruck, der bereits während der Übersetzung durch den *Compiler* ausgewertet werden kann.

Die Funktion *is_arithmetic* ist selbst ein Template, das eine statische Variable namens *value* besitzt. Der Wert von *value* ist abhängig von dem übergebenen Variablentyp. Handelt es sich um einen Variablentyp, wie z. B. *int*, *double* oder auch *char*, so ist der Wert *true*, andernfalls *false*. Die Funktion *is_arithemtic* gehört zu einer Reihe von Funktionen, die in der Standardbibliothek von *C++* definiert wurden und die für Überprüfungen in Konzepten genutzt werden können. Weitere Beispiele sind *is_integral, is_floating_point* oder auch *is_abstract.* Um das Konzept anzuwenden, können verschiedene Wege gewählt werden. Listing 12.11 zeigt ein paar Möglichkeiten.

```
1   // Verwendung als neues Schlüsselwort
2   template<Arithmetic T, int n>
3   T power(T a)
4   {
5     //...
6   }
7
8   // Mit Hilfe des Schlüsselworts requires
9   template<typename T, int n>
10  T power(T a) requires Arithmetic<T>
11  {
12    // ...
13  }
14
15  // Durch requires und einen logischen Ausdruck
16  template<typename T, int n>
17  T power(T a) requires is_integral<T>::value
18              || is_floating_point<T>::value
19  {
20    // ...
21  }
```

Listing 12.11 Beispiele für die Anwendung von zuvor definierten *Konzepten*

Im ersten Beispiel wird der Name des neu definierten Konzepts anstelle des Schlüsselworts *typename* verwendet. Anhand des Namens kann der *Compiler* bei der Übersetzung erkennen, dass er zunächst das Konzept überprüfen muss, bevor er das Template anlegen kann. Das zweite Beispiel führt das neue Schlüsselwort *requires* ein. In diesem Beispiel wird zunächst das Template für die Funktion *power* so angelegt, wie zuvor in Listing 12.9 gezeigt. Nach der Funktionssignatur und bevor der eigentliche Funktionskörper definiert wird, wird jedoch das Schlüsselwort *requires* eingefügt, gefolgt von dem anzuwendenden Konzept. In diesem Fall muss dem Konzept *Arithmetic* in spitzen Klammern der Templatetyp übergeben werden, der überprüft werden soll, schließlich könnte die Funktion mehrere Templatetypen besitzen, die möglicherweise nicht alle die Bedingungen des *Konzepts* erfüllen müssen.

Das letzte Beispiel zeigt, dass mit dem Schlüsselwort *requires* noch komplexere Anforderungen definiert werden können. In diesem Beispiel wird nicht das vorher definierte Konzept verwendet. Stattdessen wird ein logischer Ausdruck angegeben, der die Ergebnisse der Templatefunktionen *is_integral* und *is_floating_point* durch einen logischen *Oder*-Operator zueinander in Beziehung setzt. Folglich ist jeder Variablentyp zulässig, der eine ganze Zahl, oder eine Kommazahl repräsentiert. Das Schlüsselwort *requires* kann genutzt werden, um noch komplexere *Konzepte* zu definieren. Ein Beispiel dafür wird in Listing 12.12 gezeigt.

```
1   #include <iostream>
2   #include <concepts>
3
4   using namespace std;
5
6   // Beispielklasse
7   class example
8   {
9       // ...
10  public:
11      int print()
12      {
13          return 5; // Der Rückgabewert 5
14                    // hat keine Bedeutung
15      }
16  };
17
18  // komplexes Konzept mit Hilfe von requires
19  template<typename T>
20  concept Printable = requires(T x)
21  {
22      {x.print()} -> convertible_to<int>;
23  };
24
25  // Templatefunktion, mit
26  template<Printable T>
27  int printMe(T var)
28  {
29      return var.print();
30  }
```

Listing 12.12 Definition eines Konzepts, das die Existenz einer bestimmten Funktion überprüft

In diesem Beispiel wird zunächst eine Klasse mit Namen *example* definiert, die über eine öffentliche Funktion *print* verfügt, die keinen Parameter benötigt und ein Ergebnis vom Typ *int* erzeugt. Im nächsten Teil des Programms wird das *Konzept Printable* mit Hilfe des Schlüsselworts *requires* definiert. Zu diesem Zweck folgt nach dem Schlüsselwort *requires* eine Parameterliste in runden Klammern, gefolgt von einer Anforderungsliste in geschweiften Klammern. Der Aufbau der Anforderungsdefinitionen ist klar definiert und wird in vier Kategorien unterschieden, *einfache Anforderungen*, *Typanforderungen*, *zusammengesetzte Anforderungen* oder *verschachtelte Anforderungen*.

In dem Konzept *Printable* wird eine *zusammengesetzte Anforderung* definiert. In geschweiften Klammern wird zunächst eingefordert, dass der Templatetyp *T* über eine Funktion *print* verfügen muss, die keine Parameter entgegennimmt. Nach dem Pfeil folgt ein weiteres Konzept, welches erst seit *C++20* Teil des *C++* Sprachstandards ist, das Konzept *convertible_to* überprüft, ob der Rückgabewert der Funktion in den Typ *int* konvertiert werden kann. Für die Funktion in der Klasse *example* trifft das zu, da der Rückgabetyp *int* noch nicht einmal konvertiert werden müsste. Die Funktion wäre auch gültig, wenn der

Rückgabetyp *float* oder *char* lauten würde, da beide in einen *int* konvertiert werden können.
Der Rückgabetyp *string* würde hingegen nicht funktionieren.

Im letzten Teil des Beispiels wird noch eine Templatefunktion *printMe* definiert, die das
Konzept *Printable* nutzt. Innerhalb der Funktion *printMe* wird die Memberfunktion *print* des
übergebenen Parameters *var* aufgerufen und dessen Ergebnis als Rückgabewert genutzt. Die
komplexeren *Konzepte,* die mit Hilfe des Schlüsselworts *requires* definiert werden können,
erlauben es dem *Compiler* bereits zu einem sehr frühen Zeitpunkt zu erkennen, ob der
verwendete Variablentyp als Template geeignet ist. In diesem Beispiel würde der *Compiler*
nicht nur Funktionen mit falschem Rückgabetyp ausschließen, er würde zudem überprüfen,
ob die Funktion aufgerufen werden kann, was bei den Sichtbarkeitsstufen *protected* oder
private nicht möglich wäre. Abschließend wird in Listing 12.13 noch jeweils ein Beispiel
für die verschiedenen Anforderungskategorien und eine Beispielimplementierung, die die
Anforderungen erfüllt, gezeigt.

```
1   class example
2   {
3   public:
4     // Voraussetzung für die einfache Anforderung
5     int operator+(int v) { return 1; }
6     // Voraussetzung für die Typanforderung
7     enum test
8     {
9       A, B, C
10    };
11    // Voraussetzung für die zusammengesetzte Anforderung
12    int print()
13    {
14      return 5;
15    }
16  };
17
18  template<typename T>
19  concept Printable = requires(T x)
20  {
21    // einfache Anforderung
22    x + 1;
23    // Typanforderung
24    typename T::test;
25    // zusammengesetzte Anforderung
26    {x.print()} -> convertible_to<int>;
27    // verschachtelte Anforderung
28    requires sizeof(T) == 1;
29  };
```

Listing 12.13 Anforderungskategorien und deren Realisierung in einer Klasse

Die *einfache Anforderung* fordert lediglich, dass der Ausdruck $x + 1$; gültig ist. Dies setzt
voraus, dass mit dem übergebenen Variablentyp eine Addition mit einer ganzen Zahl durchgeführt werden kann. In der Beispielklasse *example* wird dies durch die Implementierung
eines *Operators* erreicht, der genau diese Addition ermöglicht.

Die *Typanforderung* verwendet zunächst das Schlüsselwort *typename,* danach wird eingefordert, dass sich innerhalb des Templatetyps eine Memberstruktur mit dem Namen *test* befinden muss. Dies lässt sich durch eine *enum* gleichen Namens erreichen, auf die über die entsprechende Notation zugegriffen werden kann.

An dem Beispiel der *zusammengesetzten Anforderung* wurde nichts verändert, und eine *verschachtelte Anforderung* wird durch ein weiteres *requires* innerhalb der Anforderungsliste erreicht. In diesem Beispiel wird lediglich gefordert, dass der übergebene Variablentyp eine Größe von exakt einem *Byte* besitzen muss, was in diesem Beispiel gegeben ist.

Die Möglichkeiten, die sich durch dieses neue System ergeben, lassen sich in diesem Buch nicht erschöpfend darstellen. Die Beispiele machen aber deutlich, welche Möglichkeiten sich durch die Verwendung von *Konzepten* im Zusammenhang mit *Templates* ergeben.

Übungen

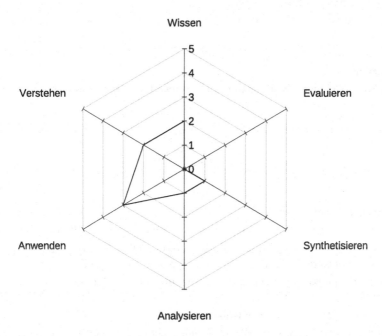

Abb. 12.1 Netzdiagramm für die Selbstbewertung von Kap. 12

12.1 Schlüsselwörter
Beschreiben Sie die Schlüsselwörter *typename, template argument detection* und *requires,*
die Sie im Zusammenhang mit Templates kennengelernt haben.

12.2 Funktions- und Klassentemplate
Was beschreiben die Begriffe Funktionstemplate und Klassentemplate?

12.3 Vorteile eines Funktionstemplates
Erklären Sie die Vor- und Nachteile, die die Verwendung eines Funktionstemplates mit sich
bringen.

12.4 Konzept
Erklären Sie mit eigenen Worten, warum es sinnvoll sein könnte, ein *Konzept* zu einem
Template zu definieren.

12.5 Größenvergleich
Entwickeln Sie eine Templatefunktion, die zwei Parameter a und b vom Templatetyp T
entgegennehmen soll. Die Funktion soll überprüfen, ob der Wert von b größer ist, als der
Wert von a und entsprechend einen Wert vom Typ *bool* zurückgeben.
　　Testen Sie die Funktion mit einem Hauptprogramm und den Variablentyp *int* und *double*.

12.6 Größenvergleich mit eigener Klasse
Ergänzen Sie das Programm aus Übung 5, indem Sie eine eigene Klasse *Fraction* entwickeln, die einen Bruch repräsentieren soll. Die Klasse muss nicht komplett ausimplementiert
werden, aber ergänzen Sie alle notwendigen Funktionen und Variablen, damit Sie die Klasse
als Templatetyp an Ihre Funktion aus Übung 5 übergeben können.
　　Testen Sie auch dies mit einem Hauptprogramm, indem Sie zwei Variablen vom Typ
Fraction anlegen und sie an die Funktion übergeben.

12.7 Größenbeschränkung

Schreiben Sie ein Konzept, das sicherstellt, dass der Templatettyp *T* eine Größe von genau 4 Bytes besitzt.

12.8 Programmanalyse

Betrachten Sie das folgende Programm und versuchen Sie herauszufinden, was dieses Programm tut. Dabei geht es nicht darum, das Programm Zeile für Zeile zu beschreiben, sondern darum, ein genaues Bild davon zu erhalten, was das Ziel des dargestellten Programms ist. Natürlich können Sie das Programm einfach abtippen und es ausprobieren, aber das ist nicht Ziel der Übung. In dem Programm werden Anweisungen verwendet, die Sie noch nicht kennen. Die dürfen Sie natürlich recherchieren.

```
1   #include <iostream>
2   #include <concepts>
3
4   using namespace std;
5
6   template<typename T>
7   class exA
8   {
9   public:
10    T getValue() { return 0; }
11  };
12
13  template<typename T>
14  class exB
15  {
16    T m_a;
17  public:
18    void setValue(T a) { m_a = a; }
19  };
20
21  template<typename T, typename S, typename U>
22  concept Unknown = requires(T x, S y, U z)
23  {
24    {x.getValue()} -> convertible_to<U>;
25    y.setValue(z);
26  };
27
28  template<typename T, typename S, typename U>
29  S function(T a) requires Unknown<T, S, U>
30  {
31    S result;
32    result.setValue(a.getValue());
33    return result;
```

```
34    }
35
36    int main()
37    {
38      exA<int> val1;
39      exB<int> val2;
40
41      val2 = function<exA<int>, exB<int>, int>(val1);
42    }
```

Listing 12.14 Programm mit unbekannter Aufgabe.

12.9 Matrixklasse

Schreiben Sie eine Templateklasse *Matrix*, die Werte vom Typ T in einem zweidimensionalen Feld der Größe $n x m$ speichern soll. Die Klasse soll zumindest über einen Standard- und einen Kopierkonstruktor, sowie über einen Multiplikations- und einen Ausgabeoperator verfügen.

Präprozessordirektiven 13

Kurz & Knapp

- Präprozessordirektiven erlauben Manipulationen an den Texten der Quellcodedateien.
- Die Manipulationen umfassen unter anderem
  - bedingte Textergänzungen
  - Definitionen von Konstanten, Begriffen und *Makros*
  - Ausgaben für die Fehlerbehandlung
- **Gefahrenquelle:**
  Die Textersetzung kann zu schwer nachvollziehbaren Programmfehlern führen, da der Fehler erst nach einer Textersetzung auftritt, die nicht direkt im Programmcode zu sehen ist.

Die Präprozessordirektiven wurden in diesem Buch bisher nur am Rande betrachtet. Mit Hilfe der *#include*-Direktive wurden *Header*-Dateien und Bibliotheken in die Beispielprojekte eingebunden. Die Direktiven *#define*, *#ifndef* und *#endif* wurden verwendet, um einen *Include-Guard* zu programmieren. Doch auch wenn die Präprozessordirektiven im Wesentlichen nur die Programmtexte manipulieren, so können sie doch verwendet werden, um hilfreiche Makros zu implementieren, die die Programmierung standardisieren und die Fehlersuche vereinfachen können.

Allerdings bieten sie auf der anderen Seite auch viele Möglichkeiten, um schwer zu findende Fehler zu generieren. In jedem Fall sollte der Sinn von Präprozessordirektiven verstanden werden können, wenn er z. B. in einem fremden Quellcode auftaucht. Bei der Verwendung in eigenen Programmen sollte besonders auf den sicheren Einsatz geachtet und mögliche Fehlerquellen vermieden werden.

© Springer Fachmedien Wiesbaden GmbH, ein Teil von Springer Nature 2024   239
B. Tolg, *Informatik auf den Punkt gebracht*,
https://doi.org/10.1007/978-3-658-43715-2_13

13.1   Einbindung von Dateien

13.1.1 #include

Die *#include*-Direktive wird in jedem Beispielprogramm in diesem Buch verwendet. Bereits in dem Abschn. 4.1 wurde erklärt, dass mit der *#include*-Direktive Dateien geladen und an der Stelle der Direktive im Quellcode eingefügt werden. Die Menge an Verzeichnissen, die durchsucht wird, kann davon abhängen, ob der Dateiname in Anführungsstrichen (*#include "Dateiname"*) oder spitzen Klammern (*#include <Dateiname>*) geschrieben wird. Tatsächlich hängt die Suchreihenfolge der Verzeichnisse von der *C++* Implementierung ab, also davon, welcher *Präprozessor* oder *Compiler* verwendet wird. In der Standardisierung der Sprache *C++* wird allerdings für die Schreibweise mit spitzen Klammern explizit erwähnt, dass es sich um *Header*-Dateien handelt, während bei der Schreibweise mit Anführungsstrichen von Quelldateien gesprochen wird. Auch wenn es sich bei den Quelldateien in den allermeisten Fällen um Header-Dateien handeln wird, so legt die Bezeichnung zumindest nahe, dass der Standard auch das Einbinden aller anderen (Text-)Dateien erlaubt. In den meisten Implementierungen werden die spitzen Klammern jedoch für Header-Dateien verwendet, die zu der Standardimplementierung gehören, während die Anführungsstriche für eigene Header-Dateien verwendet werden.

13.2   Definitionen

13.2.1 #define

Die *#define*-Direktive wurde bereits verwendet, um in Listing 10.1 den *Include-Guard* zu implementieren. Allerdings bietet diese Direktive weit mehr Möglichkeiten, um vordefinierte *Bezeichner* durch andere Texte zu ersetzen. Die Kombination aus Bezeichner und zu ersetzendem Text wird als *Makro* bezeichnet. Listing 13.1 zeigt eine Reihe von Beispielen für den Einsatz der *#define*-Direktive.

```
1   #include <iostream>
2
3   #define pi 3.14159265358979323846
4
5   #define P1(x) cout << x << endl;
6
7   #define P2(x, y) cout << x << " " << y << endl;
8
9   #define ARRAY1(var, ...) int var[] = {__VA_ARGS__};
10
11  #define ARRAY2(var, ...) \
12            __VA_OPT__(int var[] = {__VA_ARGS__});
13
14  using namespace std;
```

```
15
16    // Hauptfunktion
17    int main() {
18       cout << pi << endl;
19       // wird ersetzt durch
20       // cout << 3.14159265358979323846 << endl;
21
22       P1("Hello World!");
23       // wird ersetzt durch
24       // cout << "Hello World!" << endl;
25
26       P2("Ergebnis:", 5);
27       // wird ersetzt durch
28       // cout << "Ergebnis:" << " " << 5 << endl;
29
30       ARRAY1(arr11, 1, 2, 3);
31       // wird ersetzt durch
32       // int arr11[] = {1, 2, 3};
33
34       ARRAY1(arr12);
35       // wird ersetzt durch
36       // int arr12[] = {};
37
38       ARRAY2(arr21, 1, 2, 3);
39       // wird ersetzt durch
40       // int arr21[] = {1, 2, 3};
41
42       ARRAY2(arr22);
43       // wird ersetzt durch
44       //
45    }
```

Listing 13.1 Makrodefinitionen mit *#define*.

Im ersten Beispiel wird durch die Zeile *#define pi 3.14159265358979323846* ein *Makro* definiert. Immer, wenn der *Präprozessor* im Quellcode auf die Zeichenfolge *pi* stößt, wird er sie durch die Zeichenfolge *3.14159265358979323846* ersetzen. Im Prinzip wird dadurch das Verhalten einer Konstanten erreicht, allerdings mit dem Unterschied, dass nun jedesmal, wenn der Text *pi* im Quellcode auftaucht, eine Ersetzung stattfindet. Das kann zu seltsamen Fehlern führen, die nur schwer nachvollziehbar sind. Beispielsweise würde die Zeile *int pi = 3.141;* auch durch den *Präprozessor* zu *int 3.14159265358979323846 = 3.141;* verändert werden, obwohl das an dieser Stelle keinen Sinn ergibt. Ein weiterer Nachteil der in diesem Beispiel verwendeten Methode ist, dass durch das Makro kein Typ angegeben wird. Der *Compiler* hat somit weniger Möglichkeiten, den Variablentyp zu überprüfen. Im Gegensatz dazu können moderne *Compiler* bei der Verwendung von Konstanten in manchen Fällen bereits selbst entscheiden, ob eine Variable angelegt und damit Speicherplatz verbraucht, oder der konstante Wert einfach nur in den Quellcode kopiert wird.

Das zweite Beispiel nutzt bereits die Möglichkeit der *#define*-Direktive, ein funktionsartiges *Makro* zu definieren. Wie bei einer Funktionsdefinition folgt nach dem Bezeichner des

Makros eine Liste von Parametern in runden Klammern. Allerdings besitzen diese Paramter lediglich einen Namen und keinen Typ. In dem darauf folgenden Makro können dann die Namen der Parameter verwendet werden. Auch hier handelt es sich lediglich um eine Textersetzung, aus diesem Grund muss auch kein Typ für die Parameter angegeben werden. Der *Präprozessor* ersetzt lediglich die Namen der Parameter mit dem Text, der sich in Klammern nach dem Bezeichner des *Makros* befindet. Die Zeile *P1("Hello World!");* wird so ersetzt durch den Text *cout «"Hello World!"«endl;*.

Natürlich können auch *Makros* definiert werden, die mehrere Parameter entgegennehmen, wie das dritte *Makro P2(x, y)* zeigt. Auch hier findet lediglich eine Textersetzung statt, sodass beim Aufruf des *Makros* beliebige Variablentypen übergeben werden können. Natürlich muss beim Aufruf des *Makros* darauf geachtet werden, dass die übergebenen Werte in einem Format vorliegen, das nach der Textersetzung noch Sinn ergibt. Würden die Anführungsstriche um das Wort *Ergebnis:* herum weggelassen werden, könnte der *Compiler* bei der späteren Übersetzung nichts damit anfangen, und es würde ein Fehler erzeugt werden. Dieser Fehler wäre allerdings schwieriger zu finden, da er nicht direkt im Quellcode zu finden ist.

Es ist sogar möglich, variadische *Makros* zu schreiben, bei denen die Anzahl der Parameter nicht fest vorgegeben ist. Um eine beliebige Anzahl an Parametern zu ermöglichen, müssen innerhalb der runden Klammern, anstelle einer Parameterliste, lediglich drei Punkte geschrieben werden. Diese Schreibweise kann sogar, wie in dem *Makro ARRAY1(var, ...)* mit fest definierten Parametern, wie in diesem Beispiel *var* kombiniert werden. Die drei Punkte werden dann lediglich als letzter Parameter, durch ein Komma getrennt, an die Parameterliste angehängt.

Beim Aufruf dieses *Makros* muss nun mindestens ein Parameter übergeben werden, danach können beliebig viele weitere Parameter folgen. Innerhalb des Makros können die Parameter mit Hilfe des vordefinierten Schlüsselworts *__VA_ARGS__* zugegriffen werden. Aber auch hier erfolgt lediglich eine Textersetzung. Das bedeutet, dass an der Stelle des Schlüsselworts *__VA_ARGS__* durch den *Präprozessor* lediglich alle übergebenen Parameter mit Komma getrennt eingefügt werden. Genauer wird sogar nur der Text kopiert, der beim Aufruf des *Makros* nach dem letzten explizit ausgewiesenen Parameter in den runden Klammern steht.

Auch hier können viele verschiedene Fehler auftreten, wenn nicht sorgfältig gearbeitet wird. Die Makrodefinition erzeugt zum Beispiel ein Feld vom Typ *int*, während der erste übergebene Parameter als Name des Felds verwendet wird. Der *Präprozessor* wird beim Ersetzen der Texte jedoch nicht überprüfen, ob der übergebene Name überhaupt gültig ist, oder ob sich in der Parameterliste ausschließlich Werte befinden, die als *int* verwendet werden können.

Es kann auch passieren, dass gar keine zusätzlichen Parameter übergeben werden und die daraus resultierende Zeile nach der Textersetzung keinen gültigen Quellcode ergibt. Doch dieser Fall kann durch das Schlüsselwort *__VA_OPT__*, das in dem *Makro ARRAY2(var, ...)* verwendet wird, abgefangen werden. Auch wenn das *Makro* zunächst etwas komplizierter aussieht, so ist die Verwendung von __VA_OPT__ doch recht einfach. Alles, was nach dem Schlüsselwort in Klammern folgt, wird nur dann durch den *Präprozessor* in den Quellcode eingefügt, wenn mindestens ein optionaler Parameter übergeben wurde.

In dem konkreten Beispiel verhält sich das *Makro ARRAY2(var, ...)* identisch zu dem *Makro ARRAY1(var, ...)*, wenn optionale Parameter übergeben werden. Wird jedoch kein optionaler Parameter übergeben, so wird *ARRAY1(var, ...)* die Zeile *int arr12[] = {};* erzeugen. Da in der Definition des Felds nun aber weder durch die Anzahl der Parameter, noch durch eine Zahl in den eckigen Klammern eine Größe für das Feld definiert wird, erzeugt diese Zeile beim Übersetzen durch den *Compiler* einen Fehler.

Das *Makro ARRAY2(var, ...)* hingegen wird keinen Text erzeugen, wenn keine optionalen Parameter übergeben werden. Ein Test mit mehreren verschiedenen Entwicklungsumgebungen hat allerdings gezeigt, dass das Schlüsselwort __VA_OPT__ nicht in jedem Fall unterstützt wird. Es muss also zunächst überprüft werden, dass die eigene Entwicklungsumgebung das Schlüsselwort __VA_OPT__ in *Makros* unterstützt.

Das *Makro ARRAY2(var, ...)* führt aber noch eine weitere Besonderheit ein, auf die in Listing 13.2 noch näher eingegangen wird.

```
1   #include <iostream>
2
3   #define INTSWAP(a, b) \ int h = a; \ a = b; \ b = h;
4
5   using namespace std;
6
7   // Hauptfunktion
8   int main() {
9      // Variablendefinition
10     int x = 2;
11     int y = 3;
12
13     INTSWAP(x, y);
14     // wird ersetzt durch
15     // int h = x; x = y; y = h;
16
17     // Ausgabe
18     cout << "x = " << x << endl;
19     cout << "y = " << y << endl;
20  }
```

Listing 13.2 Mehrzeilige Makrodefinitionen mit *#define*.

Die Nutzung von *Makros* ist besonders dann sinnvoll, wenn durch ein kurzes *Makro* umfangreiche Texte eingefügt werden. Da sich diese Texte aber über mehrere Zeilen erstrecken können, muss dem Makro mitgeteilt werden, dass die Definition nicht am Ende der Zeile endet. Das geschieht mit Hilfe des *Backslash*-Symbols \ am Ende jeder Zeile, nach der das *Makro* fortgesetzt werden soll.

Das *Makro INTSWAP(a, b)* verdeutlicht das Vorgehen. Jede Zeile des Makros endet mit einem *Backslash,* bis auf die letzte, da das *Makro* dort endet. Das *Makro* selbst führt eine

Dreiecksvertauschung durch, bei der der Wert von zwei Variablen *a* und *b* mit Hilfe einer Hilfsvariablen *h* vertauscht wird. Entsprechend lautet die Ausgabe *x = 3* und *y = 2*.

13.2.2 #undef

Mit Hilfe der *#undef*-Direktive können Definitionen, die mit der *#define*-Direktive erstellt wurden, wieder gelöscht werden. Listing 13.3 zeigt die Definition eines Makros *__TEST__* mit der *#define*-Direktive, welches mit Hilfe von *#undef* wieder entfernt wird.

```
 1   #include <iostream>
 2
 3   #define __TEST__
 4   #undef __TEST__
 5
 6   using namespace std;
 7
 8   // Hauptfunktion
 9   int main()
10   {
11       //__TEST__
12       // erzeugt einen Fehler, da __TEST__
13       // nicht definiert wurde
14   }
```

Listing 13.3 Entfernung von Makros mit *#undef*.

Der Aufruf des Makros in der Hauptfunktion erzeugt eine Fehlermeldung, da *__TEST__* nicht definiert wurde. Die Definition oder Entfernung bestimmter Begriffe durch den *Präprozesor* wird häufig in Verbindung mit Konstrukten verwendet, die Ähnlichkeiten mit *Include-Guards* besitzen. Häufig soll durch die Existenz oder Nichtexistenz bestimmter Begriffe entschieden werden, ob Teile des Quellcodes existieren sollen, oder nicht. Um solche Entscheidungen treffen zu können, werden die *Direktiven* aus dem nächsten Abschnitt benötigt.

13.3 Bedingungen

13.3.1 *#if, #elif, #ifdef, #ifndef, #else* und *#endif*

Präprozessordirektiven können auch genutzt werden, um den Quellcode nur unter bestimmten Voraussetzungen zu verändern. Dazu existieren eine Reihe von Direktiven, die am besten in einem einzigen Beispiel erklärt werden können. Listing 13.4 nutzt Präprozessordirektiven, um bestimmte Teile des Quellcodes komplett aus dem übersetzten Programm zu entfernen. Und das ist auch schon der Hauptunterschied zu dem bekannten *if*-Befehl aus der normalen *C++* Sprache. Trifft ein Programm auf ein *if...else*-Kommando, dann wird abhängig von der formulierten Bedingung nur der eine oder andere Programmpfad durchlaufen. Kommt das

Programm aber erneut an die gleiche Stelle, so kann die Prüfung der Bedingung ein anderes Ergebnis liefern, und das Programm durchläuft den anderen Pfad.

Bei einer Präprozessordirektive entscheidet der Präprozessor, ob die angegebene Bedingung bei der Verarbeitung erfüllt ist, oder nicht. Danach ist der Programmcode dauerhaft verändert und sowohl die Bedingung, als auch der alternative Quellcode, haben aufgehört zu existieren.

```
1   #include <iostream>
2
3   using namespace std;
4
5   #define DEBUG 2
6
7   // Hauptfunktion
8   int main()
9   {
10    // existiert nur, wenn DEBUG definiert wurde
11  #ifdef DEBUG
12    cout << "Debugausgabe aktiv" << endl;
13    // wenn DEBUG den Wert 1 besitzt
14  #if DEBUG == 1
15    cout << "nur das Wichtigste!" << endl;
16    // wenn DEBUG nicht den Wert 1 besitzt, sondern 2
17  #elif DEBUG == 2
18    cout << "mehr Details" << endl;
19    // wenn DEBUG nicht den Wert 1 oder 2 besitzt, sondern 3
20  #elif DEBUG == 3
21    cout << "noch mehr Details" << endl;
22    // in allen anderen Fällen
23  #else
24    cout << "falscher Debuglevel" << endl;
25  #endif // #if DEBUG == 1
26  #endif // #ifdef DEBUG
27
28    // existiert nur, wenn DEBUG nicht definiert wurde
29  #ifndef DEBUG
30    cout << "Debugausgabe deaktiviert" << endl;
31  #endif // #ifndef DEBUG
32  }
```

Listing 13.4 Konditionaler Code mit Präprozesssordirektiven.

In dem Beispiel wird zunächst ein *Makro DEBUG* definiert, das jedes Vorkommen des Wortes *DEBUG* im Quellcode durch den Wert 2 ersetzen würde.

Mit der Präprozessordirektive *#ifdef* (Kurzform von: *if defined*) wird nun überprüft, ob ein Makro mit dem Namen *DEBUG* definiert wurde. Und nur in diesem Fall wird der Quellcode, der zwischen *#ifdef* und dem zugehörigen *#endif* steht, in den fertigen Quellcode eingefügt. Da das *Makro DEBUG* vorher definiert wurde, wird eine Ausgabe erzeugt, die die Debugausgabe als aktiv meldet, und die weiteren Bedingungen werden überprüft.

Mit der Präprozessordirektive *#if* kann nun der Wert des *Makros* überprüft werden. In dem konkreten Beispiel sollen damit verschiedene Detailgrade bei der Debugausgabe realisiert werden. Zunächst wird überprüft, ob das *Makro DEBUG* den Wert 1 besitzt. Da das nicht der Fall ist, wird der Quellcode bis zu der Direktive *#elif* nicht in den finalen Quellcode übertragen.

Die Direktive *#elif* (Kurzform von: *else if*) ist sowohl vom Namen, als auch von der Funktionalität her eine Kombination aus den beiden bereits von *C++* bekannten Kommandos *else* und *if*. In anderen Worten wird überprüft, ob *DEBUG* dem Wert 2 entspricht (das entspricht dem *if*), allerdings nur dann, wenn die durch *#if* definierte Bedingung nicht zutrifft (das ist das *else*). Der Vorteil dieses kombinierten Kommandos liegt darin begründet, dass bei den Präprozessordirektiven normalerweise jede Form eines *#if* mit einem *#endif* beendet werden muss. Die Verwendung der Kommandos *#elif* und später auch *#else* erlaubt es jedoch, mehrere Abfragen vor einem *#endif* zu kombinieren.

Analog zu dem Beispiel zuvor überprüft die nächste *#elif*-Dirketive, ob das *Makro DEBUG* dem Wert 3 entspricht, allerdings nur dann, wenn es nicht die Werte 2 oder 1 besitzt.

Um nicht jeden Fall überprüfen zu müssen, wurde am Ende eine *#else*-Direktive eingebaut, die für jeden anderen Wert von *DEBUG* ausgelöst wird. Das *#else* wird ebenfalls nur dann überprüft, wenn keine der vorherigen Bedingungen erfüllt wurde, es stellt allerdings keine neue Bedingung auf und wird deshalb immer ausgeführt.

Die verschiedenen *#ifdef* und *#if*-Direktiven werden nun durch die Direktive *#endif* beendet. In der Praxis hat sich jedoch gezeigt, dass es sinnvoll ist, die Direktive *#endif* mit einem anschließenden Kommentar zu ergänzen, der verdeutlicht, auf welches *#if* sich das jeweilige *#endif* bezieht. Andernfalls geht bei komplizierteren Bedingungen nach kurzer Zeit die Übersicht verloren.

Das letzte Beispiel wurde eingebaut, um die Direktive *#ifndef* (Kurzform von: *if not defined*) einzuführen. Sie verhält sich genau wie die *#ifdef* Direktive, überprüft jedoch, ob das nachfolgende *Makro* nicht definiert wurde.

Listing 13.5 zeigt den resultierenden Quellcode, nachdem er durch den Präprozessor verarbeitet wurde.

```
1   #include <iostream>
2
3   using namespace std;
4
5   int main()
6   {
7     cout << "Debugausgabe aktiv" << endl;
8     cout << "mehr Details" << endl;
9   }
```

Listing 13.5 Quellcode nach Anwendung der Präprozesssordirektiven.

Sämtlicher Quellcode, der durch *#if*-Direktiven ausgeschlossen wurde, sowie die Kommentare, wurden entfernt[1].

---

[1] Der Präprozessor kann dazu gebracht werden, die Kommentare im Quellcode zu belassen, aber das führt für dieses Buch zu weit.

13.4 Operatoren

13.4.1 # und

Präprozessordirektiven können unter anderem dazu genutzt werden, um Fehlerausgaben zu erzeugen oder zu verbessern. Dazu ist es sinnvoll, wenn die *Makros* keine neuen Fehler erzeugen. Da der Präprozessor den Text eines *Makros* einfach nur anwendet, ohne die Variablentypen zu überprüfen, kann es hilfreich sein, wenn der Variablentyp schon vorher feststeht. Dabei unterstützt der Präprozessoroperator *#*. Wird der *#*-Operator vor einer Makrovariable in einem *Makro* verwendet, so wird die Variable in Anführungsstrichen eingeschlossen, sie wird *stringifiziert*. Listing 13.6 zeigt ein Beispiel mit dem *Makro STRINGIFY*.

```
1   #include <iostream>
2
3   using namespace std;
4
5   #define STRINGIFY(x) #x
6   #define CONCATENATE(x,y,z) STRINGIFY(x##_##y##_##z)
7
8   // Hauptfunktion
9   int main()
10  {
11      cout << STRINGIFY(Hello World!) << endl;
12      // erzeugt die Ausgabe
13      // Hello World!
14
15      cout << STRINGIFY("Hello World!") << endl;
16      // erzeugt die Ausgabe
17      // "Hello World!"
18
19      cout << CONCATENATE(Hello, World, !) << endl;
20      // erzeugt die Ausgabe
21      // Hello_World_!
22  }
```

Listing 13.6 Textmanipulation mit Präprozessoroperatoren.

Das *Makro* nimmt eine Variable *x* entgegen und ersetzt sie durch einen Text, der *x* enthält. In den beiden Anwendungsbeispielen in der Hauptfunktion wird deutlich, wie das funktioniert. In dem ersten Beispiel wird der Text *Hello World!* ohne Anführungsstriche an das Makro übergeben, sodass es sich bei dem Text um keinen gültigen *string* handelt. Das *Makro* wandelt den Text jedoch in einen *string* um, sodass die Ausgabe funktioniert.

Im zweiten Beispiel wird der gleiche Text, diesmal jedoch mit Anführungsstrichen übergeben. Die Ausgabe erzeugt nun einen Text, der von Anführungsstrichen umgeben ist, die Anführungsstriche selbst werden also ebenfalls Teil des Textes.

Im dritten Beispiel wird der *##*-Operator verwendet, mit dessen Hilfe übergebene Inhalte aneinandergehängt werden können. In der Informatik wird dieser Vorgang *Konkatenation* oder *Verkettung* genannt. Konkret werden die drei übergebenen Inhalte jeweils durch einen Unterstrich getrennt miteinander verkettet und danach durch das *STRINGIFY Makro* in einen *string* umgewandelt. Entsprechend wird bei dem Aufruf in der Hauptfunktion die Ausgabe *Hello_World_!* erzeugt.

13.5   Fehlerbehandlung

13.5.1   *#line*

Mit Hilfe der *#line*-Direktive kann die Zeilennummer und der Dateiname festgelegt werden, der bei einem Programmabsturz angezeigt werden soll. In Listing 13.7 wurde ein einfaches Beispiel implementiert.

```
1   #include <cassert>
2
3   // Hauptfunktion
4   int main()
5   {
6   #line 42 "test.cpp"
7     assert(false);
8   }
```

Listing 13.7 Änderung der Zeilennummer und des Dateinamens für Fehlerausgaben

In dem Programm wird zunächst mit Hilfe der *#line*-Direktive die Zeilennummer auf den Wert 42 verändert und der Dateiname auf den Wert *„test.cpp"* verändert. Danach wird ein *Makro* ausgeführt, das in der Datei *cassert* definiert wird, und das einen Programmfehler erzeugt, wenn der Wert in Klammern dem Wert 0, bzw. false entspricht. Wird das Programm ausgeführt, so wird durch das *assert-Makro* die Fehlermeldung *Assertion failed: false, file C:\test.cpp, line 42* erzwungen, die die veränderte Zeilennummer, sowie den veränderten Dateinamen, ausgibt.

Nun macht das auf den ersten Blick gar keinen Sinn. Warum sollte die Zeilennummer und der Dateiname verändert werden, nur damit nicht mehr die richtigen Werte ausgegeben werden? Tatsächlich gibt es aber Situationen, in denen die Anwendung der *#line*-Direktive Sinn ergibt. Angenommen, ein Programm soll ein Anwenderskript einlesen und automatisiert in ein Programm umwandeln. Dann wird das dabei erzeugte Programm weder von der Zeilennummerierung, noch dem Dateinamen her dem ursprünglichen Skript entsprechen. Wenn nun bei dem automatisch erzeugten Programm ein Fehler auftaucht, dann würde die daraus resultierende Fehlermeldung dem Anwender nichts bringen, da dieser lediglich sein eigenes Skript kennt. In diesem Fall ist es sinnvoll, den automatisiert erstellten Code mit *#line*-Direktiven zu versehen, die auf das ursprüngliche Skript verweisen.

13.5.2 *#error*

Gelegentlich kann es sinnvoll sein, sogar das Übersetzen eines Programms durch den *Compiler* zu verhindern und eine Fehlermeldung zu erzeugen. In Listing 13.8 wird zum Beispiel erwartet, dass kein *Makro* mit dem Namen *BUG* existiert.

```
1  #ifdef BUG
2  #error "Dieser Text sollte nie angezeigt werden"
3  #endif
```

Listing 13.8 Compilerfehler mit der *#error*-Direktive

Sollte das *Makro* dennoch existieren, so wird die *#error*-Direktive verwendet, um die Übersetzung des Quellcodes zu verhindern. Wird das *Makro BUG* im vorliegenden Listing 13.8 definiert und das Programm übersetzt, so entsteht bereits beim Übersetzen die Fehlermeldung *#error: "Dieser Text sollte nie angezeigt werden"*.

Die Anwendung der *#error*-Direktive ist immer dann sinnvoll, wenn Kombinationen von Makrodefinitionen existieren, die keinen Sinn ergeben und eine Ausführung des fertigen Programms verhindern würden.

13.6   Implementierungsabhängige Direktiven

13.6.1 *#pragma*

Der Vollständigkeit halber soll noch die *#pragma*-Direktive erwähnt werden, die von einigen Präprozessoren unterstützt wird. Tatsächlich existieren abhängig von der verwendeten Entwicklungsumgebung sogar mehrere *#pragma*-Direktiven, die dazu genutzt werden können, um zum Beispiel den Übersetzungsprozess zu steuern.

Eine häufig auftretende Variante der *#pragma*-Direktive ist das so genannte *#pragma once,* das einen *Include-Guard* realisiert, indem es verhindert, dass eine Datei, in der die Direktive auftaucht, mehrfach übersetzt wird.

13.7   Vordefinierte Makros

Es existieren eine Reihe vordefinierter *Makros,* mit deren Hilfe ermittelt werden kann, ob zum Beispiel bestimmte Funktionalitäten unterstützt werden. In diesem Buch soll nur ein Teil der vordefinierten *Makros* vorgestellt werden, die bei der Fehlersuche oder beim Anlegen von Logdateien unterstützen können. In Listing 13.9 werden die Inhalte einiger vordefinierter *Makros* ausgegeben. Der folgende Kommentar zeigt jeweils die Ausgabe auf der Konsole an.

Tab. 13.1 Sprachstandards der Sprache *C++*

Ausgabe	Sprachstandard
199711	bis 2011
201103	*C++* 11
201402	*C++* 14
201703	*C++* 17
202002	*C++* 20
202302	*C++* 23

```
1    #include <iostream>
2
3    using namespace std;
4
5    // Hauptfunktion
6    int main()
7    {
8      cout << __cplusplus << endl;
9      // 199711
10     cout << __FILE__ << endl;
11     // C:\makros_ex9.cpp
12     cout << __LINE__ << endl;
13     // 12
14     cout << __DATE__ << endl;
15     // Aug 28 2023
16     cout << __TIME__ << endl;
17     // 19:10:14
18   }
```

Listing 13.9 Ausgaben einiger vordefinierter Präprozessormakros.

Es ist wichtig anzumerken, dass die Werte der Makros der Situation zum Zeitpunkt des Übersetzens entsprechen, die Werte ändern sich also nicht während des Programmablaufs.

Das *__cplusplus-Makro* liefert die Version des verwendeten *C++* -Standards und kann zum Zeitpunkt, zu dem dieses Buch verfasst wird, die Werte aus Tab. 13.1 annehmen. Der *Compiler*, der das Beispielprogramm übersetzt hat, verwendet aktuell also den ältesten Sprachstandard.

Durch das *__FILE__-Makro* kann der Name der aktuellen Quelldatei ermittelt werden. In diesem Beispiel ist es die Datei *makros_ex9.cpp*. Dieser Wert kann jedoch, ebenso wie der Wert des *__LINE__-Makros* durch die *#line*-Direktive verändert werden.

Das *__LINE__-Makro* beinhaltet immer den Wert der aktuellen Programmzeile, in der das *Makro* aufgerufen wird. Wird der Wert durch die *#line*-Direktive verändert, so entspricht der Wert von *__LINE__* dem durch *#line* veränderten Wert, plus der Anzahl der zwischen den beiden *Makros* liegenden Zeilen. Oder, anders ausgedrückt, nachdem die *#line*-Direktive angewendet wurde, zählt das *__LINE__*-*Makro* ausgehend von dem neuen Wert dennoch weiterhin die Zeilennummern für jede Zeile weiter hoch.

Um das Datum der Übersetzung festzuhalten, kann das *__DATE__*-*Makro* verwendet werden. Der Wert könnte zum Beispiel dazu genutzt werden, eine Übersicht über die verschiedenen Programmversionen zu behalten. Das vorliegende Programm wurde am 28.08.2023 übersetzt.

Analog zu dem Datum, kann auch die Uhrzeit des Übersetzens durch ein Makro innerhalb des Programms verwendet werden. Mit Hilfe des *__TIME__*-*Makros* kann ermittelt werden, dass das Beispielprogramm um 19 Uhr, 10 min und 14 s übersetzt wurde.

Makros haben einige sehr interessante Anwendungsfälle, auch wenn vorsichtig mit ihnen umgegangen werden muss. Teilweise gibt es neuere Funktionalitäten, die die Nutzung von *Makros* überflüssig machen. Zum Beispiel ist die Anwendung eines gut geplanten Vererbungskonzepts viel sicherer, als die Definition komplexer *Makros*. Dennoch werden *Makros* auch heute noch häufig verwendet, und es ist wichtig zumindest ansatzweise zu verstehen, wie sie funktionieren.

Übungen

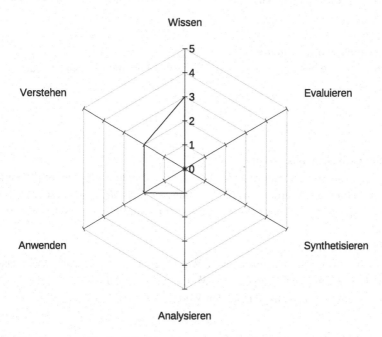

Abb. 13.1 Netzdiagramm für die Selbstbewertung von Kap. 13

13.1 Präprozessoroperatoren
Beschreiben Sie mit eigenen Worten die Präprozessoroperatoren *#* und *##*.

13.2 Vordefinierte *Makros*
Erinnern Sie sich an drei vordefinierte *Makros* und beschreiben Sie die darin enthaltene Information.

13.3 Die *#line*-Direktive
Beschreiben Sie mit eigenen Worten einen Anwendungsfall für die *#line*-Direktive.

13.4 Bedingungen
Erklären Sie die Unterschiede zwischen dem *C++* -Kommando *if* und der Präprozessordirektive *#if.*

13.5 Fehlerquellen durch *#define*
Erklären Sie, wie die Nutzung der *#define*-Direktive Probleme verursachen kann.

13.6 Mathematische Konstanten
In einem Programm soll eine Reihe mathematischer Konstanten, wie pi, e und die Viswanath-Konstante K definieren. Allerdings nur dann, wenn zuvor das *Makro MATHCONST* definiert wurde. Implementieren Sie dieses Verhalten mit Hilfe von Präprozessordirektiven.

13.7 Makroentwicklung
Entwickeln Sie ein eigenes *Makro*, das einen Wert entgegennimmt und eine Membervariable *m_name* anlegt und mit dem übergebenen Wert initialisiert. Außerdem soll das Makro eine Memberfunktion *getName* anlegen, die den Wert von *m_name* zurückgibt.

13.8 Makroanalyse

Betrachten Sie das folgende *Makro* und versuchen Sie herauszufinden, was mit diesem *Makro* erreicht werden soll.

```
1    #include <iostream>
2
3    using namespace std;
4
5    #define WONDER
6
7    #ifdef WONDER
8    #define A(e) \
9    cout << #e << endl; \
10   if(e==0) { \
11     cout << __FILE__ << endl; \
12     cout << __LINE__ << endl; \
13     abort(); \
14   }
15   #endif
```

Listing 13.10 *Makro* mit unbekannter Aufgabe.

Teil IV
Problemstellungen

Elektrokardiographie 14

Nachdem die Grundlagen der Sprache $C++$ im zweiten Teil des Buches vermittelt wurden, soll das Wissen nun praktisch angewendet werden, indem ein großes zusammenhängendes Programm entwickelt wird, das eine konkrete Aufgabe erfüllen soll. Dabei sollen die verschiedenen Schritte der Softwareentwicklung durchlaufen werden, von der Analyse der Anwendungsfälle, über das Erstellen von Aktivitäts- und Klassendiagrammen bis hin zum fertigen Programm.

Die Aufgabenstellung der Elektrokardiographie wurde als typisches Beispiel aus der Medizintechnik ausgewählt. Dabei werden elektrische Ströme über 12 Kanäle an verschiedenen Positionen des Körpers gemessen. Die visualisierten Ergebnisse ermöglichen es einem Arzt oder einer Ärztin Rückschlüsse über den Gesundheitszustand des Herzmuskels zu ziehen.

Die 12 Kanäle setzen sich zusammen aus den drei Extremitätenableitungen nach Eindhoven (Alle Richtungsangaben sind aus Sicht des Patienten beschrieben):

- Ableitung I: Vom rechten zum linken Arm
- Ableitung II: Vom rechten Arm zum linken Bein
- Ableitung III: Vom linken Arm zum linken Bein

Hinzu kommen die drei Extremitätenableitungen nach Goldberger:

- Ableitung aVR: Vom linken Arm und Bein zum rechten Arm
- Ableitung aVL: Vom linken Bein und rechtem Arm zum linken Arm
- Ableitung aVF: Vom rechten und linken Arm zum linken Bein

© Springer Fachmedien Wiesbaden GmbH, ein Teil von Springer Nature 2024   257
B. Tolg, *Informatik auf den Punkt gebracht*,
https://doi.org/10.1007/978-3-658-43715-2_14

Und die sechs Brustwandableitungen nach Wilson:

- V1: Wird im vierten Rippenzwischenraum vom Schlüsselbein aus gezählt auf der rechten Seite des Brustbeins angebracht
- V2: Wird im vierten Rippenzwischenraum vom Schlüsselbein aus gezählt auf der linken Seite des Brustbeins angebracht
- V3: Wird genau zwischen V2 und V4, also auf der 5. Rippe angebracht
- V4: Wird im fünften Rippenzwischenraum vom Schlüsselbein aus gezählt angebracht, sodass sie genau mittig unter dem linken Schlüsselbein liegt.
- V5: Wird auf der Höhe von V4 angebracht, sodass sie genau unter dem höchsten Punkt der linken Achselfalte liegt
- V6: Wird auf der Höhe von V4 angebracht, sodass sie genau unter der Mitte der linken Achselhöhle liegt

Die Ableitung II nach Eindhoven generiert im Idealfall für jeden Herzschlag einen Verlauf, wie in Abb. 14.1 dargestellt. Die einzelnen Phasen des Herzschlags werden in der Medizin mit den Buchstaben P, Q, R, S und T bezeichnet und stehen für verschiedene Herzaktivitäten. Durch diesen stets wiederkehrenden Verlauf der EKG-Daten während eines Herzschlags mit seinen verschiedenen Phasen wird eine Erkennung der Herzaktivitäten mit Hilfe von Mustererkennungsalgorithmen ermöglicht. Dabei lässt sich gerade die R Zacke im Idealfall besonders gut erkennen und liefert, wenn die Abstände zwischen verschiedenen R-Zacken gemessen werden, die Möglichkeit, die Herzfrequenz zu ermitteln.

Allerdings verändern verschiedene Krankheiten den Verlauf der Daten teils dramatisch, sodass eine Erkennung der Abläufe im allgemeinen Fall ein nicht-triviales Problem darstellt.

Diese kurze Einführung soll es ermöglichen, die Bedeutung der einzelnen Ableitungen und der resultierenden Daten grob zu interpretieren. Eine vollständige Einführung in das komplexe Thema EKG findet sich in Gertsch (2008). In diesem Buch soll der Schwerpunkt auf der Entwicklung einer Software liegen, die EKG-Daten lesen und analysieren kann.

14.1 Planung der Softwarearchitektur

Vor der Entwicklung der Software sollte zunächst analysiert werden, was die spätere Software leisten soll. Eine ungeplante Änderung im grundsätzlichen Aufbau der Software wird

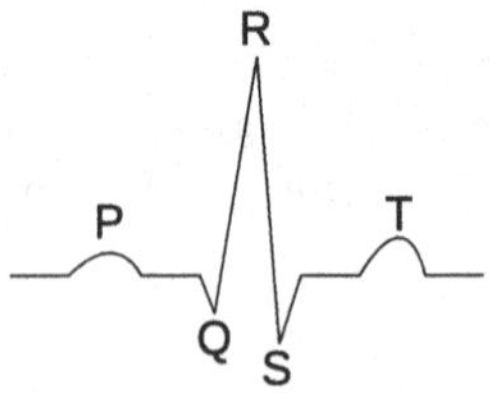

Abb. 14.1 EKG Darstellung
eines optimalen Herzschlags

meistens teurer, je später sie in der Entwicklung auftritt. Aus diesem Grund sollten zunächst die Anwendungsfälle untersucht werden, die für die Software geplant sind.

Da auch ein einfaches Programm sehr schnell sehr komplex werden kann, sollen für dieses Beispiel nur die drei in Abb. 14.2 dargestellten Anwendungsfälle betrachtet werden.

Der Anwender oder die Anwenderin soll die Möglichkeit bekommen, EKG-Daten mit Hilfe des Programms einzulesen, in begrenztem Umfang zu analysieren und die Ergebnisse zu exportieren.

Diese drei Anwendungsfälle können bereits näher untersucht und beschrieben werden. Das spätere Programm benötigt eine Art Hauptmenü, mit dessen Hilfe eine Auswahl zwischen den drei Anwendungsfällen getroffen werden kann. Die Details können in einem Aktivitätsdiagramm dokumentiert werden. Abb. 14.3 zeigt einen möglichen Ablauf, der eine Auswahl zwischen den Anwendungsfällen ermöglicht.

Grundsätzlich gibt es bei der Entwicklung solcher Diagramme keine Vorgabe, wie groß oder komplex sie gestaltet werden müssen. Dennoch ist es gerade am Anfang sinnvoll, ein Problem in mehreren Schritten anzugehen. Das Aktivitätsdiagramm in Abb. 14.3 abstrahiert deshalb einige Schritte bewusst, um sie in weiteren Diagrammen genauer zu beschreiben. Dadurch entstehen zwar viele Diagramme, diese sind für sich genommen jedoch klein und übersichtlich. Zusätzlich müssen am Anfang der Softwareentwicklung erst einmal alle Problemstellungen durchdacht werden. Beim Erstellen der Diagramme kann es dann auffallen, dass bestimmte Fälle noch nicht bedacht wurden. Viele kleine Diagramme lassen sich dann einfacher ändern, als eine große Leinwand.

Allerdings ist es zu einem späteren Zeitpunkt der Softwareentwicklung durchaus sinnvoll eine große Übersichtsgrafik zu erstellen.

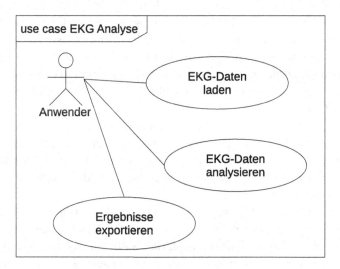

Abb. 14.2 Anwendungsfalldiagramm für die EKG-Analyse

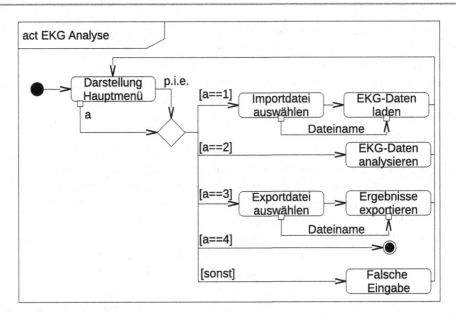

Abb. 14.3 Aktivitätsdiagramm für die Benutzeroberfläche der EKG-Analyse

Der Ablauf in Abb. 14.3 startet bei dem Aktivitätsknoten *Darstellung Hauptmenü*. Dieser müsste im Prinzip noch weiter detailliert werden, doch soll an dieser Stelle darauf verzichtet werden.

Bei einer Auftragsentwicklung würde es konkrete Anforderungen für das Aussehen der Programmoberfläche geben, die geplant und exakt umgesetzt werden müssten. Hier geht es jedoch zunächst darum herauszufinden, wie das Programm generell aufgebaut sein muss.

Das Hauptmenü ist eine einfache Textausgabe, die in einer Klasse untergebracht wird, die für die Benutzerinteraktion zuständig ist. Es muss offenbar eine Benutzereingabe stattfinden, die einen ganzzahligen Wert a generiert, mit dessen Hilfe zwischen den verschiedenen Optionen gewählt wird. Ein eigenes Aktivitätsdiagramm würde hier keine zusätzlichen Informationen bringen.

Der Objekt- und Kontrollfluss des Aktivitätsknotens *Darstellung Hauptmenü* wird nach Abschluss der Aktivität in einen Entscheidungsknoten geleitet. Dieser verteilt, basierend auf dem Wert von a, den Kontrollfluss in einen von vier verschiedenen Flüssen um.

Der einfachste Fall tritt für $a == 4$ ein. In diesem Fall wird die Aktivität und damit das gesamte Programm beendet.

In allen anderen Fällen werden verschiedene Aktivitätsknoten durchlaufen, die am Ende stets zu der Darstellung des Hauptmenüs zurückführen. Die verschiedenen Aktivitätsknoten unterscheiden sich jedoch sehr in ihrer Komplexität. Sollte ein Wert eingegeben werden, für den keine Handlung definiert ist, muss eine Fehlermeldung ausgegeben und zum Hauptmenü zurückgekehrt werden.

Für den Fall, dass Daten importiert oder exportiert werden sollen, muss natürlich zunächst eine Datei ausgewählt werden. Dazu gibt es zwei Aktivitätsknoten *Importdatei auswählen* und *Exportdatei auswählen,* die diese Aufgabe erledigen. Beide Knoten müssen einen Dateinamen erzeugen, der an die folgenden Knoten übermittelt werden kann. Die detaillierte Beschreibung dieser beiden Aktivitätsknoten kann ohne weitere Recherche erstellt werden und erfolgt in den Abb. 14.4 und 14.5.

Die verbleibenden drei Aktivitätsknoten *EKG-Daten laden, EKG-Daten analysieren* und *Ergebnisse exportieren* sind wesentlich komplizierter, da bisher noch keine Informationen über das Datenformat vorliegen oder wie die Analyse der Daten erfolgen kann. Diese Untersuchung erfolgt in drei eigenen Unterkapiteln.

Die beiden Aktivitäten *Import-* bzw. *Exportdatei auswählen* ähneln sich sehr in ihrem grundsätzlichen Aufbau. Zunächst muss ein Dateipfad für den Import oder den Export ausgewählt werden, welcher dann an eine Dateiauswahl weitergeleitet wird. Der Aktivitätsknoten

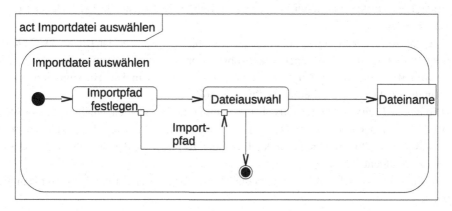

Abb. 14.4 Aktivitätsdiagramm für die Auswahl einer Importdatei

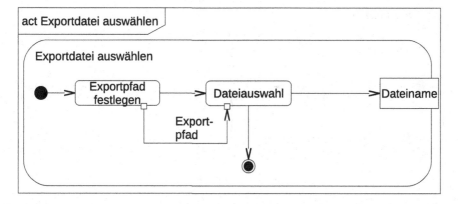

Abb. 14.5 Aktivitätsdiagramm für die Auswahl einer Exportdatei

Dateiauswahl verweist in beiden Diagrammen auf die gleiche Aktivität, die in Abb. 14.6 beschrieben wird. Für die Auswahl des Pfads für den Im- und Export kann ebenfalls ein eigenes Diagramm erstellt werden, in dem beschrieben werden kann, wie genau die Auswahl erfolgen soll. Für dieses Beispiel soll in beiden Fällen ein fest vorgegebener Dateipfad gewählt werden, welcher an die Dateiauswahl übergeben wird. Somit werden keine weiteren Diagramme für diese Aktivitätsknoten benötigt.

Die Dateiauswahl soll über die Konsole erfolgen. Der Pfad wandert über einen Objektfluss in dem ersten Aktivitätsknoten *Benutzereingabe*. Dort erhält der Benutzer oder die Benutzerin die Möglichkeit, einen Dateinamen einzugeben. Dieser wird mit dem Pfad ergänzt und an den Ausgabepin weitergeleitet danach wird die Aktivität beendet.

Mit den bisherigen Überlegungen kann bereits ein Klassendiagramm erstellt werden. Erneut wird als Grundlage das Entwurfsmuster *Model-View-Controller* herangezogen. Abb. 14.7 zeigt den ersten Entwurf des Klassendiagramms.

Alle bisher besprochenen Aufgaben werden einer Klasse *Frontend* zugeordnet, die für die Benutzerinteraktion zuständig ist. Die vollständige Verwaltung der EKG-Daten erfolgt durch die Klasse *ECG-Data*.

Die Klasse *Frontend* verfügt über genau ein Objekt *m_dataset* der Klasse *ECG-Data*. Zusätzlich verfügt die Klasse über einen Konstruktor und einen Destruktor, eine Funktion *showMainMenu*, die für die Hauptmenüsteuerung zuständig ist und die Hilfsfunktion *selectFile*, in der die Dateiauswahl umgesetzt werden soll.

Die Klasse *Frontend* kann bereits als Programm realisiert werden, da alle weiteren Aufgaben innerhalb der Klasse *ECG-Data* realisiert werden müssen. Diese Klasse kann derzeit nur als Rahmen definiert werden. In den folgenden Kapiteln werden die Inhalte der Klasse genauer untersucht.

Die Programme 14.1 und 14.2 zeigen die Übersetzung der bisherigen Diagramme in die Sprache *C++*.

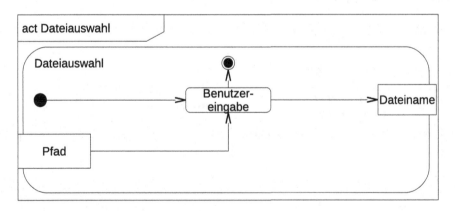

Abb. 14.6 Aktivitätsdiagramm für die Dateiauswahl

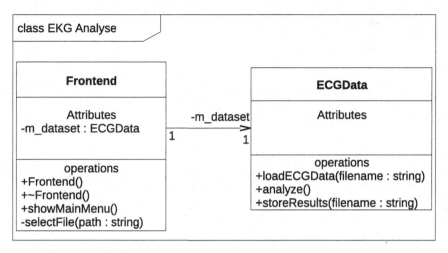

Abb. 14.7 Erster Entwurf für ein Klassendiagramm für die EKG-Analyse

```
1    #include "ECGData.h"
2    #include <string>
3
4    using namespace std;
5
6    class Frontend
7    {
8    public:
9       Frontend();
10      ~Frontend();
11
12      void showMainMenu();
13
14   private:
15      string selectFile(string filter);
16
17      ECGData m_dataset;
18   };
```

Listing 14.1 Die Klasse *Frontend* (Frontend.h)

Die *Header*-Datei ist eine direkte Übersetzung aus dem Klassendiagramm 14.7. Alle Operationen und Attribute wurden mit den jeweiligen Sichtbarkeitsstufen als Membervariablen und Memberfunktionen in der Klasse deklariert.

Die Definitionen der Funktionen nutzen die Informationen aus den verschiedenen Aktivitätsdiagrammen. Die Kommentare innerhalb des Programms verweisen dabei immer auf die Namen der Aktivitätsknoten, die an dieser Stelle realisiert wurden.

```cpp
1   #include "Frontend.h"
2   #include "windows.h"
3   #include <iostream>
4   #include <filesystem>
5
6   using namespace std;
7
8   Frontend::Frontend()
9   {
10  }
11
12
13  Frontend::~Frontend()
14  {
15  }
16
17  void Frontend::showMainMenu()
18  {
19    // Variablendefinition und -initialisierung
20    int a = 0;
21    string path = "";
22    string filename = "";
23
24    for (;;)
25    {
26      // Darstellung Hauptmenü
27      system("cls");
28
29      cout << "Willkommen bei dem EKG "
30           << "Analyseprogramm!" << endl;
31      cout << "Ihnen stehen die folgenden Optionen "
32           << "zur Verfuegung:" << endl;
33      cout << "1: EKG-Daten laden" << endl;
34      cout << "2: EKG-Daten analysieren" << endl;
35      cout << "3: Ergebnisse exportieren" << endl;
36      cout << "4: Programm beenden" << endl << endl;
37      cout << "Bitte treffen Sie Ihre Auswahl:"
38           << endl;
39      cin >> a;
40
41      // Entscheidungsknoten
42      switch (a)
43      {
44      case 1: // [a==1]
45        // Importdatei wählen
46        path = "C:\\import\\"; // Importpfad festlegen
47        filename = selectFile(path); // Dateiauswahl
48
49        // EKG-Daten laden
50        m_dataset.loadECGData(filename);
51        break;
52      case 2: // [a==2]
53        // EKG-Daten analysieren
```

```
54          m_dataset.analyze();
55          break;
56      case 3: // [a==3]
57          // Exportdatei wählen
58          path = "C:\\export\\"; // Exportpfad festlegen
59          filename = selectFile(path); // Dateiauswahl
60
61          // Ergebnisse exportieren
62          m_dataset.storeResults(filename);
63          break;
64      case 4: // [a==4]
65          return;
66          break;
67      default: // [sonst]
68          cout << endl << "unbekannte Eingabe!"
69              << endl << endl;
70          cin.get();
71          break;
72      }
73      } // Rückkehr zum Hauptmenü
74  }
75
76  string Frontend::selectFile(string path /*Eingabepin*/)
77  {
78      // Benutzereingabe
79      string filename = "";
80
81      cout << "Bitte geben Sie einen Dateinamen ein:"
82          << endl;
83      cin >> filename;
84
85      // Daten für Ausgabepin
86      return path + filename;
87  }
```

Listing 14.2 Die Klasse *Frontend* (Frontend.cpp).

14.2 Laden der EKG-Daten

Um EKG-Daten laden zu können muss zunächst einmal recherchiert werden, in welchem Format die Daten üblicherweise abgelegt werden und welche Informationen in den Dateien gespeichert werden. Danach muss eine Entscheidung getroffen werden, welche Dateiformate unterstützt werden sollen.

Eine Recherche im Internet hat ergeben, dass die Webseite *Physionet* (Goldberger et al. 2000) eine Datenbank mit unterschiedlichen physiologischen Datensätzen bereitstellt. Genauer soll für dieses Buch die Datenbank der Physikalisch-Technischen Bundesanstalt (PTB) (Bousseljot et al. 1995) genutzt werden.

Alle dort verfügbaren Datensätze sind in dem MIT-Format *.dat* gespeichert, dessen Spezifikation ebenfalls über *Physionet* verfügbar ist (Moody 2018). Zusätzlich gibt es ein Softwarepaket, mit dessen Hilfe auf diese Daten zugegriffen kann, die so genannte *WFDB*.

14.2.1 Beschreibung des MIT-Formats

Das MIT-Format teilt die gespeicherten Daten in mehrere Dateien auf. In der Header-Datei, die die Endung *.hea* besitzt, befinden sich allgemeine Informationen im Textformat. Darin ist unter anderem zu finden, aus wie vielen Datensätzen ein aufgezeichneter Kanal besteht und in welcher Datei diese Daten zu finden sind.

Kommentare können in jeder beliebigen Zeile durch das Raute-Zeichen (#) am Zeilenanfang eingeleitet werden. Für dieses Beispiel sollen diese Zeilen in einem *string* gesammelt werden.

Die erste Zeile der *Header*-Datei, die so genannte *record line* beinhaltet allgemeine Informationen für alle Datensätze, auf die sich die Datei bezieht. Abb. 14.8 zeigt ihren Aufbau als Syntaxdiagramm.

Der komplexe Aufbau dieser Zeile entsteht dadurch, dass viele Elemente optional sind und nur unter bestimmten Umständen auftauchen können. Die Elemente bedeuten im Einzelnen:

- **Aufzeichnungsname:** Der Name der Datenaufzeichnung, kann aus Buchstaben, Zahlen und Unterstrichen bestehen. Datentyp: *string.*
- **Segmentanzahl:** Datenaufzeichnungen können aus mehreren Segmenten bestehen. In diesem Fall würden auf die *record line* so genannte *Segment specification lines* folgen. Andernfalls folgen *Signal specification lines*. In diesem Buch sollen segmentierte Dateien

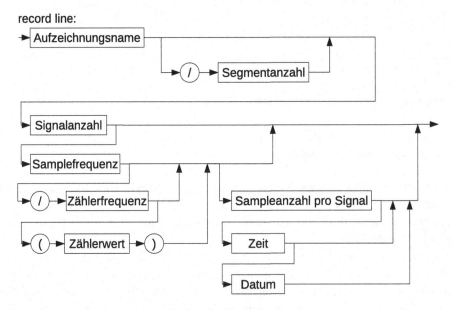

Abb. 14.8 Syntaxdiagramm für den Aufbau der *record line*

nicht unterstützt werden, Dateien mit diesem Feld könnten also nicht geladen werden.
Datentyp: *int*.

- **Signalanzahl:** Die Anzahl der aufgezeichneten Kanäle. Datentyp: *int*.
- **Samplefrequenz:** Gibt die Anzahl der Samples pro Sekunde pro Signal wieder. Datentyp: *double*.
- **Zählerfrequenz:** Die Zählerfrequenz wird von dem *WFDB* Softwarepaket dazu verwendet, Strings, die im so genannten Standardzeitformat vorliegen in die Zeit der Datenaufzeichnung zu transferieren. Wird der Wert nicht angegeben, so entspricht er der Samplefrequenz. Dieser Wert soll durch die hier beschriebene Software ignoriert werden. Datentyp: *double*.
- **Zählerwert:** Der Wert legt den Zählerstand fest, der beim ersten Sample angenommen werden soll. Wenn er nicht vorhanden ist, wird der Wert 0 angenommen. Auch dieser Wert soll durch die hier beschriebene Software ignoriert werden. Datentyp: *double*.
- **Sampleanzahl pro Signal:** Gibt an, aus wie vielen Samples ein Signal besteht. Gilt als undefiniert, wenn der Wert 0 oder nicht vorhanden ist. Datentyp: *int*.
- **Zeit:** Startzeit der Aufnahme im Format HH:MM:SS mit einer 24-Stunden Zeitangabe. Ist die Uhrzeit nicht angegeben, so wird 0:0:0 angenommen. Datentyp: *string*.
- **Datum:** Das Datum der Aufzeichnung im Format DD/MM/YYYY. Datentyp: *string*.

Nach der *record line* folgen meistens mehrere Zeilen, die Informationen für jedes aufgezeichnete Signal oder Segment beinhalten. Da für das Beispiel in diesem Buch die Segmente ignoriert werden sollen, folgen immer so genannte *Signal specification lines,* deren Aufbau in dem Syntaxdiagramm in Abb. 14.9 dargestellt wird.

Die Elemente dieser Zeile bedeuten:

- **Dateiname:** Der Name der Datei, in dem das Signal gespeichert wurde. Es können mehrere Signale in einer Datei zusammengefasst werden, deshalb ist es wichtig, diesen Wert in jeder Zeile auszulesen. Datentyp: *string*.
- **Format:** Das Format gibt an, wie viele Bits zum Speichern der Signalamplitude verwendet wurden. Mögliche Werte sind: 8, 16, 24, 32, 61, 80, 160, 212, 310, 311. In diesem Buch soll nur das Format 16 unterstützt werden. Datentyp: *int*.
- **Samplefaktor:** Einzelne Signale können eine höhere Samplingrate als andere besitzen. In diesem Fall gibt der Samplefaktor die Anzahl der Samples an, die anstelle eines normalen Samples gespeichert wurden. Der Standardwert ist 1. Datentyp: *unsigned int*.
- **Versatz:** In den meisten Fällen sind alle Signale einer Aufzeichnung synchron. Der Versatz bietet für einzelne Signale, deren Aufzeichnung bereits früher begonnen hat, die Möglichkeit die Anzahl der zusätzlichen Samples anzugeben. Der Wert ist immer positiv und gibt an, wie viele Samples zusätzlich vor dem ersten gemeinsamen Sample aller Signale aufgezeichnet wurden. Der Standardwert ist 0. Datentyp: *int*.

Signal specification line:

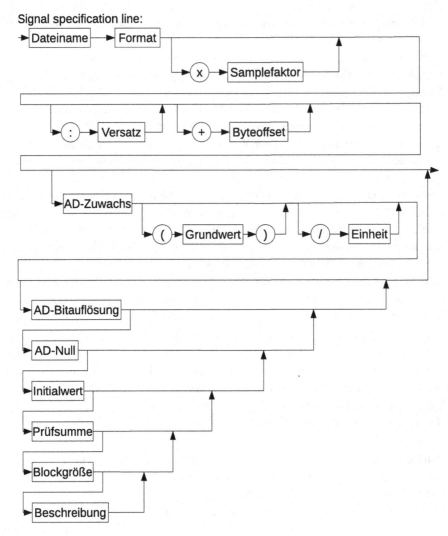

Abb. 14.9 Syntaxdiagramm für den Aufbau der *Signal specification line*

- **Byteoffset:** Der Byteoffset gibt die Anzahl an Bytes vom Dateianfang zu den ersten
  Sampledaten an. Der Wert ist normalerweise 0 und wird durch die *WFDB* nicht angelegt.
  Datentyp: *int*.
- **AD-Zuwachs:** Um analoge Signale in digitale Daten zu transformieren, wird ein Analog-
  Digital (AD)-Wandler verwendet. Der AD-Zuwachs gibt an, wie stark sich der digita-
  lisierte Wert ändert, wenn sich das aufgezeichnete analoge Signal um den Wert einer
  Einheit ändert. Ist der Wert 0, oder wird nicht angegeben, so ist der Standardwert 200.
  Datentyp: *double*.

- **Grundwert:** Der Grundwert gibt denjenigen Samplewert an, der dem Wert 0 der analogen Daten entsprechen würde. Wird er nicht angegeben, so wird angenommen, dass er dem AD-Null-Wert entspricht. Datentyp: *int*.
- **Einheit:** Ein Text, der die Einheit des analogen Signals beschreibt. Wird die Einheit nicht angegeben, so ist der Standardwert *mV* Datentyp: *string*.
- **AD-Bitauflösung:** Gibt die Bit-Auflösung der digitalisierten Daten an. Fehlt der Wert, so wird je nach dem gewählten Format der Wert 12, 10 oder 8 angenommen. Für das Beispiel in diesem Buch ist der Standardwert 12. Datentyp: *int*.
- **AD-Null:** Der AD-Null Wert entspricht demjenigen Samplewert, der genau dem mittleren Wert des möglichen analogen Eingangssignals des verwendeten AD-Wandlers entspricht. Datentyp: *int*.
- **Initialwert:** Gibt den Wert des ersten Samples der Aufzeichnung an. Bestimmte Formate speichern nicht die absoluten Werte, sondern jeweils immer die Differenz zu dem vorherigen Wert. In diesem Fall wird ein Initialwert benötigt. Das in diesem Beispiel verwendete Format 16, benötigt diesen Wert nicht. Der Wert wird als AD-Null angenommen, wenn er nicht vorhanden ist. Datentyp: *int*.
- **Prüfsumme:** Eine 16 Bit Prüfsumme aller Samples in der Aufzeichnung. Mit diesem Wert kann überprüft werden, ob die Werte in der Datei beschädigt wurden. Dieser Wert wird in diesem Beispiel ignoriert. Datentyp: *int*.
- **Blockgröße:** Gibt an, ob die Daten in Blöcken der angegebenen Größe gelesen werden müssen. Der Standardwert, der auch in diesem Buch angenommen wird, ist 0. Datentyp: *int*.
- **Beschreibung:** Ein Text, der das gespeicherte Signal beschreibt. Datentyp: *string*.

Neben der *Header*-Datei gibt es noch zwei weitere Dateien. Die *.dat*-Datei und die *.xyz*-Datei, die beide die gespeicherten Signale beinhalten. Das *Format 16* speichert die Werte im 16-Bit Format. Es wird das Zweierkomplement verwendet, das geringere Byte *(least significant byte)*, steht am Anfang und Vorzeichenbits werden vervielfältigt, um die 16-Bit notfalls aufzufüllen.

14.2.2 Erweiterung der Softwarearchitektur

Mit den Informationen aus der Spezifikation des Dateiformats kann die Softwarearchitektur weiterentwickelt werden. Zunächst kann das in Abb. 14.10 dargestellte Aktivitätsdiagramm für das Laden von EKG-Daten entwickelt werden.

Das MIT-Dateiformat spaltet sich in mehrere Dateien auf, eine *Header*-Datei und mehrere Datendateien, die in der *Header*-Datei genauer beschrieben werden. Folglich muss zuerst in einem Aktivitätsknoten die *Header*-Datei geöffnet werden, um alle weiteren Informationen zu erhalten.

Das kann natürlich aus verschiedenen Gründen fehlschlagen. Zum Beispiel könnte es einen Fehler in dem Dateinamen geben oder die Datei befindet sich auf einem Wechseldaten-

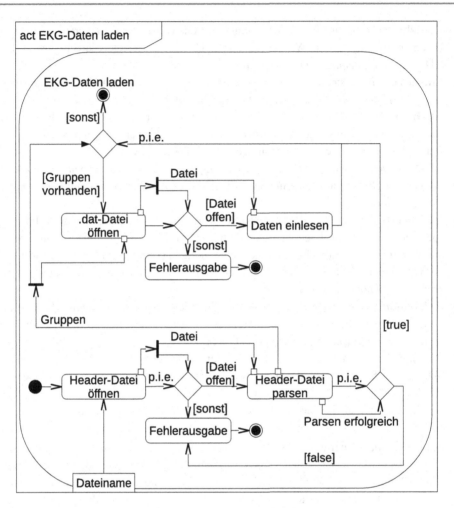

Abb. 14.10 Aktivitätsdiagramm für das Importieren von EKG-Daten

träger, der mittlerweile entfernt wurde. In jedem Fall muss mit einem Entscheidungsknoten überprüft werden, ob das Laden der Datei erfolgreich war. Dazu wird der Objektfluss aufgeteilt. Ein Objekttoken wandert zu dem Entscheidungsknoten, ein weiteres in den nächsten Aktivitätsknoten, in dem es weiterverarbeitet werden kann. Wenn das Laden der Datei fehlgeschlagen ist, sollte eine Meldung auf dem Bildschirm erscheinen, andernfalls kann die Datei ausgelesen werden.

Die einzelnen Zeilen der *Header*-Datei folgen einem bestimmten Aufbau, der in den Abb. 14.8 und 14.9 vorgestellt wurde. Dieser Aufbau muss durch die Software analysiert und in für das Programm besser verständliche Informationen zerlegt werden. Eine Softwarekomponente, die so etwas macht, wird *Parser* genannt. Der Vorgang an sich nennt sich *parsen*.

Bei diesem Vorgang entstehen in diesem Fall zwei verschiedene Informationen. Zunächst einmal kann immer ausgewertet werden, ob das *Parsen* erfolgreich war. Im Fehlerfall kann eine Meldung erfolgen.

Zusätzlich wird in der *Header*-Datei beschrieben, welche Signale aufgezeichnet wurden und wie sie sich auf die einzelnen Dateien aufteilen. Eine Menge von Signalen, die sich innerhalb einer Datei befindet, wird *Gruppe* genannt. Diese Informationen werden für die weitere Verarbeitung benötigt, damit die richtigen Daten aus den Dateien extrahiert werden können.

Wenn das *Parsen* der *Header*-Datei erfolgreich war, muss nun die Datei mit den Daten für jede *Gruppe* geöffnet und die dazu gehörenden Signale ausgelesen werden. Dieser Vorgang ist vom grundsätzlichen Ablauf her sehr ähnlich zu dem Einlesen der *Header*-Datei, auch wenn der Aktivitätsknoten *Daten einlesen* sich stark von dem Aktivitätsknoten *Header-Datei parsen* unterscheidet.

Dieser Vorgang muss jedoch wiederholt werden, so lange noch Gruppen vorhanden sind, deren Daten eingelesen werden müssen. Wurden alle Daten aller Gruppen eingelesen kann die Aktivität erfolgreich beendet werden.

In diesem Diagramm gibt es einige Knoten die detaillierter beschrieben werden könnten. An dieser Stelle soll jedoch darauf verzichtet werden, da das Dateiformat bereits durch die Syntaxdiagramme und die Spezifikation (Moody 2018) sehr umfassend dokumentiert ist.

Zusätzlich zu dem neuen Aktivitätsdiagramm kann nun auch noch das Klassendiagramm in Abb. 14.7 erweitert werden. Durch die Spezifikation konnten neue Erkenntnisse über den Aufbau der Datenstruktur gewonnen werden. Diese neuen Informationen wurden in das Klassendiagramm in Abb. 14.11 eingearbeitet.

Es wurde eine neue Klasse *Signal* erzeugt, in der die Informationen von jeweils einem aufgezeichneten Signal abgelegt werden können. Die Attribute dieser Klasse setzen sich im Wesentlichen aus den Informationen der in Abb. 14.9 dargestellten *Signal specification line* zusammen. Ergänzt werden diese Attribute durch ein Feld von *int*-Werten, in dem die aufgezeichneten Daten abgelegt werden können. Alle Attribute dieser Klasse wurden mit der Sichtbarkeitsstufe *public* versehen, da diese Klasse nur als Datencontainer für die Klasse *ECGData* dient und, abgesehen von der Wertinitialisierung, über keine eigene Logik verfügt.

Die Klasse *ECGData* kann nun ebenfalls mit mehr Inhalten gefüllt werden. Die Attribute dieser Klasse setzen sich zu großen Teilen aus den in Abb. 14.8 dargestellten Informationen der *record line* zusammen. Die Attribute werden noch ergänzt um einen *string m_info,* in dem die Kommentare der *record line* abgelegt werden sollen, und um ein Feld *m_signalList* vom Typ *Signal[],* in dem die Liste der geladenen Signale abgelegt wird.

Zusätzlich werden Operationen hinzugefügt, die das Auslesen von *Header*- und Datendateien ermöglichen. Außerdem wird noch eine Operation *clear()* ergänzt, mit der die Attribute der Klasse wieder in den Ausgangszustand zurückversetzt werden sollen.

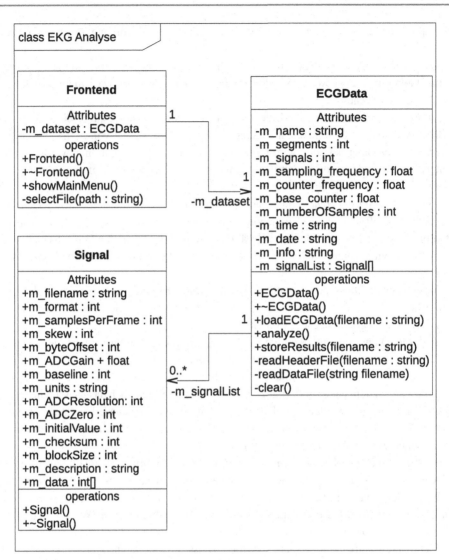

Abb. 14.11 Erste Weiterentwicklung des Klassendiagramms für die EKG-Analyse

Bei der eigentlichen Implementierung wird sich zeigen, dass es sinnvoll sein kann noch weitere Hilfsfunktionen hinzuzufügen. Diese Funktionen würden in diesem Diagramm aber weder zum Verständnis, noch zur Übersicht beitragen.

14.2.3 Implementierung der Ladefunktion

Im nächsten Schritt soll die Implementierung der neuen Funktionen und Klassen erfolgen. Dazu soll zunächst die neue Klasse *Signal* angelegt werden. Das Listing 14.3 zeigt die *Header*-Datei der Klasse.

```
1   #include <string>
2   #include <vector>
3   using namespace std;
4
5   class Signal
6   {
7   public:
8     Signal();
9     ~Signal();
10
11    // Daten der Signal Specification Line
12    string m_filename;
13    int m_format;
14    int m_samplesPerFrame;
15    int m_skew;
16    int m_byteOffset;
17    double m_ADCGain;
18    int m_baseline;
19    string m_units;
20    int m_ADCResolution;
21    int m_ADCZero;
22    int m_initialValue;
23    int m_checksum;
24    int m_blockSize;
25    string m_description;
26
27    // Signaldaten
28    vector<int> m_data;
29  };
```
Listing 14.3 Die Klasse *Signal* (Signal.h)

Die meisten Funktions- und Variablendeklarationen erfolgen wie im zweiten Teil dieses Buchs beschrieben. Die Variable *m_data* besitzt jedoch den bisher unbekannten Variablentyp *vector<int>*.

Dieser Variablentyp repräsentiert eine Klasse, die in der *C++* Standard Template Bibliothek, der so genannten *STL* implementiert wurde. In dieser Bibliothek befinden sich einige sehr nützliche Klassen, die die Umsetzung vieler Probleme deutlich vereinfachen.

Die Klasse *vector* besitzt die Eigenschaften eines Feldes, bietet aber zusätzlich die Möglichkeit, an das Feld jederzeit neue Werte zu hängen (*m_data.push_back(5);*) oder dessen aktuelle Größe zu erfragen (*m_data.size();*). Nach dem Namen des Variablentyps folgt in spitzen Klammern eine weitere Information. Das Feld soll aus Variablen vom Typ *int* bestehen. Der Zugriff auf einzelne Elemente des *vectors* erfolgt, wie bei jedem anderen Feld auch, durch Angabe des Index in eckigen Klammern (*m_data[0]*; liefert zum Beispiel das erste Element.).

Wenn bei einer Klasse der zu verarbeitende Datentyp innerhalb von spitzen Klammern frei gewählt werden kann, so handelt es sich um eine so genannte Template-Klasse. Dies erklärt den Namen der Standard Template Bibliothek.

Das Listing 14.4 zeigt die Implementierung der Definition der Klasse *Signal,* die im Wesentlichen aus einem Konstruktor und einem Destruktor besteht.

```
 1   #include "Signal.h"
 2
 3   Signal::Signal()
 4   : m_filename("")
 5   , m_format (16)
 6   , m_samplesPerFrame(1)
 7   , m_skew (0)
 8   , m_byteOffset (0)
 9   , m_ADCGain (200)
10   , m_baseline (0)
11   , m_units ("mV")
12   , m_ADCResolution (12)
13   , m_ADCZero (0)
14   , m_initialValue (0)
15   , m_checksum (0)
16   , m_blockSize (0)
17   , m_description ("")
18   {
19   }
20
21
22   Signal::~Signal()
23   {
24       m_data.clear();
25   }
```

Listing 14.4 Die Klasse *Signal* (Signal.cpp)

Innerhalb des Konstruktors werden alle Membervariablen mit Standardwerten belegt, die direkt der MIT-Formatspezifikation entnommen wurden. Innerhalb des Destruktors wird die *clear()*-Funktion der *vector*-Klasse aufgerufen, die alle Elemente des Feldes löscht. Dieser Aufruf ist bei Werten vom Typ *int* nicht unbedingt notwendig, da der Funktionsaufruf nicht dazu führt, dass der *vector* den von ihm belegten Speicher wieder freigibt. Das passiert erst, wenn das Objekt *m_data* aufhört zu existieren, also kurze Zeit später.

Sollten in dem Vektor aber Variablen mit einem anderen Datentyp gespeichert sein, zum Beispiel eigene Klassen, so sorgt der Aufruf der Funktion *clear()* dafür, dass deren Destruktoren aufgerufen werden und somit die Gelegenheit erhalten, ihren Speicher freizugeben. Aus diesem Grund ist es sinnvoll, wenn das Freigeben aller Feldelemente als gute Praxis grundsätzlich durchgeführt wird.

Die Klasse *ECGData* wird nun erstmals mit Attributen, Operationen und Logik versehen. Die Implementierung der *Header*-Datei ist in Listing 14.5 dargestellt.

```
 1   #include "Signal.h"
 2   #include <string>
 3   #include <vector>
 4   #include <map>
 5
 6   using namespace std;
 7
 8   class ECGData
 9   {
10   public:
11     ECGData();
12     ~ECGData();
13
14     // Hauptzugriffsfunktionen für die
15     // drei Anwendungsfälle
16     void loadECGData(string filename);
17     void analyze();
18     void storeResults(string filename);
19
20   private:
21     void clear();
22
23     // Einlesen der Header-Datei
24     bool readHeaderFile(string filename);
25
26     // Hilfsfunktionen zum zerlegen einer
27     // Zeile in einzelne Textabschnitte
28     bool parseLine(string line);
29     vector<string> getChunks(string line);
30
31     // Hilfsfunktionen für das Einlesen einer
32     // record line
33     bool parseRecordLine(vector<string> chunks);
34     bool parseRecordName(string chunk);
35     bool parseSignals(string chunk);
36     bool parseSamplingFrequency(string chunk);
37     bool parseNumberOfSamples(string chunk);
38     bool parseTime(string chunk);
39     bool parseDate(string chunk);
40
41     // Hilfsfunktionen für das Einlesen einer
42     // Signal Specification Line
43     bool parseSignalSpecificationLine
44                           (vector<string> chunks);
45     bool parseFileName(string chunk);
46     bool parseFormat(string chunk);
47     bool parseADCGain(string chunk);
48     bool parseADCResolution(string chunk);
49     bool parseADCZero(string chunk);
50     bool parseInitialValue(string chunk);
51     bool parseChecksum(string chunk);
52     bool parseBlockSize(string chunk);
53     bool parseDescription(string chunk);
```

```
54
55      // Einlesen der Daten-Dateien
56      bool readDataFile(string filename);
57
58      // Hilfsvariablen zum Laden der Daten
59      vector<Signal> m_signalList;
60      map<string, vector<int>> m_groups;
61      bool m_recordLine;
62
63      // Daten der record Line
64      string m_name;
65      int m_segments;
66      int m_signals;
67      double m_sampling_frequency;
68      double m_counter_frequency;
69      double m_base_counter;
70      int m_numberOfSamples;
71      string m_time;
72      string m_date;
73      string m_info;
74    };
```

Listing 14.5 Die Klasse *ECGData* (ECGData.h).

Die Klasse *ECGData* deklariert in der *Header*-Datei im Wesentlichen die Funktionen, die bereits in Abb. 14.11 vorgestellt wurden. Um die Informationen der MIT-*Header*-Datei zu lesen, wurden jedoch noch einige Hilfsfunktionen hinzugefügt. Die Funktionen *parseLine* und *getChunks* zerlegen eine eingelesene Zeile in kleine, zusammenhängende Bereiche, die leichter analysiert werden können. Die Hilfsfunktionen, deren Namen mit *parse...* beginnen analysieren dann diese Teilabschnitte im Detail.

Bei den Hilfsvariablen zum Einlesen der Daten findet sich, neben dem bereits bekannten *vector,* ein weiterer neuer Datentyp aus der STL. Die Datenstruktur *map* besitzt ebenfalls viele Eigenschaften eines Feldes, fügt jedoch noch eine weitere Neuerung hinzu. Innerhalb der spitzen Klammern können zwei Variablentypen definiert werden, in diesem Fall ein *string* und ein *vector*(int). Der erste der beiden Datentypen legt fest, in welcher Form die Indizes des Feldes gespeichert werden sollen, der zweite Datentyp legt die Art der gespeicherten Daten fest. In diesem Fall wird also einem Text ein Feld aus *int*-Werten zugeordnet.

Das Konzept soll an einem Beispiel verdeutlicht werden. In dem Feld *m_signalList* werden zunächst die Signalinformationen aus der MIT-*Header*-Datei eingelesen. Gleichzeitig wird in der Variablen *m_groups* gespeichert, welche Signale einer bestimmten Datei zugeordnet sind. In Tab. 14.1 wird gezeigt, wie die Speicherung funktionieren soll.

Die linke Tabelle zeigt die Signale, in der Reihenfolge, wie sie in der MIT-*Header*-Datei definiert wurden an den jeweiligen Indexpositionen 0–15. Die rechte Tabelle zeigt, dass der Datei *data.dat* die Signale 0–11 zugeordnet werden, während die Signale 12–14 der Datei *data.xyz* zugeordnet sind. Diese letzten drei Signale ergänzen das 12-Kanal EKG um die drei Ableitungen nach Frank (Bousseljot et al. 1995; Gertsch 2008).

Die restlichen Attribute entsprechen den Daten, die in der *record line* hinterlegt sind.

Tab. 14.1 Informationsspeicherung der Signaldaten

m_signalList		*m_groups*	
Index	Signal	Datei	Signalindex
0	I	data.dat	0, 1, 2, 3, 4, 5, 6, 7, 8, 9, 10, 11
1	II	data.xyz	12, 13, 14
2	III		
3	aVR		
4	aVL		
5	aVF		
6	V1		
7	V2		
8	V3		
9	V4		
10	V5		
11	V6		
12	vx		
13	vy		
14	vz		

Das folgende Listing 14.6 zeigt die Definition der Klasse *ECGData*. Es wurde darauf verzichtet, den Quellcode in kleine Abschnitt zu zerlegen, um eine zusammenhängende Übersicht über das Programm zu ermöglichen. Die Beschreibung der einzelnen Funktionen erfolgt im Anschluss an das Programm.

```
1   #include "stdafx.h"
2   #include "ECGData.h"
3   #include <iostream>
4   #include <fstream>
5
6   using namespace std;
7
8   // Konstruktor
9   ECGData::ECGData()
10  {
11      // Die Funktion clear() wird sowohl für
12      // das Löschen von Daten genutzt,
13      // als auch für die Initialisierung der Klasse
14      clear();
15  }
16
17  // Destruktor
18  ECGData::~ECGData()
19  {
20      clear();
21  }
```

```
22
23   // Initialisierung der Variablen
24   void ECGData::clear()
25   {
26     m_recordLine = false;
27     m_name = "";
28     m_segments = 0;
29     m_signals = 0;
30     m_sampling_frequency = 250;
31     m_counter_frequency = 250;
32     m_base_counter = 0;
33     m_numberOfSamples = 0;
34     m_time = "";
35     m_date = "";
36     m_info = "";
37
38     m_signalList.clear();
39     m_groups.clear();
40   }
41
42   // Umsetzung des Aktivitätsdiagramms EKG-Daten laden
43   void ECGData::loadECGData(string filename)
44   {
45     // Header-Datei öffnen und
46     // Entscheidungsknoten
47     if (!readHeaderFile(filename))
48     {
49       // löschen der evtl. bereits erfassten Daten
50       clear();
51
52       // Aktivitätsknoten Fehlerausgabe
53       cout << "Laden des Headers fehlgeschlagen!"
54            << endl << endl;
55       cin.get();
56
57       return;
58     }
59
60     // .dat-Datei öffnen und
61     // Entscheidungsknoten
62     if (!readDataFile(filename))
63     {
64       // löschen der evtl. bereits erfassten Daten
65       clear();
66
67       // Aktivitätsknoten Fehlerausgabe
68       cout << "Laden der Daten fehlgeschlagen!"
69            << endl << endl;
70       cin.get();
71
72       return;
73     }
74
```

```
75          cout << m_info << endl;
76
77          cin.get();
78      }
79
80      // noch nicht implementiert
81      void ECGData::analyze(){}
82
83      // noch nicht implementiert
84      void ECGData::storeResults(string filename){
85      }
86
87      bool ECGData::readHeaderFile(string filename)
88      {
89          // löschen bereits vorhandener Daten
90          clear();
91
92          fstream file;
93          string line = "";
94
95          // Header-Datei öffnen
96          file.open(filename, ios::in);
97
98          // Entscheidungsknoten
99          if (file.is_open())
100         {
101             // Wiederholen solange das Dateiende
102             // (end of file)
103             // nicht erreicht wurde
104             while (!file.eof())
105             {
106                 // Einlesen einer Zeile
107                 getline(file, line);
108
109                 // Analysieren der Zeile
110                 // Entscheidungsknoten
111                 if (!parseLine(line))
112                 {
113                     // Schließen der Datei
114                     file.close();
115                     return false;
116                 }
117             }
118             // Schließen der Datei
119             file.close();
120         }
121         else
122             // Abbruch, wenn die Datei
123             // nicht geöffnet werden konnte
124             return false;
125
126         return true;
127     }
```

```
128
129   bool ECGData::parseLine(string line)
130   {
131     // Wenn die Datei mit einem # beginnt,
132     // oder leer ist
133     if (line.find('#') == 0 || line.length() == 0)
134     {
135       // Speichern als Kommentar
136       m_info += line + "\n";
137     }
138     else
139     {
140       if (m_recordLine)
141       {
142         // sollte eine Signal Specification Line sein
143         if (!parseSignalSpecificationLine
144                               (getChunks(line)))
145           return false;
146       }
147       else
148       {
149         // Wenn noch keine record line
150         // analysiert wurde
151         // sollte es eine record line sein
152         if (!parseRecordLine(getChunks(line)))
153           return false;
154         m_recordLine = true;
155       }
156     }
157     return true;
158   }
159
160   vector<string> ECGData::getChunks(string line)
161   {
162     int pos = 0;
163     string chunk = "";
164     vector<string> chunks;
165
166     // solange die Zeile noch Zeichen enthält
167     while (line.length() > 0)
168     {
169       // Auffinden des letzten Leerzeichens
170       pos = line.find_last_of(' ');
171
172       if (pos != string::npos)
173       {
174         // wenn es ein Leerzeichen gab
175         // kommt in das Feld der Teil
176         // nach dem Leerzeichen
177         chunks.push_back(
178                 line.substr(pos + 1, string::npos));
179         // und wird danach verkürzt
180         line = line.substr(0, pos);
```

```
181          }
182        else
183        {
184          // ohne Leerzeichen wird die restliche
185          // Zeile übernommen
186          chunks.push_back(line);
187          line = "";
188        }
189      }
190
191    return chunks;
192  }
193
194  bool ECGData::parseRecordLine(vector<string> chunks)
195  {
196    int pos = chunks.size() - 1;
197
198    // analysiert die einzelnen Abschnitte der
199    // record line diese sind nun als Teile in
200    // dem Feld chunks
201    if (pos >= 0)
202    {
203      if (!parseRecordName(chunks[pos]))
204        return false;
205      pos--;
206    }
207    if (pos >= 0)
208    {
209      if (!parseSignals(chunks[pos]))
210        return false;
211      pos--;
212    }
213    if (pos >= 0)
214    {
215      if (!parseSamplingFrequency(chunks[pos]))
216        return false;
217      pos--;
218    }
219    if (pos >= 0)
220    {
221      if (!parseNumberOfSamples(chunks[pos]))
222        return false;
223      pos--;
224    }
225    if (pos >= 0)
226    {
227      if (!parseTime(chunks[pos]))
228        return false;
229      pos--;
230    }
231    if (pos >= 0)
232    {
233      if (!parseDate(chunks[pos]))
```

```
234          return false;
235        pos--;
236      }
237
238      return true;
239   }
240
241   bool ECGData::parseRecordName(string chunk)
242   {
243      char name[2048];
244      // analysiert das Format des Aufzeichnungsnamens
245      sscanf_s(chunk.c_str()
246              , "%s/%i"
247              , &name
248              , sizeof(name)
249              , &m_segments);
250
251      m_name = name;
252
253      return true;
254   }
255
256   bool ECGData::parseSignals(string chunk)
257   {
258      // analysiert das Format der Signalanzahl
259      sscanf_s(chunk.c_str(), "%i", &m_signals);
260
261      return true;
262   }
263
264   bool ECGData::parseSamplingFrequency(string chunk)
265   {
266      // analysiert das Format der Samplefrequenz
267      sscanf_s(chunk.c_str()
268              , "%f/%f(%f)"
269              , &m_sampling_frequency
270              , &m_counter_frequency
271              , &m_base_counter);
272
273      return true;
274   }
275
276   bool ECGData::parseNumberOfSamples(string chunk)
277   {
278      // analysiert das Format der Sampleanzahl pro Signal
279      sscanf_s(chunk.c_str(), "%i", &m_numberOfSamples);
280
281      return true;
282   }
283
284   bool ECGData::parseTime(string chunk)
285   {
286      // analysiert das Format der Zeit
```

```
287      m_time = chunk;
288
289      return true;
290    }
291
292    bool ECGData::parseDate(string chunk)
293    {
294      // analysiert das Format des Datums
295      m_date = chunk;
296
297      return true;
298    }
299
300    bool ECGData::parseSignalSpecificationLine
301                                    (vector<string> chunks)
302    {
303      int pos = chunks.size() - 1;
304
305      m_signalList.push_back(Signal());
306
307      // analysiert die einzelnen Abschnitte der Signal
308      // Specification line
309      // diese sind nun als Teile in dem Feld chunks
310      if (pos >= 0)
311      {
312        if (!parseFileName(chunks[pos]))
313          return false;
314        pos--;
315      }
316      if (pos >= 0)
317      {
318        if (!parseFormat(chunks[pos]))
319          return false;
320        pos--;
321      }
322      if (pos >= 0)
323      {
324        if (!parseADCGain(chunks[pos]))
325          return false;
326        pos--;
327      }
328      if (pos >= 0)
329      {
330        if (!parseADCResolution(chunks[pos]))
331          return false;
332        pos--;
333      }
334      if (pos >= 0)
335      {
336        if (!parseADCZero(chunks[pos]))
337          return false;
338        pos--;
339      }
```

```
340      if (pos >= 0)
341      {
342        if (!parseInitialValue(chunks[pos]))
343          return false;
344        pos--;
345      }
346      if (pos >= 0)
347      {
348        if (!parseChecksum(chunks[pos]))
349          return false;
350        pos--;
351      }
352      if (pos >= 0)
353      {
354        if (!parseBlockSize(chunks[pos]))
355          return false;
356        pos--;
357      }
358      if (pos >= 0)
359      {
360        if (!parseDescription(chunks[pos]))
361          return false;
362        pos--;
363      }
364
365      m_groups[m_signalList.back().m_filename]
366                        .push_back(m_signalList.size()-1);
367
368      return true;
369    }
370
371    bool ECGData::parseFileName(string chunk)
372    {
373      // analysiert das Format den Dateinamen
374      m_signalList.back().m_filename = chunk;
375
376      return true;
377    }
378
379    bool ECGData::parseFormat(string chunk)
380    {
381      // analysiert das Format der Daten
382      sscanf_s(chunk.c_str(), "%ix%i:%i+%i"
383        , &m_signalList.back().m_format
384        , &m_signalList.back().m_samplesPerFrame
385        , &m_signalList.back().m_skew
386        , &m_signalList.back().m_byteOffset);
387
388      if (m_signalList.back().m_format != 16) return false;
389
390      return true;
391    }
392
```

```
393    bool ECGData::parseADCGain(string chunk)
394    {
395       char unit[2048];
396
397       // analysiert das Format den AD-Zuwachs
398       int r = sscanf_s(chunk.c_str(), "%f(%i)/%s"
399             , &m_signalList.back().m_ADCGain
400             , &m_signalList.back().m_baseline
401             , &unit
402             , sizeof(unit));
403
404       if (r == 3) m_signalList.back().m_units = unit;
405
406       return true;
407    }
408
409    bool ECGData::parseADCResolution(string chunk)
410    {
411       // analysiert das Format der AD-Bitauflösung
412       sscanf_s(chunk.c_str()
413             , "%i"
414             , &m_signalList.back().m_ADCResolution);
415
416       return true;
417    }
418
419    bool ECGData::parseADCZero(string chunk)
420    {
421       // analysiert das Format des AD-Null-Werts
422       sscanf_s(chunk.c_str()
423             , "%i"
424             , &m_signalList.back().m_ADCZero);
425
426       return true;
427    }
428
429    bool ECGData::parseInitialValue(string chunk)
430    {
431       // analysiert das Format des Initialwerts
432       scanf_s(chunk.c_str()
433             , "%i"
434             , &m_signalList.back().m_initialValue);
435
436       return true;
437    }
438
439    bool ECGData::parseChecksum(string chunk)
440    {
441       // analysiert das Format der Prüfsumme
442       scanf_s(chunk.c_str()
443             , "%i"
444             , &m_signalList.back().m_checksum);
445
```

```
446     return true;
447   }
448
449   bool ECGData::parseBlockSize(string chunk)
450   {
451     // analysiert das Format der Blockgröße
452     scanf_s(chunk.c_str()
453             , "%i"
454             , &m_signalList.back().m_blockSize);
455
456     return true;
457   }
458
459   bool ECGData::parseDescription(string chunk)
460   {
461     // analysiert das Format der Beschreibung
462     m_signalList.back().m_description = chunk;
463
464     return true;
465   }
466
467   // öffnet und liest eine Datendatei ein
468   bool ECGData::readDataFile(string filename)
469   {
470     string path = "";
471     string openFile = "";
472     fstream file;
473     int readSamples = 0;
474     char lsB = 0;
475     char msB = 0;
476     short sample = 0;
477
478     // extrahieren des Pfades von dem Dateinamen
479     path = filename.substr(0
480                 , filename.find_last_of('\\')+1);
481
482     // neuer Schleifentyp
483     for (auto group : m_groups)
484     {
485       // Solange noch Gruppen vorhanden sind
486       if (group.second.size() > 0)
487       {
488         // .dat-Datei öffnen
489         file.open(path + group.first
490                       , ios::in | ios::binary);
491         if (!file.is_open()) return false;
492
493         // einlesen der Signale aus der Datei
494         while (!file.eof())
495         {
496           for (int i = 0; i < group.second.size(); i++)
497           {
498             file.get(lsB);
```

```
499                    file.get(msB);
500
501                    // umwandeln der beiden Bytes in einen
502                    // zwei Byte-Wert
503                    sample = (msB << 8) | lsB;
504
505                    // Speichern des Werts
506                    m_signalList[group.second[i]]
507                            .m_data.push_back(sample);
508                }
509            }
510
511            // Schließen der Datei
512            file.close();
513        }
514    }
515
516    return true;
517 }
```

Listing 14.6 Die Klasse *ECGData* (ECGData.cpp).

Konstruktor, Destruktor und clear()

Die Aufgabe des Konstruktors ist es, die Membervariablen der Klasse zu initialisieren, während der Destruktor Speicher freigeben soll, der möglicherweise noch durch das Objekt beansprucht wird.

In diesem Programm wird zusätzlich noch eine Funktion benötigt, die dafür sorgt, dass das Objekt der Klasse wieder in den Startzustand zurückversetzt wird, wenn zum Beispiel das Laden der Daten fehlschlägt.

Aus diesem Grund wurde eine Funktion *clear()* geschrieben, die die Variablen initialisiert und die beiden Felder *m_signalList* und *m_groups* leert, also die Startkonfiguration herstellt.

Diese Funktion kann aus dem Konstruktor, dem Destruktor und von jeder anderen Funktion aufgerufen werden, um das Objekt in den Startzustand zurückzuversetzen.

loadECGData(string filename)

Die Funktion *loadECGData* setzt das Aktivitätsdiagramm in Abb. 14.10 auf einer abstrakten Ebene um. Die Aktivitätsknoten für das Laden und Parsen der MIT-*Header*-Datei wurde in die Funktion *readHeaderFile* ausgelagert. Diese Funktion gibt einen *bool*-Wert zurück, mit dessen Hilfe die Funktion entscheiden kann, ob das Laden und die Analyse erfolgreich waren.

Wenn die Funktion nicht erfolgreich war, so ist der Rückgabewert *false*. In diesem Fall werden die Variablen der Klasse durch die Funktion *clear()* wieder in ihren Ausgangszustand gesetzt und eine Fehlermeldung ausgegeben.

Wird die MIT-*Header*-Datei erfolgreich eingelesen und analysiert, so wird versucht die dazugehörenden Dateien zu öffnen und auszulesen, die die Signaldaten beinhalten. Auch hier gibt es eine Fehlerausgabe im Fehlerfall.

Sollten beide Aktionen erfolgreich verlaufen, so wird der Inhalt der gesammelten Informationen aus den Kommentaren der MIT-*HEader*-Datei ausgegeben und die Funktion wird beendet.

analyze( ) und storeResults( )

Die Inhalte dieser Funktionen werden erst in den folgenden beiden Kapiteln besprochen, sodass bisher nur leere Funktionen implementiert wurden.

readHeaderFile(string filename)

Die Funktion setzt die Variablen der Klasse als erstes in den Ausgangszustand zurück, für den Fall, dass bereits ein Datensatz geladen wurde.

Danach wird versucht eine Datei zu öffnen. Dazu bietet *C++* die Klasse *fstream* an. Diese Klasse ist sehr eng mit den Klassen *istream (cin)* und *ostream (cout)* verwandt, da sie von beiden Klassen erbt.

In der Funktion wird eine Variable *file* vom Typ *fstream* angelegt, mit deren Hilfe nun Dateien geöffnet und ausgelesen werden können.

Die Funktion *open* der Klasse *fstream* ermöglicht das Öffnen einer Datei. Der erste Parameter ist ein Text, der den vollständigen Pfad und den Dateinamen enthält. Der zweite Parameter enthält Informationen darüber, wie die Datei geöffnet werden soll. In diesem Fall signalisiert der vordefinierte Wert *ios::in,* dass es darum geht, den Inhalt der Datei zu lesen.

Mit Hilfe von der Funktion *is_open* kann nun überprüft werden, ob das Öffnen der Datei erfolgreich war. In diesem Fall können die Daten ausgelesen werden. Andernfalls soll die Funktion mit einem *false* als Rückgabewert abbrechen.

Da nicht bekannt ist, wie viele Daten in der Datei enthalten sind, wird eine *while*-Schleife verwendet. Die Abbruchbedingung überprüft, ob das Dateiende (end of file [eof]) noch nicht erreicht wurde.

Innerhalb der Schleife wird mit der Funktion *getline* aus der Datei, die mit *file* geöffnet wurde, eine komplette Zeile an Daten eingelesen und in der Variablen *line* gespeichert. Dazu werden Daten aus der Datei eingelesen, bis das Zeichen für ein Zeilenende ("\ n") gefunden wird.

Abschließend wird in der Funktion *parseLine* versucht, den Inhalt der Zeile zu analysieren. Sollte dies nicht erfolgreich sein, so wird die Datei durch *file.close( )* geschlossen und mit *false* als Rückgabewert abgebrochen.

parseLine(string line)

Die Aufgabe der Funktion *parseLine* ist es, zu unterscheiden wie eine eingelesene Zeile aus der MIT-*Header*-Datei analysiert werden soll.

Zunächst wird überprüft, ob die Zeile mit einer Raute (#) beginnt oder leer ist. Der erste Fall kann überprüft werden, indem die Funktion *find* genutzt wird, die durch die Klasse *string* angeboten wird. Der Rückgabewert entspricht entweder der Textposition des gefundenen Zeichens oder dem vordefinierten Wert *string::npos*. Zur Überprüfung des zweiten Falls wird die Länge der Zeile mit Hilfe der Funktion *length* ausgewertet. Ist die Länge der Zeile gleich null, so ist die Zeile leer. In beiden Fällen wird die Zeile als Kommentar gewertet und an den *string m_info* angehängt.

Andernfalls wird überprüft, ob die *bool*-Variable *m_recordLine* den Wert *true* enthält. Das ist nur der Fall, wenn bereits eine *record line* eingelesen wurde. Folglich kann es sich bei der aktuellen Zeile nur noch um eine *signal specification line* handeln, die durch die Funktion *getChunks* zunächst vorverarbeitet und dann an die entsprechende Funktion zur Analyse übergeben wird.

Sollte die Analyse der Zeile fehlschlagen, so beendet sich die Funktion mit dem Rückgabewert *false*.

Die letzte Option tritt ein, wenn noch keine *record line* eingelesen wurde. In diesem Fall wird die Zeile ebenfalls durch die Funktion *getChunks* vorverarbeitet und an die entsprechende Analysefunktion übergeben. Wenn dies erfolgreich ist, wird der Wert der Variablen *m_recordLine* auf *true* gesetzt und die Funktion beendet sich mit dem Rückgabewert *true*.

getChunks(string line)

Eine Zeile innerhalb der *record line*, oder auch der *signal specification line*, besteht aus mehreren Parametern, die teilweise durch Sonderzeichen, wie ein Doppelpunkt oder Klammern, voneinander getrennt sind oder durch Leerzeichen.

Die Funktion *getChunks* soll die Zeile an den Leerstellen zerbrechen und die einzelnen Stücke *(chunks)* in einem *vector⟨string⟩*, also einem Feld aus Texten, speichern.

Dazu wird die Zeile mit einer *while*-Schleife durchlaufen, solange die Zeile nicht leer ist, also solange dessen Länge größer ist als null.

Die Funktion *find_last_of* wird von der Klasse *string* angeboten und findet das letzte Vorkommen eines Zeichens innerhalb eines Textes. Der Rückgabewert ist entweder die Position des Zeichens oder der konstante Wert *string::npos*.

Wenn ein Leerzeichen gefunden werden konnte, dann muss der Text an dieser Stelle zerschnitten werden. Diese Aufgabe erfüllt die Funktion *substr*. Der erste Parameter gibt die Startposition an, von der aus der Text übernommen werden soll und der zweite Parameter legt die Anzahl der Zeichen fest, die ausgeschnitten werden sollen. Ist dieser Parameter *string::npos*, so wird der Text bis zum Ende ausgeschnitten.

Das ausgeschnittene Stück wird mit der Funktion *push_back* an das Ende des Feldes *chunks* gehängt.

Die Zeile wird danach bis zu der entsprechenden Position verkürzt, indem das Ergebnis von *substr(0, pos)* in die Zeile selbst zurückgespeichert wird.

Wird kein Leerzeichen gefunden, so wurde das letzte Stück des Textes erreicht. Dieses wird vollständig an das Feld angehängt. Der Rest der Zeile kann dann gelöscht werden. Ist dieser Punkt erreicht, wird im nächsten Schritt die Schleifenbedingung der *while*-Schleife nicht mehr gelten, da die Zeilenlänge nun null entspricht.

Die Funktion beendet sich, indem sie das Feld mit den gesammelten Textstücken an die aufrufende Funktion zurückgibt.

parseRecordLine(vector⟨string⟩ chunks)

In dieser Funktion werden nun die einzelnen Stücke der *record line* der Reihe nach analysiert. Dazu wird zunächst die Startposition ans Ende des Feldes gelegt, da die Funktion *getChunks* die Zeile von Hinten nach Vorne zerlegt.

Der Ablauf der Zerlegung folgt dabei strikt der Syntax, die in Abb. 14.8 auf Seite 266 definiert wurde. Alle Elemente, die durch Sonderzeichen verbunden werden, befinden sich in einem *Chunk* und werden gemeinsam in einer Unterfunktion extrahiert.

Die einzelnen Schritte folgen dabei immer dem gleichen Schema. Zunächst wird überprüft, ob die aktuelle Position größer gleich null ist. Dann existiert ein Textstück, das analysiert werden kann. In diesem Fall wird das Textstück an die entsprechende Unterfunktion übergeben, die versucht, die Inhalte zu extrahieren. Sollte das fehlschlagen, beendet sich die Funktion mit dem Rückgabewert *false*.

Andernfalls wird die Position um den Wert eins verringert und es geht weiter mit dem nächsten Abschnitt der Zeile.

Dieser Aufbau wurde gewählt, da die einzelnen Teile der Zeile zwar zu großen Teilen optional sind, jedoch nur in einer einzigen Reihenfolge auftauchen können. Spätere Teile der Zeile können nur auftauchen, wenn die Abschnitte davor vorhanden sind. Aus diesem Grund kann die Bearbeitung auch problemlos zu jedem Zeitpunkt abbrechen.

Am Ende gibt die Funktion den Rückgabewert *true* zurück.

parseRecordName(string chunk) bis parseDate(string chunk)

Nachdem die Daten Stufe für Stufe zerkleinert und vereinfacht wurden, kümmern sich diese Funktionen nun um die tatsächliche Extraktion von Informationen.

Dazu wird eine *C++* Funktion namens *sscanf_s* benutzt. Die Funktion kann eine unbegrenzt große Anzahl an Parametern entgegennehmen, benötigt allerdings mindestens die ersten beiden.

Der erste Parameter ist der Text, der analysiert werden soll und muss als ein Feld vom Typ *char* übergeben werden. Die Klasse *string* entspricht zwar nicht diesem Datentyp, kann aber durch die Funktion *c_str( )* in den benötigten Typ umgewandelt werden.

Der zweite Parameter ist ein so genannter Formatstring und ebenfalls ein Feld vom Typ *char.* Er wird jedoch meistens direkt als Text in Anführungsstrichen übergeben.

Dieser Text beschreibt, wie der erste Parameter interpretiert werden soll. Spezielle Zeichen markieren dabei Informationen, die aus dem Text extrahiert werden sollen. Das Zeichen *"%i"* steht für einen Wert vom Typ *int*, das Zeichen *"%f"* für einen *double* und das Zeichen *"%s"* für einen Feld vom Typ *char.* Zwischen diesen Zeichen können die erwarteten Formatierungen angegeben werden.

Zum Beispiel bedeutet *"%f/%f(%f)"*, das versucht werden soll, in dem ersten Parameter zunächst einen *double*-Wert zu finden, gefolgt von einem Schrägstrich und einem weiteren *double,* danach in Klammern ein weiterer *double.*

Die Funktion *sscanf_s* versucht nun, diese Werte zu extrahieren und in der entsprechenden Reihenfolge in ihre Funktionsparameter zu speichern. Diese Parameter müssen als Zeiger übergeben werden. Da die Attribute der Klasse aber keine Zeiger sind, muss den Variablennamen ein kaufmännisches Und vorangestellt werden.

Eine Ausnahme muss bei der Textextraktion mit *"%s"* beachtet werden. Hier muss ein Parameter ein Feld vom Typ *char* sein, danach muss aber noch zusätzlich die Größe des Feldes übergeben werden, damit die Funktion *sscanf_s* nicht versehentlich die Feldgröße überschreitet. Dazu wird zum Beispiel in der Funktion *parseRecordName* die C++ Funktion *sizeof* verwendet.

Der Rückgabewert der Funktion entspricht der Anzahl, der in dem Text gefundenen Werte. Da in der *record line* viele Parameter optional sind, kann es also leicht passieren, dass Werte nicht extrahiert werden können. Alle dieser Parameter sollen jedoch in diesem Beispiel ignoriert werden, folglich muss der Rückgabewert nicht ausgewertet werden.

parseSignalSpecificationLine(vector⟨string⟩ chunks)

Der Aufbau dieser Funktion ist prinzipiell identisch mit dem der Funktion *parseRecordLine*. Auch hier wird zunächst die Startposition ans Ende des Feldes gesetzt und die Zeile danach Stück für Stück analysiert.

Die Analyse der Zeile richtet sich dabei strikt an den in Abb. 14.9 dargestellten Aufbau.

Zusätzlich wird bei jedem Aufruf dieser Funktion noch ein Objekt der Klasse *Signal* angelegt und an das Ende der Signalliste *m_signalList* gehängt. Da in den Objekten der Klasse *Signal* die Informationen der *Signal Specification Line* abgelegt werden sollen, muss für jedes Signal ein eigenes Objekt erstellt werden.

Nachdem eine Zeile erfolgreich analysiert wurde, muss zusätzlich ein Eintrag in der Gruppentabelle *m_groups* hinterlegt werden. Als Index für die Gruppentabelle wurde der Datentyp *string* festgelegt. Darin soll der Name der Datei hinterlegt werden, in dem das

Signal gespeichert ist. Hinter diesem Index soll sich eine Liste mit Indexpositionen befinden, die angeben welche Signale sich in dieser Datei befinden (siehe Tab. 14.1).

Das aktuelle Signal ist immer der letzte Eintrag in der Liste. Dieser kann durch *m_signalList.back()* erhalten werden und ist vom Typ *Signal*. In der Klasse *Signal* wurde nach der erfolgreichen Analyse der *Signal Specification line* der zugehörige Dateiname in der Membervariablen *m_filename* abgelegt. Dies dient nun als Index für die Gruppentabelle *m_groups[m_signalList.back().m_filename]*.

In dem Feld wird an der Position des Dateinamens der Index des aktuellen Signals in der Signalliste gespeichert. Da dieses immer das letzte Signal ist, kann die Position durch *m_signalList.size()-1* berechnet werden.

Die Funktion endet mit dem Rückgabewert *true*, sofern kein Fehler beim parsen der Zeile aufgetreten ist.

parseFileName(string chunk) bis parseDescription(string chunk)

Die Funktionen *parseFileName* bis *parseDescription* analysieren die einzelnen Abschnitte der *Signal Specification line* mit Hilfe der Funktion *sscan_f*, wie bereits beschrieben.

Der einzige Unterschied besteht nun darin, dass sich die Variablen, in denen die Werte gespeichert werden sollen, in einem Objekt der Klasse *Signal* befinden. Zunächst muss also das richtige Objekt selektiert werden, um danach auf die Variable zugreifen zu können.

Wie bereits erwähnt, ist das aktuelle Objekt immer am Ende der Signalliste und lässt sich durch *m_signalList.back()* abfragen. Danach muss nur noch das richtige Attribut mit einem Punkt ergänzt werden.

readDataFile(string fileName)

In der letzten Funktion werden die Inhalte der Datendateien eingelesen. In diesem Beispielprogramm wird ausschließlich das bereits beschriebene *Format 16* unterstützt. Dadurch wird die Funktion deutlich vereinfacht.

Zunächst werden einige Hilfsvariablen angelegt, deren Bedeutung erklärt wird, wenn sie benötigt werden.

In dem Parameter *filename* wird der Pfad und der Dateiname übergeben, die über die Konsole eingegeben wurden. Für die Datendateien wird zwar der gleiche Pfad benötigt, der Dateiname muss jedoch ersetzt werden.

Aus diesem Grund wird mit Hilfe der Funktion *subst* der reine Pfadname extrahiert, indem der Anfang der Variablen *filename* bis zum letzten Auftauchen des Zeichens "\\" ausgeschnitten wird.

Was nun folgt, ist eine Variation der bereits bekannten *for*-Schleife, die erst seit 2011 Teil der Sprache *C++* ist und die die Benutzung der Datenstruktur *map* deutlich vereinfacht.

Der Aufbau ist einfach: Zunächst wird durch das Schlüsselwort *for* eine Schleife begonnen. In dem Schleifenkopf folgt aber nicht der von der *for*-Schleife bekannte Ausdruck.

Stattdessen wird in den Klammern zunächst das Schlüsselwort *auto* verwendet, gefolgt von dem Namen einer Variablen (*group* in diesem Beispiel). Darauf folgt ein Doppelpunkt und der Name einer Datenstruktur, die durchlaufen werden soll. In diesem Fall also die *map* *m_groups*.

Innerhalb der Schleife wird sich nun bei jedem Durchlauf ein anderer Eintrag der *map* in der Variable *group* befinden. Die Variable besitzt zwei Membervariablen. In der Variable *first* ist der Index der *map* gespeichert, also in diesem Fall der Dateiname als *string*, und in der Variable *second* ist der Wert der *map* gespeichert. Dieser wurde bei der Deklaration der Variablen *m_groups* als ein *vector⟨int⟩* festgelegt.

Innerhalb der Schleife wird nun zunächst überprüft, ob für das aktuelle Gruppenobjekt überhaupt Signale existieren. Dies wird überprüft, indem mit *group.second.size()* die Anzahl der Elemente in dem *vector* erfragt wird. Nur wenn Elemente vorhanden sind, ergibt das Öffnen und Einlesen der Datei Sinn.

Als nächstes wird die Datei geöffnet. Dazu muss der Dateiname an den bereits extrahierten Dateipfad angehängt werden. Dies geschieht durch *path + group.first*. Da die Daten der Datendateien nicht als Texte, sondern binär gespeichert sind, muss dies beim Öffnen der Datei explizit angegeben werden. Dies geschieht, indem die beiden Werte *ios::in* und *ios::binary* mit einem binären Oder verbunden werden.

Der Wert *ios::in* entspricht dem Zahlenwert 1, während *ios::binary* dem Zahlenwert 32 entspricht. Beide Zahlen sind notwendigerweise Zweierpotenzen. Binär entsprechen die beiden Zahlen der Bitfolge 0000 0001, bzw. 0010 0000. Beide Zahlen bestehen also jeweils aus einer Bitfolge mit nur einer einzigen Eins. Werden diese beiden Zahlen mit dem binären Oder verknüpft, ergibt sich die Bitfolge 0010 0001. Anhand dieser Bitfolge kann die Funktion *open* erkennen, welche Optionen für das Öffnen der Datei ausgewählt wurden. Werte, die auf diese Art verknüpft und verarbeitet werden, nennen sich *Flags*.

Sollte die Datei nicht geöffnet werden können, so beendet sich die Funktion mit dem Rückgabewert *false*.

Um die Daten auszulesen wird erneut eine *while*-Schleife verwendet, die die Datei bis zum Ende durchläuft.

Die Daten innerhalb der Datei sind so angeordnet, dass nach dem ersten Wert für das erste Signal der erste Wert für das zweite Signal folgt. Die Reihenfolge der Signale ist dabei identisch mit der Reihenfolge in der MIT-*Header*-Datei. Wurden alle Signale einmal durchlaufen, folgt der zweite Wert für jedes Signal usw.

In der Implementierung wird mit Hilfe einer *for*-Schleife die Liste der Signalindizes vom Anfang bis zum Ende durchlaufen.

Jeder Wert in der Datei ist in zwei Bytes gespeichert, von denen das erste die Bits mit den geringeren Werten enthält und das zweite die Bits mit den höheren Werten. Diese Anordnung der Bytes wird *Little-Endian* genannt. Die umgekehrte Reihenfolge nennt sich *Big-Endian*.

Unglücklicherweise kann für das Auslesen der Daten nicht die bereits bekannte Operation ⟩⟩ verwendet werden, da diese vermeintliche Leerzeichen überspringen würde. Da die Datei binär gespeichert wurde, gibt es jedoch keine Leerzeichen.

Stattdessen muss die Funktion *get* verwendet werden, die genau ein Byte aus der Datei einliest. Nachdem das Byte mit den geringeren Bits, das *least significant Byte (lsB)* eingelesen wurde, folgt das Byte mit den höherwertigen Bits, das *most significant Byte (msB)*.

Beide Bytes müssen nun zu einem *short* zusammengefügt werden. Dies geschieht, indem das *msB* durch *(msB ⟨⟨8)* um 8 Bits nach links verschoben und mit einem binären Oder mit dem *lsB* verknüpft wird.

Als Beispiel soll die Bytefolge 17 *F E* dienen, die binär aus den beiden Bytes 0001 0111 und 1111 1110 besteht. Das zweite der beiden Bytes wird um 8 Bit nach links verschoben, sodass sich die Bitfolge 1111 1110 0000 0000 ergibt. Wird diese Bitfolge durch ein binäres Oder mit dem ersten Byte verknüpft, so entsteht die Bitfolge 1111 1110 0001 0111. Dies entspricht der Zahl -489. In den verwendeten Beispieldaten entspricht das exakt dem Kontrollwert, der der *Header*-Datei entnommen werden kann.

Als nächstes muss der Wert in dem richtigen Objekt der Klasse *Signal* gespeichert werden. Da die Schleifenvariable *i* die Liste der Signalindizes durchläuft, befindet sich an der Position *group.second[i]* der richtige Index. Wird diese Position aus dem Feld *m_signalList* abgefragt, ergibt sich das gesuchte Objekt. Danach muss der eingelesene Wert nur noch durch *.m_data.push_back(sample)* an das Feld der Signaldaten angefügt werden.

Abschließend wird die geöffnete Datei geschlossen und der Rückgabewert *true* an die aufrufende Funktion zurückgegeben.

Wenn alles erfolgreich verlaufen ist, befinden sich nun alle Daten innerhalb der Datenstrukturen des Programms.

Diese Implementierung erfüllt natürlich noch nicht die Voraussetzungen einer professionellen Software. Viele Sonder- und Fehlerfälle wurden ignoriert. Das war allerdings auch nicht das Ziel.

Mit der hier vorgestellten Implementierung sollte eine relativ einfache Möglichkeit aufgezeigt werden, Daten des MIT-Formats einzulesen.

14.3 Datenanalyse

Nachdem die EKG-Daten nun in die Software eingelesen werden können, kann nun über die Verarbeitung der Daten nachgedacht werden. Auch hier soll sich das Programm nur auf das Wesentliche beschränken. Bei der Verarbeitung von Daten werden häufig mehr oder weniger komplexe mathematische Verfahren benötigt. Diese Verfahren müssen verstanden werden, um sie in einem Programm umsetzen zu können. Aus diesem Grund wird in diesem Kapitel das angewendete Verfahren der *Fast-Fourier-Transformation* ausführlich erklärt.

Da die eingelesenen Daten sehr verrauscht sind, soll eine Möglichkeit gefunden werden, die interessanten Signale deutlicher hervorzuheben. Eine Möglichkeit dazu bietet die so genannte *Fourier-Transformation* (FT). Bei der FT wird eine kontinuierliche, über die Zeit t dargestellte Funktion $f(t)$ durch eine Integration in eine von der Kreisfrequenz ω abhängige Funktion $F(\omega)$ transformiert. Mit Hilfe dieser Transformation können die Frequenzen

ermittelt werden, aus denen sich das Signal zusammensetzt, sodass durch eine Filteropera-
tion nur die für das EKG relevanten Frequenzen übrig bleiben. Danach könnte durch eine
inverse Fourier-Transformation (IFT) das nun gefilterte Signal wiederhergestellt werden.

Ein leichter Einstieg in dieses Thema wird über die in Papula (2015) dargestellte Herlei-
tung der *Fourier-Reihe* ermöglicht.

Allerdings liegen die eingelesenen Daten nicht in Form einer kontinuierlichen Funktion
vor. Stattdessen wurden zu bestimmten diskreten Zeitpunkten t_k Werte $h(t_k) = h_k$ aufgezeichnet und in einer Datei abgelegt. Doch auch für diese Art von Daten kann die FT durch
eine Umformung verwendet werden. Sie wird dann *diskrete Fourier-Transformation* (DFT)
genannt. In Gl. 14.1 wird die zentrale Formel der DFT dargestellt.

$$H_n = \sum_{k=0}^{N-1} h_k e^{-\frac{2\pi kn}{N}i} \tag{14.1}$$

Die Werte n und k sind ganzzahlige Werte mit $n, k \in \{0, 1, 2, \ldots, N-1\}$ und entsprechen
den Indizes der jeweiligen Zeitpunkte t_k, bzw. der Frequenzen f_n. Die Zeit t_k kann durch die
Formel $t_k = \frac{k}{R}$ berechnet werden, wobei $R \in \mathbb{N}$ für die Samplingrate steht. Die Frequenz
ergibt sich durch die Formel $f_n = n\frac{R}{N}$, bei $N \in \mathbb{N}$ aufgezeichneten Werten. Eine sehr
schöne Darstellung der DFT findet sich in Smith (1997).

Das Ergebnis der DFT sind komplexe Werte $H_n = a + ib$, die die Amplitude und den
Phasenwinkel für die jeweilige Frequenz beinhalten. Die Amplitude ergibt sich aus dem
Betrag der komplexen Zahl zu $|H_n| = \sqrt{a^2 + b^2}$, während der Phasenwinkel in $C++$ über
die Funktion *atan2(b, a)* berechnet werden kann.

Die inverse DFT (IDFT), mit der die einzelnen Frequenzen wieder in den Zeitbereich
transformiert werden können, wird in Gl. 14.2 dargestellt. Die Formel unterscheidet sich nur
durch ein Vorzeichen und einen Faktor von der normalen DFT-Gleichung.

$$h_k = \frac{1}{N} \sum_{n=0}^{N-1} H_n e^{\frac{2\pi kn}{N}i} \tag{14.2}$$

Im Prinzip können die Formeln 14.1 und 14.2 direkt für eine Implementierung der DFT,
bzw. IDFT verwendet werden. In der Informatik hat sich jedoch eine Implementierung
durchgesetzt, die auf einen Artikel von *James Cooley* und *John Tuckey* zurückgeführt wird
(Cooley & Tukey 1965). Diese Implementierung nutzt verschiedene Eigenschaften der komplexen Zahlen, um die Berechnung der DFT zu beschleunigen. Aus diesem Grund wird das
Verfahren *Fast Fourier-Transformation* (FFT) genannt. Es existieren eine Reihe von FFT-
Varianten, von denen die einfachste und intuitivste hier umgesetzt werden soll.

Um die DFT zu beschleunigen, wird die Summe in Formel 14.1 zunächst, wie in Gl. 14.3
gezeigt, in zwei Summanden aufgeteilt, die jeweils die geraden und die ungeraden Anteile
der Formel aufaddieren. Bei genauerem Hinsehen zeigt sich dann, dass der Exponent der e-
Funktion zunächst ausmultipliziert und danach zerlegt werden kann, sodass sich ein Produkt
aus zwei e-Funktionen ergibt. Der Exponent der ersten e-Funktion ist danach nur noch von

n abhängig und kann vor die Summe gezogen werden. Die zweite e-Funktion ist nach der Zerlegung identisch mit der in der Summe der geraden Anteile.

$$
\begin{aligned}
H_n &= \sum_{k=0}^{N-1} h_k e^{-\frac{2\pi kn}{N} i} \\
&= \sum_{k=0}^{N/2-1} h_{(2k)} e^{-\frac{2\pi (2k)n}{N} i} + \sum_{k=0}^{N/2-1} h_{(2k+1)} e^{-\frac{2\pi (2k+1)n}{N} i} \\
&= \sum_{k=0}^{N/2-1} h_{(2k)} e^{-\frac{2\pi kn}{(N/2)} i} + \sum_{k=0}^{N/2-1} h_{(2k+1)} e^{\frac{2\pi n}{N} i} e^{-\frac{2\pi kn}{(N/2)} i} \\
&= \sum_{k=0}^{N/2-1} h_{(2k)} e^{-\frac{2\pi kn}{(N/2)} i} + \underbrace{e^{\frac{2\pi n}{N} i}}_{g^n} \sum_{k=0}^{N/2-1} h_{(2k+1)} e^{-\frac{2\pi kn}{(N/2)} i} \\
&= H_n^{gerade} + g^n H_n^{ungerade}, \text{ mit } g^n = e^{\frac{2\pi n}{N} i}
\end{aligned}
$$

$$(14.3)$$

Soll also eine Messreihe mit N Elementen durch die FFT in den Frequenzraum transferiert werden, so müssen aus der Datenreihe zwei Datenreihen generiert werden, die jeweils nur aus den geraden, bzw. ungeraden Elementen der ursprünglichen Datenreihe bestehen. Diese werden wieder unterteilt und wieder und wieder, bis die Datenreihen nur noch aus einem einzigen Element bestehen. In diesem Fall ist k immer gleich 0 und die e-Funktion nimmt den Wert 1 an. Die Fourier-Transformierte einer einelementigen Datenreihe ist also das Element selbst. Um dann die Fourier-Tansformierten für längere Datenreihen zu bilden, muss nach Formel 14.3 nur noch die Summe des geraden Elements mit dem Produkt aus g^n und dem ungeraden Element gebildet werden.

Das Prinzip, nach dem dieser Algorithmus funktioniert, nennt sich *Divide & Conquer*, also Teile und Herrsche. Ein Problem wird so lange in kleinere Probleme zerteilt, bis die Lösung des kleinsten Teilproblems ganz einfach ist und sich die komplexeren Lösungen aus den Teilen zusammensetzen lassen. Die Implementierung dieses konkreten Algorithmus lässt sich mit einer rekursiven Funktion sehr einfach und direkt realisieren.

Grundsätzlich benutzt das Verfahren also zwei Werte aus der ursprünglichen Datenreihe, um daraus einen neuen, komplexen Wert zu generieren. Die Vermutung liegt nahe, dass so nur eine halb so große Datenreihe entstehen kann, denn wie soll sich der Informationsgehalt durch das Verfahren verdoppeln? In Gl. 14.4 wird der Fall untersucht, in dem sich der Wert n in der oberen Hälfte der Datenreihe befindet, also um den Wert $\frac{N}{2}$ verschoben ist.

$$H_{n+\frac{N}{2}} = \sum_{k=0}^{N/2-1} h_{(2k)} e^{-\frac{2\pi k(n+\frac{N}{2})}{(N/2)}i} + e^{\frac{2\pi(n+\frac{N}{2})}{N}i} \sum_{k=0}^{N/2-1} h_{(2k+1)} e^{-\frac{2\pi k(n+\frac{N}{2})}{(N/2)}i}$$

$$= \sum_{k=0}^{N/2-1} h_{(2k)} e^{-\frac{2\pi kn}{(N/2)}i} \underbrace{e^{2\pi ki}}_{1} + e^{\frac{2\pi n}{N}i} \underbrace{e^{\pi i}}_{-1} \sum_{k=0}^{N/2-1} h_{(2k+1)} e^{-\frac{2\pi kn}{(N/2)}i} \underbrace{e^{2\pi ki}}_{1}$$

$$= \sum_{k=0}^{N/2-1} h_{(2k)} e^{-\frac{2\pi kn}{(N/2)}i} - \underbrace{e^{\frac{2\pi n}{N}i}}_{g^n} \sum_{k=0}^{N/2-1} h_{(2k+1)} e^{-\frac{2\pi kn}{(N/2)}i}$$

$$= H_n^{gerade} - g^n H_n^{ungerade}, \text{ mit } g^n = e^{\frac{2\pi n}{N}i}$$

(14.4)

In die Gleichung wird also anstelle von n der Wert $n + \frac{N}{2}$ eingesetzt, ansonsten bleibt die Gleichung unverändert. Erneut können die Exponenten der e-Funktionen ausmultipliziert und zerlegt werden, sodass die ursprünglichen e-Funktionen wieder zum Vorschein kommen. Die Exponenten der abgespaltenen e-Funktionen bestehen danach nur noch aus konstanten Anteilen, bzw. dem Wert k, der jedoch immer mit 2π multipliziert wird, sodass das Ergebnis der e-Funktion immer konstant 1 oder -1 ist.

Werden die Funktionsanteile danach wie in Gl. 14.3 zusammengefasst, so zeigt sich, dass die zweite Hälfte der Daten ganz einfach aus der ersten Hälfte berechnet werden kann, indem einfach die Summe in eine Differenz umgewandelt wird.

Damit das Verfahren funktionieren kann, kann die Größe der Datenreihe natürlich nicht völlig frei gewählt werden, denn die wiederholte Halbierung der Datenreihen muss am Ende immer zu Einelementigen Datenreihen führen. Die Größe N der Datenreihe muss also immer eine Zweierpotenz sein. Dies kann in den meisten Fällen aber problemlos gewährleistet werden, da es bereits bei der Planung eines Experiments berücksichtigt werden kann.

In den Artikeln von Goovaerts et. al. (Goovaerts et al. 1976), von Thakor et. al. (Thakor et al. 1983) oder in der Beschreibung des Pan-Tompkins-Algorithmus zur Erkennung des QRS-Komplexes (Pan & Tompkins 1985) findet sich der Hinweis, dass der QRS-Komplex in einem Frequenzbereich von $5 - 15 Hz$ gefunden werden kann. Nachdem der eingelesene Datensatz also mit Hilfe der FFT in seine Frequenzen zerlegt wurde, kann durch einen Bandpassfilter das entsprechende Frequenzband herausgefiltert werden.

Abschließend müssen die Daten mit Hilfe der inversen FFT (IFFT) zurücktransformiert werden, um den QRS-Komplex darzustellen.

14.3.1 Erweiterung der Softwarearchitektur

Obwohl die Analyse der Daten aus mathematischer Sicht eine sehr anspruchsvolle Aufgabe ist, so ist die Entwicklung einer Softwarearchitektur für das Beispielprogramm in

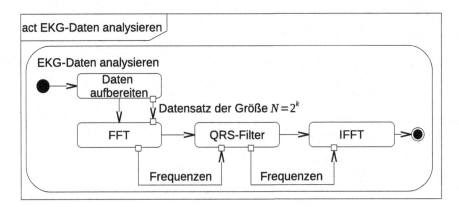

Abb. 14.12 Aktivitätsdiagramm für die Analyse der EKG-Daten

diesem Buch jedoch sehr einfach. In Abb. 14.12 wird ein Aktivitätsdiagramm gezeigt, das die Abläufe innerhalb des Aktivitätsknoten *EKG-Daten analysieren* beschreibt.

Nachdem der Knoten aktiviert wurde, müssen zunächst die eingelesenen Daten aufbereitet werden, um die Anwendung der *Fast-Fourier-Transformation* zu ermöglichen. Dazu muss die Größe des eingelesenen Datensatzes ermittelt und die nächstkleinere Zweierpotenz gefunden werden. Danach muss ein Teil der ursprünglichen Daten in einen neuen Datensatz überführt werden, dessen Größe einer Zweierpotenz entspricht und die entweder kleiner oder gleich der ursprünglichen Größe ist.

Natürlich wäre es hier auch möglich, dem Benutzer die Auswahl zwischen verschiedenen Fenstergrößen und eine genaue Positionierung des Datenfensters zu ermöglichen, doch die Software soll nicht unnötig kompliziert werden. Eine Überprüfung, ob bereits Daten eingelesen wurden ist nicht erforderlich, da im schlimmsten Fall ein Datensatz der Länge 0 transformiert werden würde.

Nachdem die Daten aufbereitet wurden, wird auf dem neuen Datensatz die *Fast-Fourier-Transformation* ausgeführt. Damit wird das Zeitsignal in seine Frequenzen überführt. Nun kann ein Bandpassfilter eingesetzt werden, der alle Frequenzen außerhalb des Bereichs von 5–15 Hz ausblendet.

Abschließend müssen die Frequenzen durch die IFFT wieder in ein zeitliches Signal umgewandelt werden, in dem der QRS-Komplex nun deutlicher hervorgehoben sein sollte. Damit endet die Aktivität des Knotens.

Das Klassendiagramm muss, wie in Abb. 14.13 gezeigt, um einige zusätzliche Funktionen erweitert werden.

Zunächst muss die Klasse *ECGData* um zwei Operationen ergänzt werden, die die normale und die inverse *Fast-Fourier-Transformation* realisieren. Zusätzlich soll noch eine Funktion für den QRS-Filter implementiert werden. Alle drei Funktionen benötigen ein Feld aus komplexen Zahlen, auf dem sie ihre Operationen durchführen können.

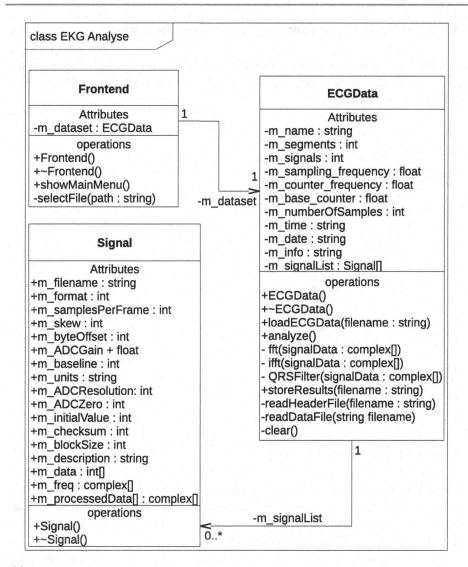

Abb. 14.13 Zweite Weiterentwicklung des Klassendiagramms für die EKG-Analyse

In der Klasse *Signal* sollen die einzelnen Schritte der Berechnung gespeichert werden, damit die Daten später ausgegeben werden können. Dazu werden zwei neue Attribute hinzugefügt. Das Feld *m_freq* soll die Frequenzen nach der FFT speichern, während das Feld *m_processedData* das Ergebnis der gesamten Umwandlung sichern soll. Beide Felder müssen in der Lage sein, komplexe Zahlen zu speichern.

14.3.2 Implementierung der *Fast-Fourier-Transformation*

Die Änderungen in der Klasse *Signal* lassen sich leicht umsetzen, da nur zwei neue Felder hinzugefügt werden müssen. In Listing 14.7 werden die Änderungen in der *Header*-Datei der Klasse *Signal* dargestellt.

```cpp
1   // ...
2   #include <string>
3   #include <vector>
4   #include<complex>
5   using namespace std;
6
7   class Signal
8   {
9   public:
10    Signal();
11    ~Signal();
12
13    // Daten der Signal Specification Line
14    // ...
15
16    // Signaldaten
17    vector<int> m_data;
18
19    // Frequenzspektrum
20    vector<complex<double>> m_freq;
21
22    // verarbeitete Daten
23    vector<complex<double>> m_processedData;
24  };
```

Listing 14.7 Die Klasse *Signal* (Signal.h)

Um die Ergebnisse speichern zu können, müssen Felder von komplexen Zahlen erstellt werden. Für die Felder wurde bereits der Datentyp *vector* eingeführt, der durch die Standard Template Bibliothek bereitgestellt wird. Zusätzlich soll nun der Datentyp *complex* verwendet werden, der komplexe Zahlen speichern kann.

Die Deklaration der Variablen *m_freq* kann nun so interpretiert werden, dass durch *complex⟨double⟩* eine komplexe Zahl erstellt wird, deren Real- und Imaginärteil in Variablen vom Typ *double* gespeichert wird. Die Deklaration *vector⟨complex⟨double⟩⟩ m_freq;* erzeugt ein Feld solcher komplexer Zahlen und gibt dem Feld den Namen *m_freq*.

Die *.cpp*-Datei der Klasse *Signal* wird in Listing 14.8 dargestellt.

```cpp
1   // ...
2
3   Signal::~Signal()
4   {
5     m_data.clear();
6     m_freq.clear();
```

```
7       m_processedData.clear();
8   }
```

Listing 14.8 Die Klasse *Signal* (Signal.cpp)

Die Änderungen beschränken sich auf den Destruktor der Klasse *Signal,* in dem nun auch die neuen Datenfelder geleert werden, bevor das Objekt gelöscht wird.

In der Klasse *ECGData* müssen zunächst eine Reihe neuer Funktionsdeklarationen angelegt werden. Listing 14.9 zeigt die Änderungen in der *Header*-Datei der Klasse.

```
1   #include "Signal.h"
2   #include <string>
3   #include <vector>
4   #include <map>
5   #include <complex>
6
7   using namespace std;
8
9   class ECGData
10  {
11  public:
12      // ...
13
14      void analyze();
15
16      // ...
17  private:
18      // ...
19
20      // Fast Fourier Transformation
21      void fft(vector<complex<double>> &signalData);
22      void ifft(vector<complex<double>> &signalData);
23      void ifft_r(vector<complex<double>> &signalData);
24
25      // Filter
26      void QRSFilter(vector<complex<double>>
27      &signalData);
28
29      // ...
30  };
```

Listing 14.9 Die Klasse *ECGData* (ECGData.h)

Im Wesentlichen werden die Funktionen erzeugt, die bereits in der Softwarearchitektur geplant wurden. Die IFFT wurde jedoch auf zwei Funktionen aufgeteilt, da deren Berechnung rekursiv implementiert werden muss. Dies geschieht in der Funktion *ifft_r.* Das Ergebnis muss abschließend jedoch noch mit einem Faktor multipliziert werden. Dazu wurde die Funktion *ifft* implementiert, die auch für den Aufruf der IFFT dient.

Alle Funktionen nutzen als Übergabeparameter Referenzen auf Felder aus komplexen Zahlen, so wie sie bereits in der Klasse *Signal* verwendet werden. Die Referenzen sind notwendig, damit die Änderungen innerhalb der Funktionen auch außerhalb der Funktion bestehen bleiben.

Die Änderungen in der *.cpp*-Datei sind erneut sehr umfangreich. Die Darstellung in Listing 14.10 beschränkt sich deshalb auf die neu hinzugefügten Funktionen. Eine Erklärung der einzelnen Funktionen erfolgt nach dem Programm.

```cpp
1   #include "stdafx.h"
2   #include "ECGData.h"
3   #include <iostream>
4   #include <fstream>
5
6   using namespace std;
7
8   const double M_PI = 3.14159265358979323846;
9
10  // ...
11
12  void ECGData::analyze()
13  {
14    // Durchlauf und Umwandlung aller geladenen
15    // Signale
16    for (int i = 0; i < m_signalList.size(); i++)
17    {
18      // Berechnung der nächstkleineren Zweierpotenz
19      int twoExp = log2(m_signalList[i].m_data.size());
20      int maxIndex = pow(2, twoExp);
21
22      // Anlegen eines Hilfsfeldes für die Daten
23      vector<complex<double>> signalData;
24
25      // Kopieren der Datenreihe bis zu der berechneten
26      // Zweierpotenz in das Hilfsfeld
27      for (int j = 0; j < maxIndex; j++)
28      {
29        signalData.push_back(
30                 (double)m_signalList[i].m_data[j] /
31                 m_signalList[i].m_ADCGain);
32      }
33
34      // Durchführung der FFT
35      fft(signalData);
36
37      // Speichern des Ergebnisses in der Datenreihe
38      m_signalList[i].m_freq = signalData;
39
40      // Anwenden des QRS-Filters
41      QRSFilter(signalData);
42
43      // Rücktransformation der Daten
44      ifft(signalData);
45
46      // Sichern des Ergebnisses in der Datenreihe
47      m_signalList[i].m_processedData = signalData;
48    }
49
```

```
50      cout << "Analyse erfolgreich abgeschlossen!"
51           << endl << endl;
52
53      cin.get();
54    }
55
56    void ECGData::fft(vector<complex<double>> &signalData)
57    {
58      // Abbruch bei einelementigen Datenreihen
59      if (signalData.size() == 1) return;
60
61      // Hilfsfelder für die geraden und ungeraden
62      // Elemente
63      vector<complex<double>> odd;
64      vector<complex<double>> even;
65
66      // Hilfsvariable für die halbe Feldgröße
67      int N = signalData.size() / 2;
68
69      // Kopieren der geraden und ungeraden Elemente
70      // in die Hilfsfelder
71      for (int i = 0; i < N; i++)
72      {
73        even.push_back(signalData[2 * i]);
74        odd.push_back(signalData[2 * i + 1]);
75      }
76
77      // Rekursiver Aufruf der FFT
78      fft(even);
79      fft(odd);
80
81      // Zusammenfügen der Ergebnisse
82      for (int i = 0; i < N; i++)
83      {
84        complex<double> g = polar((double)1,
85                            (double)-M_PI * i / N);
86        signalData[i] = even[i] + g * odd[i];
87        signalData[i + N] = even[i] - g * odd[i];
88      }
89    }
90
91    void ECGData::ifft(vector<complex<double>> &signalData)
92    {
93      // rekursive Berechnung der IFFT
94      ifft_r(signalData);
95
96      // Multiplikation des Ergebnisses mit dem
97      // Vorfaktor 1 / N
98      for (int i = 0; i < signalData.size(); i++)
99      {
100       signalData[i] /= signalData.size();
101     }
102   }
```

```
103
104  void ECGData::ifft_r(vector<complex<double>> &signalData)
105  {
106    // Abbruch bei einelementigen Datenreihen
107    if (signalData.size() == 1) return;
108
109    // Hilfsfelder für die geraden und ungeraden
110    // Elemente
111    vector<complex<double>> odd;
112    vector<complex<double>> even;
113
114    // Hilfsvariable für die halbe Feldgröße
115    int N = signalData.size() / 2;
116
117    // Kopieren der geraden und ungeraden Elemente
118    // in die Hilfsfelder
119    for (int i = 0; i < N; i++)
120    {
121      even.push_back(signalData[2 * i]);
122      odd.push_back(signalData[2 * i + 1]);
123    }
124
125    // Rekursiver Aufruf der IFFT
126    ifft_r(even);
127    ifft_r(odd);
128
129    // Zusammenfügen der Ergebnisse
130    for (int i = 0; i < N; i++)
131    {
132      complex<double> g = polar((double)1,
133                                (double)M_PI * i / N);
134      signalData[i] = even[i] + g * odd[i];
135      signalData[i + N] = even[i] - g * odd[i];
136    }
137  }
138
139  void ECGData::QRSFilter
140                 (vector<complex<double>> &signalData)
141  {
142    // Hilfsvariable für die halbe Feldgröße
143    int N = signalData.size() / 2;
144    // Berechnung des Index für 5Hz
145    int i_min = 5 * signalData.size() /
146                    m_sampling_frequency;
147    // Berechnung des Index für 15 Hz
148    int i_max = 15 * signalData.size() /
149                     m_sampling_frequency;
150
151    // Ausblenden aller Frequenzen außerhalb des
152    // gewünschten Spektrums
153    for (int i = 0; i < N; i++)
154    {
155      if (i < i_min || i > i_max)
```

```
156            {
157                signalData[i] = 0;
158                signalData[i + N] = 0;
159            }
160        }
161    }
162
163    // ...
```

Listing 14.10 Die Klasse *ECGData* (ECGData.cpp).

analyze()

In der *analyze*-Funktion muss die Liste aller geladenen Signale durchlaufen werden, um die Analyse auf allen Datensätzen durchzuführen.

Dazu muss zunächst die Zweierpotenz gefunden werden, die die Größe des Datenfeldes möglichst gut abbildet. Daraus lässt sich der Index berechnen, bis zu dem die Daten ausgewertet werden können.

Alle Elemente des Datensatzes bis zu diesem Index werden in einem Hilfsfeld aus komplexen Zahlen gespeichert, das für die weitere Verarbeitung benötigt wird.

Da es sich bei den gespeicherten Daten um Rohdaten handelt, die aus der Digitalisierung durch den AD-Wandler entstanden sind, müssen diese noch durch den AD-Zuwachs geteilt werden, um den Wert des ursprünglichen Analogsignals wiederherzustellen.

Nun kann die FFT durchgeführt werden, um die Frequenzen des Signals zu berechnen. Diese sollen für eine spätere Ausgabe in der Klasse *Signal* gesichert werden.

Durch die Funktion *QRSFilter* werden die Frequenzen anschließend auf dem Bereich von 5–15 *Hz* beschränkt und durch die Funktion *ifft* wieder in ein Zeitsignal zurückgerechnet. Auch dieses Ergebnis soll für eine spätere Ausgabe gesichert werde

fft(vector⟨complex ⟨double⟩⟩ & signalData)

Die Funktion *fft* setzt die Überlegungen aus den Gl. 14.3 und 14.4 in die Praxis um.

Wenn das Signal immer weiter in gerade und ungerade Elemente zerteilt wird, entstehen irgendwann einelementige Datenreihen. In diesem Fall kann die Berechnung abbrechen, da das Ergebnis dem einen Element entspricht.

Andernfalls müssen zwei Hilfsfelder angelegt werden, in denen die geraden und ungeraden Elemente gesichert werden können. Dies wird mit Hilfe einer *for*-Schleife durchgeführt, die die Elemente entsprechend ihrer Position in die Hilfsfelder aufteilt.

Anschließend kann die FFT rekursiv auf die beiden Teilfelder angewendet werden. Bestehen die Felder immernoch aus mehreren Elementen, so werden sie nun aufgeteilt. Andernfalls wird das eine Element als Ergebnis zurückgegeben.

Abschließend werden die Ergebnisse der rekursiven Aufrufe zu einer Komplexen Zahl zusammengeführt. Dazu wird für die erste Hälfte der Daten die Formel aus Gl. 14.3 genutzt, während gleichzeitig mit Hilfe von Gl. 14.4 die Ergebnisse der zweiten Hälfte der Daten berechnet wird.

ifft(vector⟨complex⟨double⟩⟩ & signalData)

Um die inverse FFT zu berechnen, muss ein sehr ähnliches Verfahren durchlaufen werden, wie bei der normalen FFT. Das Ergebnis muss jedoch einmalig mit dem Faktor $\frac{1}{N}$ multipliziert werden.

Aus diesem Grund wurde das Verfahren auf zwei Funktionen verteilt. In der Funktion *ifft* wird zunächst die Funktion *ifft_r* aufgerufen, die (ähnlich wie bei der normalen FFT) zunächst die rekursive Berechnung der Daten übernimmt.

Abschließend wird innerhalb einer Schleife jedes Element der Datenreihe durch den Wert N geteilt.

ifft_r(vector⟨complex⟨double⟩⟩ & signalData)

Die Berechnung des rekursiven Anteils der inversen FFT ist, abgesehen von einem Vorzeichen, identisch mit dem in der Funktion *fft*.

QRSFilter (vector⟨complex⟨double⟩⟩ & signalData)

Um das Frequenzspektrum zu begrenzen, können natürlich verschiedene Methoden zum Einsatz kommen. Bei einer professionellen Software wäre es sinnvoll, verschiedene Werkzeuge einzeln zu implementieren, um sie dann zu komplexeren Abläufen zusammenzufügen.

In diesem Beispiel könnte eine separate Funktion für einen Hoch- und Tiefpassfilter geschrieben werden. Der QRSFilter müsste dann nur noch beide hintereinander ausführen, um den gewünschten Effekt des Bandpasses zu erzielen.

In diesem Beispiel soll jedoch eine spezialisierte Funktion entwickelt werden.

Dazu werden zunächst die Indizes berechnet, an denen sich die Frequenzen $5\,Hz$ und $15\,Hz$ befinden.

Die FFT geht bei ihrer Berechnung davon aus, dass die übergebene Datenreihe genau eine Sekunde umfasst. In diesem Fall würde an Indexposition 1 auch genau der Wert für die Frequenz $1\,Hz$ zu finden sein.

Ist das aufgezeichnete Signal länger als eine Sekunde, so muss die Indexposition durch die Anzahl der aufgezeichneten Sekunden geteilt werden, um die Frequenz zu erhalten. Die Anzahl der Sekunden ergibt sich aus der Gesamtanzahl der Daten (*signalData.size()*) geteilt durch die Anzahl der Aufzeichnungen pro Sekunde *(m_sampling_frequency)*.

Also kann die Gleichung so umgestellt werden, dass aus der Wunschfrequenz die Indexposition berechnet werden kann.

$$\omega = i \cdot \frac{m\_sampling\_frequency}{signalData.size()} \Leftrightarrow i = \omega \cdot \frac{signalData.size()}{m\_sampling\_frequency} \tag{14.5}$$

Abschließend müssen nur noch alle Werte außerhalb dieser Indexpositionen zu 0 gesetzt werden. Dabei ist zu beachten, dass dieser Prozess wie vorher auf die obere und untere Hälfte der Daten angewendet werden muss.

14.4 Exportieren der Ergebnisse

Bei dem Export der Ergebnisse kommt es darauf an, ein Exportformat zu wählen, das möglichst einfach weiterverarbeitet werden kann. Hier bietet sich das *.csv*-Format an. Das Kürzel steht für *Comma-Separated-Values* und beschreibt ein Datenformat, bei dem verschiedene Werte in Spalten sortiert werden können, indem sie durch Kommata voneinander getrennt werden.

Tatsächlich findet die Trennung der Werte jedoch auch häufig durch andere Zeichen statt, und die meisten Tabellenkalkulationsprogramme ermöglichen es, beim Import einer solchen Datei das Trennzeichen frei zu wählen. Häufige Trennzeichen sind Semikola oder Tabulatoren.

Während des Imports und der Datenanalyse wurden für jedes einzelne Signal drei verschiedene Datensätze generiert, die gemeinsam exportiert werden sollen.

* Die Rohdaten aus der Messung, die vor dem Export in Analogdaten umgewandelt werden müssen.
* Die Frequenzen, die durch die *Fast-Fourier-Transformation* berechnet wurden.
* Die rücktransformierten Daten nachdem der QRS-Filter angewendet wurde.

Alle drei Datensätze liegen jeweils in Feldern vor.

Da die meisten Tabellenkalkulationsprogramme annehmen, dass lange Datensätze in Spalten vorliegen, sollen die Daten entsprechend angeordnet werden.

14.4.1 Erweiterung der Softwarearchitektur

Um die Daten exportieren zu können, muss, wie bereits beim Datenimport, eine Datei geöffnet werden. Dabei kann es zu verschiedenen Fehlern kommen, auch wenn die Datei, in die geschrieben werden soll, neu angelegt wird.

Was passiert zum Beispiel, wenn die Datei bereits existiert, in dem Zielordner keine Schreibrechte eingeräumt wurden usw.

In Abb. 14.14 wird das Aktivitätsdiagramm für den Aktivitätsknoten *Ergebnisse exportieren* dargestellt.

Zunächst wird versucht, die *.csv*-Datei zu öffnen. Sollte dies fehlschlagen, so muss eine Fehlerausgabe erfolgen und die Bearbeitung der Aktivität muss beendet werden.

Andernfalls kann mit dem Export der Daten fortgefahren werden.

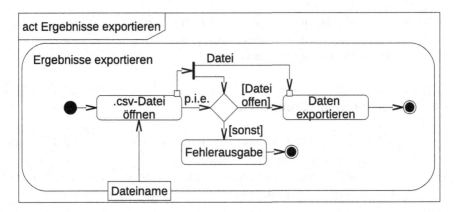

Abb. 14.14 Aktivitätsdiagramm für das Exportieren der Ergebnisse

Das Klassendiagramm muss nicht verändert werden, da die Funktion *storeResults* von Anfang an in der Architektur eingeplant war.

14.4.2 Implementierung der Exportfunktion

In Listing 14.11 werden die Anpassungen der *Header*-Datei gezeigt, die für den Export der Daten vorgenommen wurden.

```
1   #include "Signal.h"
2   #include <string>
3   #include <vector>
4   #include <map>
5   #include <complex>
6
7   using namespace std;
8
9   class ECGData
10  {
11  public:
12      // ...
13
14      void storeResults(string filename);
15
16      // ...
17  private:
18      // ...
19
20      // Ausgabe
21      void printHeadline(fstream &file,
22                         string unit,
23                         string postfix);
24
```

```
25     // ...
26   };
```

Listing 14.11 Die Klasse *ECGData* (ECGData.h)

Im Prinzip lässt sich der Export in einer einzigen Funktion behandeln. Um die Übersichtlichkeit zu verbessern wurde jedoch noch die Funktion *printHeadline* ergänzt, die es ermöglichen soll, standardisierte Überschriften für die Tabelle auszugeben.

Listing 14.12 zeigt die Implementierung der Exportfunktion in der *.cpp*-Datei der Klasse *ECGData*. Die Erklärung der Funktionen erfolgt nach dem Programmtext.

```cpp
1    #include "stdafx.h"
2    #include "ECGData.h"
3    #include <iostream>
4    #include <fstream>
5
6    using namespace std;
7
8    const double M_PI = 3.14159265358979323846;
9
10   // ...
11
12   void ECGData::storeResults(string filename)
13   {
14       // Variablendeklaration
15       fstream file;
16
17       // Öffnen der Datei für den Export
18       file.open(filename, ios::out);
19
20       // Wenn die Datei geöffnet werden konnte
21       if (file.is_open())
22       {
23           // Ausgabe der Überschriften für die
24           // drei Datenblöcke
25           printHeadline(file, "t (s)", "");
26           printHeadline(file, "f (HZ)", "_f");
27           printHeadline(file, "t (s)", "_p");
28
29           file << endl;
30
31           // Durchlauf aller eingelesenen Datensätze
32           for (int i = 0; i < m_numberOfSamples; i++)
33           {
34               // Ausgabe der Zeit in Sekunden
35               file << double(i) / m_sampling_frequency << ";";
36
37               // Ausgabe der eingelesenen Daten für
38               // jedes Signal
39               for (int j = 0; j < m_signalList.size(); j++)
40               {
41                   // Sicherheitsabfrage, damit die Länge des
42                   // Datensatzes niemals überschritten werden
```

```
43                // kann
44                if (i < m_signalList[j].m_data.size())
45                   file << double(m_signalList[j].m_data[i]) /
46                            m_signalList[j].m_ADCGain << ";";
47                else
48                   file << ";";
49                }
50
51             // Ausgabe der Frequenz
52             file << double(i) * m_sampling_frequency /
53                            m_numberOfSamples << ";";
54
55             // Ausgabe der berechneten Frequenzspektren
56             // für jedes Signal
57             for (int j = 0; j < m_signalList.size(); j++)
58             {
59                // Sicherheitsabfrage, damit die Länge des
60                // halben Datensatzes niemals überschritten
61                // werden kann
62                // Daten in der zweiten Hälfte bringen
63                // keine neuen Erkenntnisse
64                if (i < m_signalList[j].m_freq.size() / 2)
65                   file << double(abs(m_signalList[j].m_freq[i]))
66                        << ";";
67                else
68                   file << ";";
69                }
70
71             // Ausgabe der Zeit in Sekunden
72             file << double(i) / m_sampling_frequency << ";";
73
74             // Ausgabe der rücktransformierten Daten
75             // für jedes Signal
76             for (int j = 0; j < m_signalList.size(); j++)
77             {
78                // Sicherheitsabfrage, damit die Länge des
79                // Datensatzes niemals überschritten werden
80                // kann
81                if (i < m_signalList[j].m_processedData.size())
82                   file << double(m_signalList[j].
83                                  m_processedData[i].real())
84                        << ";";
85                else
86                   file << ";";
87                }
88
89             file << endl;
90             }
91
92          // Schließen der geöffneen Datei
93          file.close();
94
95          cout << "Datenexport erfolgreich abgeschlossen!"
```

```
96                  << endl << endl;
97
98          cin.get();
99      }
100     else
101     {
102          // Fehlermeldung
103          cout << "Datenexport fehlgeschlagen!"
104                  << endl << endl;
105
106          cin.get();
107     }
108 }
109
110 void ECGData::printHeadline(fstream &file,
111                              string unit,
112                              string postfix)
113 {
114     // Ausgabe der Einheit für die x-Achse
115     file << unit << ";";
116
117     // Ausgabe der Überschriften der einzelnen Signale
118     for (int j = 0; j < m_signalList.size(); j++)
119     {
120          file << m_signalList[j].m_description
121              << postfix << ";";
122     }
123 }
124
125 // ...
```

Listing 14.12 Die Klasse *ECGData* (ECGData.cpp).

storeResults(string filename)

In der Funktion wird zunächst versucht, die Datei zu öffnen, deren Name durch den Benutzer eingegeben wurde. Sollte dies erfolgreich sein, so werden die verschiedenen Datensätze exportiert. Andernfalls gibt die Funktion eine Fehlermeldung aus und bricht die weitere Bearbeitung ab.

Die Funktion muss immer eine Zeile vollständig bearbeiten, bevor in die nächste Zeile gesprungen werden kann, da ein Rücksprung in eine vorherige Zeile extrem aufwändig wäre. Da die Daten in den Spalten stehen sollen, bedeutet dies, dass zunächst das erste Element für jeden Datensatz ausgegeben werden muss, danach das zweite usw.

In der ersten Zeile sollen die Überschriften zu finden sein. Aus diesem Grund wird für jeden Datensatz eine Reihe von Überschriften angelegt. Der erste Datensatz besteht aus den eingelesenen Signaldaten für jedes Signal. Die Einheit der x-Achse ist die Zeit in Sekunden. Der zweite Datensatz besteht aus den berechneten Frequenzen für jedes Signal. Die Einheit der x-Achse ist die Frequenz in Hertz. Zusätzlich soll jede Überschrift mit dem Zusatz _f versehen werden, um kenntlich zu machen, dass es sich um die Frequenzen handelt. Der dritte Datensatz sind die rücktransformierten Signale nach dem QRS-Filter. Die Einheit der x-Achse ist erneut die Zeit in Sekunden. Alle Überschriften sollen den Zusatz _p (für *processed*, verarbeitet) erhalten.

In einer äußeren Schleife werden nun alle möglichen Indizes durchlaufen. Der Maximalwert *m_numberOfSamples* wurde aus der MIT-Datei eingelesen.

Zunächst wird die x-Koordinate des ersten Datensatzes berechnet. Die Zeit in Sekunden ergibt sich durch den aktuellen Index geteilt durch die Anzahl der Signale pro Sekunde.

Danach erfolgt für jedes Signal die Ausgabe des *i*-ten Elements der Signaldaten. Diese werden noch durch den AD-Zuwachs geteilt, um die Werte des analogen Signals zu erhalten. Eine Sicherheitsabfrage verhindert, dass über das Ende des Feldes hinaus zugegriffen wird, sollte ein Feld unerwartet kürzer sein, als die anderen.

Die x-Koordinaten des zweiten Datensatzes sind die Frequenzen. Diese ergeben sich aus dem aktuellen Index, geteilt durch die Länge der Aufzeichnung in Sekunden. Diese berechnet sich, indem die Anzahl der Signale durch die Anzahl der Signale pro Sekunde geteilt wird.

Für jedes Signal erfolgt nun die Ausgabe der Daten. Da es sich bei den Frequenzen um komplexe Zahlen handelt, müssten der Real- und Imaginärteil ausgegeben werden. Stattdessen wird durch die Funktion *abs* der Betrag der komplexen Zahl berechnet. Dies entspricht der Amplitude der Schwingung bei der entsprechenden Frequenz.

Für diesen Datensatz werden nur die Hälfte der Daten ausgegeben, da die zweite Hälfte eine Symmetrie zu der ersten Hälfte besitzt.

Bei dem dritten Datensatz wird erneut die Zeit in Sekunden berechnet, um die Werte der x-Achse zu ermitteln.

Auch hier werden die Daten für jedes Signal einzeln ausgegeben. Nach der Rücktransformation sollten die Imaginärteile aller Zahlen den Wert 0 besitzen. Aus diesem Grund wird durch die Funktion *.real()* nur der Realteil der komplexen Zahlen ausgegeben.

Einzelne Daten werden jeweils durch Semikola voneinander getrennt. So wird sichergestellt, das später jeder Wert in einer eigenen Spalte landet. Das Ende einer Zeile wird mit *endl* eingefügt.

Nachdem alle Daten ausgegeben wurden, wird die Datei geschlossen und eine Erfolgsmeldung ausgegeben.

printHeadline(fstream &file, string unit, string postfix)

Die Ausgabe der Überschriften erfolgt stets nach dem gleichen Schema, deshalb wurde diese Funktionalität in eine eigene Funktion ausgelagert.

Die Parameter der Funktion beschreiben die Datei, in die geschrieben werden soll, die Einheit der Werte der x-Achse und einen Ergänzungstext, der an die normale Bezeichnung der Überschrift angehängt werden soll.

Zunächst wird die Einheit der x-Achse ausgegeben und mit einem Semikolon von den weiteren Ausgaben getrennt. Danach werden die Beschreibungen jedes eingelesenen Signals

als Überschrift ausgegeben und mit dem Ergänzungstext versehen. Die Trennung der einzelnen Überschriften erfolgt erneut durch Semikola.

In der Funktion wird kein *endl* ausgegeben, da die Funktion nicht über das Ende einer Zeile bestimmen soll. Dies ermöglicht die Ausgabe der Überschriften für die drei Datensätze in einer Zeile.

14.4.3 Darstellung der Ergebnisse

Nachdem nun alle Anforderungen an das Beispielprogramm erfüllt wurden, soll ein Blick auf das fertige System geworfen werden. Grundsätzlich sollte bereits bei der Entwicklung eines Programms häufig *compiliert* werden, um Tippfehler im Programm möglichst früh zu entdecken. Zudem ist der zu durchsuchende Bereich deutlich kleiner, wenn das Programm häufig übersetzt wird.

Aber nachdem das Programm übersetzt wurde, tut es noch nicht zwangsweise das, was es soll. Umfangreiche Tests der Funktionalität sollten also immer eingeplant werden. Am besten werden standardisierte Tests geplant, die möglichst jeden Teil des Programms abdecken. Da das hier entwickelte Programm sehr einfach ist, muss nur jeder Teil des Programms einmal aufgerufen werden, um alle Teile des Programms abzudecken. Zusätzlich sollte bei jeder Eingabe aber mindestens einmal versucht werden mutwillig etwas Falsches einzugeben.

Das Programm meldet sich mit dem Hauptmenü und einer Eingabeaufforderung:

```
Willkommen bei dem EKG Analyseprogramm!
Ihnen stehen die folgenden Optionen zur Verfuegung:
1: EKG-Daten laden
2: EKG-Daten analysieren
3: Ergebnisse exportieren
4: Programm beenden

Bitte treffen Sie Ihre Auswahl:
—
```

Ein kleiner Fehler wurde bereits in die Eingabeaufforderung eingebaut, damit Sie etwas finden und reparieren können.

Nachdem das Programm getestet wurde, soll noch ein Blick auf die Ergebnisse geworfen werden. In Abb. 14.15 ist ein EKG Signal dargestellt, das von der Webseite *Physionet* (Goldberger et al. 2000) aus der Datenbank der Physikalisch-Technischen Bundesanstalt (PTB) (Bousseljot et al. 1995) heruntergeladen wurde. Die Abbildung zeigt eine I-Extremitätenableitung bei einem 12-Kanal EKG nach Eindhoven.

Wie deutlich zu sehen ist, ist das Signal sehr stark verrauscht und die einzelnen Phasen des QRS-Komplexes können selbst mit dem menschlichen Auge nur schwer erkannt

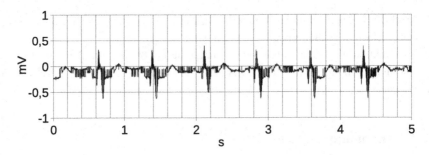

Abb. 14.15 Darstellung einer verrauschten I-Ableitung nach Eindhoven

werden. Aus diesem Grund soll mit Hilfe des hier entwickelten Programms zunächst das Frequenzspektrum berechnet werden, das in Abb. 14.16 dargestellt ist.

Je höher ein Wert auf der y-Achse dargestellt ist, desto größer ist die Amplitude der Schwingung mit der entsprechenden Frequenz. Die Summe aller Schwingungen ergibt das Ursprungssignal. Es ist deutlich zu sehen, dass die Schwingungen mit der größten Amplitude im Bereich bis ca. $15 Hz$ zu finden sind. Ein Teil dieses Bereichs wird durch den QRS-Filter ausgeschnitten und die Summe der übriggebliebenen Schwingungen ergibt ein neues

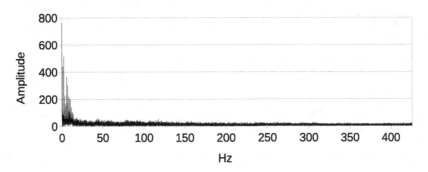

Abb. 14.16 Darstellung der Amplitude des Frequenzspektrums der I-Ableitung

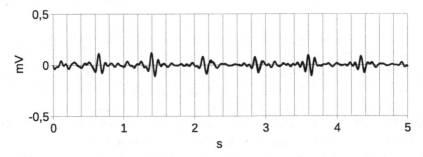

Abb. 14.17 Darstellung der I-Ableitung nach Anwendung des QRS-Filters

Signal, das von höheren Frequenzen mit geringerer Amplitude befreit ist. Das Ergebnis ist in Abb. 14.17 dargestellt.

Insgesamt hat sich die Amplitude der Schwingung verringert, doch die einzelnen Herzschläge mit dem im Signal resultierenden QRS-Komplexen können nun deutlich leichter erkannt werden.

Wäre dies eine professionelle Software, so wäre das Projekt natürlich noch lange nicht abgeschlossen. Es können noch weitere Analysen implementiert werden und eine graphische Oberfläche, die die Bedienung vereinfacht, wäre sicherlich auch von Vorteil.

Überwachung von Bakterienkulturen 15

Das zweite Praxisproblem, das in diesem Buch vorgestellt werden soll, stammt aus der Biotechnologie. Vor einigen Jahren hat mich ein Kollege darum gebeten, eine Software zu schreiben, die automatisiert die Anzahl der Bakterienansammlungen in einer Petrischale bestimmen sollte. Dieses Problem soll für dieses Kapitel nun vereinfacht umgesetzt werden. Zum Beispiel soll das Programm weiterhin nur auf der Konsole ausgeführt werden. In einem Ordner sollen sich mehrere Bilddateien befinden, die durch das Programm eingelesen, verarbeitet und analysiert werden sollen. Und das Programm soll die Zwischenschritte der Verarbeitung und natürlich auch das Ergebnis der Zählung ausgeben. Zusätzlich soll die insgesamt belegte Fläche auf den Bildern ausgegeben werden.

Diese Problemstellung erfordert das Laden, Speichern und Verarbeiten von Bildern. Zunächst wird ein geeignetes Bildformat benötigt, um Bilder einfach laden und speichern zu können. Das *Bitmap*-Format bietet sich hier an, da bei diesem Format unkomprimierte Varianten existieren, deren Laden und Speichern einfach programmiert werden kann. Um die Bilder verarbeiten zu können, müssen sie innerhalb des Programms in einem zweidimensionalen Feld gespeichert werden. Danach muss das Bild zunächst durch einige Vorverarbeitungsstufen laufen, bevor die eigentliche Zählung beginnen kann. Abb. 15.1 zeigt den Ablauf der Vorverarbeitung an einem Beispiel.

Ganz am Anfang in Abb. 15.1 a) steht das Originalbild, bei dem es sich normalerweise um ein Farbbild handelt. Durch den ersten Schritt der Vorverarbeitung werden zunächst die Farben entfernt und das Bild, wie in Abb. 15.1 b), in ein Graustufenbild umgewandelt. Der zweite Schritt der Vorverarbeitung wendet einen Schwellwert an, Abb. 15.1 c). Dabei wird ein Grauwert ausgewählt, und alle dunkleren Grauwerte werden als Hintergrund betrachtet (schwarz). Alle anderen Grauwerte werden als Bildvordergrund (weiß) interpretiert. Danach können die unzusammenhängenden Elemente des Bildvordergrunds, also alle zusammen-

© Springer Fachmedien Wiesbaden GmbH, ein Teil von Springer Nature 2024   317
B. Tolg, *Informatik auf den Punkt gebracht*,
https://doi.org/10.1007/978-3-658-43715-2_15

Abb. 15.1 Ablauf der
Bildverarbeitung: **a)**
Originalbild **b**) Graubild **c)**
Anwendung eines
Schwellwerts (Fotografin Lisa
Michel, Nachbearbeitung Boris
Tolg)

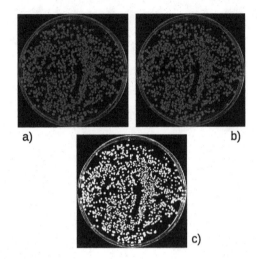

hängenden Gruppen von weißen Bildpunkten, gezählt werden. Die insgesamt belegte Fläche
ergibt sich einfach aus der Anzahl aller weißen Bildpunkte.

Wie in dem Bild zu erkennen ist, entstehen bei diesem Vorgang Artefakte, also Teile
des Originalbilds, die eigentlich nicht gezählt werden sollen. Diese lassen sich durch Verbesserung der Aufnahmetechnik und natürlich weitere Algorithmen der Bildverarbeitung
reduzieren. Aber für dieses Beispielprogramm sollen diese Schritte reichen.

Nach Abschluss der Analyse sollten die Ergebnisse in einem ansprechenden Format ausgegeben werden. Hier bietet sich *HTML* an, da es sich dabei um ein Textformat handelt, mit
dem einfach Bild- und Textinhalte kombiniert und tabellarisch angeordnet werden können.
Zusätzlich soll die Bedienung des Programms möglichst einfach gestaltet werden, sodass
ein einziger Programmaufruf die vollständige Bearbeitung der Aufgabe durchführt.

Mit Hilfe dieser gesammelten Anforderungen und Ideen für die Umsetzung kann mit
der Planung der Software begonnen werden. Erneut geht es in diesem Buch nur darum, die
Softwareentwicklung anhand von Beispielen zu erlernen. Allerdings gibt es gerade beim
Thema der Bildverarbeitung umfangreiche weiterführende Literatur, mit der auf das hier
Gelernte aufgebaut werden kann.

15.1 Planung der Softwarearchitektur

Bevor mit der Umsetzung des Programms begonnen wird, sollen zunächst wieder die verschiedenen Anwendungsfälle dokumentiert werden. Abb. 15.2 zeigt die vier Anwendungsfälle, die für das Programm identifiziert wurden.

Es soll möglich sein, einen Ordner für die Verarbeitung auszuwählen und die Analyse
zu konfigurieren. Das wird besonders für den Schwellwert notwendig sein, da dieser für die

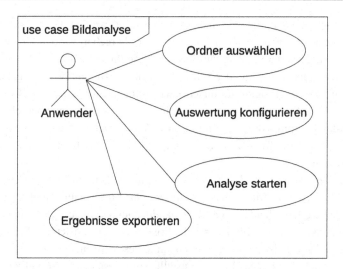

Abb. 15.2 Anwendungsfalldiagramm für die Bildanalyse

Erkennung von Bildvorder- und -hintergrund wesentlich ist. Natürlich soll das Programm die Analyse auch durchühren und die Ergebnisse exportieren können.

Da die Bedienung des Programms möglichst einfach ausfallen soll, werden die vier Anwendungsfälle in einen einzigen Ablauf integriert, der in dem Aktivitätsdiagramm in Abb. 15.3 vorgestellt wird.

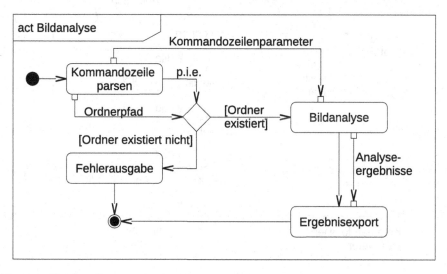

Abb. 15.3 Aktivitätsdiagramm für den Ablauf des Hauptprogramms

Das Programm soll über die Kommandozeile gesteuert werden. Das bedeutet, dass nach dem Aufruf der ausführbaren Datei noch Parameter übergeben werden können, die durch das Programm ausgewertet werden. Für dieses Programm soll davon ausgegangen werden, dass der auszuwertende Pfad und der Schwellwert für die Bildanalyse übergeben werden.

Daraus folgt, dass das Programm zunächst die Parameter analysieren muss, die übergeben wurden und notfalls Standardparamater annehmen muss, wenn keine übergeben wurden.

Als Nächstes überprüft das Programm, ob es Zugriff auf den angegebenen Dateipfad erhält. Falls ja, kann die Bildanalyse beginnen, andernfalls bricht das Programm mit einer Fehlermeldung ab.

Die Bildanalyse ist selbst ein komplexes Diagramm und wird in Abb. 15.4 dargestellt. Um die Bilder analysieren zu können, benötigt dieser Schritt Informationen über den Dateipfad und den Schwellwert, die beide in den Kommandozeilenparametern enthalten sind.

Die Bildanalyse generiert für jedes Bild Ergebnisse, die im letzten Schritt exportiert werden müssen. Danach ist der Programmablauf abgeschlossen.

Die Bildanalyse, die in Abb. 15.4 dargestellt wird, besteht im Wesentlichen aus einer Schleife, die alle Bilddateien abarbeitet, die sich in dem angegebenen Ordner befinden.

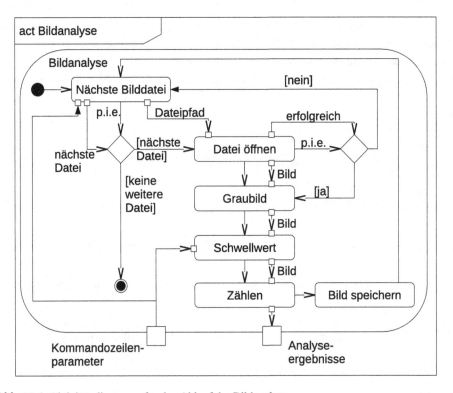

Abb. 15.4 Aktivitätsdiagramm für den Ablauf der Bildanalyse

Solange noch eine Bilddatei gefunden wird, die noch nicht bearbeitet wurde, wird versucht, diese Datei zu öffnen. Wenn das nicht erfolgreich ist, geht das Programm einfach zur nächsten Datei über, ohne anzuhalten oder eine Fehlermeldung zu generieren.

Wenn die Bilddatei aber geöffnet und deren Inhalt ausgelesen werden kann, so werden die Bilddaten an den nächsten Schritt übergeben, der das Bild in ein Graubild umwandelt.

Das fertige Graubild wird weiterverarbeitet, indem der Schwellwert aus den Kommandozeilenparametern angewendet und das Bild in ein Binärbild umgewandelt wird, das den Bildvorder- und -hintergrund trennt.

Im vorletzten Schritt sollen die Bildobjekte gezählt und die Ergebnisse der Analyse weitergegeben werden. Abschließend wird das ausgewertete Bild gespeichert, und das Programm kehrt in die Schleife zurück.

Nachdem alle Bilddateien überprüft wurden, ist die Bildanalyse abgeschlossen.

15.2   Das Bitmap-Dateiformat

Nachdem nun klar ist, wie der generelle Ablauf des Programms gestaltet werden soll, ist es sinnvoll, zunächst das vorgesehene Dateiformat näher zu betrachten, bevor ein Klassendiagramm entworfen wird. Die Untersuchung des Bildformats hilft dabei, eine klarere Vorstellung von dem späteren Programm zu erhalten.

Tab. 15.1 zeigt den generellen Aufbau einer Bitmap-Datei, der aus fixen und optionalen Anteilen besteht.

Am Anfang einer Bitmap-Datei befindet sich immer der Bitmap Dateiheader, der eine feste Größe von 14 Bytes besitzt. Der Aufbau des Bitmap Dateiheaders wird in Tab. 15.2 gezeigt.

Die ersten beiden Bytes einer Bitmap-Datei beinhalten immer die Buchstaben „BM“ in Ascii-Code, bzw. die hexadezimalen Werte $0x42$ und $0x4D$. Diese dienen als Identifikationsmethode für eine Bitmap-Datei. Die darauf folgenden 4 Bytes beinhalten die Größe der Bitmap-Datei in Bytes. Danach folgen weitere 4 Bytes, die in zwei 2 Byte Blöcke aufgeteilt sind. Dieser Bereich ist reserviert und wird von unterschiedlichen Anwendungen

Tab. 15.1 Genereller Aufbau des Bitmap-Dateiformats

Element	Größe
Bitmap Dateiheader	14 Bytes
Bitmap Infoheader	mehrere Varianten, definierte eindeutige Größen
Optionale Daten	variable Größe
Bildinformationen	abhängig von der Bild- und Farbauflösung
Optinale Daten	variable Größe

Tab. 15.2 Aufbau des Bitmap Dateiheader

Element	Größe
Identifikationsfeld	2 Bytes
Dateigröße in Bytes	4 Bytes
Reserviert	2 Bytes
Reserviert	2 Bytes
Offset zu den Bilddaten	4 Bytes

Tab. 15.3 Bitmap Infoheader-Varianten aus der wingdi.h – Datei, die in Windows die Bitmap Header definiert

Infoheader	Größe
BITMAPCOREHEADER	12 Bytes
BITMAPINFOHEADER	40 Bytes
BITMAPV4HEADER	108 Bytes
BITMAPV5HEADER	124 Bytes

unterschiedlich genutzt. Die letzten 4 Bytes des Headers speichern die Position in Bytes ab dem Dateianfang, an dem die eigentlichen Bilddaten beginnen.

Nach dem Bitmap Dateiheader folgt ein Bitmap Infoheader. Da sich das Bitmap-Format über die Jahre weiterentwickelt hat, existieren verschiedene Varianten an Bitmap Infoheadern, die sich nur in ihrer jeweiligen Größe unterscheiden. Die nächsten 4 Bytes nach dem Bitmap Dateiheader speichern die Größe des folgenden Bitmap Infoheaders und dienen als Unterscheidungsmerkmal zwischen den verschiedenen Varianten. Tab. 15.3 zeigt einige Bitmap Infoheader-Varianten mit deren jeweiligen Größen in Byte.

Da die Beispielbilder, die für dieses Buch genutzt wurden, den BITMAPV4HEADER verwenden, wird diese Variante in Tab. 15.4 genauer vorgestellt.

Wie schon bei dem Praxisbeispiel zuvor, sollen nicht alle möglichen Varianten von Bitmaps geladen werden können. Um das Programm zu vereinfachen, werden auch in diesem Beispiel Vorannahmen getroffen. Zunächst muss lediglich festgestellt werden, dass die Bitmapdatei den BITMAPV4HEADER benutzt. Außerdem soll das hier vorgestellte Programm nur unkomprimierte Bilder laden können. Die Bitanzahl pro Pixel soll 24 Bit, also 3 Bytes entsprechen. Damit können viele Informationen, die in dem BITMAPV4HEADER gespeichert werden, ignoriert werden.

Die wichtigsten Informationen sind die ersten vier Bytes des Headers, da sie zur Identifikation der Headervariante genutzt werden. Die Breite und die Höhe des Bildes in Pixeln sind wichtig, da sie für die Bildbearbeitung benötigt werden. Die Bildhöhe kann sowohl einen positiven, als auch einen negativen Wert annehmen. Ist der Wert positiv, so wurden die Bildzeilen von unten nach oben abgespeichert. Ist der Wert negativ, ist die Anordnung

Tab. 15.4 Der BITMAPV4HEADER

Element	Größe
Größe des Headers zur Identifikation	4 Bytes
Bildbreite in Pixeln	4 Bytes
Bildhöhe in Pixeln	4 Bytes
Bildebenen, gleich 1	2 Bytes
Bitanzahl pro Pixel, Farbformat	2 Bytes
Kompressionsmethode	4 Bytes
Bildgröße in Bytes	4 Bytes
Pixel pro Meter in X	4 Bytes
Pixel pro Meter in Y	4 Bytes
Genutzte Farbindizes	4 Bytes
Wichtige Farbindizes	4 Bytes
Rote Farbmaske abhängig von Kompressionsmethode	4 Bytes
Grüne Farbmaske abhängig von Kompressionsmethode	4 Bytes
Blaue Farbmaske abhängig von Kompressionsmethode	4 Bytes
Transparenz	4 Bytes
Farbraum	4 Bytes
Zusatzinformationen für den Farbraum	20 Bytes
Rote Farbkalibrierung	4 Bytes
Grüne Farbkalibrierung	4 Bytes
Blaue Farbkalibrierung	4 Bytes

der Bildzeilen umgekehrt. Für die Bildbearbeitungsmethoden in diesem Beispiel ist diese Reihenfolge jedoch ohne Bedeutung.

Die Bitanzahl eines Pixel muss berücksichtigt werden, da sie das verwendete Farbformat beschreibt. Bei dem 24 Bit-Format wird jeweils ein Byte für die Farbanteile von Rot, Gelb und Blau verwendet. Die Kompressionsmethode muss ausgelesen werden, da das Programm nur unkomprimierte Bilder einlesen soll, die durch den Wert 0 markiert werden. Und abschließend wird die Bildgröße in Bytes benötigt, um den Bereich der Datei zu indentifizieren, in dem sich die Bilddaten befinden. Alle anderen Informationen des BITMAPV4HEADERS können für dieses Beispiel ignoriert werden.

Auch die optionalen Felder sollen in diesem Beispiel ignoriert werden. Interessant ist jedoch der Aufbau der eigentlichen Bilddaten. Abb. 15.5 zeigt den Aufbau der Bildzeilen in einer Bitmap-Datei für das 24-Bit Pixelformat.

Pixel	0			1			...			Bildbreite-1			
Farbe	B	G	R	B	G	R	B	G	R	B	G	R	
Byte	0	1	2	3	4	5	.	.	.	3*w+0	3*w+1	3*w+2	N % 4=0

...

Farbe	B	G	R	B	G	R	B	G	R	B	G	R	
Byte	0	1	2	3	4	5	.	.	.	3*w+0	3*w+1	3*w+2	N % 4=0

Abb. 15.5 Aufbau der Bitmap-Bildzeilen

Die Bilddaten einer Bitmapdatei sind zeilenweise aufgebaut. Alle Pixel einer Zeile werden hintereinander abgelegt und belegen jeweils drei Bytes. Das erste Byte entspricht dem Blauanteil, das zweite dem Grünanteil und das dritte dem Rotanteil des Pixels. Eine Zeile belegt folglich *Bildbreite* · 3 Bytes im Speicher. Das Besondere an dem Bitmapformat ist nun, dass eine Zeile mit weiteren Bytes aufgefüllt wird, bis der Gesamtspeicherbedarf einer Bildzeile einem ganzzahligen Vielfachen von 4 Bytes entspricht. Diese Information ist wichtig, damit bei der Bearbeitung eines Bildes die zusätzlichen Bytes berücksichtigt werden, da es andernfalls zu Fehlern bei der Bildbearbeitung kommt. Abb. 15.6 zeigt den Aufbau der Bilddaten in der Datei.

Am Anfang der Datei befinden sich immer die Header und in bestimmten Fällen weitere Informationen. Die Breite dieses Abschnitts in Bytes (w_{offset}) kann dem Bitmap Dateiheader entnommen werden. Danach folgen die reinen Bilddaten, wobei die einzelnen Bildzeilen in der Datei hintereinander angeordnet sind. Dabei entspricht die Breite einer Zeile in Bytes der Bitanzahl pro Pixel (in diesem Beispiel also 24 Bit = 3 Bytes) multipliziert mit der Breite des Bildes, das Ergebnis ist w_{bild}. Wenn der Wert von w_{bild} nicht ganzzahlig durch den Wert 4 geteilt werden kann, wird jede Zeile um weitere Bytes ergänzt, sodass die echte Breite einer Zeile dem Wert w_{gesamt} entspricht. Dieser Wert ist folglich immer ein ganzzahliges Vielfaches von 4.

Um nun Zugriff auf die Farbwerte eines Pixel an den Koordinaten (x, y), mit $0 \leq x < w_{bild}$ und $0 \leq y < h_{bild}$, wobei h_{bild} der Höhe des Bildes aus dem Infoheader entspricht, zu erhalten, müssen alle gesammelten Informationen zu den Formeln 15.1 bis 15.3 kombiniert werden.

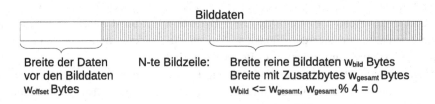

Bilddaten

Breite der Daten vor den Bilddaten w_{offset} Bytes

N-te Bildzeile: Breite reine Bilddaten w_{bild} Bytes Breite mit Zusatzbytes w_{gesamt} Bytes $w_{bild} \mathrel{<=} w_{gesamt}$, $w_{gesamt} \% 4 = 0$

Abb. 15.6 Aufbau der Bilddaten in einer Bitmap-Datei

$$b = w_{offset} + y * w_{gesamt} + 3 * x + 0 \tag{15.1}$$

$$g = w_{offset} + y * w_{gesamt} + 3 * x + 1 \tag{15.2}$$

$$r = w_{offset} + y * w_{gesamt} + 3 * x + 2 \tag{15.3}$$

Die Formeln rechnen die gesuchten Koordinaten des Bildpunktes (x, y) in die exakte Byteposition des jeweiligen Farbwertes innerhalb der Bitmap-Datei um. Dabei werden vier Teilinformationen kombiniert. Zunächst befinden sich die Bilddaten w_{offset} Bytes vom Anfang der Datei entfernt. Hinzu kommt die Anzahl an Bytes, die übersprungen werden müssen, um die gesuchte Bildzeile zu erreichen, dieser Wert entspricht der gesuchten y-Koordinate mutlipliziert mit der Gesamtlänge einer Zeile, also inklusive der zusätzlichen Bytes. Dazu kommt die gesuchte x-Koordinate des Bildpunkts multipliziert mit dem Wert 3, da jeder Bildpunkt über einen R-, G- und B-Wert mit jeweils einem Byte Größe verfügt. Abschließend muss noch ein Wert für den gesuchten Farbwert addiert werden, dabei entspricht 0 dem Wert für Blau usw.

Nachdem diese Formeln nun entwickelt wurden, kann die eigentliche Bildbearbeitung durchgeführt werden.

15.2.1 Umwandlung in Graubild und Anwendung des Schwellwerts

Die Farbwerte eines Bildes werden durch die jeweiligen Werte für den Blau-, Grün- und Rotanteil bestimmt. Diese Werte können bei einem 24-Bit Farbformat jeweils zwischen 0 und 255 liegen. Damit können insgesamt knapp 16, 8 Millionen unterschiedliche Farbwerte kodiert werden. Dabei zeichnen sich Grauwerte dadurch aus, dass bei ihnen die Anteile von Rot, Grün und Blau jeweils immer den gleichen Wert besitzen. Die Extreme beschreiben die Farben Schwarz mit den RGB-Werten $(0, 0, 0)$ und Weiß mit den RGB-Werten $(255, 255, 255)$. Alle anderen Grautöne liegen dazwischen.

Um ein Bild in ein Graubild umzuwandeln, muss die mittlere Helligkeit eines Bildpunkts ermittelt werden. Da die Helligkeit jedes Farbanteils durch die RGB-Werte eines Pixels bestimmt wird, kann die mittlere Helligkeit c_{avg} als Mittelwert der RGB-Anteile nach Formel 15.4 berechnet werden.

$$c_{avg} = (c_r + c_g + c_b)/3 \tag{15.4}$$

Werden die ursprünglichen Farbwerte (c_r für Rot, c_g für Grün und c_b für Blau) des Bildpunkts nun durch den berechneten Mittelwert ersetzt, so wird das Gesamtbild in ein Graubild umgewandelt. Da alle Werte ganzzahlig sind, werden Nachkommastellen bei der Division ignoriert.

Der Schwellwert c_t kann nun sehr einfach angewendet werden. Wenn der berechnete mittlere Helligkeitswert größer oder gleich dem Schwellwert ist, so werden die RGB-Werte des Bildpunkts auf den Wert 255 gesetzt. Alle anderen Bildpunkte erhalten den Wert 0 und werden damit schwarz eingefärbt. In dem resultierenden Bild sind alle Bildanteile, deren mittlere Helligkeit oberhalb des Schwellwerts liegt, danach als Vordergrund markiert, während alle anderen Bildpunkte als Hintergrund betrachtet werden. Ein Bild, dessen Bildpunkte nur noch schwarz oder weiß sind, wird Binärbild genannt.

Um die beschriebenen Verfahren anzuwenden, muss innerhalb eines Programms nur jeder Bildpunkt einmalig überprüft und verändert werden, um das Bild entweder in ein Graubild, oder direkt in ein Binärbild umzuwandeln.

15.2.2 Objekte in Bildern zählen

Je nach Anwendungsfall existieren verschiedene Algorithmen, die das Zählen von Objekten in Bildern ermöglichen. In diesem Beispiel sollen alle zusammenhängenden weißen Flächen als ein Objekt gezählt werden. Dafür bietet sich ein Verfahren an, das in der Informatik als *Tiefensuche* bezeichnet wird. Abb. 15.7 zeigt, wie die *Tiefensuche* verwendet werden kann, um zusammenhängende Bildobjekte zu zählen.

In der Ausgangsposition in Abb. 15.7 a) wurden die Pixel des Vordergrunds als Quadrate mit dem Wert 1 dargestellt. Die Pixel des Hintergrunds wurden als leere Quadrate dargestellt. Zunächst wird das Bild zeilenweise durchlaufen, bis ein Pixel gefunden wurde, der den Wert 1 besitzt und der noch nicht markiert wurde. Dieser Bildpunkt wird als zu zählender Pixel erkannt, also wird die Anzahl der Bildobjekte um den Wert 1 erhöht. Nun beginnt die eigentliche *Tiefensuche*. Der Pixel wird, wie in Abb. 15.7 b) dargestellt, markiert (symbolisch dargestellt durch ein *X*) und die vier Nachbarn des Pixels werden untersucht. Wenn diese Pixel den Wert 1 besitzen und noch nicht markiert wurden, werden sie auf eine Liste von zu bearbeitenden Pixeln gesetzt. Alle Pixel in dieser Liste werden nun identisch abgearbeitet (Abb. 15.7 c)). Zunächst werden die Pixel markiert, dann werden die Nachbarn untersucht und gegebenenfalls auf die Liste gesetzt. Jeder bearbeitete Pixel wird von der Liste gestrichen. Das Verfahren wird wiederholt, bis die Liste leer ist (Abb. 15.7 d)).

Danach wird die zeilenweise Suche durch das Bild fortgesetzt, wobei alle bereits markierten Pixel ignoriert werden. Der Algorithmus kommt erst bei dem in Abb. 15.7 d) markierten Pixel zum Stehen, erhöht die Anzahl der Bildobjekte um den Wert 1 und beginnt erneut die Tiefensuche. Das Verfahren wird fortgesetzt, bis das komplette Bild einmal zeilenweise durchlaufen wurde.

In diesem Beispiel wird die Anzahl der Bildobjekte am Ende den Wert 4 betragen, da die beiden einzelnen Pixel in der Mitte des Bildes als zwei getrennte Objekte gezählt werden. Dies könnte verändert werden, indem auch diagonale Nachbarn in die *Tiefensuche* aufgenommen würden.

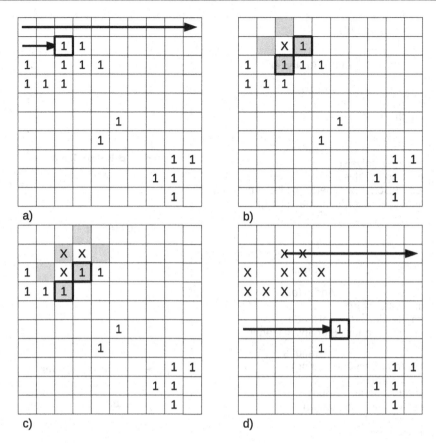

Abb. 15.7 Ablauf der *Tiefensuche*

15.3 Laden und Bearbeiten der Bitmapdateien

Nachdem das Dateiformat und die benötigten Verfahren untersucht wurden, kann die Planung des Programms fortgesetzt werden. Abb. 15.8 zeigt einen ersten Entwurf für ein Klassendiagramm des Programms.

Ausgehend von der Hauptfunktion soll die Klasse *ImageAnalyzer* aufgerufen werden. Diese Klasse soll mit der Funktion *parseCommandLine* die Kommandozeile des Programmaufrufs untersuchen und den übergebenen Pfad, sowie den Schwellwert, extrahieren und in den Variablen *m_path* und *m_threshold* speichern.

Die Funktion *analyzeFolder* soll alle Bitmap-Dateien in dem durch *m_path* bezeichneten Ordner finden, das Laden und die Verarbeitung der Bitmapdateien mit Hilfe der Klasse *Bitmap* durchführen und die Ergebnisse exportieren.

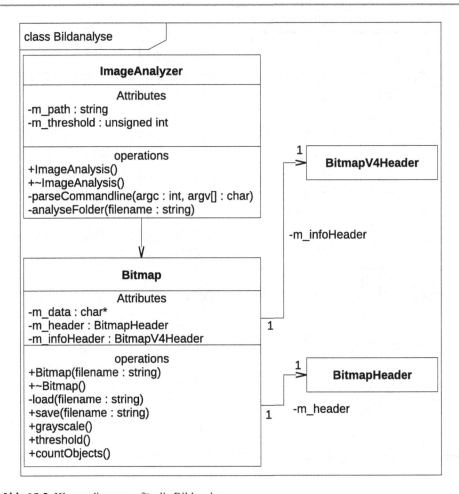

Abb. 15.8 Klassendiagramm für die Bildanalyse

Die Klasse *Bitmap* soll für die Verarbeitung der Bilddateien zuständig sein. Dafür existiert jeweils eine Funktion zum Laden und Speichern von Bitmapdateien, sowie für jedes der Bildverarbeitungsverfahren, die angewendet werden müssen.

Die Bitmap-Datei soll in das Feld *m_buffer* vom Typ *char* geladen werden, damit auf die Bytes innerhalb des Feldes einzeln zugegriffen werden kann. Zudem sollen noch die verschiedenen *Header* der Bitmapdatei in einzelne Klassen ausgelagert und als Objekte in der Klasse Bitmap angelegt werden.

In dem ersten Designentwurf sind die Klassen für die Header als reine Datenspeicher ohne weitere Funktion angelegt, aus diesem Grund soll auf eine erneute Auflistung der Variablen aus den Tab. 15.2 und 15.4 verzichtet werden.

Da die Hauptaufgabe des Programms darin besteht, Bitmapdateien zu laden und zu speichern, ist es sinnvoll mit dieser Funktionalität zu beginnen, um sie umfassend testen zu
können. Die Listings 15.1 und 15.2 zeigen die Umsetzung der Klasse *Bitmap* in *C++*.

```cpp
 1   #include "BitmapHeader.h"
 2   #include "BitmapV4Header.h"
 3   #include <string>
 4
 5   using namespace std;
 6
 7   class Bitmap
 8   {
 9   protected:
10     // Variablen für die Bitmapheader
11     BitmapHeader m_header;
12     InfoHeader *m_infoHeader;
13
14     // Bytes des Infoheaders
15     unsigned int m_size;
16     // Inhalt der Bitmapdatei
17     char* m_buffer;
18     // Anzahl der Bytes in der Datei
19     int m_buffersize;
20     // Anzahl der Bytes der reinen Bilddaten
21     unsigned int m_imageBytes;
22     // externe Rückmeldung ob die
23     // Bilddatei geladen wurde
24     bool m_valid;
25
26     // Hilfsfunktion für die Objektzählung
27     // markiert Bildpunkte
28     void markPixel(unsigned int x,
29                    unsigned int y,
30                    unsigned int width);
31
32     // laden der Bitmapdatei
33     bool load(string filename);
34
35   public:
36     // Konstruktor
37     Bitmap(string filename);
38     // Destruktor
39     ~Bitmap();
40
41     // Hilfsstruktur als Rückgabewert
42     // für die Zählfunktion
43     struct measure {
44       unsigned int count = 0;
45       double surface = 0;
```

```
46      };
47
48      // Hilfsfunktion für die
49      // externe Überprüfung
50      bool Valid();
51      // speichern einer Bilddatei
52      bool save(string filename);
53
54      // Funktionen für
55      die Bildbearbeitung
56      bool threshold(unsigned char t);
57      measure countObjects();
58      };
```

Listing 15.1 Die Klasse *Bitmap* (Bitmap.h).

In Listing 15.1 wird die Headerdatei der Klasse *Bitmap* vorgestellt. Entgegen der ursprünglichen Planung wurden einige zusätzliche Hilfsvariablen benötigt und eine Vererbungshierarchie für die Bitmapheader eingeführt.

Da die Art des Bitmapinfoheaders mehrfach im Programm überprüft werden muss, wurde aus Gründen des einfacheren Zugriffs die Hilfsvariable *m_size* eingeführt, anhand derer die verschiedenen Infoheader schnell unterschieden werden können. Die Variable *m_buffersize* speichert die Größe des Feldes, in das die gesamte Bitmapdatei geladen wurde. Mit Hilfe der Variablen *m_imageBytes* kann schnell auf die Anzahl an Bytes zugegriffen werden, die die reinen Bildinformationen umfassen. Und da das Laden eines Bildes im Konstruktor stattfindet, kann mit der Hilfsvariable *m_valid* und der dazu passenden Funktion überprüft werden, ob das Bild erfolgreich geladen werden konnte.

Die Funktionen entsprechen insgesamt der ursprünglichen Planung. Nur für die Funktion *countObjects()* musste ein eigener Rückgabetyp in Form der *struct measure* entworfen werden, um sowohl die Anzahl der gezählten Objekte, als auch die insgesamt belegte Fläche zurückgeben zu können. Die Funktion *grayscale()* wurde implementiert, aber in dem Listing weggelassen, da sie in großen Teilen mit der Funktion *threshold()* identisch ist und in diesem Beispiel nicht genutzt wird.

Die Implementierung der einzelnen Funktionen wird in der Datei *Bitmap.cpp* durchgeführt und in Listing 15.2 dargestellt.

```
1     #include "Bitmap.h"
2     #include <iostream>
3     #include <fstream>
4
5     using namespace std;
6
7     Bitmap::Bitmap(string filename)
8       : m_infoHeader(0)
9       , m_buffer(0)
10      , m_valid(false)
11    {
```

```
12       // Das erfolgreiche Laden der Datei
13       // bestimmt den Zustand der Variable
14       // m_valid
15       if (load(filename)) m_valid = true;
16     }
17
18     Bitmap::~Bitmap()
19     {
20       // Freigabe des Infoheaders
21       if (m_infoHeader != 0)
22       {
23         delete m_infoHeader;
24         m_infoHeader = 0;
25       }
26       // Freigabe des Speichers für
27       // die Bilddatei
28       if (m_buffer != 0)
29       {
30         delete[] m_buffer;
31         m_buffer = 0;
32       }
33     }
34
35     bool Bitmap::load(string filename)
36     {
37       int offset = 0;
38       int diff = 0;
39
40       ifstream in;
41       in.open(filename, ios::binary);
42
43       // Fehler, wenn die Datei nicht
44       // geöffnet werden konnte
45       if (!in.is_open()) return false;
46
47       // Sprung ans Dateiende und zurück,
48       // um die Dateigröße zu ermitteln
49       in.seekg(0, in.end);
50       m_buffersize = in.tellg();
51       in.seekg(0, in.beg);
52
53       // Anlegen des Speichers und Einlesen
54       // der kompletten Datei
55       m_buffer = new char[m_buffersize];
56       in.read(m_buffer, m_buffersize);
57
58       // Schließen der Datei
59       in.close();
60
61       // Erzeugen des Dateiheaders aus dem Speicher
62       m_header.create(m_buffer);
63
64       // Fehler, wenn die Datei nicht
65       // mit den Buchstaben BM beginnt
66       if (m_header.m_field != 19778) return false;
67
68       // Auslesen der Größe des infoheaders
69       m_size = m_header.createInt(m_buffer, 14);
```

```
70
71      switch (m_size)
72      {
73      // Wenn es ein BITMAPV4Header ist
74      case 108:
75          // Anlegen des Infoheaders und
76          // Auslesen aus dem Speicher
77          m_infoHeader = new BitmapV4Header();
78          m_infoHeader->create(m_buffer, 14);
79
80          // Fehler, wenn die Bilddaten
81          // komprimiert sind
82          if (((BitmapV4Header*)m_infoHeader)
83                                ->m_compression != 0)
84            return false;
85
86          // Fehler bei dem falschen
87          // Farbformat
88          if (((BitmapV4Header*)m_infoHeader)
89                                ->m_bitCount != 24)
90             return false;
91
92          // Auslesen der Bildgröße in Bytes
93          m_imageBytes = ((BitmapV4Header*)m_infoHeader)
94                                ->m_sizeImage;
95          break;
96      // Fehler in jedem anderen Fall
97      default:
98         return false;
99         break;
100     }
101
102     return true;
103  }
104
105  bool Bitmap::save(string filename)
106  {
107     // Öffnen der Zieldatei
108     ofstream out;
109     out.open(filename, ios::binary);
110
111     // Fehler, wenn die Datei nicht geöffnet wurde
112     if (!out.is_open()) return false;
113
114     // Schreiben der Bilddaten
115     out.write(m_buffer, m_buffersize);
116
117     // Schließen der Datei
118     out.close();
119
120     return true;
121  }
122
123  bool Bitmap::Valid()
124  {
125     return m_valid;
126  }
127
```

```
128   bool Bitmap::threshold(unsigned char t)
129   {
130     // Variableninitialisierung
131     unsigned char b = 0;
132     unsigned char r = 0;
133     unsigned char g = 0;
134     unsigned int pos = 0;
135     unsigned int avg = 0;
136     unsigned int width = m_imageBytes
137                          / m_infoHeader->m_height;
138
139     // Schleife über alle Bildpunkte
140     for (int y = 0; y < m_infoHeader->m_height; y++)
141     {
142       for (int x = 0; x < m_infoHeader->m_width; x++)
143       {
144         // Berechnung des Pixelindex im Feld
145         // basierend auf den x und y Koordinaten
146         pos = m_header.m_offset + y * width + 3 * x;
147
148         // Auslesen der Farbwerte
149         b = m_buffer[pos + 0];
150         g = m_buffer[pos + 1];
151         r = m_buffer[pos + 2];
152         // Berechnung der mittleren Helligkeit
153         avg = (r + g + b) / 3;
154       // Anwenden des Schwellwerts
155         if (avg > t) avg = 255;
156         else avg = 0;
157       // Verändern der Farbwerte im Feld
158         m_buffer[pos + 0] = (char)avg;
159         m_buffer[pos + 1] = (char)avg;
160         m_buffer[pos + 2] = (char)avg;
161       }
162     }
163
164     return true;
165   }
166
167   Bitmap::measure Bitmap::countObjects()
168   {
169     // Variableninitialisierung
170     measure result;
171     unsigned int pos = 0;
172     unsigned int width = m_imageBytes
173                          / m_infoHeader->m_height;
174     // Schleife über alle Bildpunkte
175     for (int y = 0; y < m_infoHeader->m_height; y++)
176     {
177       for (int x = 0; x < m_infoHeader->m_width; x++)
178       {
179         // Berechnung des Pixelindex im Feld
180         // basierend auf den x und y Koordinaten
181         pos = m_header.m_offset + y * width + 3 * x;
182
183         // Wenn ein unmarkierter Pixel gefunden wird
184         // der sich im Bildvordergrund befindet
185         if (((unsigned char)m_buffer[pos]) == 255)
```

```
186            {
187               // Erhöhung des Objektzählers
188               result.count++;
189               // Markieren der zusammenhängenden Punkte
190               markPixel(x, y, width);
191            }
192            // Zählen der markierten Punkte für die
193            // Berechnung der belegten Fläche
194            if (((unsigned char)m_buffer[pos]) == 100)
195            {
196               result.surface++;
197            }
198         }
199      }
200      // Teilen der gezählten Flächenpunkte durch
201      // die Gesamtfläche
202      result.surface /= (m_infoHeader->m_height
203                      * m_infoHeader->m_width);
204
205      return result;
206  }
207
208  void Bitmap::markPixel(unsigned int x,
209                         unsigned int y,
210                         unsigned int width)
211  {
212      // Berechnung des Pixelindex für x und y
213      unsigned int pos = m_header.m_offset
214                      + y * width + 3 * x;
215      // Berechnung des Pixelindex für den linken
216      // Nachbarn
217      unsigned int left = m_header.m_offset
218                      + y * width + 3 * (x - 1);
219      // Berechnung des Pixelindex für den rechten
220      // Nachbarn
221      unsigned int right = m_header.m_offset
222                      + y * width + 3 * (x + 1);
223      // Berechnung des Pixelindex für den unteren
224      // Nachbarn
225      unsigned int down = m_header.m_offset
226                      + (y - 1) * width + 3 * x;
227      // Berechnung des Pixelindex für den oberen
228      // Nachbarn
229      unsigned int up = m_header.m_offset
230                      + (y + 1) * width + 3 * x;
231      // Markieren des Pixels
232      m_buffer[pos] = 100;
233
234      // rekursiver Aufruf der Funktion für alle
235      // existierenden Nachbarn
236      if (x > 0 && ((unsigned char)m_buffer[left]) == 255)
237        markPixel(x - 1, y, width);
238      if (x < m_infoHeader->m_width
239            && ((unsigned char)m_buffer[right]) == 255)
240        markPixel(x + 1, y, width);
241      if (y > 0 && ((unsigned char)m_buffer[down]) == 255)
242        markPixel(x, y - 1, width);
243      if (y < m_infoHeader->m_height
```

```
244                    && ((unsigned char)m_buffer[up]) == 255)
245        markPixel(x, y + 1, width);
246   }
```

Listing 15.2 Die Klasse *Bitmap* (Bitmap.cpp).

Es wurde nur ein Konstruktor implementiert, der das Laden einer Bilddatei erfordert. Da keine vollständige Implementierung des Bitmap-Formats durchgeführt werden soll, wird so sichergestellt, dass keine leeren Bitmaps ohne konfigurierte Header existieren. Der Destruktor überprüft, ob in dem Dateipuffer Daten abgelegt wurden und ob ein Infoheader angelegt wurde. In beiden Fällen wird der Speicher freigegeben und die Zeiger auf den Nullzeiger gesetzt.

Die Funktion *load* lädt eine Bitmap Datei von der Festplatte. Dazu wird zunächst versucht, die angegebene Datei im Binärformat zu öffnen. Die Funktion hat mehrere Sicherheitsabfragen, die einen Abbruch herbeiführen, wenn bestimmte Bedingungen nicht erfüllt wurden. Die erste Überprüfung stellt sicher, dass die angegebene Datei geöffnet werden konnte. Andernfalls bricht die Funktion mit dem Rückgabewert *false* ab. Als Nächstes springt die Funktion an das Ende der geladenen Datei, um mit der *tellg()* Funktion die Länge der Datei in Bytes abzufragen und in der Variable *m_buffersize* zu speichern. Direkt im Anschluss springt die Funktion wieder an den Dateianfang. Der Wert in *m_buffersize* wird genutzt, um ein Feld in der entsprechenden Größe zu erzeugen und den gesamten Dateiinhalt in dieses Feld zu laden. Danach wird die Datei geschlossen. Der Vorteil dieser Methode ist, dass der Inhalt des geladenen Felds direkt in eine neue Datei gespeichert werden kann, die dann automatisch ein funktionierendes Bitmap erzeugt. Dies vereinfacht das spätere Speichern des Bildes.

Die Klasse *BitmapHeader* wurde um die Funktion *create* ergänzt, die den Inhalt eines Headers aus einem Dateipuffer extrahieren kann. Dazu benötigt sie lediglich einen Dateipuffer, sowie die Position des ersten Bytes, der zu dem Header gehört. Ohne Angabe der Byteposition wird der Anfang des Puffers angenommen. Nachdem die Daten in das Objekt der Klasse *BitmapHeader* übernommen werden, kann überprüft werden, ob die ersten beiden Bytes der Datei tatsächlich dem ASCII-Code für die Buchstaben *BM* entsprechen, also ob es sich um eine Bitmap-Datei handelt. Andernfalls wird die Funktion abgebrochen.

Um herauszufinden, welche Version des Infoheaders verwendet wird, werden die nächsten 4 Byte des Puffers ausgelesen und in der Variablen *m_size* gespeichert. Die dazu verwendete Funktion *createInt* wird später in der Klasse *Header* näher erläutert. Abhängig von dem Wert in der Variablen *m_size* wird nun ein Infoheader erzeugt. Wie bereits beschrieben, soll dieses Programm nur den BITMAPV4HEADER mit einer Größe von 108 Bytes unterstützen. Allerdings wurde eine Vererbungshierarchie implementiert, die es ermöglicht, auch andere Header zu unterstützen. Für dieses Beispiel bricht das Programm jedoch ab, wenn der Infoheader eine andere Größe als 108 Bytes besitzt. Innerhalb der Abfrage wird ein neues Objekt der Klasse *BitmapV4Header* erzeugt und in der Variable *m_infoHeader* gespeichert. Danach folgen einige Sicherheitsüberprüfungen und die Anzahl der Bytes, die die reinen

Bilddaten beschreiben, werden in der Variablen *m_imageBytes* gespeichert. Danach ist der Ladevorgang abgeschlossen.

Mit Hilfe der *save*-Funktion können die geladenen Daten wieder gespeichert werden. Dazu wird versucht, eine Datei am angegebenen Pfad zu öffnen. Wenn das fehlschlägt, bricht die Funktion ab. Andernfalls wird der komplette Inhalt des Bildpuffers in die Datei geschrieben, die Datei geschlossen und die Funktion beendet.

Die Funktion *threshold* implementiert das in Abschn. 15.2.1 vorgestellte Verfahren zur Umwandlung eines Bildes in ein Graubild und die anschließende Transformation in ein Binärbild unter Verwendung eines Schwellwerts. Dazu werden zunächst einige Hilfsvariablen angelegt. Der interessanteste Wert ist dabei der Wert für die Variable *width,* der sich aus der Anzahl an Bytes der Bilddaten, geteilt durch die Höhe des Bildes, ergibt. Das Ergebnis entspricht der Anzahl an Bytes einer Zeile, inklusive der zusätzlichen Bytes für die 4 Byte Grenze. Danach wird jeder Bildpunkt mit zwei Schleifen durchlaufen. Innerhalb der Schleife werden die Farbwerte für Rot, Grün und Blau aus dem Puffer ausgelesen, addiert und durch Drei geteilt, um die mittlere Helligkeit zu erhalten. Danach wird überprüft, ob der mittlere Helligkeitswert über der geforderten Schwelle liegt und die Farbwerte des Pixels abhängig von dem Ergebnis durch die Werte 0 oder 255 ersetzt. Das Ergebnis dieser Funktion ist ein Binärbild. Da die Änderung direkt im Dateipuffer vorgenommen wird, würde beim Abspeichern des veränderten Bildpuffers das soeben berechnete Binärbild abgespeichert werden.

Um Objekte innerhalb des Binärbilds zählen zu können, wurden die beiden Funktionen *countObjects* und *markPixel* implementiert. Der Aufruf erfolgt über die öffentliche Funktion *countObjects,* die zunächst ein paar Hilfsvariablen initialisiert und danach zeilenweise über alle Bildpunkte läuft. Innerhalb der beiden Schleifen wird überprüft, ob der Blauanteil eines Pixels den Wert 255 besitzt. Dies wird als ein unmarkierter Pixel des Bildvordergrunds interpretiert. Wird ein solcher Pixel gefunden, so wird der Objektzähler um den Wert eins erhöht und die Funktion *markPixel* wird aufgerufen.

Die Funktion *markPixel* wurde als eigenständige Funktion umgesetzt, da sie sich selbst rekursiv aufruft, um ihre Aufgabe zu erfüllen. Zunächst berechnet sie die Indexpositionen des aktuellen Bildpunkts, sowie der direkten Nachbarn nach links, rechts, oben und unten, basierend auf den x- und y-Koordinaten des Pixels. Danach wird der aktuelle Pixel markiert, indem der Blauanteil des Pixels auf den Wert 100 reduziert wird. Im Ergebnis kann so überprüft werden, ob alle relevanten Bildpunkte bearbeitet wurden, da sich die Farbe von Weiß zu Gelb verändert hat. Danach folgen für jeden Nachbarpixel Sicherheitsüberprüfungen. Befindet sich der aktuelle Pixel am Rand des Bildes, muss überprüft werden, ob die Nachbarpixel noch Teil des Bildes sind. Entspricht der Blauanteil der benachbarten Pixel zusätzlich dem Wert 255 wird die Funktion *markPixel* rekursiv für den benachbarten Pixel aufgerufen. Visuell wird ein zusammenhängendes weißes Objekt in dem Bild gelb gefüllt, sobald die Zeilensuche in der Funktion *countObjects* auf einen weißen Pixel trifft. Nachdem alle rekursiven Aufrufe abgearbeitet wurden, kehrt die Funktion zurück. Abb. 15.7 verdeutlicht den Ablauf des Verfahrens.

Die Funktion *countObjects* überprüft als Nächstes, ob der aktuelle Pixel den Blauanteil 100 besitzt. In dem Fall wird der Flächenzähler um den Wert eins erhöht. Abschließend wird der Flächenzähler noch durch die Gesamtzahl aller Bildpunkte geteilt, um den prozentualen Anteil der Vordergrundpixel an der Gesamtfläche zu bestimmen.

Der Aufruf der Klasse *Bitmap* erfolgt über die Klasse *ImageAnalyzer,* die in den beiden Listings 15.3 und 15.4 vorgestellt wird.

```cpp
1   #include "Bitmap.h"
2   #include <string>
3
4   using namespace std;
5
6   class ImageAnalyzer
7   {
8   public:
9       // Konstruktor
10      ImageAnalyzer();
11      // Destruktor
12      ~ImageAnalyzer();
13
14      // Analyse der Kommandozeile
15      void parseCommandline(int argc, char* argv[]);
16      // Analyse der Bilder und Export der Ergebnisse
17      void analyseFolder();
18
19  protected:
20      // Zu untersuchender Pfad
21      string m_path;
22      // anzuwendender Schwellwert
23      unsigned int m_threshold;
24  };
```

Listing 15.3 Die Klasse *ImageAnalyzer* (ImageAnalyzer.h)

Entsprechend der ursprünglichen Planung besitzt die Klasse zwei Membervariablen *m_path* und *m_threshold,* um den über die Kommandozeile übergebenen Dateipfad und den Schwellwert zu speichern. Zudem die Funktionen *parseCommandLine,* die die übergebene Kommandozeile analysiert und die Funktion *analyseFolder,* die die beiden Membervariablen nutzt, um alle Bilder in dem Dateipfad zu bearbeiten und die Ergebnisse zu exportieren. Listing 15.4 zeigt die Implementierung der beiden Funktionen.

```cpp
1   #include "ImageAnalyzer.h"
2   #include <iostream>
3   #include <fstream>
4   #include <filesystem>
5
6   using namespace std;
7   using namespace filesystem;
8
9   ImageAnalyzer::ImageAnalyzer()
```

```
10        : m_path("")
11        , m_threshold(0)
12    {}
13
14    ImageAnalyzer::~ImageAnalyzer()
15    {}
16
17    void ImageAnalyzer::parseCommandline
18                           (int argc, char* argv[])
19    {
20      // Variableninitialisierung
21      int mode = 0;
22
23      for (int i = 0; i < argc; i++)
24      {
25        // Wenn die Pfadübergabe aktiv ist
26        // wird der Pfad zugewiesen
27        if (mode == 1)
28        {
29          m_path = argv[i];
30          mode = 0;
31        }
32        // Wenn die Schwellwertübergabe aktiv ist
33        // wird der Text in einen int transformiert
34        // und zugewiesen
35        else if (mode == 2)
36        {
37          m_threshold = stoi(argv[i]);
38          mode = 0;
39        }
40        // Modus 1 entspricht Pfadübergabe
41        if (strcmp(argv[i], "-p") == 0)
42          mode = 1;
43        // Modus 2 entspricht Schwellwertübergabe
44        else if (strcmp(argv[i], "-t") == 0)
45          mode = 2;
46      }
47    }
48
49    void ImageAnalyzer::analyseFolder()
50    {
51      // Variableninitialisierung
52      int i = 0;
53      // Ordner für die Ergebnisse
54      create_directory(m_path + "\\results");
55      // Anlegen einer Ergebnisdatei
56      ofstream out(m_path + "\\results\\index.html");
57
58      // Anlegen der Ergebnisausgabe in HTML
59      out << "<table><tr><th style='width:110px'>"
60          << "Bild</th><th style='width:100px'>"
61          << "Objekte</th><th style='width:100px'>"
62          << "belegte Fläche</th></tr>" << endl;
63
64      // Durchlaufen jeder Datei in dem Ordner
```

```
65      for (const directory_entry& entry
66                        : directory_iterator(m_path))
67      {
68        // Eingrenzung auf die Dateiendung "bmp"
69        if (entry.path().extension() == ".bmp")
70        {
71          // Laden des Bildes
72          Bitmap bitmap(entry.path().string());
73          // Erfolgskontrolle
74          if (bitmap.Valid())
75          {
76            // Binärbilderzeugung
77            bitmap.threshold(m_threshold);
78            // Zählen der Bildobjekte
79            Bitmap::measure result = bitmap.countObjects();
80            // Abspeichern des veränderten Bildes
81            bitmap.save(m_path + "\\results\\r"
82                        + to_string(i) + ".bmp");
83            // Abspeichern der Ergebnisse in HTML
84            out << "<tr><td><img src='r" + to_string(i)
85                + ".bmp' alt='result" + to_string(i)
86                + "' style='width:100px;'></td><td>"
87                << result.count << "</td><td>"
88                << result.surface << "</td></tr>" << endl;
89            // Hochzählen des Bildzählers
90            i++;
91          }
92        }
93      }
94      // Schließen des HTML-Inhalts
95      out << "</table" << endl;
96      // Schließen der Ergebnisdatei
97      out.close();
98    }
```

Listing 15.4 Die Klasse *ImageAnalyzer* (ImageAnalyzer.cpp).

Der Konstruktor dieser Klasse initialisiert lediglich die beiden Membervariablen, hat aber, ebenso wie der Destruktor, keine weitere Aufgabe für diese Klasse.

Die Analyse der Kommandozeile wird durch die Funktion *parseCommandline* durchgeführt. Im Wesentlichen durchläuft die Funktion die einzelnen Elemente der Kommandozeile, die als Feld vom Typ *string* übergeben werden. Die Variable *mode* wird genutzt, um sich den aktuellen Zustand der Analye zu merken. Durch die Option *-p* soll es möglich sein, einen Pfad zu übergeben, und durch die Option *-t* soll der Schwellwert übergeben werden können. Deshalb überprüft das Programm innerhalb der Schleife mit Hilfe der Funktion *strcmp*, ob der aktuelle *string* der Kommandozeile einer der beiden Optionen entspricht. Ist das der Fall, wird die Hilfsvariable *mode* entweder auf den Wert 1 oder 2 gesetzt, um sich den aktuellen Zustand zu merken. Befindet sich die Überprüfung aktuell in einem der beiden Zustände, so wird entweder der aktuelle *string* direkt in die Membervariable *m_path* kopiert, da der Wert als zu durchsuchender Pfad interpretiert wird, oder durch die Funktion *stoi* in einen *int* umgewandelt und in *m_threshold* gespeichert.

Tab. 15.5 Eine kurze Erklärung einiger *HTML*-Kommandos

Kommando	Bedeutung
\<table> ... \</table>	Umschließt eine Tabelle
\<tr> ... \</tr>	Umschließt eine Tabellenzeile
\<th> ... \</th>	Umschließt eine Spaltenüberschrift
\<td> ... \</td>	Umschließt einen Eintrag einer Tabellenspalte
style='width:100px'	Legt die Breite eines *HTML*-Elements fest
\<img src='rx.bmp'>	Fügt ein Bild in das Dokument ein

In der Funktion *analyseFolder* werden einige neue und bisher unbekannte Konzepte und Funktionen angewendet. Es beginnt mit der Funktion *create_directory*, die versucht, einen neuen Ordner anzulegen, in dem die Ergebnisse der Untersuchung gespeichert werden können. Danach wird in dem neu angelegten Ordner eine Datei vom Typ *HTML* angelegt, die durch einen *Internetbrowser* geöffnet werden kann. Die *Hypertext Markup Language*, kurz *HTML* ist eine der Basissprachen des Internets. Natürlich kann an dieser Stelle keine vollständige Einführung in die Skriptsprache *HTML* erfolgen, aber die verwendeten Begriffe sollen kurz in Tab. 15.5 erläutert werden.

Die Funktion *analyseFolder* legt in der Ergebnisdatei also eine Tabelle im *HTML*-Format an, um die Ergebnisse aufzulisten. Die ersten *HTML*-Kommandos erzeugen die Tabelle, sowie eine erste Zeile mit den Spaltenüberschriften. Die darauf folgende Schleife durchläuft nun jede Datei, die sich in dem durch *m_path* beschriebenen Ordner befindet und nutzt dazu die Funktion *directory_iterator*.

Innerhalb der Schleife wird zunächst über die Dateiendung überprüft, ob es sich um eine Datei vom Typ *Bitmap* handelt. Ist das der Fall, wird versucht, die Datei zu laden. Und nur wenn auch das erfolgreich ist, wird zunächst der übergebene Schwellwert auf das Bild angewendet, um ein Binärbild zu erzeugen und danach die Objektzählung gestartet. Danach wird das veränderte Bild abgespeichert und in der Ergebnisdatei eine neue Tabellenzeile erzeugt, die aus dem soeben erstellten Bild, sowie den berechneten Ergebnissen, besteht. Der Bildzähler *i*, der danach hochgezählt wird, dient nur dazu, die Ergebnisbilder durchzunummerieren. Am Ende schließt die Funktion zunächst die Tabelle innerhalb der Ergebnisdatei und danach die Datei selbst.

Die Hauptfunktion, die den Programmablauf startet ist in Listing 15.5 dargestellt.

```
1   #include <iostream>
2   #include "ImageAnalyzer.h"
3
4   // Hauptfunktion
5   int main(int argc, char* argv[])
6   {
7       ImageAnalyzer analyzer;
8
```

```
9        analyzer.parseCommandline(argc, argv);
10       analyzer.analyseFolder();
11   }
```

Listing 15.5 Das Hauptprogramm (ImageAnalysis.cpp)

Das Besondere an dieser Hauptfunktion sind die Parameter, die es ermöglichen, die Kommandozeile zu analysieren. Der erste Parameter *argc* beschreibt die Anzahl der Elemente in dem Feld *argv,* das ausschließlich aus *strings* besteht. Innerhalb der Funktion wird lediglich ein Objekt der Klasse *ImageAnalyzer* angelegt, und es werden die beiden Funktionen der Klasse hintereinander ausgeführt. Damit ist der grundsätzliche Ablauf des Programms beschrieben.

Abweichend von der ursprünglichen Planung, wurde für die verschiedenen Bitmapheader eine Vererbungshierarchie implementiert, die in Abb. 15.9 dargestellt wird.

Da die Header aus dem Speicher ausgelesen werden sollen, wurden einige Hilfsfunktionen benötigt, die allen Headern zur Verfügung stehen mussten. Aus diesem Grund wurden diese Funktionen in der Basisklasse *Header* umgesetzt.

Alle Varianten der Infoheader sollten über einen gemeinsamen Variablentyp zugreifbar sein. Da sich alle Header stark voneinander unterscheiden, wurde mit der Klasse *InfoHeader*

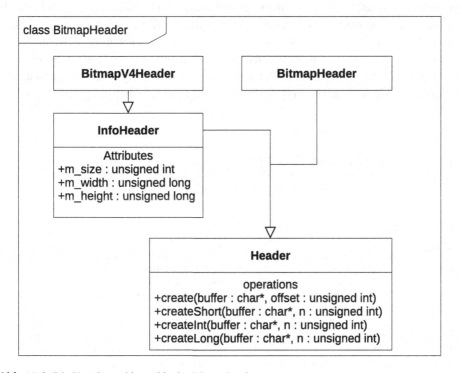

Abb. 15.9 Die Vererbungshierarchie der Bitmapheader

eine zusätzliche Vererbungsebene eingeführt, die den einfachen Zugriff auf einige Werte ermöglicht, die alle Infoheader in einer ähnlichen Form gemeinsam haben.

Alle Infoheader können nun in einem Zeiger vom Typ *InfoHeader* abgelegt, und es kann auf die wichtigsten Informationen einfach zugegriffen werden.

Alle Header können auf die Hilfsfunktionen aus der Klasse *Header* zugreifen und müssen eine Funktion *create* implementieren, die es ermöglicht, den Header aus einem Feld vom Typ *char* zu konfigurieren.

Die Umsetzung der Basisklasse *Header* wird in den Listings 15.6 und 15.7 dargestellt.

```
1  class Header
2  {
3  public:
4    virtual void create(char* buffer,
5                        unsigned int offset = 0) = 0;
6    short createShort(char* buffer, unsigned int n);
7    int createInt(char* buffer, unsigned int n);
8    long createLong(char* buffer, unsigned int n);
9  };
```
Listing 15.6 Die Klasse *Header* (Header.h)

Die abstrakte Klasse *Header* besteht aus vier Funktionen. Die Funktion *create* ist virtuell und wird nicht implementiert. Damit kann kein Objekt der Klasse *Header* erzeugt werden, was auch beabsichtigt ist, da die Klasse nur zur Unterstützung implementiert wurde.

Die drei Funktionen *createShort*, *createInt* und *createLong* ermöglichen es, die verschiedenen Variablentypen aus einem fortlaufenden Feld vom Typ *char* auszulesen. Die Implementierung der Funktionen findet in der Datei *Header.cpp* in Listing 15.7 statt.

```
1   #include "Header.h"
2
3   short Header::createShort(char* buffer, unsigned int n)
4   {
5     return (buffer[n + 0] << 0) | (buffer[n + 1] << 8);
6   }
7
8   int Header::createInt(char* buffer, unsigned int n)
9   {
10    return (buffer[n + 0] << 0) & 0x000000ff
11         | (buffer[n + 1] << 8) & 0x0000ff00
12         | (buffer[n + 2] << 16) & 0x00ff0000
13         | (buffer[n + 3] << 24) & 0xff000000;
14  }
15
16  long Header::createLong(char* buffer, unsigned int n)
17  {
18    return (buffer[n + 0] << 0) & 0x000000ff
19         | (buffer[n + 1] << 8) & 0x0000ff00
20         | (buffer[n + 2] << 16) & 0x00ff0000
```

```
21                  | (buffer[n + 3] << 24) & 0xff000000;
22      }
```

Listing 15.7 Die Klasse *Header* (Header.cpp)

Jede der drei Funktionen ist nach dem gleichen Prinzip aufgebaut, das beispielhaft an der Funktion *createInt* erklärt werden soll. Die Funktion nimmt zwei Parameter entgegen. Der erste Parameter *buffer* ist ein Feld vom Typ *char,* aus dem die Variable extrahiert werden soll. Der zweite Parameter *n* beschreibt die exakte Position des ersten Bytes innerhalb des Felds, das die Variable enthält.

Das Programm wurde auf einem Computer entwickelt, der nach dem *LSB First* Prinzip funktioniert. Das bedeutet, dass das Byte mit den geringwertigsten Bits vorne stehen muss. Die Daten in der Bitmap-Datei sind jedoch genau umgekehrt aufgebaut, deshalb muss die Reihenfolge der Bytes umgekehrt werden, damit der Wert der *int*-Variable richtig interpretiert werden kann.

Dazu wird zunächst auf das erste Byte an der Position *n* zugegriffen und mit dem Operator << um 0 Bit nach links verschoben. Danach wird das Ergebnis mit einem binären *Und*-Operator mit einer Bitfolge verknüpft, die dafür sorgt, dass nur die letzten 8 Bit einen Wert ungleich 0 besitzen können. Danach wird das nächste Byte aus dem Puffer entnommen, diesmal um 8 Bit nach links verschoben und maskiert. Diese Schritte werden für alle vier Bytes durchgeführt, wobei jedes Byte immer eine Byteposition weiter nach links verschoben wird. Am Ende werden alle vier Ergebnisse durch einen binären *Oder*-Operator zusammengefügt. Abb. 15.10 verdeutlicht das Prinzip. Das Ergebnis ist eine *int*-Variable, deren Inhalt durch die *CPU* korrekt interpretiert werden kann.

Die Klasse *BitmapHeader* erbt von der Klasse *Header* und wird in den Listings 15.8 und 15.9 vorgestellt.

```
1   #include "Header.h"
2
3   class BitmapHeader : public Header
4   {
5   public:
```

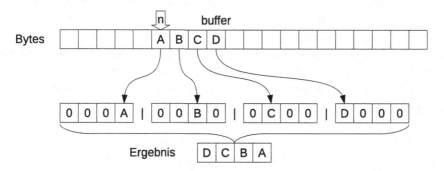

Abb. 15.10 Transformation der Daten aus dem Dateipuffer in einen Wert vom Typ *int*

```
6     unsigned short m_field;
7     unsigned int m_size;
8     unsigned short m_reserved1;
9     unsigned short m_reserved2;
10    unsigned int m_offset;
11
12    void create(char *buffer, unsigned int offset = 0);
13  };
```
Listing 15.8 Die Klasse *BitmapHeader* (BitmapHeader.h)

In der Headerdatei in Listing 15.8 werden die Membervariablen angelegt, die den definierten Werten in dem BitmapHeader entsprechen. Zudem wird eine konkrete Implementierung der virtuellen Funktion *create* angekündigt, damit Objekte der Klasse angelegt werden können.

```
1   #include "BitmapHeader.h"
2
3   void BitmapHeader::create(char* buffer, unsigned int offset)
4   {
5     m_field = createShort(buffer, offset + 0);
6     m_size = createInt(buffer, offset + 2);
7     m_reserved1 = createShort(buffer, offset + 6);
8     m_reserved2 = createShort(buffer, offset + 8);
9     m_offset = createInt(buffer, offset + 10);
10  }
```
Listing 15.9 Die Klasse *BitmapHeader* (BitmapHeader.cpp)

Die Implementierung in der Datei *BitmapHeader.cpp* enthält nur die Funktion *create.* Die Funktion nimmt zwei Parameter entgegen, zum einen den Dateipuffer, aus dem der Header extrahiert werden soll, und zum anderen die Variable *offset,* die die Startposition des ersten Bytes des Headers in dem Feld beschreibt.

In der Funktion werden den einzelnen Membervariablen Werte zugeordnet, indem die jeweiligen Variablengrößen mit den Hilfsfunktionen aus dem Feld entnommen werden. Die Position einer Variable ergibt sich aus der Startposition des Headers in dem Feld, gespeichert in *offset,* und der relativen Position der Variable in dem Header. Diese ergibt sich aus den Größen der Variablen, die an früheren Positionen im Header zu finden sind. Zum Beispiel befindet sich die Variable *m_reserved2* an vierter Stelle in dem Header. Davor befindet sich ein *short*, ein *int* und noch ein weiteres *short*. Die Position kann also durch die Rechnung $2 + 4 + 2 = 8$ ermittelt werden.

Die Klasse *InfoHeader* wurde erzeugt, um den Zugriff auf wichtige Membervariablen des Infoheaders zu vereinfachen, die in allen Headervarianten enthalten sind. Die Klasse ist vollständig in der Datei *InfoHeader.h* implementiert, die in Listing 15.10 dargestellt ist.

```
1   #include "Header.h"
2
3   class InfoHeader : public Header
4   {
5   public:
6     unsigned int m_size;
```

```
7     unsigned long m_width;
8     unsigned long m_height;
9  };
```

Listing 15.10 Die Klasse *InfoHeader* (InfoHeader.h)

Die Klasse *InfoHeader* erbt von der Klasse *Header*, liefert aber keine Implementierung der Funktion *create*. Damit ist auch die Klasse *InfoHeader* abstrakt, und es können keine Objekte der Klasse angelegt werden. In der Klassendefinition werden nur drei Membervariablen angelegt, die in allen Infoheader-Varianten enthalten sind.

Die Implementierung wird abgeschlossen mit den Listings 15.11 und 15.12, die die Klasse *BitmapV4Header* enthalten.

```
1  #include "InfoHeader.h"
2
3  class BitmapV4Header : public InfoHeader
4  {
5  public:
6     unsigned short m_planes;
7     unsigned short m_bitCount;
8     unsigned int m_compression;
9     unsigned int m_sizeImage;
10    unsigned long m_xPelsPerMeter;
11    unsigned long m_yPelsPerMeter;
12    unsigned int m_clrUsed;
13    unsigned int m_clrImportant;
14    unsigned int m_credMask;
15    unsigned int m_greenMask;
16    unsigned int m_blueMask;
17    unsigned int m_alphaMask;
18    unsigned int m_cSType;
19    char m_endpoints[20];
20    unsigned int m_gammaRed;
21    unsigned int m_gammaGreen;
22    unsigned int m_gammaBlue;
23
24    void create(char* buffer, unsigned int offset = 0);
25 };
```

Listing 15.11 Die Klasse *BitmapV4Header* (BitmapV4Header.h)

Wie schon bei der Klasse *BitmapHeader* in Listing 15.8, implementiert auch die Klasse *BitmapV4Header* die Membervariablen, die dem definierten Inhalt der Headervariante entsprechen. Zudem wird eine Implementierung der Funktion *create* angekündigt, sodass Objekte der Klasse erzeugt werden können.

Die Funktion ist in Listing 15.12 für einige wichtige Membervariablen umgesetzt worden, die in der Beispielimplementierung verwendet wurden.

```
1  #include "BitmapV4Header.h"
2
3  void BitmapV4Header::create(char* buffer, unsigned int offset)
```

```
4    {
5        m_size = createInt(buffer, offset + 0);
6        m_width = createLong(buffer, offset + 4);
7        m_height = createLong(buffer, offset + 8);
8        m_planes = createShort(buffer, offset + 12);
9        m_bitCount = createShort(buffer, offset + 14);
10       m_compression = createInt(buffer, offset + 16);
11       m_sizeImage = createInt(buffer, offset + 20);
12   }
```

Listing 15.12 Die Klasse *BitmapV4Header* (BitmapV4Header.cpp)

Für umfassendere Implementierungen des Bitmap-Formats kann das Programm leicht mit
weiteren Infoheader-Varianten ergänzt werden, die dann auch sämtliche Informationen des
Infoheaders verarbeiten können.

15.3.1 Darstellung der Ergebnisse

Um das Programm zu testen, wurde ein Ordner mit vier Dateien angelegt, die den Inhalt von
vier verschiedenen Petrischalen zeigen. Für das Experiment wurden Bakterien vom Stamm
E.coli BL21(DE3) verwendet, die 24 h bei 37 °C im Brutschrank gewachsen sind. Die Bilder
sind in Abb. 15.11 dargestellt.

Das Programm wurde gestartet und der Dateiordner, zusammen mit dem Schwellwert
44, per Kommandozeile an das Programm übergeben. Das Ergebnis der Auswertung ist in
Abb. 15.12 dargestellt.

Die Tabellendarstellung ermöglicht eine schnelle Kontrolle der Ergebnisse. Die erste
Tabellenspalte zeigt das jeweilige Bild direkt nach der Verarbeitung. Hier kann überprüft
werden, ob der Schwellwert für alle Bilder richtig angesetzt wurde. Zudem kann anhand der

Abb. 15.11 Verdünnungsausstriche
einer Kryokultur von E.coli
BL21(DE3) Bakterienkulturen
nach 24 h im Brutschrank bei
37 °C. 10^{-6} Verdünnungen
oben und 10^{-5} Verdünnungen
unten. (Fotografin Lisa Michel)

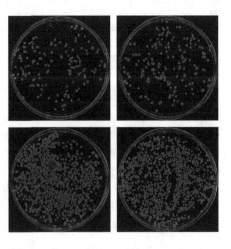

Abb. 15.12 Darstellung der
Ergebnisdatei der
automatisierten Objektzählung

Bild	Objekte	belegte Fläche
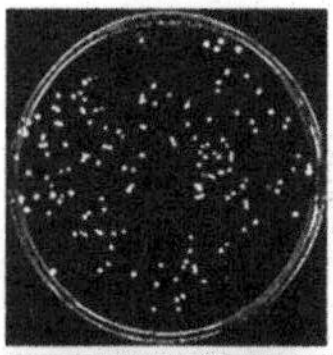	719	0.0692557
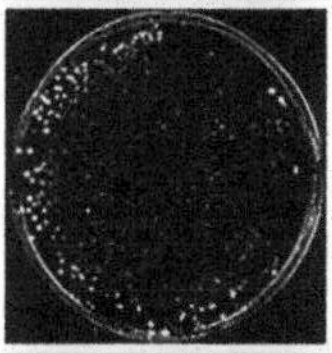	1015	0.0566011
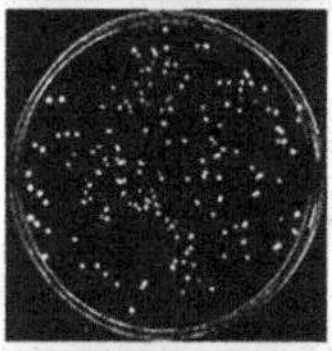	705	0.0626974
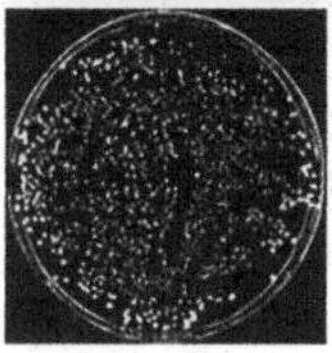	1451	0.110479

gelb eingefärbten Bereiche überprüft werden, ob der Algorithmus alle relevanten Objekte im Bild erkannt hat. In der zweiten Spalte ist die Anzahl der gezählten Objekte aufgelistet, während die dritte Spalte die prozentual belegte Gesamtfläche des Bildes repräsentiert.

Mit Hilfe des hier entwickelten Programms kann eine Automatisierung des Prozesses stattfinden. Zum Beispiel könnte eine Kamera regelmäßig Aufnahmen einer Petrischale erzeugen, die immer in einem vorher definierten Ordner abgelegt werden. Daraufhin kann das Programm gestartet werden, um eine standardisierte Auswertung der Versuche zu ermöglichen.

Auch dieses Projekt wäre noch lange nicht abgeschlossen, wenn die Software professionell verwendet werden soll. Es gibt viele Ansatzpunkte, um den Prozess und auch die Software weiter zu verbessern und zu erweitern. Und auch dieses Programm würde von einer graphischen Oberfläche profitieren. Die Informatik ist ein sehr weites Feld, mit vielen Spezialisierungen, und mit diesem Buch haben Sie nur den ersten Schritt in diese Welt getan.

Ich wünsche Ihnen viel Spaß und viel Erfolg bei der Erkundung der Welt der Informatik!

Lösungen

5.1 Variablendefinition

Damit eine Variable in einem *C++* -Programm angelegt werden kann, werden mindestens zwei Informationen benötigt.

- Zum einen muss der Datentyp bekannt sein, damit festgelegt ist, wie viel Speicherplatz für die Variable benötigt wird und wie die darin enthaltenen Daten interpretiert werden sollen.
- Zum anderen muss ein eindeutiger Name für die Variable definiert werden, damit der *Compiler* erkennen kann, wann auf die Variable zugegriffen werden soll.

5.2 Speicherplatz

Die einzelnen Variablentypen belegen die folgende Menge an Speicherplatz:

(a) Ein *char* belegt genau 1 Byte Speicherplatz.
(b) Bei einem *short* hängt die Größe von dem verwendeten Prozessor ab, liegt aber meistens im Bereich von 2 bis 8 Byte und ist kleiner oder gleich einem *int*.
(c) Der Speichererbrauch eines *float*s liegt bei 4 Byte.
(d) Der Datentyp *int* verhält sich wie der Datentyp *short*. Abhängig vom Prozessor ist der Datentyp 2 bis 8 Byte groß, und dabei größer oder gleich dem *short*.
(e) Eine Variable vom Typ *void* kann nicht angelegt werden, da der Variablentyp keinen Speicher belegt.

© Der/die Herausgeber bzw. der/die Autor(en), exklusiv lizenziert an Springer   349
Fachmedien Wiesbaden GmbH, ein Teil von Springer Nature 2024
B. Tolg, *Informatik auf den Punkt gebracht*,
https://doi.org/10.1007/978-3-658-43715-2

5.3 *Typecast*

Ein *Typecast* lässt eine Variable vom Typ *A* für die Dauer einer Operation aussehen, wie eine Variable vom Typ *B*. In *C++* wird ein *Typecast* erzeugt, indem der neue Variablentyp in runden Klammern vor den zu interpretierenden Wert geschrieben wird. Ein Beispiel sieht folgendermaßen aus:

```
// ...
double value = 3.5;

cout << (int)value << endl;
// ...
```

5.4 Enumerationen

In Programmen werden häufig konstante Werte benötigt, um verschiedene Zustände zu codieren. Dabei wird es schnell unübersichtlich, wenn immer nur mit Zahlen gearbeitet wird, da schnell vergessen wird, wofür eine Zahl steht. Werden die Zahlen in Variablen gespeichert, so ist der Programmierer immer noch selbst dafür verantwortlich, dass es bei den Zahlen keine Dopplungen gibt.

Eine Enumeration ermöglicht es dem Programmierer, konstante Werte mit Namen zu versehen und der Sprache *C++* die Verwaltung der dazugehörenden Zahlen zu überlassen. So erhöht sich die Lesbarkeit von Programmen, die dadurch auch leichter gewartet werden können.

5.5 Variablendefinition in *C++*

Bei einer *Deklaration* wird dem *Compiler* lediglich mitgeteilt, dass irgendwo eine Variable existiert, die den entsprechenden Namen und Typ besitzt. Diese Variable wird durch die Deklaration jedoch nicht angelegt. Wird die Variable also nur deklariert, jedoch niemals definiert, so kann nicht damit gearbeitet werden. Die *Definition* sorgt dafür, dass die Variable mit dem angegebenen Typ und Namen tatsächlich irgendwo im Speicher angelegt wird, sodass damit gearbeitet werden kann. Mit Hilfe der *Initialisierung* kann einer Variable bei der *Definition* noch ein definierter Startwert mit auf den Weg gegeben werden.

5.6 Zahlensysteme

Die Begründung fällt sehr leicht, wenn noch einmal der Prozess angeschaut wird, mit dem eine Zahl im Zahlensystem zur Basis *B* in eine Dezimalzahl umgewandelt wird. Dabei werden die einzelnen Ziffern der Zahl der Reihe nach mit Potenzen der Basis *B* multipliziert und aufaddiert. Allgemein formuliert lautet die Formel

$$\{z_{n-1} z_{n-2} ... z_2 z_1 z_0\}_{B_{10}}$$
$$= z_{n-1} \cdot B_{10}^{n-1} + z_{n-2} \cdot B_{10}^{n-2} + ... + z_2 \cdot B_{10}^{2} + z_1 \cdot B_{10}^{1} + z_0 \cdot B_{10}^{0}$$

wobei die Zahlen z_{n-1} bis z_0 die Ziffern der Zahl darstellen. Für die Zahl 10 gilt also in jedem Zahlensystem

$$\{10\}_{B_{10}} = 1 \cdot B_{10}^1 + 0 \cdot B_{10}^0 = 1 \cdot B_{10}^1 = B_{10}$$

5.7 Das Duotrigesimale Zahlensystem

Wie beim hexadezimalen Zahlensystem müssen die einzelnen Ziffern um Buchstaben ergänzt werden, um alle 32 Zahlen einer einzelnen Ziffer zuzuordnen. Die Tabelle lautet:

Duotrigesimal	Dezimal	Duotrigesimal	Dezimal
V	31	F	15
U	30	E	14
T	29	D	13
S	28	C	12
R	27	B	11
Q	26	A	10
P	25	9	9
O	24	8	8
N	23	7	7
M	22	6	6
L	21	5	5
K	20	4	4
J	19	3	3
I	18	2	2
H	17	1	1
G	16	0	0

5.8 Ausgabe des Speicherplatzbedarfs

Um die einzelnen Variablentypen mit ihrem Speicherplatzbedarf auszugeben, müssen eine Reihe von *cout*-Anweisungen verwendet werden. Die erste Ausgabe ist dabei immer der Text des Variablennamens mit einem Gleichheitszeichen, gefolgt von der *sizeof*-Anweisung, die als Parameter ebenfalls den Variablentyp entgegennimmt.

```
1   #include <iostream>
2
3   using namespace std;
4
5   int main()
6   {
7       cout << "Speicherplatzbedarf der Variablen:" << endl;
8       cout << "bool = " << sizeof(bool) << endl;
9       cout << "char = " << sizeof(char) << endl;
10      cout << "short = " << sizeof(short) << endl;
```

```
11      cout << "int = " << sizeof(int) << endl;
12      cout << "long = " << sizeof(long) << endl;
13      cout << "long long = " << sizeof(long long) << endl;
14      cout << "float = " << sizeof(float) << endl;
15      cout << "double = " << sizeof(double) << endl;
16      cout << "long double = " << sizeof(long double) << endl;
17
18      return 0;
19   }
```

5.9 Ausgabe der ASCII-Codes

Um die Ausgabe umzusetzen, kann direkt die Zeile aus Listing 5.2 übernommen werden, in der die Zahl 97 in einen Wert vom Typ *char* umgewandelt wird. Die Variable kann durch eine konstante Zahl ersetzt werden. Danach muss die Zeile nur noch ein paar mal hintereinander kopiert und leicht verändert werden.

```
1    #include <iostream>
2
3    using namespace std;
4
5    int main()
6    {
7      cout << 97 << "\t= " << (char)97 << endl;
8      cout << 98 << "\t= " << (char)98 << endl;
9      cout << 99 << "\t= " << (char)99 << endl;
10     cout << 100 << "\t= " << (char)100 << endl;
11     cout << 101 << "\t= " << (char)101 << endl;
12     cout << 102 << "\t= " << (char)102 << endl;
13     cout << 103 << "\t= " << (char)103 << endl;
14     cout << 104 << "\t= " << (char)104 << endl;
15     cout << 105 << "\t= " << (char)105 << endl;
16
17     return 0;
18   }
```

5.10 Zahlensystemumwandlung

Die Lösungen für die Aufgaben lauten wie folgt:

(a)
$$27 : 2 = 13 \; R \; 1$$
$$13 : 2 = 6 \; R \; 1$$
$$6 : 2 = 3 \; R \; 0$$
$$3 : 2 = 1 \; R \; 1$$
$$1 : 2 = 0 \; R \; 1$$
$$\{27\}_{10} = \{00011011\}_2$$

(b)

$\{\underbrace{1101}_{D}\ \underbrace{0010}_{2}\}_2 = \{D2\}_{16}$

(c)

$\{\ \underbrace{6}_{0110}\ \ \underbrace{A}_{1010}\ \}_{16} = \{01101010\}_2$

(d)

$\{127\}_8 = 1 \cdot 8^2 + 2 \cdot 8^1 + 7 \cdot 8^0$

$\{127\}_8 = \{87\}_{10}$

5.11 Binäre Addition und Subtraktion

Die Lösungen folgen immer dem gleichen Schema. Zunächst müssen die Zahlen in Binärzahlen umgewandelt werden. Danach folgt eine binäre Addition und die Rückumwandlung.

In beiden Richtungen darf bei negativem Vorzeichen das Zweierkomplement nicht vergessen werden.

(a)

Umwandlung der Dezimalzahlen in das binäre Zahlensystem:

$$
\begin{array}{ll}
47 : 2 = 23\ R\ 1 & \qquad 80 : 2 = 40\ R\ 0 \\
23 : 2 = 11\ R\ 1 & \qquad 40 : 2 = 20\ R\ 0 \\
11 : 2 = \ 5\ R\ 1 & \qquad 20 : 2 = 10\ R\ 0 \\
\ 5 : 2 = \ 2\ R\ 1 & \qquad 10 : 2 = \ 5\ \ R\ 0 \\
\ 2 : 2 = \ 1\ R\ 0 & \qquad \ 5 : 2 = \ 2\ \ R\ 1 \\
\ 1 : 2 = \ 0\ R\ 1 & \qquad \ 2 : 2 = \ 1\ \ R\ 0 \\
& \qquad \ 1 : 2 = \ 0\ \ R\ 1
\end{array}
$$

$$\{47\}_{10} = \{00101111\}_2 \qquad \{80\}_{10} = \{01010000\}_2$$

Addition der beiden Binärzahlen mit Hilfe der Schulmethode:

$$
\begin{array}{cccccccc}
0 & 0 & 1 & 0 & 1 & 1 & 1 & 1 \\
+\ 0_0 & 1_0 & 0_0 & 1_0 & 0_0 & 0_0 & 0_0 & 0 \\
\hline
0 & 1 & 1 & 1 & 1 & 1 & 1 & 1
\end{array}
$$

Umwandlung der berechneten Binärzahl in das dezimale Zahlensystem:

$\{01111111\}_2 = 0 \cdot 2^7 + 1 \cdot 2^6 + 1 \cdot 2^5 + 1 \cdot 2^4 + 1 \cdot 2^3 + 1 \cdot 2^2 + 1 \cdot 2^1 + 1 \cdot 2^0$

$\{01111111\}_2 = \{127\}_{10}$

Vergleich der Ergebnisse in Dezimalzahlen:

$47 + 80 = 127$

(b)
Umwandlung der Dezimalzahlen in das binäre Zahlensystem:

$$73 : 2 = 36 \; R \; 1$$
$$36 : 2 = 18 \; R \; 0$$
$$18 : 2 = 9 \;\; R \; 0$$
$$4 : 2 = 2 \; R \; 0 \qquad\qquad 9 \;\; : 2 = \; 4 \;\; R \; 1$$
$$2 : 2 = 1 \; R \; 0 \qquad\qquad 4 \;\; : 2 = \; 2 \;\; R \; 0$$
$$1 : 2 = 0 \; R \; 1 \qquad\qquad 2 \;\; : 2 = \; 1 \;\; R \; 0$$
$$1 \;\; : 2 = \; 0 \;\; R \; 1$$
$$\{4\}_{10} = \{00000100\}_2 \qquad \{73\}_{10} = \{01001001\}_2$$

Umwandlung der negativen Zahl mit Hilfe des Zweierkomplements:

$$\{73\}_{10} \qquad \{ \; 0 \; 1 \; 0 \; 0 \; 1 \; 0 \; 0 \; 1 \; \}_2$$
$$\text{invertieren} \; \{ \; 1 \; 0 \; 1 \; 1 \; 0 \; 1 \; 1 \; 0 \; \}_2$$
$$+\{1\}_2 \qquad \{ \; 1 \; 0 \; 1 \; 1 \; 0 \; 1 \; 1 \; 1 \; \}_2$$
$$\overline{\{-73\}_{10} \qquad \{ \; 1 \; 0 \; 1 \; 1 \; 0 \; 1 \; 1 \; 1 \; \}_2}$$

Addition der beiden Binärzahlen mit Hilfe der Schulmethode:

$$\begin{array}{ccccccccc} & 0 & 0 & 0 & 0 & 0 & 1 & 0 & 0 \\ + & 1_0 & 0_0 & 1_0 & 1_0 & 0_1 & 1_0 & 1_0 & 1 \\ \hline & 1 & 0 & 1 & 1 & 1 & 0 & 1 & 1 \end{array}$$

Da das Ergebnis mit einer 1 beginnt, muss es sich um eine negative Zahl handeln. Diese
wird mit Hilfe des Zweierkomplements in eine positive Zahl umgewandelt:

$$\{ \; 1 \; 0 \; 1 \; 1 \; 1 \; 0 \; 1 \; 1 \; \}_2$$
$$\text{invertieren} \; \{ \; 0 \; 1 \; 0 \; 0 \; 0 \; 1 \; 0 \; 0 \; \}_2$$
$$+\{1\}_2 \qquad \{ \; 0 \; 1 \; 0 \; 0 \; 0 \; 1 \; 0 \; 1 \; \}_2$$

Umwandlung der berechneten Binärzahl in das dezimale Zahlensystem (dabei im Hinterkopf behalten, dass das Ergebnis der Berechnung negativ war):

$$\{01000101\}_2 = 0 \cdot 2^7 + 1 \cdot 2^6 + 0 \cdot 2^5 + 0 \cdot 2^4 + 0 \cdot 2^3 + 1 \cdot 2^2 + 0 \cdot 2^1 + 1 \cdot 2^0$$
$$\{01000101\}_2 = \{69\}_{10}$$

Vergleich der Ergebnisse in Dezimalzahlen:

$4 - 73 = -69$

Kap. 6

6.1 Vergleiche

Sind zwei Ausdrücke A und B in C++ gegeben, so erfolgen die Vergleiche mit logischen Vergleichsoperatoren.

(a) $A == B$ überprüft, ob zwei Ausdrücke gleich sind. Der Ausdruck stellt also eine Frage. Dies darf nicht mit $A = B$ verwechselt werden, dies setzt zwei Ausdrücke gleich. Dies wird Wertzuweisung genannt.

(b) $A <= B$ überprüft, ob der Ausdruck A kleiner oder gleich dem Ausdruck B ist.

(c) $A! = B$ überprüft, ob ein Ausdruck A ungleich einem Ausdruck B ist.

6.2 Anweisungsblöcke

Ein Anweisungsblock besteht aus mehreren Anweisungen, die von geschweiften Klammern umschlossen sind.

6.3 Vergleiche

Mit dem Ausdruck $A = B$ wird eine Wertzuweisung durchgeführt. Das bedeutet, dass dem Ausdruck A auf der linken Seite, der Wert B auf der rechten Seite zugewiesen wird.

Im Gegensatz dazu ist $A == B$ ein logischer Ausdruck. Dieser Ausdruck ist genau dann wahr (*true*), wenn der Wert von A dem Wert von B entspricht. Andernfalls ist der Ausdruck falsch (*false*).

6.4 Verzweigungen

Die erste Anweisung, mit der in C++ Programmverzweigungen erzeugt werden können, ist die *if*-Anweisung. Mit Hilfe dieser Anweisung kann ein logischer Ausdruck ausgewertet werden. Ist der Ausdruck wahr (*true*), so können andere Anweisungen ausgeführt werden, als wenn der Ausdruck falsch (*false*) ist. Es kann also mit einer *if*-Anweisung zwischen zwei verschiedenen Fällen unterschieden werden.

Die zweite Anweisung ist die *switch-case*-Anweisung, die zwischen mehreren Fällen unterscheiden kann. Dabei besteht jedoch die Einschränkung, dass die verschiedenen Fälle durch konstante ganzzahlige Werte unterschieden werden müssen. Kommazahlen oder variable Ausdrücke sind nicht zugelassen. Einzelne Textzeichen in *char*-Variablen sind jedoch zulässig.

6.5 *if*-Anweisung
Zunächst sollte ein Aktivitätsdiagramm für die Anwendung entwickelt werden.

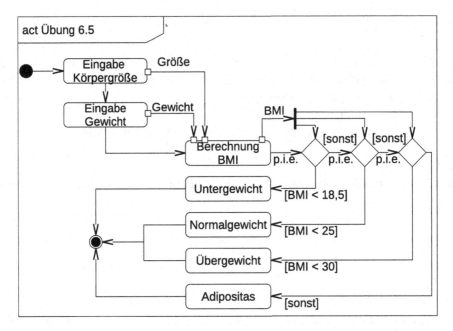

Um das Programm zu realisieren, muss jetzt nur noch das Diagramm in *C++* Code übersetzt werden. Die Typen und die Namen der Variablen sind in der Aufgabenstellung bereits vorgegeben und der Text der Ausgabe kann frei gewählt werden. Auch die Formel zur Berechnung des *Body-Mass-Index* ist bereits in der Aufgabenstellung enthalten.

Bei der Fallunterscheidung am Ende muss darauf geachtet werden, dass die späteren Fälle, wie *bmi* < 25 nur dann eintreten können, wenn die vorherigen Fälle bereits ausgeschlossen wurden. Aus diesem Grund müssen spätere *if*-Anweisungen im *else*-Zweig der vorherigen *if*-Anweisung untergebracht werden.

```
1    #include <iostream>
2
3    using namespace std;
4
```

```
5    int main()
6    {
7      // Variablendefinition und -initialisierung
8      double k = 0.0;
9      double g = 0.0;
10
11     // Benutzereingabe Grße
12     cout << "Bitte geben Sie Ihre "
13          << "Koerpergroesse in Metern ein!" << endl;
14     cout << "Verwenden Sie anstelle des "
15          << "Kommazeichens bitte einen Punkt!" << endl;
16     cin >> k;
17
18     // Benutzereingabe Gewicht
19     cout << "Bitte geben Sie nun Ihr Gewicht "
20          << "in Kilogramm ein!" << endl;
21     cout << "Verwenden Sie anstelle des "
22          << "Kommazeichens bitte einen Punkt!" << endl;
23     cin >> g;
24
25     // Formel aus der Aufgabenstellung
26     double bmi = g / (k * k);
27
28     // Fallunterscheidung
29     if (bmi < 18.5)
30       cout << "Untergewicht" << endl;
31     else if (bmi < 25)
32       cout << "Normalgewicht" << endl;
33     else if (bmi < 30)
34       cout << "Übergewicht" << endl;
35     else cout << "Adipositas" << endl;
36
37     return 0;
38   }
```

6.6 *switch-case*-Anweisung

Zunächst sollte ein Aktivitätsdiagramm für die Anwendung entwickelt werden.

Mit Hilfe des Aktivitätsdiagramms und der Aufgabenstellungen kann die Aufgabe leicht gelöst werden. So kann die Enumeration am Anfang des Programms zu großen Teilen aus dem Aufgabentext übernommen werden. Auch der Variablentyp für die Eingabevariable wird genannt, sowie ein Teil der Ausgabe für den Benutzer.

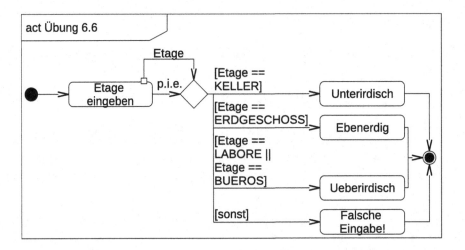

Bei der *switch-case*-Anweisung können zwei Fälle zusammengefasst werden. Das wird in der Aufgabenstellung dadurch deutlich, dass zwei Elemente der Enumeration die gleiche Ausgabe erzeugen sollen.

Der Hinweis *Falsche Eingabe!* für jeden anderen Fall, bezieht sich auf die Möglichkeit der *switch-case*-Anweisung auch *default*-Fälle zu bearbeiten.

```
1   #include <iostream>
2
3   using namespace std;
4
5   // Enumeration aus der Aufgabenstellung
6   enum Haus
7   {
8     KELLER,
9     ERDGESCHOSS,
10    LABORE,
11    BUEROS
12  };
13
14  int main()
15  {
16    // Variablendefinition und -initialisierung
17    int e = 0;
18
19    // Benutzereingabe
20    cout << "Bitte waehlen Sie die Etage aus, "
21         << "in die Sie fahren moechten!" << endl;
22    cout << "Keller: " << KELLER << endl;
23    cout << "Ergeschoss: " << ERDGESCHOSS << endl;
24    cout << "Labore: " << LABORE << endl;
25    cout << "Bueros: " << BUEROS << endl;
```

```
26      cin >> e;
27
28      // Fallunterscheidung mit switch
29      switch (e)
30      {
31      case KELLER:
32        cout << "Unterirdisch" << endl;
33        break;
34      case ERDGESCHOSS:
35        cout << "Ebenerdig" << endl;
36        break;
37      // Da die Ausgabe identisch ist, können
38      // die Fälle zusammengefasst werden
39      // Fallthrough
40      case LABORE:
41      case BUEROS:
42        cout << "Ueberirdisch" << endl;
43        break;
44      // Für den Fall einer beliebigen Eingabe
45      default:
46        cout << "Falsche Eingabe!" << endl;
47        break;
48      }
49
50      return 0;
51    }
```

Kap. 7

7.1 Schleifen

In C++ gibt es die folgenden drei Schleifen, die jeweils der Kategorie kopf- oder fußgesteuert zuzuordnen sind:

- kopfgesteuert
  - *while*-Schleife
  - *for*-Schleife
- fußgesteuert
  - *do-while*-Schleife

7.2 Anwendungsfälle

- *while*-**Schleife:** Das Einlesen einer Datei von der Festplatte, oder das Erreichen einer Konvergenzbedingung bei einem numerischen Algorithmus. In beiden Fällen ist die Abbruchbedingung klar definiert, die Anzahl der Durchläufe jedoch unbekannt.
- *do-while*-**Schleife:** Eine Benutzerabfrage, bei der nicht jede Eingabe zulässig ist. Auch hier ist die Abbruchbedingung klar, die Anzahl der Durchläufe hängt aber vom Benutzer ab und ist nicht vorhersehbar. Der Schleifenkörper muss zusätzlich mindestens einmal durchlaufen werden.
- *for*-**Schleife:** Die *for*-Schleife ist eine Zählschleife und eignet sich besonders, wenn Werte von einem bestimmten Startwert mit einer festen Schrittgröße zu einem Zielwert hoch- oder runtergezählt werden müssen. Beispiele sind Ausgaben von Funktionswerten, oder das Arbeiten mit Feldern. Letzteres wird aber erst im nächsten Kapitel besprochen.

7.3 Schleifentypen

Der Unterschied zwischen kopf- und fußgesteuerten Schleifen liegt in dem Zeitpunkt, zu dem die Abbruchbedingung ausgewertet wird.

Bei einer kopfgesteuerten Schleife erfolgt die Auswertung der Abbruchbedingung im Schleifenkopf. Also bevor der Schleifenkörper erreicht wird. Aus diesem Grund ist es möglich, dass der Schleifenkörper niemals durchlaufen wird.

Bei einer fußgesteuerten Schleife hingegen wird zuerst der Schleifenkörper durchlaufen, bevor die Abbruchbedingung überprüft wird. Der Schleifenkörper wird also immer mindestens einmal durchlaufen, unabhängig davon, ob die Abbruchbedingung zu Beginn erfüllt wird oder nicht.

7.4 Endlosschleifen

Jede Schleife besitzt ein Abbruchkriterium, das entweder vor, oder nach dem Schleifenkörper ausgewertet wird. Solange das Abbruchkriterium nicht erfüllt wird, läuft die Schleife.

Daraus folgt, dass während des Durchlaufs einer Schleife eine Veränderung eintreten muss, damit das Abbruchkriterium irgendwann erfüllt wird. Ist dies nicht der Fall, weil eine Variable zum Beispiel ihren Wert nicht mehr ändert, oder keine Daten mehr aus einer Datei gelesen werden, so entsteht eine Endlosschleife, deren Abbruchkriterium niemals mehr erfüllt wird.

7.5 Fahrstuhl

Um die gewünschte Funktionalität zu erreichen, muss das Programm nur leicht verändert werden. Um die Ausgabe, die Benutzereingabe und die Ergebnisauswertung herum muss eine *do-while*-Schleife implementiert werden, die so lange läuft, wie eine gültige Eingabe vorliegt.

Eine zweite Variable muss angelegt werden, in der die aktuelle Etage gespeichert werden kann. Nach der Eingabe muss ausgewertet werden, ob die Eingabe der aktuellen Etage entspricht. Erst nach dieser Auswertung darf der Wert der Variablen *etage* verändert werden.

```cpp
1    #include <iostream>
2
3    using namespace std;
4
5    // Enumeration aus der Aufgabenstellung
6    enum Haus
7    {
8       KELLER,
9       ERDGESCHOSS,
10      LABORE,
11      BUEROS
12   };
13
14   int main()
15   {
16      // Variablendefinition und -initialisierung
17      int e = ERDGESCHOSS;
18      int etage = ERDGESCHOSS;
19
20      do
21      {
22         // Benutzereingabe
23         cout << "Bitte waehlen Sie die Etage aus, "
24             << "in die Sie fahren moechten!" << endl;
25         cout << "Keller: " << KELLER << endl;
26         cout << "Ergeschoss: " << ERDGESCHOSS << endl;
27         cout << "Labore: " << LABORE << endl;
28         cout << "Bueros: " << BUEROS << endl;
29         cin >> e;
30
31         // Die Abfrage überprüft, ob die Eingabe der
32         // aktuellen Etage entspricht
33         if (e != etage)
34         {
35            // Falls nicht, kommt die
36            // Fallunterscheidung mit switch
37            switch (e)
38            {
39               case KELLER:
40                  cout << "Unterirdisch" << endl;
41                  break;
42               case ERDGESCHOSS:
43                  cout << "Ebenerdig" << endl;
```

```
44                break;
45                // Da die Ausgabe identisch ist, können
46                // die Fälle zusammengefasst werden
47             case LABORE:
48             case BUEROS:
49                cout << "Ueberirdisch" << endl;
50                break;
51          }
52       }
53       else
54          // Andernfalls die Fehlermeldung
55          cout << "Hier befinden Sie sich gerade!"
56                << endl;
57
58          // Hier wird die aktuelle Etage gespeichert
59          etage = e;
60       // Das Programm läuft, solange es gültige Eingaben gibt
61       } while (e >= KELLER && e <= BUEROS);
62
63       return 0;
64    }
```

7.6 Ausgabe der Zeichenzuordnungstabelle

(a)

Die Lösung des ersten Aufgabenteils kann intuitiv erfolgen. Innerhalb einer *for*-Schleife, die von 0 bis 256 läuft, erfolgt die Ausgabe, die bereits aus Übung 5.9 bekannt ist.

```
1    #include <iostream>
2
3    using namespace std;
4
5    int main()
6    {
7       // Variablendefinition und -initialisierung
8       const int N = 256;
9
10      // for-Schleife fü das Durchlaufen der
11      // Zahlen
12      for (int i = 0; i < N; i++)
13      {
14         // Ausgabe der Zahl und des Typecasts
15         // nach dem bekannten Schema
16         cout << i << "\t" << (char)i << endl;
17      }
18
19      return 0;
20   }
```

(b)

Um das Programm so zu verändern, dass die Zeichentabelle zweispaltig ausgegeben wird, muss lediglich die *for*-Schleife ersetzt werden. In der zweiten Variante werden nicht mehr 256 Zeilen durchlaufen, sondern nur noch die Hälfte.

Dafür müssen nun zwei Ausgaben erfolgen. In der ersten Spalte kann die normale Zeilennummer gewählt werden. Die zweite Spalte ist zu der ersten um genau $\frac{N}{2}$ Zeichen versetzt.

```cpp
1   // for-Schleife für das zweispaltige
2   // Durchlaufen der Zahlen
3   for (int i = 0; i < N / 2; i++)
4   {
5       // Ausgabe der Zahl und des Typecasts
6       // nach dem bekannten Schema
7       cout << i << "\t" << (char)i << "\t";
8       cout << i + N / 2 << "\t"
9            << (char)(i + N / 2) << "\t";
10      cout << endl;
11  }
```

(c)

Bei der dreispaltigen Ausgabe kann das Prinzip fortgesetzt werden, dass bereits bei der zweispaltigen Ausgabe angewendet wurde. Allerdings ergibt sich ein Problem, da $256/3 = 85,\overline{3}$ ergibt. Daraus folgt, dass bei einer einfachen Fortsetzung des Prinzips eine Zahl bei der Ausgabe vergessen werden würde.

Das Problem lässt sich einfach beheben, indem einfach eine zusätzliche Zeile ausgegeben wird. Dieser Versatz um ein Zeichen muss allerdings auch auf die anderen Zeilen aufgeschlagen werden, sodass sich der neue Faktor $N/3 + 1$ ergibt.

Daraus entsteht gleich der nächste Fehler, denn in der letzten Spalte werden nun zwei Zahlen zu viel ausgegeben. Dies kann verhindert werden, indem durch eine *if*-Anweisung verhindert wird, dass die Zahl N überschritten wird.

```cpp
1   // for-Schleife für das dreispaltige
2   // Durchlaufen der Zahlen
3   for (int i = 0; i < N / 3 + 1; i++)
4   {
5       // Ausgabe der Zahl und des Typecasts
6       // nach dem bekannten Schema
7       cout << i << "\t" << (char)i << "\t";
8       cout << i + (N / 3 + 1)
9            << "\t" << (char)(i + (N / 3 + 1)) << "\t";
10      if (i + 2 * (N / 3 + 1) < N)
11          cout << i + 2 * (N / 3 + 1) << "\t"
12               << (char)(i + 2 * (N / 3 + 1)) << "\t";
13      cout << endl;
14  }
```

7.7 Programmanalyse

Um das Programm zu analysieren, ist es wichtig, inhaltlich zu verstehen, was die einzelnen
Zeilen des Programms bewirken. Diese Information wurde in dieser Version des Programms
als Kommentar an die Zeilen geschrieben.

```
1    #include <iostream>
2    // in der cmath Bibliothek befinden sich
3    // mathematische Funktionen, z.B. sqrt
4    // zur Berechnung der Wurzel
5    #include <cmath>
6
7    using namespace std;
8
9    int main()
10   {
11      // Initialisiert eine Konstante mit dem Wert 21.
12      // Diese begrenzt die Schleifen des Programms.
13      const int N = 21;
14
15      // Die Namen der Zählvariablen deuten an, dass
16      // es sich um x und y Koordinaten handelt.
17      // Die äußere Schleife bestimmt die Zeile
18      for (int y = 0; y < N; y++)
19      {
20        // Die innere Schleife bestimmt die Spalte
21        for (int x = 0; x < N; x++)
22        {
23          // Diese Umrechnung verschiebt das Intervall
24          // der Zahlen um N/2 nach links oben.
25          // Aus [0;20] wird [-10;10]
26          int dx = x - N / 2;
27          int dy = y - N / 2;
28
29          // sqrt berechnet die Wurzel einer Zahl
30          // sqrt(dx * dx + dy * dy) entspricht dem Satz
31          // des Pythagoras in C++. Das Ergebnis ist die
32          // Größe des Abstands des Punktes zum
33          // Ursprung. Durch die Verschiebung liegt
34          // der nun in der Mitte des
35          // Koordinatensystems
36          // Wenn der Abstand in dem Intervall
37          // [N*0,1;N*0,4] liegt
38          if (sqrt(dx * dx + dy * dy) < N*0.4 &&
39              sqrt(dx * dx + dy * dy) > N*0.1)
40          {
```

```
41              // wird ein Stern ausgegeben
42              cout << "*";
43            }
44            else
45            {
46              // sonst ein Leerzeichen
47              cout << " ";
48            }
49          }
50          // Hier wird eine Zeile beendet
51          cout << endl;
52        }
53
54        return 0;
55      }
```

Nach diesen Überlegungen ist die Ausgabe ein Kreis, bzw. eine Ellipse, mit einem Loch in der Mitte:

```
        * * * * *
      * * * * * * * *
     * * * * * * * * * *
    * * * * * * * * * * * *
   * * * * * * * * * * * * * *
   * * * * * * * * * * * * * *
  * * * * * * *   * * * * * * *
  * * * * * *       * * * * * *
  * * * * *           * * * * *
  * * * * * *       * * * * * *
  * * * * * * *   * * * * * * *
   * * * * * * * * * * * * * *
   * * * * * * * * * * * * * *
    * * * * * * * * * * * *
     * * * * * * * * * *
      * * * * * * * *
        * * * * *
```

7.8 Ausgabe der Zeichenzuordnungstabelle Teil 2

Um diese Aufgabe zu lösen, muss das Prinzip verstanden sein, nachdem jede neue Spalte die Anzahl der Zeilen, die ausgegeben werden, verkürzt.

Außerdem muss eine zusätzliche Zeile ausgegeben werden, wenn die Gesamtanzahl, also N, nicht ganzzahlig durch die Spaltenanzahl teilbar ist.

Zunächst muss eine Benutzereingabe implementiert werden, die sicherstellt, dass die Eingabe im Intervall [1; 10] liegt. Dazu bietet sich eine *do-while*-Schleife an.

Nun muss die Spaltenlänge berechnet werden. Die Variable nennt sich in diesem Programm *faktor*. Die in diesem Beispiel gewählte Form ist recht kurz und nutzt die Tatsache aus, dass das Ergebis einer logischen Verknüpfung immer wahr, also 1 oder falsch, also 0 ist.

Die Zeilenanzahl ergibt sich also, indem N durch die Spaltenanzahl s geteilt wird. Die Modulooperation % berechnet den ganzzahligen Rest bei einer Division von N mit s. Bei 256/3 also den Wert 1, da die Division nicht glatt aufgeht, und bei 256 durch 2 den Wert 0, da 256 ganzzahlig durch 2 teilbar ist.

Der Ausdruck $N\%2 != 0$ ist also genau dann wahr (1), wenn N nicht ganzzahlig durch s teilbar ist und 0 sonst.

Zugegeben: Diese Lösung funktioniert nicht auf jedem System. Deshalb habe ich die sichere Variante in Zeile 25 auch noch mitgeliefert.

Die *for*-Schleife wird um eine innere *for*-Schleife ergänzt, die die Spalten durchläuft. Die Ausgabe ist eine Fortführung des bereits bekannten Schemas.

```
 1   #include <iostream>
 2
 3   using namespace std;
 4
 5   int main()
 6   {
 7     // Variablendefinition und -initialisierung
 8     const int N = 256;
 9     int s = 0;
10     int faktor = 0;
11
12     do
13     {
14       // Benutzereingabe
15       cout << "Bitte geben Sie an, in wie vielen "
16            << "Spalten die Ausgabe erfolgen soll!"
17            << endl;
18       cout << "Gueltige Eingaben: 1 - 10" << endl;
19       cin >> s;
20     } while (s < 1 || s > 10);
21
22     // Berechnung der Zeilenanzahl
23     faktor = N / s + (N % s != 0);
24
25     // faktor = N / s;
26     // if (N % s != 0) faktor++;
27
28     // for-Schleife für das dreispaltige
29     // Durchlaufen der Zahlen
```

```
30     for (int i = 0; i < faktor; i++)
31     {
32       for (int j = 0; j < s; j++)
33       {
34         // Ausgabe der Zahl und des Typecasts
35         // nach dem bekannten Schema
36         if (i + j * faktor < N)
37           cout << i + j * faktor << "\t"
38                << (char)(i + j * faktor) << "\t";
39       }
40       cout << endl;
41     }
42
43     return 0;
44   }
```

Kap. 8

8.1 Indizes
Die Zahl innerhalb der eckigen Klammern gibt bei der Definition eines Feldes die Anzahl der Elemente an.

Die Indizes müssen folglich im Intervall [0; 14] liegen.

8.2 Zeichenketten
Da die *C-strings* bei der Definition meistens so groß gewählt werden, dass es unwahrscheinlich ist, dass der zu erwartende Text diese Grenzen überschreitet, wird ein Zeichen benötigt, dass das Ende des Textes innerhalb des Feldes anzeigt. In Feldern vom Typ *char* wird dieses Ende mit der Zahl 0 markiert. Man spricht deshalb von nullterminierten *strings*.

8.3 ASCII-Tabelle
In der ASCII-Tabelle, wird der *American Standard Code for Information Interchange* dargestellt. Eine Abbildung von ursprünglich 7-Bit Kombinationen auf darstellbare Zeichen, die später durch verschiedene Erweiterungen ergänzt wurde.

8.4 Buchstabenvergleich

Der Vergleich zweier Buchstaben funktioniert deshalb, weil alle Zeichen eines Textes intern durch einen Zahlencode repräsentiert werden. Ein Vergleich von zwei Textzeichen entspricht also eigentlich dem Vergleich der beiden Zahlen. Da diese eine eindeutige mathematische Relation zueinander besitzen, können auch die dazugehörenden Textzeichen verglichen werden.

8.5 Funktionswerte

Für die Lösung dieser Aufgabe wird kein Feld benötigt!

Da die Funktionswerte nicht weiter verwendet werden, ist eine Speicherung der einzelnen Werte nicht nötig. Natürlich ließe sich die Aufgabe auch mit Hilfe eines Feldes lösen, doch für die Lösung des in der Aufgabenstellung genannten Problems ist dies nicht nötig.

8.6 Zahlen und Zeichen

Das Zeichen '9' ist ein Element aus der ASCII-Tabelle. Das bedeutet, dass es sich dabei um ein Textzeichen handelt, das nicht dem Zahlenwert 9 entspricht. Stattdessen ist es in der Tabelle dem Wert 57 zugeordnet.

8.7 Zufallszahlen

Die Implementierung folgt erneut der Aufgabenstellung. Zunächst wird eine Konstante $N = 100$ definiert, die sowohl für die Definition des Feldes, als auch für die Schleifendurchläufe genutzt wird.

Innerhalb der ersten Schleife wird das Feld initialisiert, so wie in der Aufgabenstellung vorgegeben.

Um die Zahlen in der zweiten Schleife aufsummieren zu können, wird eine in der Aufgabenstellung nicht erwähnte Variable benötigt, in der die Summe gespeichert werden kann. Hier könnte eine int-Variable verwendet werden, doch dann würden bei der folgenden Division die Nachkommastellen verloren gehen. Aus diesem Grund bietet sich eine Variable vom Typ *double* an.

```
1   #include <iostream>
2
3   using namespace std;
4
5   int main()
6   {
7       // Variablendefinition und -initialisierung
8       const int N = 100;
9       int array[N] = {0};
```

```
10       double sum = 0.0;
11
12       // Initialisierung des Feldes
13       for (int i = 0; i < N; i++)
14       {
15         // Zuweisen einer Zufallszahl
16         array[i] = rand() % 1000;
17       }
18
19       // Aufsummieren der Feldelemente
20       for (int i = 0; i < N; i++)
21       {
22         sum += (double)array[i];
23       }
24
25       // Division durch die Elementanzahl
26       sum /= (double)N;
27
28       // Ausgabe des Mittelwerts
29       cout << "Mittelwert der Zufallszahlen: "
30            << sum << endl;
31
32       return 0;
33     }
```

8.8 Größter Anfangsbuchstabe

Um die Aufgabe zu lösen, wird zunächst wieder die Konstante *N* definiert, danach ein *string*-Feld und eine *string*-Variable für die Ergebnisausgabe.

Die Eingabe der einzelnen Wörter erfolgt in einer *for*-Schleife, die dem Benutzer anzeigt, wie viele Wörter er noch eingeben muss.

Der Wert des ersten Elements des Feldes *words* wird der Variablen *word* zugewiesen, damit diese einen Wert besitzt, der von dem Benutzer eingegeben wurde. Als Ausgleich kann die Suche nach dem Wort mit dem größten Anfangsbuchstaben bei dem zweiten Element des Feldes starten.

In der nun folgenden Schleife wird jeweils der erste Buchstabe des *i*-ten Worts mit dem ersten Buchstaben des Ergebnisworts verglichen. Ist der ASCII-Code des Buchstabens größer, so wird das Ergebniswort auf das aktuelle Wort gesetzt, da dieses Wort offenbar den größeren Anfangsbuchstaben besitzt.

```
1    #include <iostream>
2    #include <string>
3
4    using namespace std;
5
6    int main()
```

```
7   {
8     // Variablendefinition und -initialisierung
9     const int N = 10;
10    string words[N] = {""};
11    string word = "";
12
13    for (int i = 0; i < N; i++)
14    {
15      cout << "Bitte geben Sie das "
16           << i + 1 << "te Wort von "
17           << N << " ein:"
18           << endl;
19      cin >> words[i];
20    }
21
22    // damit die Variable mit einem
23    // gültigen Wert initialisiert ist
24    word = words[0];
25
26    for (int i = 1; i < N; i++)
27    {
28      // wenn der Anfangsbuchstabe des i-ten
29      // Worts größer ist, als der des
30      // Ergebnisworts
31      if (words[i][0] > word[0])
32        // soll das Wort ausgetauscht werden
33        word = words[i];
34    }
35
36    // Ausgabe
37    cout << "Wort mit dem Anfangsbuchstaben,"
38         << "der im Alphabet am weitesten"
39         << "hinten steht: "
40         << word << endl;
41
42    return 0;
43  }
```

8.9 Programmanalyse

Bei der Analyse der einzelnen Programmabschnitte können Sie zu den folgenden Ergebnissen kommen:

Die Schleifen lassen sich am besten verstehen, wenn die Analyse von innen nach außen durchgeführt wird.

```cpp
#include <iostream>
// die Bibliothek time.h beinhaltet Funktionen,
// mit denen Zeitinformationen erfragt und
// gespeichert werden können
#include <time.h>

using namespace std;

int main()
{
  // srand initialisiert den Zufallszahlengenerator,
  // der normalerweise immer die gleichen Zufalls-
  // zahlen liefert.
  // time(0) liefert die aktuelle Uhrzeit in
  // Sekunden seit dem 1.1.1970
  srand(time(0));

  // Initialisierung eines double Feldes
  // mit 1000 Elementen
  const int N = 1000;
  double values[N] = { 0.0 };

  // Hier werden die Werte des Feldes
  // berchnet
  for (int i = 0; i < N; i++)
  {
    // rand() % 1000 liefert eine ganze Zahl
    // im Intervall [0;999], diese wird als double
    // interpretiert und danach durch 100 geteilt
    // das Ergebnis ist eine Zahl im Intervall
    // [0.00;9.99]
    values[i] = ((double)(rand() % 1000)) / 100.0;
  }

  // (4) Diese Schleife lässt N mal das aktuell größte
  // Element jeweils ans Ende wandern
  for (int i = 0; i < N; i++)
  {
    // (3) Diese Schleife sorgt dafür, dass das
    // größte Element des Feldes ans Ende
    // wandert.
    for (int j = 0; j < N - 1; j++)
    {
      // (1) Hier werden zwei Elemente verglichen,
      // die nebeneinander liegen
      // ist das linke Element größer
      // als das rechte
```

```
48              if (values[j] > values[j + 1])
49              {
50                 // (2) werden die beiden vertauscht
51                 double h = values[j];
52                 values[j] = values[j + 1];
53                 values[j + 1] = h;
54              }
55           }
56        }
57
58        // hier werden die Werte ausgegeben
59        for (int i = 0; i < N; i++)
60        {
61           cout << values[i] << endl;
62        }
63
64        return 0;
65     }
```

Werden alle Erkenntnisse zusammengefasst, kann gefolgert werden, dass das Programm eine Reihe von Zufallszahlen erstellt und diese danach aufsteigend sortiert.

Das Verfahren ist in der Informatik unter dem Namen *Bubblesort* bekannt, da die jeweils größte Zahl, wie eine Luftblase im Wasser nach oben steigt. Der Algorithmus wird in der Praxis jedoch nur selten verwendet, da es schnellere Verfahren für das Sortieren von Zahlen gibt.

8.10 Wortlängen

Um diese Aufgabenstellung zu lösen, muss das Wissen aus mehreren früheren Kapiteln kombiniert werden. Zusätzlich ist ein wenig eigene Recherche gefragt.

Es müssen Zahlen im Intervall [3; 10] ausgewürfelt werden, um die Wortlängen zu bestimmen. Dazu wird die konstante Zahl 3 benötigt, auf die eine Zufallszahl im Intervall [0; 7] addiert werden muss. Für die Berechnung zufälliger Kleinbuchstaben muss dieses Prinzip erneut angewandt werden. Dazu muss jedoch zunächst erkannt werden, dass ein zufälliger Kleinbuchstabe eine Zufallszahl im Intervall [97; 122] entspricht.

Nach der Initialisierung des Felds besitzen alle Wörter die Länge 0. Ein direkter Zugriff auf den ersten oder zweiten Buchstaben kann also nicht erfolgen. Stattdessen müssen Buchstaben hinten an das Wort gehängt werden. Dies geschieht entweder mit dem Operator +, oder, wie in diesem Beispiel, mit dem Operator + =, der Addition und Wertzuweisung kombiniert.

```
1    #include <iostream>
2    #include <string>
3    #include <time.h>
4    #include <cmath>
```

```
 5
 6   using namespace std;
 7
 8   int main()
 9   {
10     // Initialisierung des
11     // Zufallszahlengenerators
12     srand(time(0));
13
14     // Variablendefinition und -initialisierung
15     const int N = 1000;
16     string words[N] = {""};
17     double x = 0.0;
18     double s = 0.0;
19
20     for (int i = 0; i < N; i++)
21     {
22       // Hier werden die Wortlängen ausgewürfelt
23       // Die Mindestlänge ist 3, also wird
24       // dieser Wert fest aufaddiert, danach
25       // muss eine Zufallszahl addiert werden, die
26       // Maximal 7 ist, also rand() % 8
27       int l = 3 + rand() % 8;
28       for (int j = 0; j < l; j++)
29       {
30         // Hier müssen Kleinbuchstaben
31         // ausgewürfelt werden
32         // Die liegen im Intervall [97;122]
33         // Da die Wörter noch keine Länge besitzen
34         // müssen die Buchstaben durch +=
35         // angehängt werden
36         words[i] += (char)(97 + rand() % 26);
37       }
38       // Hier werden die Längen aufaddiert,
39       // um in der ersten Schleife schon den Mittelwert
40       // zu berechnen
41       x += l;
42     }
43     // Abschluss der Mittelwertberechnung durch
44     // Division mit der Elementanzahl
45     x /= N;
46
47     for (int i = 0; i < N; i++)
48     {
49       // Teil der Berechnung der
50       // Standardabweichung
51       // pow(a,b) berechnet den Wert a hoch b
52       s += pow(words[i].length() - x, 2);
53     }
54     // Abschluss der Berechnung der
55     // Standardabweichung
```

```
56      s /= N - 1;
57      s = sqrt(s);
58
59      // Ausgbe der Wörter
60      cout << "Woerter:" << endl << endl;
61      for (int i = 0; i < N; i++)
62      {
63        cout << words[i] << endl;
64      }
65
66      // Ausgabe der Ergebnisse
67      cout << "Mittelwert der Wortlaengen: "
68           << x << endl;
69      cout << "Standardabweichung der Wortlaengen: "
70           << s << endl;
71
72      return 0;
73   }
```

Kap. 9

9.1 Funktionsprototyp

Um einen Funktionsprototyp zu erstellen, werden drei Informationen benötigt:

- Der Rückgabetyp der Funktion
- Der Name der Funktion
- Die Funktionsparameter (Anzahl und Typ)

9.2 Rückgabewert

Obwohl die Funktion f keinen Rückgabetyp besitzt, muss dennoch *void* angegeben werden.

Es wurden keine Namen für die Funktionsparameter genannt. Diese sind bei einem Funktionskopf jedoch eine wichtige Information, damit die Parameter innerhalb der Funktion auch verwendet werden können. Tatsächlich wäre es aber auch bei dem Funktionskopf zulässig, sie wegzulassen.

Eine mögliche Lösung lautet also:

```
void f(int a, double b, char c)
{}
```

9.3 *Call by Reference*

Der Begriff *Call by Reference* beschreibt die Art, wie Variablen an eine Funktion übergeben werden. Normalerweise werden für jeden Funktionsparameter neue Variablen angelegt und die übergebenen Werte werden in diese neuen Variablen kopiert. Wird die Kopie verändert, bleibt das Original unangetastet. Dies nennt sich *Call by Value*.

Bei einer *Call by Reference* wird dem Namen des Funktionsparameters ein kaufmännisches Und vorangestellt. Nun wird keine neue Variable angelegt, stattdessen verweist der neue Name auf die bereits existierende Variable. Wird nun der Wert der Variablen innerhalb der Funktion verändert, so entspricht dies dem Zugriff auf den Originalwert, der sich folglich ebenso verändert.

9.4 Variadische Funktionen

Der Begriff "variadische Funktion" beschreibt eine Funktion, deren Parameter weder in Anzahl, noch im Typ eindeutig definiert sind. Stattdessen kann die Funktion eine variable Anzahl an Parametern entgegennehmen. Allerdings ist es ihr weder möglich die Anzahl, noch den Typ der Parameter von sich aus zu bestimmen. Aus diesem Grund sind zusätzliche Parameter oder Einschränkungen notwendig, um die Parameter auszuwerten.

Damit variadische Funktionen implementiert werden können, muss die Datei *stdarg.h* mit der *Präprozessordirektive #include* eingebunden werden.

9.5 Rekursion

Bei einer rekursiven Lösung, wird eine Funktion f implementiert, die aus einem rekursiven und einem nicht rekursiven Pfad besteht. Der rekursive Pfad ruft die Funktion f erneut mit veränderten Parametern auf, während der nicht rekursive Pfad die Reihe an Selbstaufrufen bei bestimmten Bedingungen, die von der Aufgabenstellung abhängen, unterbricht. Die rekursive Lösung nutzt damit die Selbstähnlichkeit bestimmter Handlungen aus.

Iteration beschreibt einen Vorgang, der mit Hilfe einer Schleife gelöst werden kann. Hier wird ebenfalls ein Prinzip immer wieder auf einen Datensatz angewendet.

Grundsätzlich können geeignete Probleme sowohl rekursiv, als auch iterativ gelöst werden. Die Effektivität beider Ansätze ist jedoch stark abhängig von dem zugrundeliegenden Problem.

9.6 *static*

Eine Variable, die innerhalb einer Funktion mit dem Attribut *static* versehen wird, wird, im Gegensatz zu normalen Variablen, nur einmal innerhalb der Funktion angelegt und initialisiert. Damit ist diese Variable in der Lage, Informationen über mehrere Funktionsaufrufe hinweg zu speichern. Zum Beispiel kann damit bewirkt werden, dass eine Funktion zählen kann, wie oft sie aufgerufen wurde.

9.7 Funktionsüberladungen

In C++ ist es möglich, mehrere Funktionen mit dem gleichen Namen zu definieren, wenn sie verschiedene Parameterkonfigurationen besitzen. Eine Unterscheidung nur im Rückgabetyp ist jedoch nicht zulässig!

Wenn es vorkommen kann, das Informationen in unterschiedlichen Formen vorliegen, wie zum Beispiel ein Text, der als *string*, oder als Feld vom Typ *char* vorliegen kann, dann können so zwei verschiedene Funktionen angeboten werden, die optimal auf die vorliegenden Datentypen reagieren können, ohne das eine Typumwandlung stattfinden müsste.

9.8 Eingabe- und Ausgabefunktionen

Bei der Lösung dieser Aufgabe wird die neue Anweisung *getline* verwendet, mit der ganze Zeilen inklusive Leerzeichen von der Konsole eingelesen und in einem *string* gespeichert werden können.

Die *input*-Funktion muss eine Eingabe realisieren, deshalb benötigt sie keine Parameter, gibt aber den eingelesenen Wert zurück.

Die *output*-Funktion muss nichts zurückgeben, benötigt aber den Text, der ausgegeben werden soll als Parameter.

Da vor und nach dem Text eine gestrichelte Linie ausgegeben werden soll, wurde die Hilfsfunktion *help* implementiert. Dies war in der Aufgabe nicht explizit erwähnt, allerdings erfüllt diese wiederkehrende Aufgabe genau die Voraussetzungen für die Erstellung einer Funktion.

In der Hauptfunktion müssen nur noch alle Zeichen des Textes durchlaufen werden, um jedes Leerzeichen durch einen Stern zu ersetzen.

```
1    #include <iostream>
2    #include <string>
3
4    using namespace std;
5
6    string input()
7    {
8      // Variablendefinition und -initialisierung
9      string text = "";
10
11     // Eingabe entsprechend der Aufgabenstellung
12     cout << "Bitte geben Sie einen Text ein"
13          << endl;
14     getline(cin, text);
15
16     return text;
17   }
```

```
18
19    // Hilfsfunktion
20    void help(int n)
21    {
22       // Ausgabe von n Bindestrichen
23       for (int i = 0; i < n; i++)
24       {
25          cout << "-";
26       }
27       cout << endl;
28    }
29
30    void output(string text)
31    {
32       // Aufruf der Hilfsfunktion
33       // mit der Textlänge
34       help(text.length());
35       // Textausgabe
36       cout << text << endl;
37       // Erneut die Hilfsfunktion
38       help(text.length());
39    }
40
41    int main()
42    {
43       // Variablendefinition und -initialisierung
44       // mit der Eingabefunktion
45       string text = input();
46
47       // Ersetzen der Leerzeichen durch Sterne
48       for (int i = 0; i < text.length(); i++)
49       {
50          if (text[i] == ' ')
51             text[i] = '*';
52       }
53
54       // Ausgabe
55       output(text);
56
57       return 0;
58    }
```

9.9 Rekursion

Die Implementierung des Programms ist einfach, wenn den Anweisungen aus der Aufgabenstellung gefolgt wird. Die Funktion *recursion* soll nichts zurückgeben, daraus ergibt sich der Rückgabetyp *void*. Der Funktionsparameter *c* soll vom Typ *int* sein und wird in der Aufgabenstellung genannt.

Innerhalb der Funktion soll ein Selbstaufruf erfolgen, wenn der Wert von c kleiner ist, als 100.

In der Hauptfunktion soll nur die rekursive Funktion aufgerufen werden.

In Aufgabenteil (a) soll die Ausgabe nach dem rekursiven Zweig erfolgen. Im Ergebnis werden auf dem Bildschirm die Zahlen von 100 bis 0 heruntergezählt.

Für Aufgabenteil (b) sollte der Wert vor dem rekursiven Zweig ausgegeben werden. Plötzlich werden die Zahlen von 0 bis 100 hochgezählt.

Das passiert aus folgendem Grund: In Aufgabenteil (a) läuft der erste Aufruf der Funktion in den rekursiven Zweig und ruft sich selbst mit dem Wert 1 auf. Das gleiche passiert mit den folgenden Funktionen, bis c den Wert 100 annimmt.

Erst danach läuft der letzte Funktionsaufruf nicht mehr in den rekursiven Zweig und erreicht die Ausgabe und beendet sich. Der vorletzte Funktionsaufruf hat dann den rekursiven Zweig beendet und erreicht ebenfalls die Ausgabe usw. Die Zahlen werden von 100 heruntergezählt.

Im Aufgabenteil (b) verläuft es ähnlich, nur das hier die Ausgabe vor dem rekursiven Zweig erfolgt. Aus diesem Grund werden die Zahlen hochgezählt.

```
1   #include <iostream>
2
3   using namespace std;
4
5   void recursion(int c)
6   {
7     // Ausgabe des Parameters
8     // Aufgabenteil (b)
9     // cout << c << endl;
10
11    // rekursiver Zweig, wenn
12    // c < 100
13    if (c < 100)
14      recursion(c + 1);
15
16    // Ausgabe des Parameters
17    // Aufgabenteil (a)
18    cout << c << endl;
19  }
20
21  int main()
22  {
23    // Aufruf der rekursiven Funktion
24    recursion(0);
25
26    return 0;
27  }
```

9.10 Programmanalyse

Bei der Analyse dieses Programms ist es sinnvoll, zunächst am Anfang des Programmablaufs zu beginnen, also bei der Hauptfunktion. Wenn klar ist, was dort passiert, kann die Untersuchung der weiteren Funktionen erfolgen. Aber auch bei diesen Funktionen ist es sinnvoll, sich an die Reihenfolge zu halten, die durch den Programmablauf vorgegeben wird.

```
1    #include <iostream>
2
3    using namespace std;
4
5    int func(int val[], int s, int e)
6    {
7      // Die Funktion beendet sich selbst,
8      // wenn der erste und letzte Index identisch
9      // sind. In diesem Fall beschreiben die
10     // Indizes genau ein Element.
11     // Dessen Wert wird zurückgegeben.
12     if ((e - s) == 0) return val[s];
13
14     // Hier wird der Index berechnet, der
15     // genau zwischen dem ersten und dem
16     // letzten Index liegt. Da es eine
17     // Integerdivision ist, wird anstelle
18     // einer Kommazahl immer der nächstkleinere
19     // Wert angenommen.
20     int h = (e + s) / 2;
21
22     // Die Funktion ruft sich zwei Mal selbst auf
23     // einmal mit der unteren Hälfte des Feldes
24     // und einmal mit der oberen Hälfte
25     int e1 = func(val, s, h);
26     int e2 = func(val, h + 1, e);
27
28     // Zum Schluss werden die Ergebnisse addiert.
29     return e1 + e2;
30   }
31
32   int main()
33   {
34     // Hier wird ein Feld mit N = 100
35     // Werten angelegt
36     const int N = 100;
37     int values[N];
38
```

```
39      // Innerhalb der Schleife wird das
40      // Feld mit den Zahlen 1 bis N
41      // initialisiert
42      for (int i = 0; i < N; i++)
43      {
44        values[i] = i + 1;
45      }
46
47      // abschließend wird das Ergebnis der
48      // unbekannten Funktion ausgegeben
49      // Die Parameter sind das Feld, sowie der
50      // erste und letzte gültige Index
51      cout << "Ergebnis: " << func(values, 0, N - 1)
52           << endl;
53
54      return 0;
55  }
```

Da das Programm das Feld bis zu einelementigen Feldern zerteilt und danach die Werte der Reihe nach addiert, muss das Ergebnis also eine Summe sein. Da jeder Wert nur ein einziges Mal addiert wird (auch wenn der Wert in der Form eines Teilergebnis natürlich mehrfach in Summen vorkommt), muss das Ergebnis also die Summe der Zahlen von 1 bis 100 sein.

Ergebnis: Das Programm berechnet den Wert 5050.

9.11 Ausgabe von Parametern einer variadischen Funktion

Die Lösung dieser Aufgabe ist nicht umfangreich, aber das Verständnis der variadischen Funktionen ist nicht einfach. Hier ist es besonders wichtig, die Reihenfolge der einzelnen Schritte einzuhalten, um die Aufgabe zu lösen.

Zunächst muss die Datei *stdarg.h* eingebunden werden, damit die benötigten Funktionen zur Verfügung stehen.

Die Parameterliste muss als Variable vom Typ *va_list* definiert und durch die Funktion *va_start* initialisiert werden. Hier ist besonders der zweite Parameter wichtig, denn hier muss der Name des *Strings* angegeben werden, nach dem die freien Parameter beginnen.

Während der Auswertung muss die Funktion *va_arg* benutzt werden, um die Parameter aus der Liste zu extrahieren.

Abschließend muss die Liste durch *va_end* wieder freigegeben werden.

```
1   #include <iostream>
2   #include <string>
3   #include <stdarg.h>
4
5   using namespace std;
```

```
6
7    void myPrint(string t, ...)
8    {
9      // Definition der Variablenliste
10     va_list params;
11     // Initialisierung der Variablenliste
12     // nach dem Parameter t
13     va_start(params, t);
14
15     // Durchlaufen des übergebenen Textes
16     for (int i = 0; i < t.length(); i++)
17     {
18       // ist das Zeichen kein Stern
19       if (t[i] != '*')
20         // so wird es ausgegeben
21         cout << t[i] << endl;
22       else
23       {
24         // andernfalls wird der nächste
25         // Parameter in der Liste ausgegeben
26         cout << va_arg(params, int)
27              << endl;
28       }
29     }
30
31     // zum Abschluss muss die Liste noch
32     // freigegeben werden
33     va_end(params);
34   }
35
36   int main()
37   {
38     // Aufruf der variadischen Funktion
39     myPrint("-+-*-+-*-+-*", 1, 2, 3);
40
41     return 0;
42   }
```

Wird das Programm ausgeführt, lautet die Ausgabe:

```
-
+
-
1
-
+
```

–
2
–
+
–
3

Kap. 10

10.1 Sichtbarkeitsstufen

In Klassen können drei verschiedene Sichtbarkeitsstufen angewendet werden:

- **public:** Alle Variablen und Funktionen, die mit dieser Sichtbarkeitstufe definiert wurden, sind sowohl von außerhalb, als auch von innerhalb der Klasse zugreifbar.
- **protected:** Die Sichtbarkeitsstufe *protected* schützt Variablen und Funktionen vor dem Zugriff von außerhalb der Klasse.
- **private:** Zusätzlich zu dem Schutz vor einem Zugriff von außerhalb der Klasse verhindert die Sichtbarkeitsstufe *private,* dass die entsprechenden Member vererbt werden können.

10.2 Operatoren

Mit Hilfe von Operatoren können in Klassen standardisierte Rechen-, Vergleichs- und Logikoperationen durchgeführt werden. Die Operatoren sind spezielle Funktionen, die es zum Beispiel erlauben, die in der Mathematik üblichen Formulierungen, wie $A + B$ zu verwenden.

Allerdings können mit Operatoren auch bereits existierende Klassen um Funktionen erweitert werden. So lässt sich mit Hilfe eines Operators die Klasse *cout* dahingehend erweitern, dass Objekte eigener Klassen auf der Konsole ausgegeben werden können.

10.3 *Include-Guards*

Ein *Include-Guard* wird durch Präprozessordirektiven eingerichtet. Dabei wird zunächst mit der Direktive *#ifndef* überprüft, ob ein bestimmter Begriff bereits definiert wurde. Falls nicht, so wird der Begriff durch *#define* definiert, um zu verhindern, dass der entsprechende Bereich ein zweites Mal erreicht werden kann.

Da die *Header*-Dateien von Klassen in mehrere andere Dateien eingebunden werden können, hätte das zur Folge, dass die entsprechenden Klassen ohne *Include-Guard* nicht compiliert werden können. Bei jeder Einbindung würde erneut versucht werden, die Klasse zu definieren.

10.4 Abstrakte Klassen

Eine abstrakte Klasse bezeichnet in $C++$ eine Klasse, bei der mindestens eine Funktion als virtuell definiert und mit dem Zusatz $= 0$ versehen wurde. Dies hat zur Folge, dass die entsprechende Funktion als Teil der Schnittstelle der Klasse festgelegt, in der aktuellen Klasse jedoch nicht definiert wird. Dies muss in einer erbenden Klasse erfolgen.

Von der Klasse selbst kann so kein Objekt erzeugt werden, die Klasse ist „abstrakt".

10.5 *Membervariablen*

Die *Membervariablen* werden bei der Definition der Klasse selbst festgelegt. Sie sind in jeder Funktion der Klasse verfügbar und speichern Informationen auch über die Grenzen von Funktionen hinweg. Ihre Lebensdauer ist direkt an das Objekt der Klasse gebunden.

Alle anderen Variablen können nur als Parameter oder innerhalb von Funktionen erzeugt werden. Die Lebensdauer dieser Variablen ist an die jeweilige Funktion gebunden.

10.6 Konstruktoren

Innerhalb einer Klasse können mehrere Konstruktoren existieren. Es wird immer genau ein Konstruktor aufgerufen, wenn ein neues Objekt der Klasse entsteht. Damit unterscheiden sich die Konstruktoren von allen anderen Funktionen. Ein Konstruktor wird garantiert bei der Erzeugung eines Objekts aufgerufen, danach für dieses Objekt aber nie wieder.

10.7 Klassen und Strukturen

In der Sprache $C++$ gibt es, abgesehen vom Namen des Konstrukts, nur einen weiteren Unterschied zwischen Klassen und Strukturen. Die Standardsichtbarkeitsstufe der Klasse ist *private,* die der Struktur ist *public.*

Allerdings gibt es für viele Programmierer einen gefühlten Unterschied. Strukturen sind Datencontainer, die, wenn überhaupt, nur über wenige Funktionen verfügen und die Daten meistens bei der Sichtbarkeitsstufe *public* belassen.

Klassen sind komplexere Gebilde, die ihre Daten schützen und die viele verschiedene Aufgaben mit ihren Daten durchführen können.

Genau genommen gibt es diese Unterscheidung in der Funktionalität aber nicht.

10.8 Polymorphie

Der Begriff der Polymorphie bedeutet Vielgestaltigkeit und hängt sehr eng mit dem Begriff der Vererbung zusammen. Er beschreibt die Eigenschaft von Funktionen in verschiedenen Klassen/++, die voneinander erben, mit gleichem Namen aufzutauchen, sich aber immer unterschiedlich zu verhalten.

Dies hängt mit dem Schlüsselwort *virtual* zusammen, das es erlaubt, bereits existierende Funktionen in erbenden Klassen neu zu implementieren. Da Funktionen, die von einer anderen Klasse geerbt haben, auch als Referenz ihrer Basisklasse übergeben werden können, kann sich der Aufruf einer Funktion unterschiedlich auswirken, je nachdem, welche Klasse übergeben wurde.

10.9 Polymorphie

Normalerweise sind Variablen und Funktionen an ein Objekt einer Klasse gebunden. Das bedeutet, dass Werte für ein Objekt gespeichert werden und Funktionen auf einem konkreten Objekt aufgerufen werden, mit dessen Werte dann gearbeitet wird.

Wird eine Variable oder eine Funktion hingegen als *static* definiert, so sind diese Elemente an die Klasse selbst gebunden und können verwendet werden, ohne das ein konkretes Objekt der Klasse existieren muss. Wegen dieser Eigenschaft besitzen statische Variablen über alle Objekte einer Klasse hinweg den gleichen Wert. Damit ist es zum Beispiel möglich, die Anzahl der Objekte einer Klasse zu zählen. Dazu muss nur eine statische Variable angelegt werden, die in jedem Konstruktor hoch- und in jedem Destruktor heruntergezählt wird. Der Wert der Variablen entspricht dann immer genau der Anzahl der aktuell existierenden Objekte.

10.10 Die Klasse *point2D*

Die Lösung dieser Aufgabe kann zu großen Teilen aus der Aufgabenstellung übernommen werden, wenn die Begriffe, wie Konstruktor oder Operator verstanden wurden.

Die Formeln für die mathematischen Funktionen sind ebenfalls in der Aufgabenstellung vorgegeben, sodass diese nur in *C++* -Code übersetzt werden müssen.

Das Beispiel hat große Ähnlichkeit mit der im Buch entwickelten Klasse *Vector2D*.

Bei der Lösung wurde jede übergebene Referenz und jede Funktion als konstant definiert, sofern dies möglich war. Dies soll aber lediglich einen Eindruck vermitteln, wie das Schlüsselwort *const* in Programmen eingesetzt werden kann.

Lösungen, die dies nicht konsequent anwenden sollen dennoch als richtig gelten.

```
1   // Include-Guard
2   #include <iostream>
3
4   using namespace std;
5
6   class point2D
7   {
8   public:
9     // Konstruktor ohne Parameter
10    point2D();
11    // Konstruktor für Initialisierung
12    point2D(double x, double y);
13    // Kopierkonstruktor
14    point2D(const point2D &p);
15
```

```
16      // Addition
17      point2D operator+(const point2D &p) const;
18      // Skalarprodukt
19      double operator*(const point2D &p) const;
20      // Ausgabe über cout
21      friend ostream& operator<<(ostream &out,
22                                 const point2D &p);
23    protected:
24      double m_x;
25      double m_y;
26    };
27    // Ausgabe über cout
28    ostream& operator<<(ostream &out, const point2D &p);
```

Listing .1 *point2D.h.*

```
1     #include "point2D.h"
2
3     // Initialisierung auf den Ursprung
4     point2D::point2D()
5       : m_x(0)
6       , m_y(0)
7     {}
8     // Individuelle Initialisierung
9     point2D::point2D(double x, double y)
10      : m_x(x)
11      , m_y(y)
12    {}
13    // Kopie eines existierenden point2D
14    point2D::point2D(const point2D &p)
15      : m_x(p.m_x)
16      , m_y(p.m_y)
17    {}
18    // Die Koordinaten des Ergebnispunktes
19    // ergeben sich aus der Summe der Koordinaten
20    // der Punkte
21    point2D point2D::operator+(const point2D &p) const
22    {
23      point2D result;
24
25      result.m_x = m_x + p.m_x;
26      result.m_y = m_y + p.m_y;
27
28      return result;
29    }
30    // Skalarprodukt berechnet nach der
31    // vorgegebenen Formel
32    double point2D::operator*(const point2D &p) const
33    {
```

```
34        return m_x * p.m_x + m_y * p.m_y;
35   }
36   // Ausgabefunktion
37   ostream& operator<<(ostream &out, const point2D &p)
38   {
39        out << "point2D(" << p.m_x << ", "
40           << p.m_y << ")";
41
42        return out;
43   }
```
Listing .2 *point2D.cpp*

10.11 Die Klasse *circle*

Bei dieser Aufgabe ist es wichtig, dass verstanden wird, wie eigene Klassen in anderen Klassen verwendet werden können. Dadurch können komplexe Probleme auf verschiedene Klassen verteilt und dadurch vereinfacht werden.

Die Klasse *point2D* erledigt bereits alle Aufgaben, die für den Punkt implementiert werden müsse. Die Ausgabe ist bereits da und auch für die Initialisierung stehen schon verschiedene Möglichkeiten zur Verfügung. Tatsächlich könnte sogar ganz auf die Initialisierung verzichtet werden, wenn die Koordinaten (0, 0) gewählt werden sollen.

Die Berechnung der Fläche und des Umfangs können direkt aus der Aufgabenstellung entnommen werden. Auch diese Funktionen können mit dem Schlüsselwort *const* versehen werden, da bei der Flächenberechnung die Eigenschaften des Kreises nicht verändert werden.

Bei der Ausgabe des Kreises auf der Konsole kann die Ausgabefunktion des Punktes direkt angewendet werden. Dadurch vereinfacht sich die Ausgabefunktion des Kreises.

```
1    #include "point2D.h"
2
3    class circle
4    {
5    public:
6      // Konstruktor ohne Parameter
7      circle();
8      // Initialisierung mit einzelnen Werten
9      circle(double x, double y, double r);
10     // Initialisierung mit Hilfe eines
11     // point2D und eines Wertes
12     circle(const point2D &p, double r);
13     // Berechnung der Fläche
14     double area() const;
15     // Berechnung des Umfangs
16     double perimeter() const;
17     // Ausgabe auf der Konsole
18     friend ostream& operator<<(ostream &out, const circle &c);
19   protected:
20     point2D m_center;
21     double m_r;
22   };
23
```

```
24    ostream& operator<<(ostream &out, const circle &c);
```
Listing .3 *circle.h.*

```
1     #include "circle.h"
2
3     // Definition einer Konstanten für Pi
4     const double PI = 3.141592653589793238462643383279S;
5     // Initialisierung eines Einheitskreises im Ursprung
6     // In jedem Konstruktor kann jeder der in point2D
7     // definierten Konstruktoren genutzt werden,
8     // um die Variable m_center zu initialisieren
9     circle::circle()
10      : m_center(0, 0)
11      , m_r (1)
12    {}
13    // individuelle Initialisierung
14    circle::circle(double x, double y, double r)
15      : m_center(x, y)
16      , m_r(r)
17    {}
18    // individuelle Initialisierung
19    circle::circle(const point2D &p, double r)
20      : m_center(p)
21      , m_r(r)
22    {}
23    // Berechnung der Fläche laut Aufgabenstellung
24    double circle::area() const
25    {
26       return PI * m_r * m_r;
27    }
28    // Berechnung des Umfangs laut Aufgabenstellung
29    double circle::perimeter() const
30    {
31       return 2 * PI * m_r;
32    }
33    // Bei der Ausgabe kann die Ausgabefunktion
34    // genutzt werden, die in point2D implementiert
35    // wurde
36    ostream& operator<<(ostream &out, const circle &c)
37    {
38       out << "circle(" << c.m_center << ", "
39         << c.m_r << ")";
40
41       return out;
42    }
```
Listing .4 *circle.cpp.*

10.12 Programmanalyse

Die Analyse dieses Programms ist ein wenig schwieriger als bisher, denn es gibt kein Hauptprogramm, bei dem die Analyse beginnen könnte. Stattdessen gibt es eine *Header*-Datei und eine *.cpp*-Datei.

Der Vorteil dieses Programms ist jedoch, dass es nur einen Konstruktor und eine Funktion gibt, damit ist die Reihenfolge der Aufrufe festgelegt. Auch hier sollte die Analyse von vorne beginnen. In diesem Fall also bei dem Konstruktor.

```cpp
1    // Include-Guard
2    #include <iostream>
3    #include <string>
4
5    using namespace std;
6
7    class Riddle
8    {
9    public:
10     // Konstruktor
11     Riddle(string data);
12
13     // die Ausgabe darf auf die geschützten
14     // Elemente der Klasse zugreifen
15     friend ostream& operator<<(ostream &out, Riddle r);
16   protected:
17     // Die Klasse speichert nur einen Text
18     string m_data;
19   };
20   // Ausgabe des Textes mit einem ostream
21   ostream& operator<<(ostream &out, Riddle r);
```
Listing .5 *Riddle.h.*

```cpp
1    #include "Riddle.h"
2
3    Riddle::Riddle(string data)
4    {
5      char k;
6
7      // Die Schleife durchläuft alle Buchstaben
8      // des übergebenen Textes
9      for (int i = 0; i < data.length(); i++)
10     {
11       // dies ist der aktuelle Buchstabe
12       k = data[i];
13
14       // Wenn es sich um einen
15       // Kleinbuchstaben handelt
16       if (k >= 97 && k <= 122)
17         // k - 94 verschiebt das Intervall
18         // [97;122] zu [3;28] das Modulo
```

```
19          // schneidet die hinteren Zeichen ab
20          // und schiebt sie an den Anfang.
21          // Nun sind alle Zeichen im Intervall
22          // [0;25]. Wird 65 addiert, werden es
23          // Großbuchstaben
24          k = 65 + (k - 94) % 26;
25        · else
26          // sind es bereits Großbuchstaben
27          if (k >= 65 && k <= 90)
28            // findet ebenfalls die Verschiebung
29            // statt, die Buchstaben bleiben
30            // aber groß
31            k = 65 + (k - 62) % 26;
32
33        // andere Zeichen werden einfach kopiert
34        m_data += k;
35      }
36    }
37
38    ostream& operator<<(ostream &out, Riddle r)
39    {
40      char k;
41
42      for (int i = 0; i < r.m_data.length(); i++)
43      {
44        k = r.m_data[i];
45
46    // Bei der Ausgabe kann es nur noch
47    // Großbuchstaben geben
48        if (k >= 65 && k <= 90)
49          // diese werden vom Intervall [65;90]
50          // in das Intervall [23;48] geschoben
51          // erneut wird durch das Modulo das
52          // Ende an den Anfang gesetzt.
53          k = 65 + (k - 42) % 26;
54
55        out << k;
56      }
57
58      return out;
59    }
```

Listing .6 *Riddle.cpp.*

Das Programm verschlüsselt Texte, indem jeder Buchstabe in einen Großbuchstaben verwandelt und um drei Stellen im Alphabet nach rechts verschoben wird. Diese sehr alte und unsichere Verschlüsselung wird *Cäsar-Chiffre* genannt.

Innerhalb der Datenstruktur werden nur die verschlüsselten Texte gespeichert. Nur für die Entschlüsselung wird der Text wieder in Klartext umgewandelt. Dazu werden alle Buchstaben um 23 Stellen nach rechts geschoben und durch das Modulo wieder an den Anfang des Alphabets gesetzt.

Das entspricht einer Verschiebung um drei Stellen im Alphabet nach links.

Kap. 11

11.1 Speicherbereiche

Der Speicher eines Programms ist in die folgenden vier Bereiche unterteilt:

- **Programmcode:** In diesem Bereich befindet sich der ausführbare Code des Programms.
- **globale Variablen:** Die globalen Variablen bekommen einen eigenen Speicherbereich, da sie sich vom Verhalten her von anderen Variablen unterscheiden.
- *Stack:* Auf dem *Stack* werden alle Informationen abgelegt, die für die Ausführung einer Funktion benötigt werden, also lokale Variablen, Funktionsparameter und die Rücksprungadresse.
- *Heap:* Der *Heap* wird für dynamische Speicheranforderungen benötigt. Das Programm kann jederzeit durch Anweisungen wie *new* oder *malloc* neue Speicherbereiche auf dem *Heap* anfordern, muss diese jedoch selbst verwalten. Werden angeforderte Speicherbereiche vergessen und nicht mehr freigegeben, kann der Speicher volllaufen.

11.2 Dereferenzierung

Mit einer Dereferenzierung ist ein indirekter Zugriff auf einen Wert über einen Zeiger gemeint. Normalerweise wird in einer Variablen, die sich an einer bestimmten Adresse befindet, ein Wert gespeichert. Bei einem Zeiger wird jedoch anstelle des Werts eine weitere Adresse gespeichert, an der sich dann der Wert befindet.

Durch die Dereferenzierung wird zunächst die gespeicherte Adresse angesprungen, um dann den Wert zu erhalten.

11.3 mehrdimensionale Felder

Die folgenden drei Möglichkeiten wurden vorgestellt:

- **Zeiger auf Felder:** Mit *C++* ist es möglich, Zeiger auf Felder fester Größe anzulegen. Dadurch kann ein eindimensionales Feld aus Zeigern erzeugt werden, deren Elemente wiederum auf Felder fester Größe zeigen. Bei dieser Lösung verbleibt ein Teil des Feldes allerdings auf dem *Stack.*

- **Zeiger auf Zeiger:** In dieser Variante muss ein Doppelzeiger erzeugt werden, also ein Zeiger, der auf Zeiger zeigt. Danach wird auf dem *Heap* ein Feld aus Zeigern angelegt, die danach in einer Schleife individuell mit eigenen Feldern initialisiert werden können. Diese Variante ist sehr flexibel, bedeutet aber auch einen hohen Verwaltungsaufwand und ein tieferes Verständnis für Zeiger.
- **virtuelle Dimensionen:** Es ist möglich ein eindimensionales Feld auf dem *Heap* zu erzeugen und die weiteren Dimensionen durch mathematische Formeln virtuell selbst zu erzeugen. Dazu wird ein Feld der Größe $Y \mathrm{x} X$ angelegt und danach durch die Formel $index = x + y \cdot X$ in Y Stücke der Länge X unterteilt.

11.4 Funktionszeiger
Ein Funktionszeiger kann mit Hilfe der Anweisung *typedef* erzeugt werden. Diese wird aber nur benötigt, wenn ein neuer Variablentyp angelegt werden soll.

Die benötigten Informationen für die Erstellung einer Funktion sind immer gleich, folglich werden sie auch für einen Funktionszeiger benötigt:

- **Rückgabetyp**
- **Name** – Damit ein Funktionszeiger angelegt wird, muss der Name in Klammern stehen und mit einem Stern beginnen.
- **Funktionsparameter**

11.5 *Stack* und *Heap*
Auf dem Stapelspeicher werden Informationen gespeichert, die für die Ausführung von Funktionen benötigt werden. Diese Informationen beinhalten die lokalen Variablen, die Funktionsparameter und die Rücksprungadresse. Da diese Aufgaben sehr grundlegender Natur sind, steht ein definierbares, aber festes Kontingent an Speicher für jedes Programm zur Verfügung. Dieser Speicher ist nach dem *LIFO* Prinzip organisiert, das bedeutet, dass die Information, die zuletzt abgelegt wurde, den Speicher als erstes wieder verlässt. Die Zugriffe auf den *Stack* können wegen dieser geordneten Struktur sehr schnell erfolgen.

Der Speicher auf dem *Heap* steht nur dann zur Verfügung, wenn er von dem Programm zur Laufzeit angefordert wird. Das Programm kann dabei entscheiden, wann und wie viel Speicher es anfordert. Zusätzlich kann es angeforderten Speicher jederzeit wieder freigeben. Der Speicher kann fragmentieren, wenn häufig Speicher angefordert und freigegeben wird und die Größe der angeforderten Bereiche variiert. Wegen der dynamischen Natur sind Zugriffe auf den *Heap* außerdem langsamer, als auf den *Stack*. Dafür ist die Größe des angeforderten Speichers im Prinzip nicht limitiert (die Ressource an sich ist natürlich begrenzt).

11.6 Speicherverbrauch

Wenn ein Bild aus 1024x768 Bildpunkten besteht, dann ergibt sich die Anzahl aller Bildpunkte durch $1024 \cdot 768 = 786432$ Bildpunkte. Wenn ein Bildpunkt aus 16 Bit, also 2 Bytes besteht, werden also $786432 \cdot 2$ Bytes$= 1572864$ Bytes benötigt, um das Bild zu speichern. Das entspricht 1536 Kilobytes, bzw. $1, 5$ Megabytes.

In der Informatik besteht ein Kilobyte nicht aus 1000 Bytes, sondern aus 1024 Bytes.

11.7 Zeigerarithmetik

Bei der Zeigerarithmetik ist zu beachten, dass als Einheit immer die Größe des Datentyps des Zeigers angenommen wird. Wird auf eine ganze Zahl der Wert 1 addiert, so ist das Ergebnis erwartungsgemäß um den Wert 1 gößer.

Wird der Wert 1 auf einen Zeiger vom Typ *int* addiert, so ist die darin enthaltene Adresse nicht um den Wert 1 vergrößert, sondern um den Wert $1 \cdot 4$ Bytes, die Größe des gespeicherten Datentyps *int*.

11.8 Speicherreservierung

Einige Implementierungen der Anweisung *new* nutzen intern die Anweisung *malloc* um Speicher zu reservieren. In diesem Fall kann der Speicher auch durch *free* wieder freigegeben werden. Das dies so ist, ist aber keineswegs sichergestellt. Erschwerend kommt hinzu, dass die Anweisung *new* jederzeit als Operator überschrieben werden kann. Das kann aus den unterschiedlichsten Gründen geschehen, zum Beispiel, um eine eigene Speicherverwaltung zu implementieren (Das ist bei zeitkritischen Anwendungen nicht ungewöhnlich). Die Funktionalität der *new*-Anweisung ist also nicht eindeutig festgelegt.

Aus diesem Grund ist es unsicher die verschiedenen Anweisungsgruppen zu mischen und sollte immer vermieden werden.

11.9 Zufallszahlen

Um die Aufgabe zu lösen muss zunächst der Zufallszahlengenerator initialisiert werden. Die Benutzerabfrage für die Feldgröße muss früh im Programm erfolgen, da das Feld erst angelegt werden kann, wenn das Ergebnis der Eingabe vorliegt.

Während das Feld mit Zufallszahlen initialisiert wird, können die Werte parallel in der Variablen x aufsummiert werden, um die Berechnung des Erwartungswerts vorzubereiten.

In einer zweiten Schleife kann dann die Berechnung der Standardabweichung erfolgen.

Am Ende müssen die Ergebnisse ausgegeben und der Speicher wieder freigegeben werden. Wichtig ist dabei, die Anweisung *delete[]* zu verwenden, da der Speicher für ein Feld freigegeben werden soll.

```
1    #include <iostream>
2    #include <cmath>
```

```
3   #include <time.h>
4
5   using namespace std;
6
7   int main()
8   {
9     // Initialisierung des Zufallszahlen-
10    // generators
11    srand(time(0));
12
13    // Variablendefinition und -initialisierung
14    int N = 0;
15    double x = 0.0;
16    double s = 0.0;
17    int *values = 0;
18
19    // Benutzerabfrage mit Intervallgrenzen
20    do
21    {
22      cout << "Bitte geben Sie eine ganze "
23           << "Zahl zwischen 1 und 1000 ein:";
24      cin >> N;
25    } while (N < 1 || N > 1000);
26
27    // Anlegen des Feldes. erst jetzt ist
28    // die Größe der Dimension bekannt.
29    values = new int[N];
30
31    // Schleife für die Feldinitialisierung
32    for (int i = 0; i < N; i++)
33    {
34      // Generierung von Zufallszahlen
35      // im Intervall [1;6]
36      values[i] = 1 + rand() % 6;
37      // Summieren der Werte für den
38      // Erwartungswert
39      x += values[i];
40    }
41    // Division durch die Elementanzahl
42    x /= N;
43
44    // Berechnung der Standardabweichung
45    for (int i = 0; i < N; i++)
46    {
47      // Summieren der quadratischen Fehler
48      s += pow(values[i] - x, 2);
49    }
50    // Division und ziehen der Wurzel
51    s /= (N - 1);
```

```
52      s = sqrt(s);
53      // Ausgabe der Ergebnisse
54      cout << "Erwartungswert: " << x
55           << endl;
56      cout << "Standardabweichung: "
57           << s << endl;
58      // Freigeben des Speichers und Löschen
59      // der Adresse
60      delete[] values;
61      values = 0;
62
63      return 0;
64   }
```

11.10 Zufallszahlen die Zweite

Die ersten Schritte dieses Programms verhalten sich sehr ähnlich, wie in der Lösung zuvor, sodass Sie hier nicht noch einmal erläutert werden sollen.

Durch die Wahl eines eindimensionales Feldes, das durch die Anwendung einer Formel virtuelle in mehrere Dimensionen aufgeteilt wird, erhält der Programmierer zusätzliche Freiheiten.

Aufgaben, die für alle Elemente gleich durchgeführt werden, müssen nicht durch mehrere Schleifen gelöst werden, sondern können durch eine einzelne Schleife gelöst werden. Ein gutes Beispiel ist die Wertinitialisierung. Alle Werte sollen zufällig im Intervall [1; 6] ausgewählt werden. Eine Unterteilung in Zeilen und Spalten ist dazu nicht notwendig, deshalb reicht eine einzige Schleife.

Auch die Berechnung des Erwartungswerts verhält sich ähnlich. Die Elemente einer Zeile müssten aufsummiert werden, um den Wert der Zeile zu erhalten. Danach müssten die Ergebnisse aufsummiert werden, um das arithmetische Mittel berechnen zu können. Das Ergebnis ist identisch mit der Summe aller Elemente des Feldes. Bei der Division muss aber darauf geachtet werden, dass nur durch die Anzahl der Zeilen geteilt werden darf, da die Ergebnisse zeilenweise zusammengefasst werden sollten.

Bei der Berechnung der Standardabweichung müssen tatsächlich zwei Schleifen verwendet werden. Die Summe der Elemente jeder Zeile wird für die Berechnung des quadratischen Fehlers zum Erwartungswert benötigt.

```
1    #include <iostream>
2    #include <time.h>
3    #include <cmath>
4
5    using namespace std;
6
7    int main()
8    {
9       // Initialisierung des
10      // Zufallszahlengenerators
```

```
11      srand(time(0));
12
13      // Variablendefinition und -initialisierung
14      int X = 0;
15      int Y = 1000;
16      double x = 0.0;
17      double s = 0.0;
18      int sum = 0;
19      int *values = 0;
20
21      // Benutzerabfrage mit Intervallgrenzen
22      do
23      {
24        cout << "Bitte geben Sie eine "
25             << "ganze Zahl im Intervall "
26             << "1 bis 10 ein:" << endl;
27        cin >> X;
28      } while (X < 1 || X > 10);
29
30      // Anlegen des Feldes. erst jetzt 'ist
31      // die Größe der Dimension bekannt.
32      values = new int[X*Y];
33
34      // Um alle Werte zu initialisieren reicht
35      // eine einzige Schleife über alle Werte
36      // Auch der Erwartungswert kann so
37      // berechnet werden, da für das arithmetische
38      // Mittel nur alle Werte summiert werden
39      // müssen
40      for (int i = 0; i < X*Y; i++)
41      {
42        // Generierung von Zufallszahlen
43        // im Intervall [1;6]
44        values[i] = 1 + rand() % 6;
45        // Summieren der Werte für den
46        // Erwartungswert
47        x += values[i];
48      }
49      // Wichtig!
50      // Division durch die Anzahl der Zeilen
51      x /= Y;
52
53      // Die Berechnung der Standardabweichung
54      // muss in zwei Schleifen erfolgen
55      for (int i = 0; i < Y; i++)
56      {
57        sum = 0;
58        for (int j = 0; j < X; j++)
59        {
```

```
60          // zunächst müssen die Werte einer
61          // Zeile summiert werden
62          sum += values[j + i * X];
63        }
64        // Danach wird der quadratische Fehler
65        // berechnet
66        s += pow(sum - x, 2);
67      }
68      // Danach erfolgt die Division und das Ziehen
69      // der Wurzel
70      s /= (Y - 1);
71      s = sqrt(s);
72
73      // Ausgabe der Ergebnisse
74      cout << "Erwartungswert: " << x
75           << endl;
76      cout << "Standardabweichung: "
77           << s << endl;
78      // Freigeben des Speichers und Löschen
79      // der Adresse
80      delete[] values;
81      values = 0;
82
83      return 0;
84    }
```

11.11 Programmanalyse

Die Erklärung für die einzelnen Programmschritte wurde als Kommentar an die Zeilen geschrieben.

```
 1    #include <iostream>
 2
 3    using namespace std;
 4
 5    int main()
 6    {
 7      // Variablendefinition und -initialisierung
 8      // drei Variablen sind normale Stack-Variablen
 9      // die Dritte liegt auf dem Heap
10      int x = 0;
11      int y = 0;
12      int k = 0;
13      double *z = new double(3.0);
14
15      // Da z ein Zeiger ist, enthält z, die Adresse
```

```
16        // die auf dem Heap reserviert wurde
17        // Diese Adresse wird durch den Typecast
18        // in einen Integer umgewandelt und in y
19        // gespeichert
20        y = (int)z;
21
22        // Die Dereferenzierung *z gibt den Inhalt
23        // des doubles wieder, der auf dem Heap
24        // angelegt wurde. Dieser wird durch einen
25        // Typecast als Integer dargestellt und in
26        // k gespeichert. k ist jetzt 3;
27        k = (int)*z;
28
29        // y liegt auf dem Stack, deshalb liefert &y
30        // die Stackadresse, an der y liegt. Diese
31        // wird durch den Typecast in einen Integer
32        // gewandelt und in x gespeichert.
33        x = (int)&y;
34
35        // Der Wert, der in y gespeichert ist, entspricht
36        // der Adresse von y, ist allerdings ein Integer.
37        // Durch den Typecast wird der Adresswert als
38        // Zeiger vom Typ double interpretiert. Das
39        // funktioniert, da die Adresse gültig ist. Dann
40        // wird der Zeiger durch den vorangestellten Stern
41        // dereferenziert. Das Ergebnis ist der Zahlenwert
42        // in y, also 3. Dieser Wert wird mit 2
43        // Multipliziert und gespeichert.
44        // Auf dem Heap findet sich nun der Wert 6
45        *((double*)y) *= 2;
46
47        // Die Dereferenzierung von z liefert nun den Wert
48        // 6, da er in dem Schritt davor verändert wurde
49        // in k befindet sich der Wert 3, also ist nun an
50        // der Adresse, auf die z zeigt, der Wert 2
51        // gespeichert.
52        *z /= k;
53
54        // Nun die ganze Kette. In x ist die Adresse von
55        // y gespeichert, diese wird wieder als Adresse
56        // interpretiert und dereferenziert. Das Ergebnis
57        // ist der Wert in y. Das ist die Adresse von z
58        // diese wird als Zeiger vom Typ double
59        // interpretiert und ebenfalls dereferenziert.
60        // Das Ergebnis ist die Zahl 2.0
61        // Diese wird als Integer interpretiert und
62        // ausgegeben.
63        cout << (int)*((double*)(*(int*)x)) << endl;
64
65        // Abschließend wird der Speicher freigegeben und
66        // die Adresse gelöscht.
```

```
67      delete z;
68      z = 0;
69
70      return 0;
71   }
```

Die Ausgabe lautet folglich 2!

Kap. 12

12.1 Schlüsselwörter

- *typename:* Das Schlüsselwort ist synonym zu dem Schlüsselwort *class* und wird bei der Definition eines Templatetypen verwendet. Mit dem Schlüsselwort wird der Name festgelegt, mit dem der Templatetyp innerhalb der Funktion oder Klasse bezeichnet werden soll.
- *Template argument detection:* Normalerweise muss bei der Verwendung eines *Templates* immer in spitzen Klammern angegeben werden, mit welchem konkreten Datentyp das *Template* angelegt werden soll. Die *Template argument detection* ermöglicht es dem *Compiler* jedoch unter bestimmten Umständen, den Datentyp selbstständig zu erkennen. Wenn die automatische Erkennung funktioniert, kann die Festlegung über die spitzen Klammern weggelassen werden.
- *requires:* Das Schlüsselwort *requires* hat mehrere Aufgaben bei der Definition von *Templates.* Zum einen kann das Schlüsselwort im Zusammenhang mit Konzepten verwendet werden. In dem Fall wird ein ganz normales *Template* angelegt, und danach wird mit Hilfe des Schlüsselworts *requires* gefordert, dass der Templatetyp ein bestimmtes Konzept erfüllen muss. Das Schlüsselwort kann aber auch dazu genutzt werden, kompliziertere Bedingungen zu formulieren, die mit Hilfe logischer Ausdrücke miteinander verbunden werden können. Und zuletzt kann das Schlüssselwort dazu verwendet werden, um komplexe Konzepte zu definieren, mit denen die für ein *Template* zugelassenen Datentypen individuell spezifiziert werden können.

12.2 Funktions- und Klassentemplate
Ein Funktionstemplate beschreibt eine Reihe von Funktionen, deren Programmierung fast vollständig identisch ist, die sich jedoch in einem oder mehreren Variablentypen voneinander unterscheiden. Existieren solche Funktionen, dann kann mit Hilfe eines Funktionstemplates

eine Vorlage programmiert werden, aus der dann durch den *Compiler* beim Übersetzen des Programms alle benötigten Varianten generiert werden können.

Bei einem Klassentemplate ist es ähnlich wie bei dem Funktionstemplate. Auch hier existieren mehrere Klassen, die vollständig identisch sind und die sich nur in einem oder mehreren Variablentypen unterscheiden. Auch in diesem Fall kann ein Template verwendet werden, um eine allgemeine Vorlage zu programmieren, aus der der *Compiler* automatisiert spezifische Varianten generieren kann. Innerhalb von Klassentemplates können auch Funktionstemplates zum Einsatz kommen.

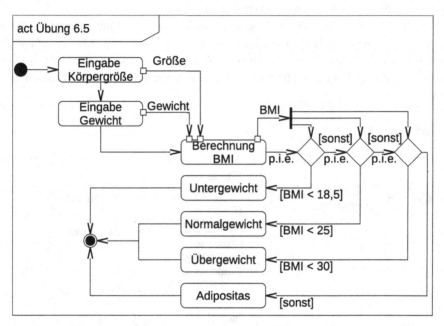

12.3 Vorteile eines Funktionstemplates

Die Vorteile eines Funktiostemplates liegen in der Reduktion von Redundanzen bei der Programmierung. Exisiteren mehrere Funktionen, die sich nur in einem Variablentyp unterscheiden, können die vielen Implementierungen durch ein *Template* auf eine einzige Implementierung reduziert werden. Soll diese Implementierung erweitert werden, oder muss ein Fehler korrigiert werden, so muss dies nur noch ein einziges Mal durchgeführt werden.

Ein Nachteil von Templatefunktionen ist, dass sie immer im *Header* implementiert werden müssen, wenn sie sich in einer Klasse befinden. Außerdem kann es schwierig sein, Fehler in Templatefunktionen zu finden, wenn das eigentliche Problem in dem verwendeten Datentyp liegt. Es kann zum Beispiel vorkommen, dass das Vorhandensein einer Addition vorausgesetzt wird, was für alle grundlegenden Datentypen wie *int* etc. kein Problem ist. Wird dann ein selbstdefinierter Datentyp verwendet, können Fehler auftauchen, wenn kein Additionsoperator existiert.

12.4 Konzept

Wenn ein *Template* definiert wird, ist der grundsätzliche Gedanke, dass viele beinahe identische Implementierungen in einer einzigen zusammengefasst werden können. Der Unterschied der Implementierungen liegt in dem Fall ausschließlich in dem verwendeten Datentyp. Auf der anderen Seite kann es manchmal problematisch sein, wenn die Implementierung durch das *Template* zu allgemein wird. Bestimmte Funktionen können z. B. nur mit ganzen Zahlen durchgeführt werden, bei anderen wird ein bestimmter Zahlenraum vorausgesetzt. Bei diesen Beispielen sind Datentypen, die Texte oder Bilder verabeiten, fehl am Platz, das *Teamplate* würde jedoch auch solche Datentypen zulassen.

Mit Hilfe eines Konzepts kann exakt definiert werden, welche Voraussetzungen ein Datentyp mitbringen muss, um für die Funktion zulässig zu sein. Dadurch wird es dem *Compiler* ermöglicht, zu einem sehr frühen Zeitpunkt Probleme zu erkennen und sinnvolle Fehlermeldungen zu generieren, die es letztendlich den Programmierern vereinfachen, Fehler in ihren Programmen zu finden.

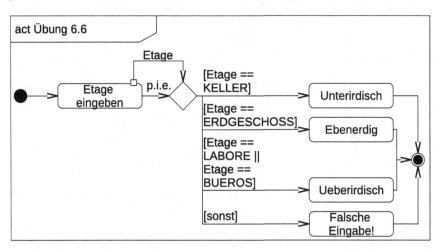

12.5 Größenvergleich

Das Programm in Listing 7 löst die Aufgabenstellung. Zunächst wird eine Templatefunktion implementiert, die zwei Parameter vom Typ *T* entgegennimmt. Innerhalb der Funktion werden die beiden Parameter *a* und *b* in Relation gesetzt. Der Rückgabewert ist *true,* bzw. 1, wenn der Wert von *b* größer ist, als der Wert von *a*. Andernfalls ist der Rückgabewert *false,* bzw. 0.

In der Hauptfunktion werden vier verschiedene Varianten der Funktion aufgerufen, jeweils zwei für *int* und *double*. Die Ausgaben der Funktionsaufrufe wurden als Kommentare in den Programmcode implementiert und entsprechen den Anforderungen der Aufgabenstellung.

```
1    #include <iostream>
2
3    using namespace std;
4
5    // Templatefunktion mit Typ T
6    template<typename T>
7    bool comp(T a, T b)
8    {
9      return a < b;
10   }
11
12   // Hauptfunktion
13   int main()
14   {
15     cout << comp<int>(2,3) << endl;
16     // Ausgabe: 1
17     cout << comp<int>(3, 2) << endl;
18     // Ausgabe: 0
19     cout << comp<double>(2.5, 3.1) << endl;
20     // Ausgabe: 1
21     cout << comp<double>(3.1, 2.5) << endl;
22     // Ausgabe: 0
23   }
```

Listing .7 Templatefunktion für den Größenvergelich

12.6 Größenvergleich mit eigener Klasse

Das Programm in Listing 8 löst die Aufgabenstellung. Das Programm ist in großen Teilen identisch zu dem in Listing 7 vorgestellten Programm. Lediglich die Implementierung der Klasse *Fraction* ist hinzugekommen. Die Klasse besteht im Wesentlichen aus zwei Membervariablen, die den Zähler und den Nenner des Bruchs repräsentieren. Zusätzlich wurde ein Konstruktor hinzugefügt, der es erlaubt, Brüche mit vordefinierten Werten zu erzeugen.

Die wichtigste Funktion für diese Aufgabe ist jedoch der Operator, der den Größenvergleich zwischen zwei Objekten der Klasse *Fraction* ermöglicht. Ohne diesen Operator könnte die Klasse nicht als Templatetyp für die zuvor entwickelte Funktion verwendet werden, da die Relation zwischen zwei Objekten der Klasse nicht definiert wäre.

In dem Operator wird zunächst überprüft, ob die Nenner beider Brüche einen Wert ungleich 0 besitzen, da andernfalls mindestens einer der Brüche keinen gültigen Wert besitzen würde. Danach werden jeweils Zähler und Nenner geteilt und die Ergebnisse miteinander verglichen. Die Werte werden bei der Division auf den Typ *double* abgebildet, damit das Ergebnis der Division nicht als ganze Zahl interpretiert wird.

In der Hauptfunktion wird die Templatefunktion zwei Mal aufgerufen, um die Ergebnisse zu überprüfen. Die Ausgaben wurden erneut als Kommentare in das Programm geschrieben.

```
1    #include <iostream>
2
3    using namespace std;
4
5    // Templatefunktion mit Typ T
6    template<typename T>
7    bool comp(T a, T b)
8    {
9      return a < b;
10   }
11
12   // Implementierung der Klasse
13   // Fraction
14   class Fraction
15   {
16   protected:
17   // Membervariablen
18     int m_z;
19     unsigned int m_n;
20   public:
21   // Konstruktor
22     Fraction(int z, unsigned int n)
23       :m_z(z)
24       ,m_n(n)
25       {}
26
27   // Operator<, wird benötigt, um für das
28   // Template geeignet zu sein.
29     bool operator<(Fraction v)
30     {
31       if (m_n == 0 || v.m_n == 0) return false;
32       return (double(m_z) / double(m_n)) <
33     (double(v.m_z) / double(v.m_n));
34     }
35   };
36
37   // Hauptfunktion
38   int main()
39   {
40     Fraction a(1, 3);
41     Fraction b(-1, 3);
42
43     cout << comp<Fraction>(a, b) << endl;
44     // Ausgabe: 0
45     cout << comp<Fraction>(b, a) << endl;
46     // Ausgabe: 1
47   }
```

Listing .8 Erweiterung des Beispiels aus Listing .7

12.7 Größenbeschränkung

Das Programm in Listing 9 löst die Aufgabenstellung. Genauer wird nur die Definition des Konzepts in den Zeilen 6 und 7 für die Lösung der Aufgabenstellung benötigt. In dem Konzept wird für jeden Variablentyp, auf den das Konzept angewendet wird, überprüft, ob die Größe in Bytes des Variablentyps dem Wert 4 entspricht.

Die darauf folgende Funktion *test* wurde implementiert, um das Konzept zu überprüfen. Innerhalb der Hauptfunktion wurden vier verschiedene Varianten der Funktion *test* aufgerufen. Die ersten beiden Varianten lassen sich problemlos übersetzen, da sowohl der Datentyp *int*, als auch der Datentyp *float*, eine Größe von 4 Bytes besitzt.

Die letzten beiden Aufrufe lassen sich nicht übersetzen, da der Datentyp *double* die Größe 8 Bytes besitzt und der Datentyp *char* nur eine Größe von 1 Byte.

```
1    #include <iostream>
2    #include <concepts>
3
4    using namespace std;
5
6    template<typename T>
7    concept Sizelocked = sizeof(T) == 4;
8
9    template<Sizelocked T>
10   bool test(T a) { return true; }
11
12   // Hauptfunktion
13   int main()
14   {
15     cout << test<int>(5) << endl;
16     // OK
17     cout << test<float>(5.0f) << endl;
18     // OK
19     cout << test<double>(5.0) << endl;
20     // Nicht OK
21     cout << test<char>('a') << endl;
22     // Nicht OK
23   }
```

Listing .9 Implementierung eines größenlimitierenden Konzepts.

12.8 Programmanalyse

Das Programm definiert zunächst zwei Templateklassen *exA* und *exB,* wobei *exB* eine Funktion *setValue* besitzt und die Klasse *exA* eine Funktion *getValue*.

Das eigentlich Besondere an dem Programm ist nun das Konzept *Unknown,* was in den Zeilen 21 bis 26 definiert wird. Das Konzept fordert zwei Voraussetzungen ein. Zum einen muss der Datentyp *T* über eine *getValue*-Funktion verfügen, deren Rückgabewert die Möglichkeit besitzen muss, in den Datentyp *U* konvertiert zu werden. Und zum anderen muss der Datentyp *S* über eine *setValue* Funktion verfügen, die einen Parameter vom Typ *U* entgegennimmt.

Dieses Konzept stellt sicher, dass die gewählten Konfigurationen der beiden zuvor definierten Klassen stets kompatibel sind, wenn das Konzept angewendet wird.

Die restliche Implementierung wendet das definierte Konzept nur noch an.

```
1    #include <iostream>
2    #include <concepts>
3
4    using namespace std;
5
6    template<typename T>
7    class exA
8    {
9    public:
10     T getValue() { return 0; }
11   };
12
13   template<typename T>
14   class exB
15   {
16     T m_a;
17   public:
18     void setValue(T a) { m_a = a; }
19   };
20
21   template<typename T, typename S, typename U>
22   concept Unknown = requires(T x, S y, U z)
23   {
24     {x.getValue()} -> convertible_to<U>;
25     y.setValue(z);
26   };
27
28   template<typename T, typename S, typename U>
29   S function(T a) requires Unknown<T, S, U>
30   {
31     S result;
32     result.setValue(a.getValue());
33     return result;
34   }
35
36   int main()
37   {
38     exA<int> val1;
```

```
39      exB<int> val2;
40
41      val2 = function<exA<int>, exB<int>, int>(val1);
42    }
```

Listing .10 Programm mit unbekannter Aufgabe

12.9 Matrixklasse

Das Programm in Listing 11 löst die Aufgabenstellung. Bei diesem Programm gibt es einige
Schwierigkeiten zu überwinden. Zum einen soll die Größe der Matrix dynamisch angegeben
werden können. Deshalb ist es erforderlich, das Feld auf dem *Heap* anzulegen. Das wiederum erfordert, dass ein Kopierkonstruktor geschrieben wird, der für die Kopie einen neuen
Speicherbereich anlegt. Die Kopie soll zwar die gleichen Werte enthalten, muss sich jedoch
in einem eigenen Speicherbereich befinden. Aus dem gleichen Grund muss ein Destruktor
implementiert werden. Der Speicherbereich auf dem *Heap* wird durch das Programm verwaltet und muss folglich auch durch das Programm wieder freigegeben werden. In diesem
Beispiel wurde die Hilfsfunktion *freeMemory* implementiert. Dies ist immer dann sinnvoll,
wenn absehbar ist, dass der Speicher an mehreren Stellen sicher freigegeben werden soll.

Die Funktion *set* wurde als Hilfsfunktion implementiert, um die Matritzen in der Hauptfunktion leichter initialisieren zu können.

Der Multiplikationsoperator wendet das Falk-Schema an. Hier ist eine Hürde, dass
zunächst überprüft werden muss, ob die Spaltenanzahl der linken Matrix mit der Zeilenanzahl der rechten Matrix übereinstimmt. Erst wenn diese Bedingung erfüllt ist, kann mit
der Multiplikation begonnen werden. Die Eregbnismatrix besitzt die Anzahl der Zeilen der
linken Matrix und die Anzahl der Spalten der rechten Matrix. Im Beispiel wird eine ($10x3$)
Matrix mit einer ($3x4$) Matrix multipliziert. Das Ergebnis ist eine ($10x4$) Matrix.

Der Ausgabeoperator ist ein externer Operator und muss deshalb als eigenständige Templatefunktion implementiert werden, um mit allen möglichen Varianten der Matrixklasse
umgehen zu können. Der Operator durchläuft alle Zeilen und Spalten und gibt die jeweiligen Elemente aus.

In der Hauptfunktion werden einige Hilfsvariablen angelegt und die Matritzen mit Werten initialisiert. Danach wird eine Multiplikation durchgeführt, und die Matritzen werden
ausgegeben. Hierbei ist es wichtig, darauf zu achten, dass die Multiplikation innerhalb eines
Konstruktors ausgeführt wird. Andernfalls würde mit dem Gleichheitszeichen eine Wertzuweisung durchgeführt werden, und dieser Operator wurde nicht implementiert. In diesem
Beispiel würde das auch tatsächlich zu Problemen führen, da sich ohne eine individuelle
Implementierung erneut Speicherbereiche überlagern würden.

```
1     #include <iostream>
2
```

```
 3    using namespace std;
 4
 5    template<typename T>
 6    class Matrix
 7    {
 8    protected:
 9      // Membervariablen
10      T* m_elements;
11      unsigned int m_n;
12      unsigned int m_m;
13
14    public:
15      // Standardkonstruktor
16      Matrix()
17        : m_n(0)
18        , m_m(0)
19        , m_elements(0)
20      {
21        m_elements = 0;
22      }
23
24      // Konstruktor zur individuellen Initialisierung
25      Matrix(unsigned int m, unsigned int n)
26        : m_n(n)
27        , m_m(m)
28        , m_elements(0)
29      {
30        m_elements = new T[m_n * m_m];
31
32        for (unsigned int y = 0; y < m_m; y++)
33        {
34          for (unsigned int x = 0; x < m_n; x++)
35          {
36            m_elements[y * m_n + x] = 0;
37          }
38        }
39      }
40
41      // Standard Kopierkonstruktor für eine
42      // Templateklasse
43      Matrix(Matrix<T> const&c)
44        : m_n(c.m_n)
45        , m_m(c.m_m)
46        , m_elements(0)
47      {
48        m_elements = new T[m_n * m_m];
49
50        for (unsigned int y = 0; y < m_m; y++)
51        {
52          for (unsigned int x = 0; x < m_n; x++)
53          {
54            m_elements[y * m_n + x] = c.m_elements[y * c.m_n + x];
55          }
56        }
57      }
58
59      // Hilfsfunktion zum Setzen von Matrixelementen
60      void set(unsigned int y, unsigned int x, T val)
61      {
62        if (x >= m_n || y >= m_m) return;
63
64        m_elements[y * m_n + x] = val;
65      }
```

```
66
67      void freeMemory()
68      {
69        // Speicherfreigabe
70        if (m_elements != 0)
71        {
72          delete[] m_elements;
73          m_elements = 0;
74        }
75      }
76
77      // Multiplikationsoperator
78      // Multiplikation nach dem Falk-Schema
79      Matrix operator*(Matrix<T> const&v)
80      {
81        Matrix<T> result(m_m, v.m_n);
82
83        if (m_n != v.m_m) return result;
84
85        for (unsigned int y = 0; y < m_m; y++)
86        {
87          for (unsigned int x = 0; x < v.m_n; x++)
88          {
89            int h = 0;
90            for (unsigned int z = 0; z < m_n; z++)
91            {
92              h += m_elements[y * m_n + z] * v.m_elements[z * v.m_n + x];
93            }
94            result.set(y, x, h);
95          }
96        }
97
98        return result;
99      }
100
101     // Destruktor
102     ~Matrix()
103     {
104       freeMemory();
105     }
106
107     // externe Operatoren
108     template<typename S>
109     friend ostream& operator<<(ostream& out, Matrix<S> r);
110   };
111
112   // Ausgabeoperator
113   template<typename S>
114   ostream& operator<<(ostream& out, Matrix<S> r)
115   {
116     // Ausgabe aller Elemente in Rechteckform
117     for (unsigned int y = 0; y < r.m_m; y++)
118     {
119       for (unsigned int x = 0; x < r.m_n; x++)
120       {
121         cout << r.m_elements[y * r.m_n + x] << " ";
122       }
123       cout << endl;
124     }
125
126     return out;
127   }
128
```

```
129    // Hauptfunktion
130    int main()
131    {
132       // Variableninitialisierung
133       int s1 = 10;
134       int s2 = 3;
135       int s3 = 4;
136
137       Matrix<int> m1(s1, s2);
138       Matrix<int> m2(s2, s3);
139
140       // Initialisierung der Matrixelemente m1
141       for (int y = 0; y < s1; y++)
142       {
143          for (int x = 0; x < s2; x++)
144          {
145             m1.set(y, x, x+y);
146          }
147       }
148
149       // Initialisierung der Matrixelemente m2
150       for (int y = 0; y < s2; y++)
151       {
152          for (int x = 0; x < s3; x++)
153          {
154             m2.set(y, x, 1);
155          }
156       }
157
158       // Anwendung der Multiplikation
159       Matrix<int> m3(m1 * m2);
160
161       // Anwendung der Ausgaben
162       cout << m1;
163       cout << "---------------" << endl;
164       cout << m2;
165       cout << "---------------" << endl;
166       cout << m3;
167    }
```

Listing .11 Die Matrixklasse mit Testfunktion.

Kap. 13

13.1 Präprozessoroperatoren

Mit Hilfe der Präprozessoroperatoren # und ## können innerhalb von *Makros* Textoperationen durchgeführt werden.

- Der Operator # wandelt alles, was danach folgt, in *strings* um. Dies ist ein sicherer Weg, um bei der Verwendung von *Makros* einen Variablentyp vorzuschreiben.
- Der Operator ## verkettet das, was vor dem Operator steht, mit dem, was danach folgt. So können zum Beispiel Parameter zusammengehängt, oder, in Kombination mit dem #-Operator, Texte generiert werden.

13.2 Vordefinierte *Makros*

- *__cplusplus* gib die bei der Übersetzung verwendete Versionsnummer der Sprache *C++* an.
- *__FILE__* wird bei der Übersetzung durch den Namen der Datei ersetzt, die aktuell übersetzt wird.
- *__LINE__* wird bei der Übersetzung durch die Zeilennummer ersetzt, in der das *Makro* aufgerufen wird. Allerdings kann der Wert durch die #*line*-Direktive manipuliert werden.
- *__DATE__* wird durch das Datum ersetzt, an dem das Programm übersetzt wird.
- *__TIME__* wird durch die Uhrzeit ersetzt, zu der das Programm übersetzt wird.

13.3 Die #*line*-Direktive
Im Buch wurde der Anwendungsfall beschrieben, in dem ein Programm eine eigene Skriptsprache einliest und diese in ein *C++* -Programm umwandelt. Fehler in dem ursprünglichen Skript würden zu Fehlern in der automatisch generierten Datei führen. Die Zeilennummern aus dem generierten Programm würden der Person, die das Skript geschrieben hat, aber keine Hinweise geben, wo die Fehler in dem Skript liegen.

Aus diesem Grund ist es sinnvoll, die automatisch generierten Anteile auf die Ursprungszeilen im Skript verweisen zu lassen. So würden Fehler im automatisch generierten Code die Zeilennummer und den Dateinamen des Skripts ausgeben.

Natürlich kann es auch andere Situationen geben, in denen der Einsatz der #*line*-Direktive sinnvoll sind. Meistens hängen sie aber mit der Ausführung anderer Dateien zusammen. Es wäre auch möglich, dass ein Programm eine SQL-Datei einliest und ausführt, um mit einer Datenbank zu kommunizieren. Wenn die Ausführung einer SQL-Zeile zu einem Absturz führt, wäre es sinnvoll, wenn die Fehlermeldung auf die Zeilennummer und den Dateinamen der SQL-Datei verweisen würde.

13.4 Bedingungen
In beiden Fällen handelt es sich um Verzweigungen.

Die Präprozessordirektive wird beim Übersetzen des Programms einmalig ausgeführt und verändert den übersetzten Code dadurch dauerhaft. Wenn durch die Präprozessordirektive ein Pfad ausgeschlossen wird, so sind die Inhalte dieses Pfads im übersetzten Ergebnis nicht mehr vorhanden.

Der durch die Präprozessordirektive betroffene Bereich wird durch die Direktiven #*if* und #*endif* eingeschlossen. Wird eine textit#else-Direktive verwendet, so wird dennoch nur ein einziges #*endif* benötigt.

Das *C++* -Kommando *if* wird während der Laufzeit des Programms ausgeführt. Das Kommando kann während eines Programmdurchlaufs mehrfach durchlaufen werden, mit jeweils unterschiedlichem Ergebnis.

Die Zeile, die nach dem *if*-Kommando folgt, wird automatisch als von der Bedingung abhängig angesehen, außer, es wird durch geschweifte Klammern ein Block definiert. Existiert zusätzlich ein *else*-Zweig, dann wird ebenfalls die darauffolgende Zeile als von dem *else* abhängig angesehen. Allerdings kann auch hier durch geschweifte Klammern ein Block definiert werden.

13.5 Fehlerquellen durch #*define*

Bei der Benutzung der #*define*-Direktive können verschiedene Probleme auftauchen.

- Es wird ein *Makro* definiert, dessen Name im gesamten Quellcode durch einen anderen Text ersetzt wird. Dies kann dazu führen, dass Teile des Quellcodes ersetzt werden, die nichts mit dem *Makro* zu tun haben, was zu unvorhersehbaren Ergebnissen führen kann.
- Es kann auch absichtlich Quellcode durch *Makros* verändert werden. Die Zeile #*define private public* ist ein Beispiel für eine absichtlich zwielichtige Nutzung der Direktive.
- Bei der Verwendung von *Makros* werden lediglich Texte kopiert. Variablentypen werden weder verwendet, noch überprüft. Das kann zu Fehlern führen, wenn *Makros* falsch angewendet werden.

13.6 Mathematische Konstanten

Die Aufgabe wird durch das *Makro* aus Listing 12 erfüllt. Zunächst wird in Zeile 1 das *Makro* MATHCONST definiert. In Zeile 3 folgt dann die Überprüfung, ob das *Makro* definiert wurde, danach folgen die Definitionen für die drei geforderten Konstanten.

```
1    #define MATHCONST
2
3    #ifdef MATHCONST
4    #define PI  3.14159265358979323846
5    #define E   2.71828182845904523536
6    #define K   1.1319882487943
7    #endif
```

Listing .12 *Makro* zur Definition von Konstanten

13.7 Makroentwicklung

Das folgende Listing 13 löst die Aufgabenstellung. Zunächst wird in den Zeilen 5 bis 12 das geforderte *Makro* implementiert. Es transformiert den übergebenen Wert mit dem #-Operator in einen *string* und weist den entstehenden Text der Variablen *m_name* zu. Danach folgt die Implementierung einer Memberfunktion, die den Wert von *m_name* an den Aufrufer zurückgibt.

In den Zeilen 15 bis 18 wird eine einfache Klasse implementiert, um das *Makro* zu testen. In der Hauptfunktion wird ein Objekt der Klasse *test* angelegt und der Rückgabewert der Funktion *getName* auf der Konsole ausgegeben. Das Ergebnis der Ausgabe lautet, wie erwartet, *test*.

```
1    #include <iostream>
2
3    using namespace std;
4
5    #define CREATENAME(name) \
6    protected: \
7    string m_name = #name ; \
8    \
9    public: \
10   string getName() { \
11     return m_name; \
12   }
13
14   // Klasse zum Testen des Makros
15   class test
16   {
17     CREATENAME(test)
18   };
19
20   // Hauptfunktion
21   int main()
22   {
23     // Variableninitialisierung
24     test t;
25
26     // Nutzung der Makrofunktion
27     std::cout << t.getName() << endl;
28   }
```

Listing .13 *Makro* zur Funktionserzeugung

13.8 Makroanalyse

Das *Makro* definiert eine eigene Variante des *assert-Makros*. Zunächst wird in Zeile 10 überprüft, ob der Wert *e* dem Wert 0, oder auch *false*, entspricht. In dem Fall wird der Dateiname und die aktuelle Zeilennummer ausgegeben und das Programm mit Hilfe des *abort*-Kommandos dazu gezwungen, abzubrechen.

Die Fehlerausgabe kann komplett deaktiviert werden, indem die Definition des *Makros* *WONDER* auskommentiert wird.

```
1    #include <iostream>
2
3    using namespace std;
4
5    #define WONDER
6
7    #ifdef WONDER
8    #define A(e) \
9    cout << #e << endl; \
10   if(e==0) { \
11     cout << __FILE__ << endl; \
12     cout << __LINE__ << endl; \
13     abort(); \
14   }
15   #endif
```

Listing .14 *Makro* mit unbekannter Aufgabe

Literatur

Apple Distribution International (2017). https://itunes.apple.com/de/app/xcode/id497799835?mt=12

Bloom, B., Engelhart, M., Furst, E., Hill, W. & Krathwohl, D. (1956), *Taxonomy of Educational Objectives. The Classification of Educational Goals, Handbook I: Cognitive Domain.*, New York: David McKay Company, Inc.

Bousseljot, R., Kreiseler, D. & Schnabel, A. (1995), Nutzung der ekg-signaldatenbank cardiodat der ptb über das internet, *in* 'Biomedizinische Technik', Vol. 40 of *Ergänzungsband 1*, p. 317.

Code::Blocks (2017). http://www.codeblocks.org/

Cooley, J. W. & Tukey, J. W. (1965), 'An algorithm for the machine calculation of complex fourier series', *Mathmatics of Computation* **19**(90), 297–301.

Eclipse Foundation (2017). https://www.eclipse.org/cdt/

Gertsch, M. (2008), *Das EKG*, 2 edn, Springer Verlag Berlin Heidelberg.

Goldberger, A., Amaral, L., Glass, L., Hausdorff, J., Ivanov, P., Mark, R., Mietus, J., Moody, G., Peng, C.-K. & Stanley, H. (2000), 'Physiobank, physiotoolkit, and physionet: Components of a new research resource for complex physiologic signals', *Circulation* **101**(23), e215–e220. http://circ.ahajournals.org/content/101/23/e215.full

Goovaerts, H. G., Ros, H. H., vanden Akker, T. & Schneider, H. (1976), A digital qrs detector based on the principle of contour limiting, *in* 'IEEE Transactions on Biomedical Engineering', Vol. BME-23, p. 154.

Lichtenberg, G. & Reis, O. (2016), *Neues Handbuch Hochschullehre*, chapter Kompetenzgraphen zur Darstellung von Prüfungsergebnissen., pp. 99–120.

Microsoft (2017). https://www.visualstudio.com/de/downloads/

Moody, G. B. (2018), *WFDB Applications Guide*, 10 edn, Harvard-MIT Division of Health Sciences and Technology. http://physionet.org/physiotools/wag/wag.pdf

Object Management Group (2018), *Unified Modeling Language(TM)*, version 2.5.1 edn, Object Management Group. http://www.uml.org/

Pan, J. & Tompkins, W. J. (1985), A real-time qrs detection algorithm, *in* 'IEEE Transactions on Biomedical Engineering', Vol. BME-32, pp. 230–236.

Papula, L. (2014), *Mathematik für Ingenieure und Naturwissenschaftler Band 1: Ein Lehr- und Arbeitsbuch für das Grundstudium*, Springer Vieweg.

© Der/die Herausgeber bzw. der/die Autor(en), exklusiv lizenziert an Springer Fachmedien Wiesbaden GmbH, ein Teil von Springer Nature 2024
B. Tolg, *Informatik auf den Punkt gebracht*,
https://doi.org/10.1007/978-3-658-43715-2

Papula, L. (2015), *Mathematik für Ingenieure und Naturwissenschaftler Band 2: Ein Lehr- und Arbeitsbuch für das Grundstudium*, Springer Vieweg.

Smith, S. W. (1997), *The Scientist and Engineer's Guide to Digital Signal Processing*, Bertrams.

Thakor, N. V., Webster, J. G. & Tompkins, W. J. (1983), Optimal qrs detector, *in* 'Medical and Biological Engineering and Computing', Vol. 21, pp. 343–350.

Stichwortverzeichnis

© Der/die Herausgeber bzw. der/die Autor(en), exklusiv lizenziert an Springer
Fachmedien Wiesbaden GmbH, ein Teil von Springer Nature 2024
B. Tolg, *Informatik auf den Punkt gebracht*,
https://doi.org/10.1007/978-3-658-43715-2

Printed in the United States
by Baker & Taylor Publisher Services